Fachkunde für Fliesenleger

Technologie mit Rechnen und Zeichnen

Von Studiendirektor Otto Kruse, Recklinghausen

6., überarbeitete und erweiterte Auflage
mit 264 Bildern, 26 Tabellen, 25 Beispielen
und Versuchen sowie 849 Aufgaben

Zur Herstellung dieses Buches wurde chlor- und säurefreies Papier verwendet, das bei der Entsorgung keine Schadstoffe entstehen lässt. Auf diese Weise leisten wir einen aktiven Beitrag zum Umweltschutz.

Die Deutsche Bibliothek – CIP-Einheitsaufnahme

Kruse, Otto:
Fachkunde für Fliesenleger : mit Fachrechnen und Fachzeichnen ; mit 26 Tabellen, 25 Beispielen und Versuchen sowie 849 Aufgaben / von Otto Kruse. – 6., überarb. und erw. Aufl. – Stuttgart ; Leipzig : Teubner ; Wien : Hölder-Pichler-Tempsky, 1999

ISBN 978-3-663-10026-3   ISBN 978-3-663-10025-6 (eBook)
DOI 10.1007/978-3-663-10025-6

Das Werk einschließlich aller seiner Teile ist urheberrechtlich geschützt. Jede Verwertung in anderen als den gesetzlich zugelassenen Fällen bedarf deshalb der vorherigen schriftlichen Einwilligung des Verlages.
© Springer Fachmedien Wiesbaden **1999**
Ursprünglich erschienen bei B. G. Teubner Stuttgart 1999.
Softcover reprint of the hardcover 6th edition 1999
Gesamtherstellung: Präzis-Druck GmbH, Karlsruhe
Umschlaggestaltung: Peter Pfitz, Stuttgart

Vorwort

Dieses Buch wurde in erster Linie für den Berufsschulunterricht der Fliesen-, Platten- und Mosaikleger geschrieben. Es behandelt in fachlicher, rechnerischer und zeichnerischer Hinsicht die Stoffgebiete, die zur Fachausbildung (2. und 3. Jahr der Stufenausbildung) gehören. Auch dem Gesellen wird es zum Nachschlagen oder zur Vorbereitung auf die Meisterprüfung nützlich sein.

Der Stoff ist in 16 Themenkreise gegliedert. In jedem Abschnitt folgen auf die textliche und bildliche Darstellung zahlreiche Aufgaben zur Wiederholung, Übung und Lernkontrolle. Diese Aufgaben sind in Technologie (T), Technische Mathematik (M) und Technisches Zeichnen (Z) unterteilt. Rechnen und Zeichnen sind also dem jeweiligen fachlichen Themenkreis zugeordnet. Rechenbeispiele und -aufgaben lassen sich leicht mit Hilfe des Sachwortverzeichnisses auffinden (Stichwort: Berechnungsbeispiele). Für Rechenaufgaben zum Baustoffbedarf und zum Akkordlohn enthält der Anhang die nötigen Tabellen. Alle Zeichenaufgaben lassen sich auf (unkarierten) DIN-A4-Blättern lösen, wenn Maßstab und Blattaufteilung eingehalten werden und nach Abzug des Blattrands noch ein Zeichenfeld von 19 cm x 27 cm bleibt.

Der in den 16 Themenkreisen dargebotene Stoff erfüllt die Vorgaben für die fachlichen Inhalte aller Lernfelder der neuen Lehrpläne für den Berufsschulunterricht. Die in vielen Abschnitten im Übungsteil aufgeführten Gesamtaufgaben lassen sich für projektorientierten Unterricht nutzen.

Hinter dem Bemühen, den Stoff praxisnah und schülergerecht zu behandeln, stehen praktische Erfahrungen auf der Baustelle und vieljährige Unterrichtsarbeit. Verbände und Betriebe der keramischen Industrie und der Natursteinindustrie haben dankenswerterweise Bilder und Informationsmaterial zur Verfügung gestellt.

Die vorliegende neubearbeitete 6. Auflage wurde auf den neuesten Stand gebracht; in vielen Abschnitten wurden fachliche Ergänzungen vorgenommen, und einige Übungsaufgaben wurden neu hinzugefügt. Die Rechtschreibung folgt den neuen amtlichen Rechtschreibregeln. Hinweise von Kollegen aus der Schul- und Verbandspraxis, für die Verlag und Verfasser danken, wurden bei der Überarbeitung berücksichtigt.

Möge das Buch dazu beitragen, den Leistungsstand unseres schönen Handwerks weiter zu verbessern.

Recklinghausen, Sommer 1999

Otto Kruse

Inhaltsverzeichnis

Seite

Bildquellenverzeichnis				8
1	**Platten, Werkzeug und Gerät**	1.1	Arten von Fliesen und Platten	9
		1.2	Genormte Arten keramischer Fliesen und Platten	10
		1.3	Steingutfliesen (STG) und Irdengutfliesen (IG)	11
		1.3.1	Herstellung	12
		1.3.2	Eigenschaften	13
		1.3.3	Arten	14
		1.3.4	Formate und Formen	15
		1.4	Steinzeugfliesen (STZ)	16
		1.4.1	Herstellung	16
		1.4.2	Eigenschaften	16
		1.4.3	Arten und Formen	17
		1.4.4	Trittsichere Bodenfliesen	18
		1.5	Grobkeramische Platten	19
		1.5.1	Spaltplatten	19
		1.5.2	Bodenklinkerplatten	21
		1.5.3	Cottoplatten	21
		1.6	Großformatige Keramikplatten	22
		1.7	Nichtkeramische Platten	24
		1.7.1	Terrazzo und andere Betonwerksteinplatten	24
		1.7.2	Asphaltplatten	24
		1.7.3	Glasplatten	25
		1.8	Platten aus Naturstein	25
		1.8.1	Platten aus Erstarrungsgesteinen	26
		1.8.2	Solnhofener Platten	26
		1.8.3	Marmor	27
		1.8.4	Weitere Platten aus Ablagerungs- und Umwandlungsgesteinen	28
		1.9	Werkzeug	29
		1.9.1	Werkzeug zum Ansetzen, Verlegen und Fugen	29
		1.9.2	Mess-, Richt- und Prüfwerkzeug	29
		1.9.3	Werkzeug zum Bearbeiten von Platten und Untergründen	30
		1.10	Gerät und Maschinen	31
		1.10.1	Gefäße für Sand, Mörtel, Wasser	31
		1.10.2	Maschinen	32
			Aufgaben zu Abschnitt 1	34
2	**Ansetzgrund und Ansetzmörtel**	2.1	Ursachen für die Mörtelhaftung	37
		2.2	Wässern der Wandfliesen	38
		2.3	Mischen des Ansetzmörtels	38
		2.4	Baustoffbedarf für Ansetzmörtel	40
		2.5	Vorbehandeln von Wandflächen	40
		2.6	Überbrücken von ungeeignetem Ansetzgrund	41
			Aufgaben zu Abschnitt 2	43

Inhaltsverzeichnis

Seite

3	Verfliesen von Wänden	3.1	Anforderungen an keramische Wandbeläge	45
		3.2	Bearbeiten der Fliesen und Platten	45
		3.3	Einrichten der Wandflächen	47
		3.4	Einteilen der Wandbeläge	48
		3.4.1	Wandbeläge ohne Dekor	48
		3.4.2	Wandbeläge mit Dekor	51
		3.4.3	Rechnerische Aufteilung	51
		3.5	Ansetzen der Wandfliesen mit Mörtel	52
		3.6	Ansetzen der Sockelfliesen	54
			Aufgaben zu Abschnitt 3	55
4	Verkleiden von Pfeilern und Säulen	4.1	Stütze als Bauwerkteil	59
		4.2	Plattieren rechteckiger Pfeiler	59
		4.3	Plattieren von Rundsäulen	61
			Aufgaben zu Abschnitt 4	63
5	Verkleiden von Bögen, Stürzen und Decken	5.1	Bogenformen, Bogenteile	65
		5.2	Einteilen von Rund- und Flachbögen	65
		5.3	Einrüsten und Plattieren	67
		5.4	Stürze und Decken	69
			Aufgaben zu Abschnitt 5	69
6	Verlegen von Bodenplatten ohne Gefälle im Dickbett	6.1	Einteilen von Bodenflächen	71
		6.2	Vorarbeiten	74
		6.3	Verlegeverfahren, Verlegemörtel	75
		6.4	Aufziehen des Mörtelbetts und Aufbringen der Haftschicht	76
		6.5	Verlegen	77
		6.6	Verlegeverbände und -muster für keramische Platten	80
		6.7	Bodenverlegung mit Fries	81
		6.8	Diagonalverlegung mit Fries	84
		6.9	Verlegen von Natursteinplatten	85
		6.9.1	Verlegemörtel, Verlegetechnik	85
		6.9.2	Verlegeverbände	86
		6.9.3	Nachbehandlung, Säuberung und Pflege	89
		6.9	Verlegen auf Holzbalkendecken	89
			Aufgaben zu Abschnitt 6	90
7	Verlegen von Bodenfliesen mit Gefälle	7.1	Gefälle und Gefällearten	95
		7.2	Mörtelberechnung bei Gefälleböden	100
		7.3	Abdichten gegen Feuchtigkeit	101
		7.3.1	Abdichtungsstoffe	101
		7.3.2	Abdichten eines Bodens	101
		7.3.3	Senkrechtes Abdichten	102
			Aufgaben zu Abschnitt 7	103
8	Dämmen	8.1	Schalldämmung	106
		8.2	Trittschalldämmung	107
		8.3	Wärmedämmung	110
		8.4	Bodenbeläge über Fußbodenheizungen	111
			Aufgaben zu Abschnitt 8	113

9	Dünnbettverfahren	9.1	Verlegen im Dünnbett	114
		9.2	Untergründe	114
		9.3	Verlegeverfahren	116
		9.4	Klebstoffe und Klebemörtel	118
		9.5	Verlegen im Mittelbett	120
			Aufgaben zu Abschnitt 9	120
10	Fugen	10.1	Verfugen mit Zementmörteln	122
		10.1.1	Fugenbreite und Fugmörtel	122
		10.1.2	Fugen	124
		10.1.3	Säubern durch Absäuern	125
		10.2	Verfugen mit Kunststoffen	126
		10.3	Bewegungsfugen	126
			Aufgaben zu Abschnitt 10	128
11	Fliesenarbeiten in Bädern	11.1	Eignung und Auswahl der Fliesen	131
		11.2	Einmauern und Verkleiden von Badewannen	132
		11.3	Fliesenbelag und Installation	135
		11.4	Verfliesen einer Brausenische	136
		11.5	Bodenbelag im Bad	137
		11.6	Aufmaß, Lohnabrechnung und Baustoffbedarf	138
			Aufgaben zu Abschnitt 11	140
12	Fliesenarbeiten auf Balkonen und Terrassen	12.1	Anforderungen an den Balkon und seinen Belag	142
		12.2	Aufbau des Bodenbelags	143
		12.3	Bodenbeläge auf gewachsenem Boden	146
		12.4	Unterlüftete Bodenbeläge	147
		12.5	Terrassen über beheizten Räumen	147
			Aufgaben zu Abschnitt 12	148
13	Verkleiden von Fassaden	13.1	Die Außenwand und ihre Verkleidung	150
		13.2	Ausführung der Plattierung	152
		13.2.1	Prüfen und Vorbereiten des Ansetzgrunds	152
		13.2.2	Ansetzen	154
		13.2.3	Fugen	155
		13.3	Einteilen des Belags	156
		13.4	Hinterlüftete Fassadenbekleidungen	158
		13.5	Aufmaß, Baustoffermittlung, Akkordlohnberechnung	159
		13.6	Arbeiten auf Gerüsten	160
		13.6.1	Gerüstarten und -gruppen	160
		13.6.2	Bauliche Durchbildung der Gerüste	162
		13.6.3	Bockgerüste	163
		13.6.4	Weitere Gerüstbauarten	164
			Aufgaben zu Abschnitt 13	168
14	Fliesenarbeiten in Treppenhäusern	14.1	Die Treppe als Bauwerkteil	172
		14.2	Stufenbeläge	174
		14.2.1	Aufgaben, Arten und Formen des Stufenbelags	174
		14.2.2	Berechnen und Bestellen von Stufenplatten	174
		14.3	Verkleiden der Stufen	176

Inhaltsverzeichnis

Seite

14	**Fliesenarbeiten in Treppenhäusern** Fortsetzung	14.3.1 Anreißen der Stufen	176
		14.3.2 Plattieren	176
		14.4 Ansetzen von Treppensockeln	177
		14.5 Verfliesen von Treppenhauswänden	179
		14.6 Aufmaß und Lohnabrechnung	182
		Aufgaben zu Abschnitt 14	182
15	**Keramische Trennwände und Reihenanlagen**	15.1 Bauarten	187
		15.1.1 Plattierte leichte Trennwände	187
		15.1.2 Fliesentrennwände zum Aufstellen	188
		15.1.3 Gemauerte Plattentrennwände	188
		15.2 Planung und Vorarbeiten	189
		15.3 Aufstellen und Vergießen	190
		15.4 Mauern mit Trennwandsteinen	192
		15.5 Toilettenanlagen	195
		Aufgaben zu Abschnitt 15	197
16	**Plattierungsarbeiten in Schwimmbädern**	16.1 Anforderungen an das Becken und seinen Belag	200
		16.2 Auskleidung des Beckens	202
		16.3 Beckenkopf und Beckenumgang	203
		16.4 Rutschhemmende Bodenbeläge in Schwimmbädern	204
		Aufgaben zu Abschnitt 16	205

Tabellenanhang   207

Sachwortverzeichnis   210

Hinweise auf DIN-Normen in diesem Werk entsprechen dem Stand der Normung bei Abschluss des Manuskriptes. Maßgebend sind die jeweils neuesten Ausgaben der Normblätter des DIN Deutsches Institut für Normung e.V. im Format A 4, die durch die Beuth-Verlag GmbH, Berlin Wien Zürich, zu beziehen sind. – Sinngemäß gilt das Gleiche für alle in diesem Buch angezogenen amtlichen Richlinien, Bestimmungen, Verordnungen usw.

Bildquellenverzeichnis

Agrob AG, Trier-Ehrang: Bild **16**.9

Annawerk, Keramische Betriebe GmbH, Rödental: Bild **13**.4, **13**.6

Buchtal GmbH Keramische Betriebe, Schwarzenfeld: Bild **1**.17, **15**.10

Karl Dahm, Chieming: Bild **1**.26, **1**.27, **1**.31, **1**.32 b und c, **3**.2

Edelstahl-Technik GmbH, Ulm: Bild **4**.20

Fachverband Baukeramik und Spaltplatten e.V., Frankfurt/Main, in Zusammenarbeit mit dem Fachverband des Deutschen Fliesengewerbes, Bonn: **13**.3, **13**.5, **13**.9

Fachverband des Deutschen Fliesengewerbes im Zentralverband des Deutschen Baugewerbes e.V., Bonn: Bild **6**.24, **8**.5, **8**.6, **12**.5, **12**.7, **12**.9, **16**.4 bis **16**.6

Gail-Service, Gießen: Bild **1**.18 a, b, d bis h, **9**.1, **15**.8, **16**.1

Henze KG, Troisdorf: Bild **15**.5, **15**.12

Kerachemie, Siershahn: Bild **1**.18 c, **16**.2, **16**.3, **16**.10, **16**.11

Kerapid, Hildesheim: Bild **15**.1, **15**.3

Kohl/Bastian/Neizel: Baufachkunde 2, B. G. Teubner, Stuttgart: Bild **8**.2, **8**.5 a bis c, **13**.16 bis **13**.19, **13**.24 bis **13**.32

Johannes Mittag, Delmenhorst: Bild **1**.30, **1**.32 a

Norddeutsche Steingutfabrik, Bremen-Grohn: Bild **1**.6

Ostara-Fliesen GmbH & Co KG, Meerbusch: Bild **1**.4, **1**.13 a, **1**.14, **1**.20, **15**.14 e

Schlüter-Schiene GmbH, Iserlohn: Bild **11**.4, **12**.3

Solnhofer Natursteinplatten, Pappenheim: Bild **1**.21 bis **1**.23

Die restlichen Bilder stammen vom Autor und aus dem Verlagsarchiv.

1 Platten, Werkzeug und Gerät

1.1 Arten von Fliesen und Platten

Der Fliesenleger verlegt an Wänden und auf Böden vielfältige Arten und Formen von Platten aus Stein, die man nach ihrer Entstehung in *Natursteinplatten* und *künstliche Platten* einteilt.

Fliesen und Platten aus Keramik bilden für den Fliesenleger die wichtigste Gruppe unter den künstlichen Platten. Als keramisch bezeichnet man alles, was aus Ton gebrannt ist. Neben den Erzeugnissen der Baukeramik gehören u. a. auch Waren der Sanitär-, Geschirr- und Kunstkeramik dazu.

> Überlegen Sie: Welche keramischen Erzeugnisse kennen Sie von der Baustelle, welche haben Sie in Ihrer Wohnung?

Geschichtliches. Die Technik des Formens und Brennens von Ton ist seit vielen Jahrtausenden bekannt. Gebrannter Ton ist der älteste Werkstoff des Menschen (keramische Gefäße seit 7000 v. Chr.). Schon im 4. und 3. Jahrtausend v. Chr. wurden in Ägypten (Pyramide des Djoser in Sakkara) und Babylonien (Ischtartor in Babylonien) glasierte keramische Plättchen bzw. farbige Tonstifte als Wandschmuck verwendet. Aus der viel späteren Zeit des klassischen Altertums stammen die herrlichen Mosaikbilder aus farbigen Natursteinen, die man als Wand- und Bodenbelag in Pompeji gefunden hat. Im Orient hat man die Kunst der Herstellung von glasierten Fliesen und von Mosaiken bewahrt und weiterentwickelt, vor allem in Persien und Arabien. Nach Europa gelangte die vergessene Technik des Glasierens erst wieder im frühen Mittelalter mit den Arabern, zunächst nach Portugal, Spanien und Mallorca (daher die Bezeichnung Majolika), dann nach Italien (Faenza). Die Paläste der maurischen Herrscher waren mit schönen Mustern und Ornamenten geschmückt. Noch heute kann man diese „Azulejos" bewundern, besonders in Sevilla und Granada. Die Fertigung glasierter Fliesen war bis zur Neuzeit eine (kunst-)handwerkliche Tätigkeit. Berühmt wurden die im 17. und 18. Jahrhundert bemalten Wandfliesen aus Delft (Holland). Sie werden noch heute nachgeahmt; die echten werden von Museen und von privaten Sammlern aufbewahrt.

Als Fliesen bezeichnet man nur feinkeramische Platten für Wand und Bodenbeläge, nämlich *Steingut, Irdengut und Steinzeug*. Andere Belagstoffe mit ähnlicher Form können nur mit einer zusätzlichen Bezeichnung ihres Werkstoffs auch Fliesen genannt werden (z. B. Glasfliesen, Kunststofffliesen, Teppichfliesen).

Platten. Grobkeramische, nichtkeramische und natürliche Belagstoffe aus Stein heißen Platten.

Mosaik ist keine Bezeichnung des Stoffes, sondern der Form und Größe. Es sind Plättchen oder Steinchen aus Keramik, Glas oder Naturstein mit einer Ansichtsfläche von weniger als 90 cm² für schmückende Beläge an Wänden, auf Böden und an Gegenständen.

Grobkeramische Platten bestehen aus weniger fein aufbereiteten Rohstoffen als die feineren

Tabelle 1.1 Übersicht über die Platten

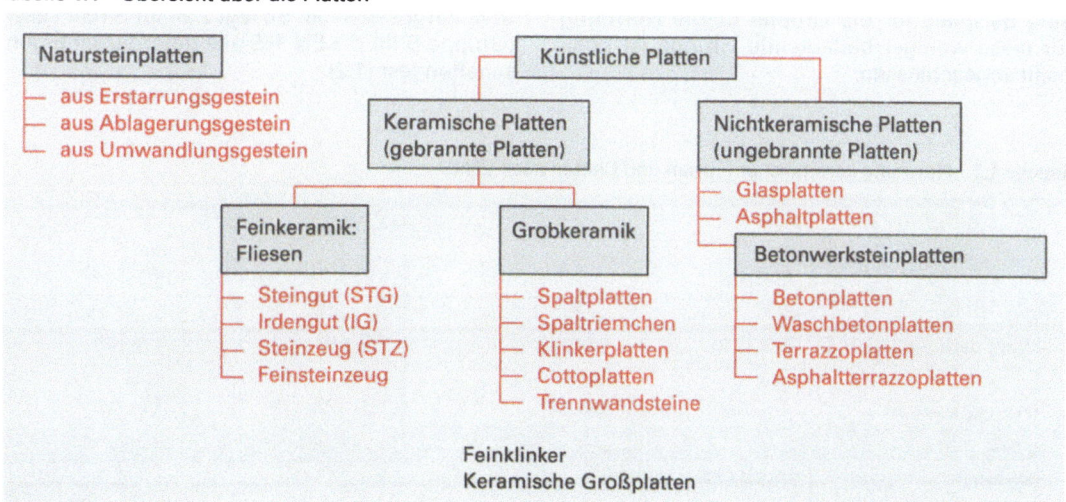

und dünneren Fliesen. Zu ihnen zählen Spaltplatten, Spaltriemchen, Spaltklinker, Klinkerplatten und Klinkerriemchen.

Kacheln sind keine Fliesen, wenn sie ihnen auch in Stoff, Glasur und Ansicht gleichen. Sie sind durch ihre rückseitigen Stege wesentlich dicker als Wandfliesen und dienen vornehmlich zum Verkleiden von Kachelöfen. Fälschlich wird öfter von gekachelten Wänden statt von gefliesten oder plattierten Wänden gesprochen.

Nichtkeramische Platten aus künstlichen Steinen werden nicht gebrannt, sondern bestehen meist aus gepresstem und verfestigtem Mörtel, nämlich Zementmörtel bzw. Beton, Magnesiamörtel (für Steinholz) oder Asphalt.

In Tabelle 1.1 auf S. 9 sind die Arten der Platten nach ihrer Herstellung und stofflicher Zusammensetzung gegliedert.

1.2 Genormte Arten keramischer Fliesen und Platten

Um die vielfältigen Arten und Formen keramischer Fliesen und Platten europaweit einheitlich einordnen und unterscheiden zu können und um gleiche Güteanforderungen und Prüfverfahren festzulegen, gelten innerhalb der EU Euronormen (EN), die zum Teil die nationalen Normen abgelöst haben (z. B. auch die DIN 18155 für feinkeramische Fliesen). Merkmale für eine erste Unterteilung der keramischen Fliesen und Platten sind die Formgebung bei der Herstellung und die Wasseraufnahme (EN 87).

Die Formgebung des Rohlings dient als erstes Einteilungsmerkmal. Es werden 3 Gruppen unterschieden:

- A im Strangpressverfahren gezogen
- B in Einzelformen gepresst (trockengepresst)
- C gegossen

In die Gruppe A gehören hauptsächlich grobkeramische Platten, zu B vor allem die feinkeramischen Fliesen. Formfliesen (z. B. Seifenschalen) sind Beispiele für die Gruppe C. Die Normung für diese weniger bedeutende Gruppe ist noch nicht abgeschlossen.

Die Wasseraufnahme des Scherbens hat großen Einfluß auf viele Eigenschaften der Platten, z. B. die Frostbeständigkeit, Festigkeit und Mörtelhaftung. Durch das Messen der Wasseraufnahme lässt sich der Anteil des offenen Porenraums bestimmen. Dabei wird nach zweistündigem Kochversuch und einer anschließenden vierstündigen Lagerung im Wasser die wassergesättigte Platte gewogen. Durch Vergleich mit dem Trockengewicht kann die Wasseraufnahme E exakt in Gewichts-% angegeben werden.

EN 87 teilt die Platten mit niedriger, mittlerer und hoher Wasseraufnahme in 4 Gruppen ein:

- I   E liegt unter 3% (gesinterte Platte) $E \leq 3\%$
- IIa E liegt zwischen 3% und 6% $3\% < E \leq 6\%$
- IIb E liegt zwischen 6% und 10% $6\% < E \leq 10\%$
- III E liegt über 10% (z. B. Steingut) $10\% < E$

Die 3 Gruppen A, B, C der Formgebung, kombiniert mit den 4 Gruppen I, IIa, IIb und III der Wasseraufnahme ergeben insgesamt 12 Gruppen, für die jeweils eine eigene Euronorm besteht bzw. vorgesehen ist. So legt z. B. für STG-Fliesen (Gruppe B III) die EN 159 alle geforderten Eigenschaften fest (1.2).

Tabelle 1.2 Normung keramischer Fliesen und Platten nach EN 87

Formgebung	Wasseraufnahme			
	I $E \leq 3\%$	II a $3\% < E \leq 6\%$	II b $6\% < E \leq 10\%$	III $E > 10\%$
A stranggepresst	A I EN 121	A II a EN 186	A II b EN 187	A III EN 188
B trockengepresst	B I EN 176	B II a EN 177	B II b EN 178	B III EN 159
C gegossen	C I noch nicht genormt	C II a	C II b	C III

Tabelle 1.3 Zulässige Maßabweichungen von Fliesen

	DIN EN 176 Materialgruppe B I Steinzeugfliesen, STZ-GL und STZ-UGL $E \leq 3\%$				DIN EN 159 Materialgruppe B III Steingutfliesen, Irdengutfliesen $E > 10\%$			
Maßgenauigkeit Kantenlänge in % zulässige Abweichungen, bezogen auf Werksmaß (Herstellmaß)	Formate: $\leq 90\ cm^2$ $\pm 1{,}2$	$\leq 190\ cm^2$ $\pm 1{,}0$	$\leq 410\ cm^2$ $\pm 0{,}75$	$> 410\ cm^2$ $\pm 0{,}6$	Seitenlänge: $\leq 12\ cm$ $\pm 0{,}75$	$> 12\ cm$ $\pm 0{,}5$		
	Prüfung bezogen auf Einzelfliese und durchschnittliche Seitenlänge einer Probe (10 Fliesen)				Fliesen mit Abstandshalter: $+ 0{,}6/- 0{,}3$ Prüfung bezogen auf Einzelfliese und durchschnittliche Seitenlänge einer Probe (10 Fliesen)			
	Güteanforderungen für den 2. Fall: $\pm 0{,}75$	$\pm 0{,}5$	$\pm 0{,}5$	± 5	Güteanforderungen für den 2. Fall: $\pm 0{,}5$	$\pm 0{,}3$		
Dicke	Formate in %: $\leq 90\ cm^2$ ± 10	$\leq 190\ cm^2$ ± 10	$\leq 410\ cm^2$ ± 5	$> 410\ cm^2$ ± 5	Formate in mm: $< 250\ cm^2$ $\pm 0{,}5$	$< 500\ cm^2$ $\pm 0{,}6$	$< 1000\ cm^2$ $\pm 0{,}7$	$> 1000\ cm^2$ $\pm 0{,}8$
Ebenflächigkeit Kantenwölbung in %	Formate: $\leq 90\ cm^2$ ± 1	$\leq 190\ cm^2$ $\pm 0{,}5$	$\leq 410\ cm^2$ $\pm 0{,}5$	$> 410\ cm^2$ $\pm 0{,}5$	$+ 0{,}5/- 0{,}3$			
Mittelpunktswölbung in % bezogen auf Diagonale	$\leq 90\ cm^2$ ± 1	$\leq 190\ cm^2$ $\pm 0{,}5$	$\leq 410\ cm^2$ $\pm 0{,}5$	$> 410\ cm^2$ $\pm 0{,}5$	$+ 0{,}5/- 0{,}3$			
Windschiefe in % bezogen auf Diagonale	$\leq 90\ cm^2$ ± 1	$\leq 190\ cm^2$ $\pm 0{,}5$	$\leq 410\ cm^2$ $\pm 0{,}5$	$> 410\ cm^2$ $\pm 0{,}5$	$\pm 0{,}5$			
Rechtwinkligkeit	$\leq 90\ cm^2$ ± 1	$\leq 190\ cm^2$ $\pm 0{,}5$	$\leq 410\ cm^2$ $\pm 0{,}6$	$> 410\ cm^2$ $\pm 0{,}6$	$\pm 0{,}5$			

Gütemerkmale keramischer Fliesen und Platten der 1. Sorte werden durch genormte Eigenschaften und einheitliche Prüfverfahren festgelegt. Neben der Wasseraufnahme sind das Prüfungen auf Fehlerfreiheit der Oberfläche, Biegezugfestigkeit, Ritzhärte, Frostbeständigkeit, Widerstand gegen Glasurrisse, Beständigkeit gegen Säuren, Laugen, Haushaltschemikalien, Temperaturwechsel sowie Kontrollen der Maßgenauigkeit bezüglich Kantenlänge, Dicke, Ebenheit und Rechtwinkligkeit (1.3). Bei glasierten Fliesen wird außerdem der Verschleiß der Oberfläche, bei unglasierten der Tiefenverschleiß nach genormten Verfahren gemessen.

1.3 Steingutfliesen (STG) und Irdengutfliesen (IG)

Steingut- und Irdengutfliesen sind feinkeramische Fliesen mit hoher Wasseraufnahme. Sie haben einen porösen Scherben, der mit einer dichten, durchsichtigen oder undurchsichtigen Glasur überzogen ist. Sie werden fast ausschließlich für das Verkleiden von Wänden in Innenräumen verwendet und daher auch Wandfliesen genannt. Nur in warmen Ländern werden auch Außenflächen mit ihnen verfliest.

Warum darf man in Deutschland Steingutfliesen nur innen ansetzen? Haben Sie im Urlaub im Ausland schon Wandfliesen an Fassaden gesehen? Wo?

Der Scherben der Steingutfliese ist hell. Fliesen mit dunklerem (z. B. rötlichem) Scherben heißen Irdengutfliesen.

1.3.1 Herstellung

Rohstoffe für den Steingutscherben sind Ton, Kaolin, Quarz und Feldspat. Daneben können noch feingemahlener Steingutbruch von unglasierten Scherben, Schamotte, Dolomit und andere mineralische Stoffe zugesetzt werden. Tone aus verschiedenen Lagerstätten sind mit einem Anteil von 50 % und mehr Hauptbestandteil des Versatzes. (Versatz nennt man die im richtigen Verhältnis zusammengestellte Mischung der Rohstoffe.) Deshalb entstanden die meisten Werke fein- und grobkeramischer Platten in der Nähe größerer, geeigneter Tonvorkommen, u. a. zu beiden Seiten des Mittelrheins zwischen Koblenz und Bonn, im Westerwald, im Saarland, in Nordbayern und Sachsen, an Dill und Lahn. Quarz findet man als Fluss- und Grubensand in vielen Gegenden. Er magert den Versatz und erhöht die Festigkeit des Scherbens; sein Anteil liegt bei 40 %. Das Flussmittel Feldspat (s. Abschn. 1.4) wird nur in geringer Menge beigegeben. Kaolin, auch Porzellanerde genannt, ist der teuerste der Rohstoffe; es bewirkt die weiße Farbe des Scherbens. Beim Irdengut fehlt Kaolin.

> Kennen Sie Irdengutfliesen mit typischem dunklem oder rötlichem Scherben – woher stammen sie?

Insgesamt kann ein Versatz aus 10 und mehr Komponenten bestehen, die in Gewichtsverhältnissen nach einem geheim gehaltenen Rezept gemischt werden.

Aufbereitung der Rohstoffe. Die harten Rohstoffe (Quarz und Feldspat) müssen zunächst gemahlen werden. Ton und Kaolin als weiche Stoffe werden in Wasser aufgeschlämmt und viele Stunden lang mit einem Quirl verrührt. Nach Zugabe des gemahlenen Quarzes und Feldspats wird die Schlämme – Schlicker genannt – bis zur Pulverform getrocknet. Das geschieht heute meist in hohen Sprühtürmen, in denen der Schlicker im freien Fall gegen den Strom heißer Luft langsam nach unten sinkt.

Pressen. Das feinkörnige Pulver mit einer Restfeuchte von etwa 6 % wird in Stempelpressen mit einem Druck von 25 bis 40 N/mm² gepresst. Dabei entstehen die Rohlinge der Fliesen, denen auf der Rückseite das Markenzeichen, eine leichte Rillung und (oft in verschlüsselter Form) das Datum der Herstellung eingepresst ist.

Trocknen. Die Rohlinge durchlaufen den Trockenofen. Dort wird ihnen bei etwa 150 °C das restliche Wasser entzogen.

1. Brand (Biskuit- oder Schrühbrand). Bei Temperaturen, die langsam auf 1100 °C bis 1200 °C ansteigen, werden die Rohlinge zu Biskuitfliesen gebrannt. Hierbei entsteht aus dem gepressten, brüchigen Rohling ein fester, poröser keramischer Scherben. Das Brennen erfolgt im herkömmlichen *Tunnelofen* oder beim moderneren *Flachbrandverfahren* im Rollenofen.

Im Tunnelofen werden die Rohlinge auf feuerfesten Wagen übereinander gestapelt, die in einer ununterbrochenen Kolonne in etwa 2 Tagen einen mehr als 100 m langen Ofen durchfahren. Im ersten Drittel des Ofens werden die Rohlinge langsam aufgeheizt, bevor sie im zweiten Drittel (der eigentlichen Brennzone) bei einer Höchsttemperatur von etwa 1200 °C gebrannt werden. Im letzten Teil des Ofens verringert sich die Temperatur allmählich, so dass sich die Scherben – auch Biskuitfliesen genannt – langsam abkühlen können.

Beim Flachbrand im Rollenofen dauert das Brennen nur ca. eine Stunde. Die Rohlinge werden einzeln flach ausgelegt – wie Gebäckplätzchen auf einem Backblech. Ihre Unterlage sind dicht hintereinander liegende feuerfeste Rollen, die die Rohlinge durch einen langen, flachen, kastenförmigen Ofen transportieren. Auch hier wird die Hitze langsam gesteigert. Da die Fliesen einzeln liegen, werden sie gleichmäßig, schnell und damit wirtschaftlich gebrannt.

> Überlegen Sie, warum man die Biskuits nicht nach dem Brennen sofort an der Luft abkühlen lässt. Warum sind Tunnel- und Rollenöfen 100 und mehr m lang?

Glasieren. Die Glasurmasse besteht aus feingemahlenem, in Wasser aufgeschlämmtem Glas. Die Biskuitfliesen werden einzeln auf einem Förderband unter Glasurbehältern hindurch befördert. Dabei fließt in einem dünnen Schleier die Glasurschlämme auf den Scherben, der das Wasser sofort aufsaugt, so dass die Glasteilchen seine Oberfläche dicht bedecken. Die glasierten Fliesenscherben werden im Flachbrand- oder Tunnelofen ein zweites Mal bei etwa 1100 °C gebrannt (Glasur- oder Glattbrand). Bei dieser Temperatur verschmilzt das Glas mit dem Scherben. Auch beim Glattbrand müssen die Fliesen langsam abkühlen, damit keine Risse entstehen. Für das Brennen im Tunnelofen werden die glasierten Biskuitfliesen mit Abstand zueinander in Kassetten aus Schamotte gestapelt (1.4).

1.3 Steinzeugfliesen (STG) und Irdengutfliesen (IG)

1.4 Kassetten mit glasierten Biskuitfliesen vor Glasurbrand im Tunnelofen

Sortieren. Schon vor dem Glasieren wurden in einer ersten Kontrolle schadhafte Biskuits aussortiert. Nach dem Glasurbrand vergleicht man durch einzelne Proben von verschiedenen Stellen der Brennwagen die Farbtönung mit früheren Bränden. Jeder Brand fällt nämlich anders aus. So können z. B. die elfenbeinfarbenen Wandfliesen eines Werks durchaus in 5 oder 10 verschiedene Farbtönungen eingeteilt sein. Jede einzelne Wandfliese wird durch genaues Betrachten auf Fehler untersucht, während sie auf einem Förderband vorbeiläuft. Fehlerhafte Fliesen werden aussortiert und der Mindersortierung zugeordnet. Die Fliesen der ersten Wahl erhalten auf ihrer Rückseite ein Pfeilkreuz ⟷ oder ⊠ als Stempel; ihre Verpackung hat rote Schrift und/oder einen roten Klebestreifen als Kennzeichen. Die Mindersortierung ist mit „MS" o. ä. gestempelt und hat eine blau gekennzeichnete Verpackung. Diese Fliesen weisen nur Schönheitsfehler auf (z. B. Glasurflecken oder -körner, Kantenfehler, Maß- und Farbabweichungen), ihr technischer Gebrauchswert ist nicht eingeschränkt.

1.3.2 Eigenschaften

Durch ihre Glasur werden Steingutfliesen wasserdicht und schmutzabweisend, sie sind daher leicht zu reinigen und zu desinfizieren. Fliesenbeläge sind hygienisch und sauber. Glasuren sind lichtecht, sie verändern ihre Farbtönung auch bei UV-Strahlung nicht. Fliesen sind geruchsfrei und nicht brennbar; sie altern und verrotten nicht, behalten stets ihre ursprüngliche Schönheit und sind unempfindlich gegen Feuchtigkeit und übliche, im Haushalt verwendete Chemikalien wie Seifen, Badesalze, Laugen und leichte Säuren. Im Gegensatz zum Scherben ist die Glasur sogar (wie Glas allgemein) weitgehend säurebeständig; sie wird nur von der Flusssäure angegriffen. Der Fliesenoberfläche gibt die Glasur eine hohe Ritzhärte, die den Belag unempfindlich gegen Kratzer und Beschädigungen macht.

> Versuchen Sie, mit einem Nagel aus Stahl a) die Glasur einer Wandfliese, b) den Fliesenscherben, c) gewöhnliches Fensterglas zu ritzen. Was ist härter – Glas oder Stahl?

Haarrisse in der Glasur konnten früher entstehen, wenn sich die Glasur und Scherben beim Abkühlen nach dem Glasurbrand verschieden stark zusammenzogen. Diese Ursache haben die Keramiker heute ausgeschaltet. Dagegen kann man bei manchen Glasuren (besonders bei Selen- und Cadmiumverbindungen) das Entstehen feiner Haarrisse nach dem Ansetzen der Fliesen nicht ausschließen. Zwischen Scherben und Glasur entstehen Spannungen, weil der Scherben – nicht die wasserdichte Glasur – durch die Wasseraufnahme quillt. Haarrisse sind kein Grund zu Beanstandungen, denn sie mindern weder die Qualität des Fliesenbelags noch seine Dichtheit und Unempfindlichkeit. Der Hersteller

Tabelle **1.5** Werdegang der Steingutfliesen

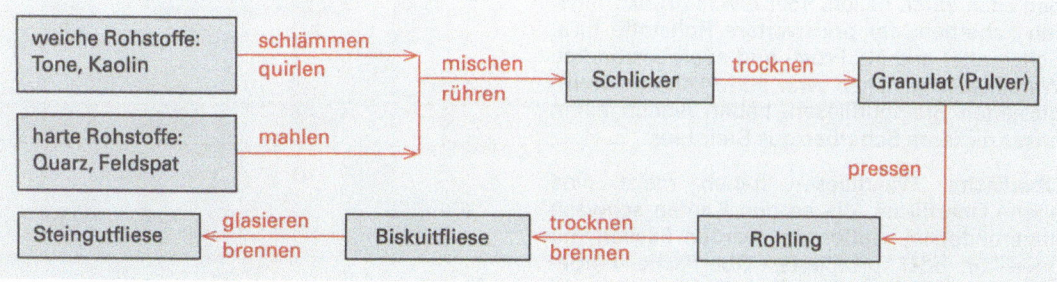

muss aber bei solchen Glasuren auf die möglichen Haarrisse hinweisen, und der Fliesenleger sollte seine Kunden darauf aufmerksam machen. Bei Fliesen mit alten Bildmotiven (z. B. bei nachgeahmten Delfter Fliesen) werden Glasurrisse sogar beabsichtigt, um den Anschein echter, alter Keramik zu erwecken.

Maßgenauigkeit. Feinkeramische Fliesen sind sehr maßgenau und können daher mit nur 2 bis 3 mm breiten Fugen angesetzt werden. Die Länge der Kanten, die Rechtwinkligkeit sowie die Ebenheit der Oberfläche dürfen höchstens ± 0,5% vom Sollmaß abweichen (EN 159, Tab. **1.3**).

Wasseraufnahme. Steingut und Irdengut sind ungesinterte Feinkeramik. Sie sind Fliesen mit hoher Wasseraufnahme (Gruppe B III nach EN 87), denn der poröse Scherben nimmt 10 bis 15 Gew.-% Wasser auf, das sind etwa 25 Vol.-%. Diese Porigkeit sorgt für eine gute Verzahnung zwischen Ansetzmörtel und Fliese. Aber sie ist gleichzeitig Ursache dafür, dass Steingut nicht frostbeständig ist. Steingutfliesen saugen Wasser in ihre Poren; bei Frost zersprengt das gefrierende Wasser den Scherben, weil Eis ein größeres Volumen als Wasser einnimmt.

Frostschäden an Fliesen und Platten erkennt man an muldenförmigen, oft nur fingernagelgroßen abgesprengten Stücken von Glasur und Scherben. Porige Baustoffe können auch durchaus frostbeständig sein. Entweder verbleibt genügend großer nicht mit Wasser gefüllter Porenraum, in den sich das Eis ausdehnen kann (z. B. bei Vormauerziegeln), oder der Hohlraumanteil des Scherbens lässt nur eine geringe Wasseraufnahme zu, so dass die Festigkeit des Scherbens ausreicht, dem Druck des gefrierenden Wassers zu widerstehen (z. B. Spaltplatten).

1.3.3 Arten

Scherben. Der „normale" Scherben ist weiß und 4,5 bis 6 mm dick. Daneben gibt es die rötlichbraunen oder gelb-braunen, meist etwas dickeren Scherben ohne Kaolin (Irdengut) und die weniger gebräuchlichen Industriefliesen. Diese haben auch einen hellen, aber etwas grobkörnigeren Scherben, der preiswertere Rohstoffe (u. a. Schamotte) enthält. Frost- und säurebeständige Wandfliesen gleichen zwar äußerlich den weißglasierten Steingutfliesen, haben jedoch einen etwas dickeren Scherben aus Steinzeug.

Oberfläche. Wandfliesen haben meist eine ebene Oberfläche, die an den Kanten schwach abgerundet ist. Außerdem werden Fliesen mit gewellter oder profilierter Oberfläche hergestellt. Dazu gehören die Reflexfliesen mit ihren

 C 120 curry

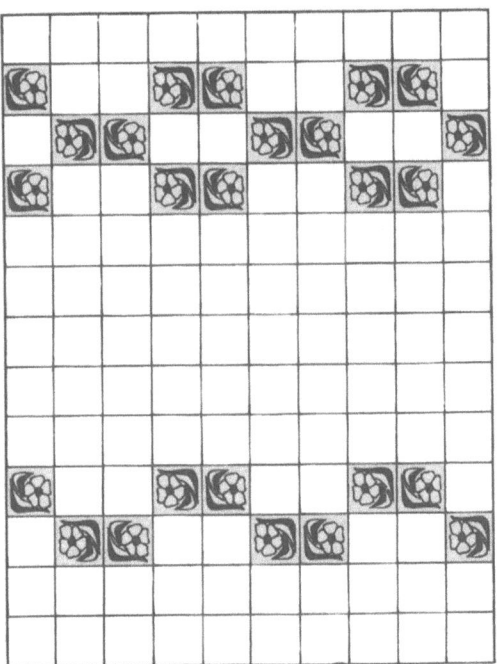

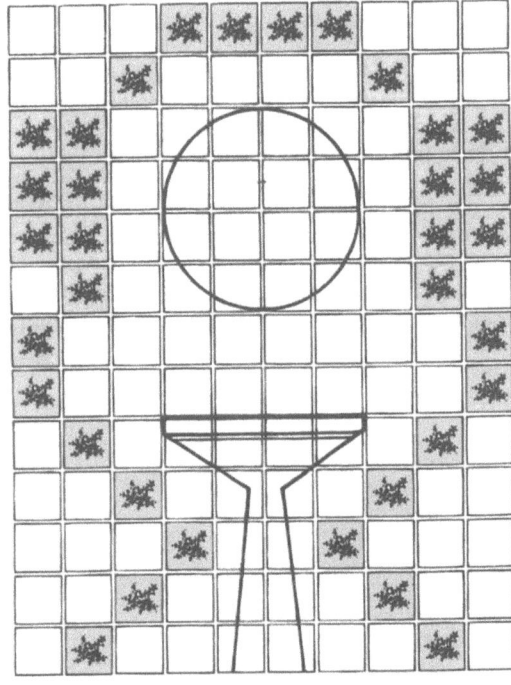

1.6 Verlegebeispiele für Dekor- und Füllfliesen

1.3 Steinzeugfliesen (STG) und Irdengutfliesen (IG)

Vertiefungen (z. B. in Form von Kugelabschnitten oder Pyramiden) oder stegförmigen Erhebungen.

Glasuren. Arten und Farben der Glasuren sind sehr vielfältig und wechseln mit dem Zeitgeschmack. Üblich ist eine grobe Unterteilung in die drei (Preis-)Gruppen: a) weiß und elfenbein, b) farbig und c) dekoriert.

Die Glasuren können deckend (Deck- oder Opakglasuren) oder durchscheinend (Transparentglasuren) sein. Fliesen mit Transparentglasuren bekommen kurz nach dem Ansetzen infolge des aufgesaugten Mörtelwassers eine dunkle Färbung, die nach und nach verblasst und verschwindet. Durchfeuchtete Wände oder Verunreinigungen im Mörtel können sichtbare Flecken im Fliesenscherben hervorrufen.

Man unterscheidet weiter glänzende, halbmatte und matte Glasuren.

Majolikafliesen haben glänzende Farbglasuren ohne Dekor, die einfarbig (uni) oder geflammt sind, z. B. uni-blau und blau-geflammt.

Dekorfliesen werden meist im Siebdruck hergestellt. Dabei rollt man die keramische Farbe (aus Metalloxiden) für das Dekor aus dem Inneren einer Walze durch ein Sieb auf den gebrannten Scherben auf. Bei mehrfarbigen Dekoren wiederholt sich dieser Vorgang entsprechend oft hintereinander. Zum Schluss wird die transparente Überglasur aufgespritzt (Unterglasurdekor). Möglich ist auch das Aufbringen des Dekors auf die bereits vorhandene Grundglasur (Überglasurdekor). Füllfliesen haben dieselbe Grundglasur wie die zugehörigen Dekorfliesen; durch ihre Kombination kann man Wände auf hübsche und persönliche Weise gestalten (1.6). Häufiger als in 1.6 gezeigt, werden Dekorfliesen als unregelmäßige Einstreuung verwendet. Dabei sollen die (teuren) Dekorfliesen nur an später gut sichtbaren Stellen angesetzt werden. Man rechnet i. Allg. mit 2 bis 5 % Dekoreinstreuungen.

1.3.4 Formate und Formen

Formate. Steingutfliesen werden als Quadrate und Rechtecke in verschiedenen Größen hergestellt. Seit Jahrhunderten bekannt ist das Format 15 x 15. Die Fliesenwerke können jederzeit neue Formen und Größen herausbringen. Die meisten Formate (z. B. M 20 x 10 und M 20 x 20) haben Modulformat. Das bedeutet, dass ihr Werkmaß um die Fugenbreite kleiner ist als das modulare Nennmaß, z. B. 19,8 statt 20. So kann man beim Ansetzen dieser Fliesen ein Raster von 10 oder 20 cm einhalten. Das erleichtert das Einteilen der Fliesenbeläge und das Ermitteln der Ausgleichstreifen.

Formen. Die früher üblichen Rundungsfliesen – Abdeck- und Eckfliesen – werden nur noch für Sonderaufträge hergestellt. Statt dessen fertigen manche Werke für die Ränder von Wandbelägen Fliesen mit überglasierten Kanten. Für Außenecken liefern einige Hersteller „Jollies". Ein Jolly ist eine Fliese, die an einer Kante eine 45°-Fase hat, so dass rechtwinklige Außenecken mit 2 Jollies auf Gehrung ausgebildet werden (1.7).

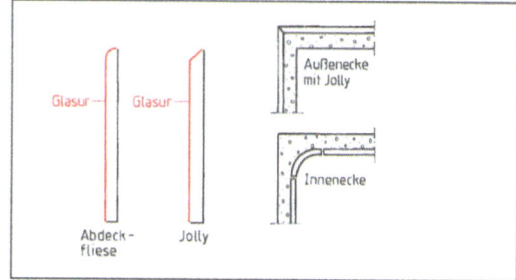

1.7 Besondere Fliesenformen

Zu manchen Fliesen gibt es auch viertelkreisförmige Kehlleisten für die besondere Gestaltung von Innenecken. Sehr beliebt sind die zu fast allen Fliesen angebotenen passenden Dekorleisten für umlaufende Bordüren in verschiedensten Breiten (von ca. 1 bis ca 7 cm). Neben Zierstreifen mit rechteckigem Querschnitt gibt es auch vielfältige vorstehende Profile, z. B. wulstartige Vorsprünge.

Formstücke für Baderaumteile (Seifenschalen, Schwammschalen, Rollenhalter, Kleiderhaken usw.) werden kaum noch verwendet und sind nur noch bei einigen Fliesenherstellern nach Sonderbestellung zu bekommen.

> Steingut- und Irdengutfliesen sind glasierte, feinkeramische Wandfliesen mit kristallinem porösen Scherben mit hoher Wasseraufnahme (Gruppe B III nach EN 87). Sie sind schmutzabweisend und hygienisch, unempfindlich gegen Feuchtigkeit und Haushaltschemikalien, kratzfest, maßgenau, aber nicht frostsicher. Ihre Glasur- und Dekorfarben werden durch Metalloxide bestimmt.
>
> Wandfliesen werden in 1. Sortierung in rot gekennzeichneter Verpackung und einem Pfeilkreuz als Stempel sowie als Mindersortierung (M-Sorte, Kennfarbe: blau) geliefert. Vorzugsformat ist 15 x 15, die meisten Größen werden in modularen Formaten geliefert.

1.4 Steinzeugfliesen (STZ)

1.4.1 Herstellung

Steingut (STG) – Steinzeug (STZ). Feinkeramische Fliesen aus Steinzeug und Steingut haben einen feinkörnigen, kristallinen Scherben, der aus trocken gepressten Rohlingen gebrannt wurde. Im Gegensatz zu Fliesen mit hoher Wasseraufnahme (STG und IG) haben Steinzeugfliesen einen dichten Scherben mit geringer Wasseraufnahme, die nach EN 176 höchstens 3 Gew.-% betragen darf. Oft wird dieser Wert weit unterschritten; manches fein aufbereitete Steinzeug nimmt weniger als 0,5 Gew.-% Wasser auf. Dieses Feinsteinzeug gilt nach EN 176 als vollständig dicht gesintert. Die Rohstoffe für Steingut und Steinzeug sind im wesentlichen dieselben, jedoch enthält der Versatz für Steinzeug mehr Feldspat (bis 40%), oft auch Schamotte und weniger oder gar kein Kaolin. Auch die Aufbereitung der Rohstoffe und das Pressen der Rohlinge erfolgen in ähnlicher Weise.

Glasieren und Brennen. Man unterscheidet unglasierte Steinzeugfliesen (STZ-UGL) und glasierte (STZ-GL). Beide Arten werden nur einmal gebrannt. Die Glasur wird also vor dem Brennen auf den Rohling aufgebracht. Solche Glasuren heißen Scharffeuerglasuren. Beim Brennen steigt die Temperatur im Tunnelofen über die Sintergrenze bis etwa 1350 °C. Dabei schmilzt der Feldspat und fließt in die Poren des Scherbens. Die anderen Stoffe bleiben fest, so dass der Scherben seine Form behält. Dieses teilweise Schmelzen nennt man *Sintern*.

Sortieren. Glasiertes Steinzeug wird als 1. Sortierung und als Mindersortierung geliefert und durch entsprechenden Stempelaufdruck auf den Fliesenkanten sowie die Farbe der Verpackung gekennzeichnet (wie bei Wandfliesen). Unglasiertes Steinzeug gibt es in drei Sortierungen (1.8).

Tabelle 1.8 Sortierung von unglasiertem Steinzeug

Sorten	Stempelaufdruck	Verpackung
1. Wahl	1. Sorte	rot
2. Wahl	2. Sorte	blau
3. Wahl	3. Sorte oder Mindersortierung	grün

1.4.2 Eigenschaften

Wenn man sich einer Baustelle nähert, kann man manchmal den Fliesenleger schon von weitem hören, wie er Bodenfliesen schlägt oder trennt. In dem klaren, hellen, lauten Klang wird die dichte und feste Struktur des Steinzeugs auf hörbare Weise deutlich.

Festigkeit und Beständigkeit. Steinzeugfliesen haben auf Grund der Sinterung ein festes, dichtes und frostsicheres Gefüge und eine Oberfläche von großer Härte. Unglasiertes Steinzeug lässt sich nicht mit spitzem Stahl oder mit Glas ritzen; die Ritzhärte liegt meist zwischen 6 und 8 der Härteskala nach *Mohs* (1.9). Da die Fliesen auch außerordentlich widerstandsfähig gegen Abrieb und Verschleiß sind, nutzen sich Bodenbeläge aus ihnen so gut wie gar nicht ab und werden auch nicht durch Kratzer beschädigt. Außerdem hat Steinzeug einen Scherben von durchgehend einheitlicher Färbung, so dass die Fliesen selbst bei einem Abrieb stets ihre Farbe behalten. Kein Baustoff übertrifft Steinzeug an Lebensdauer und Verschleißfestigkeit. Steinzeug ist säure- und laugenbeständig (außer Flusssäure) und wird deshalb auch für Labortische und Auskleidungen von Becken und Behältern verwendet. Als weitere Eigenschaften werden in EN 176 eine Biegezugfestigkeit von mindestens 25 N/mm^2, Temperaturwechselbeständigkeit und Lichtechtheit gefordert. Ferner eine Oberfläche, die desinfizierbar, frei von Scherbenrissen und von sichtbaren Fehlern (z. B. Farbfehler, Blasen, Löcher, Ausbrüche, Befall, Flecken, abgestoßene Kanten, Absplitterungen) ist.

Tabelle 1.9 Härteskala nach Mohs

Talk	Härte 1	Feldspat	Härte 6
Gips	Härte 2	Quarz	Härte 7
Kalkspat	Härte 3	Topas	Härte 8
Flussspat	Härte 4	Korund	Härte 9
Apatit	Härte 5	Diamant	Härte 10

Glasiertes Steinzeug hat eine völlig dichte Oberfläche, auf der sich weder Schmutz halten noch Flecken bilden können. Allerdings sind sie weniger widerstandsfähig gegen Abnutzung und Kratzer als unglasierte Fliesen. Nach EN 154 werden glasierte Fliesen und Platten in einem genormten Schleifverfahren auf ihren Widerstand gegen Oberflächenverschleiß geprüft. Je nach der Dauer der Beanspruchung bis zu einem bestimmten Verschleißbild werden die Platten in 4 Verschleißklassen – auch Abriebgruppen genannt – eingeteilt:[1]

Klasse I (bis 150 Umdrehungen) für Beläge mit sehr leichter Beanspruchung; für Böden, die wenig und nur barfuß oder mit Hausschuhen begangen werden (Bad, Dusche).

---

[1] Der Normentwurf erweitert die Abriebgruppen um die Klasse V

Klasse II (bis 500 Umdrehungen)	für Beläge mit leichter Beanspruchung, z. B. in privaten Bädern und Toiletten. Fliesen können durch Sandkörner verkratzt werden.	
Klasse III (bis 1500 Umdrehungen)	für Beläge mit mittlerer Beanspruchung; für alle Böden einer Wohnung einschließlich der Balkone.	
Klasse IV (über 1500 Umdrehungen)	für Beläge mit stärkerer Beanspruchung; auch für Böden, die oft und mit schmutzigem Schuhwerk begangen werden. Für Eingänge, Gaststätten, Geschäfte und Räume mit Publikumsverkehr sollte man glasiertes Steinzeug nur aus dieser Gruppe wählen; als zusätzlicher Schutz des Bodens sollte im Eingangsbereich eine Fußmatte oder ein Rost eingebaut werden.	

Kratzprobe. Die Einteilung glasierter Bodenfliesen, Klinker- und Spaltplatten in die vier Gruppen erfolgt nach normgerechter Prüfung. Man kann aber selbst die Ritzhärte der Oberfläche durch eine einfache Kratzprobe prüfen, indem man die Glasur mit einem Nagel, einer Glasscherbe oder mit der Kante eines Steinzeugscherbens zu ritzen versucht.

Geschliffene und polierte Bodenfliesen aus unglasiertem Feinsteinzeug haben eine schöne, oft spiegelglänzende Oberfläche. Mit ihrer hohen Härte und sehr geringen Wasseraufnahme vereinigen sie beste technische Eigenschaften mit schönem Aussehen.

Verwendung. Steinzeugfliesen werden vornehmlich als Bodenfliesen innen und außen verwendet. Sie eignen sich auch für Fassadenverkleidungen sowie für alle säure- und frostbeständigen Beläge.

1.4.3 Arten und Formen

Farbstruktur. Bei unglasiertem Steinzeug unterscheidet man einfarbige, geflammte und porphyrierte (= gesprenkelte) Fliesen, z. B. uni-gelb, gelb-geflammt und gelb-porphyr oder uni-grau, grau-geflammt und grau-porphyr. Bei porphyrierten Fliesen werden vor dem Brennen zwei farblich verschiedene Rohstoff-Komponenten mit einer Korngröße von etwa 1,5 mm gemischt und zu Rohlingen gepresst. Bei geflammten Fliesen wird in die Aussparungen des Pressentisches zunächst das erste Rohstoffpulver locker eingefüllt, dann das zweite unregelmäßig aufgestreut. Die Mischung wird mit einem Schieber abgestrichen und anschließend gepresst.

Die Hersteller bieten Quadrate und Rechtecke in vielen Größen an. Manche sind, wie alle anderen Formen (Mosaik, Riemchen, Sockelfliesen, Treppenfliesen, Rinnenfliesen, Sechsecke, Achtecke, Florentiner, Rundfliesen usw.) in den Abmessungen nicht genormt. DIN EN 176 nennt als modulare Vorzugsmaße nur M 10 x 10, M 15 x 15, M 20 x 10, M 20 x 15, M 20 x 20, M 30 x 30.

Mosaik wird in vielfältigen Formen und Größen hergestellt. Die Plättchen sind, meist mit Hilfe von Bändern oder Netzen, zu 30 bis 60 großen Tafeln zusammengefasst, die das Verlegen erheblich erleichtern. Allerdings wird bei dieser üblichen rückseitigen Verklebung die Mörtelhaftung stellenweise gemindert. Die vorderseitige Verklebung mit (durchsichtigem) Papier vermeidet diesen Nachteil; sie beansprucht jedoch mehr Arbeitszeit, weil Papier und Klebstoff ja nach dem Verlegen entfernt werden müssen. Vorteilhaft ist eine punktförmige Verbindung der Plättchen untereinander, bei der eine weiche, kaugummiähnliche Klebmasse rückseitig in die Fugenkreuzungen gedrückt wurde. Man unterscheidet bei Rechtecken und Quadraten:
- **Kleinmosaik**, z. B. 1 x 1, 2 x 2 cm;
- **Mittelmosaik**, z. B. 4,2 x 4,2, 5 x 5, 7,5 x 7,5 cm;
- **Stab- oder Rechteckmosaik**, z. B. 2 x 4,2 cm;
- **Kombimosaik**, aus Klein-, Mittel- und Stabmosaik, z.B. aus 2 x 4,2, 2 x 2 und 4,2 x 4,2 cm.

Daneben gibt es weitere vieleckige, runde und gerundete Formen, z. B. Mikromosaik, Florentinermosaik und Rundmosaik (Pfennigmosaik).

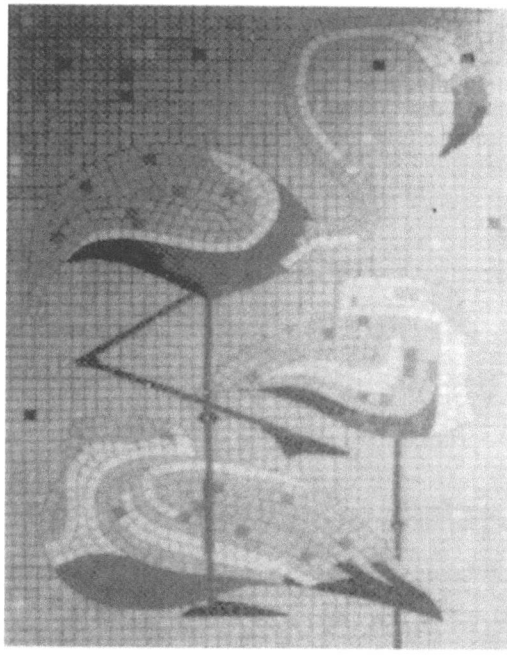

1.10 Mosaikbild

Ornamente und Mosaikbilder (1.10) werden nach farbigen Bildvorlagen aus den üblichen Formaten zusammengesetzt, wobei viele Plättchen von Hand bearbeitet werden müssen. Solches bildhafte Mosaik wird als *Stiftmosaik* bezeichnet.

Als Riemchen bezeichnet man rechteckige Fliesen, bei denen das Verhältnis der Kantenlängen mindestens 3:1 beträgt (z. B. 5 x 20 und 6 x 25 cm).

Bei Sechsecken gibt man als Abmessungen die Kantenlängen des umschriebenen Rechtecks an, z. B. 10 x 11,5 und 15 x 17 cm. Als Randplatten werden halbe Sechsecke (spitze und stumpfe) geliefert (1.11).

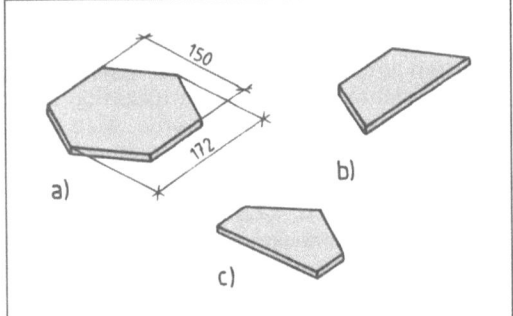

1.11 Sechseckfliesen 15 x 17 cm

Als Sockelfliesen kann man die üblichen Bodenfliesen und Riemchen sowie besondere Formen verwenden. Man unterscheidet dabei geraden Sockel mit und ohne Fase, Hohlkehlsockel mit und ohne Fase sowie Berlinsockel (1.12). Zu Sockelfliesen mit Fase gibt es rechte und linke Außenecken als Formstücke, zu Hohlkehlsockel Innen- und Außenecken.

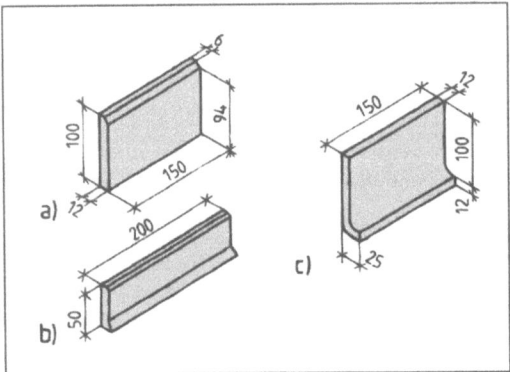

1.12 Sockelfliesen
a) gerader Sockel mit Fase 10 x 15 cm
b) Berlinsockel 5 x 20 cm
c) Kehlsockel ohne Fase 10 x 15 cm

1.4.4 Trittsichere Bodenfliesen

Viele Unfälle zu Hause, in Badeanstalten und Betrieben werden durch Ausgleiten auf nassen oder durch Fett oder durch Nahrungsmittel verschmutzten Böden verursacht. Die Berufsgenossenschaften fordern deshalb für Betriebsräume mit erhöhter Rutschgefahr und für nassbelastete Barfußbereiche (s. Abschn. 15.3) Bodenbeläge mit rutschhemmender Oberfläche.

Erhöhte Rutschgefahr besteht immer auf Belägen, die ständig oder häufig nass sind oder durch Gleitmittel (wie Fett, Saucen, Obst u. ä.) verschmutzt werden können. In solchen Räumen muss der Bodenbelag eine raue oder profilierte Oberfläche aufweisen. Hierzu zählen gekörnte und geriffelte Fliesen, Rillen-, Nocken- und Stegfliesen (1.13). Auch (unglasiertes) Mosaik bietet durch sein enges Fugennetz eine erhöhte Trittsicherheit.

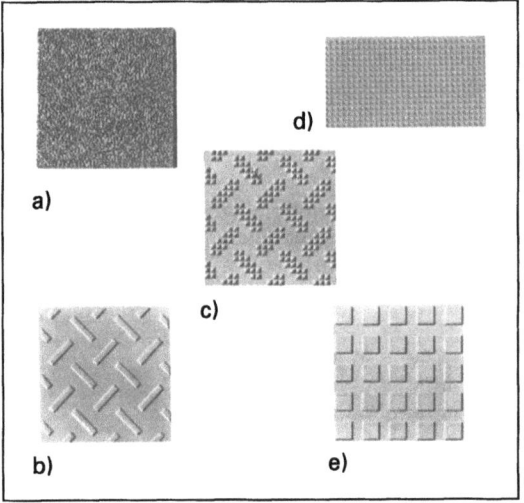

1.13 Trittsichere Bodenfliesen
a) gekörnt, b) Stegfliese, c) Spitzkorn mit Verdrängungsraum, d) Spitzkorn (Waffelfliese), e) Nocken

In einigen gewerblichen Bereichen – z. B. in Schlachthäusern, Metzgereien, Großküchen, Molkereien, Konservenfabriken – werden trittsichere Bodenfliesen mit Verdrängungsraum zwischen den Erhebungen auf der Oberfläche verlangt. In diesen Zwischenraum werden Obst-, Gemüse-, Fleisch-, Fettstücke o. ä. gequetscht, wenn man darauf tritt, so dass das Schuhwerk noch an den herausragenden Erhebungen Halt findet (1.14). Auch Spitzkorn und Waffelfliesen haben durch ihre deutlich vorstehenden pyramidenförmigen Erhöhungen genügend Verdrängungsraum.

1.5 Grobkeramische Platten

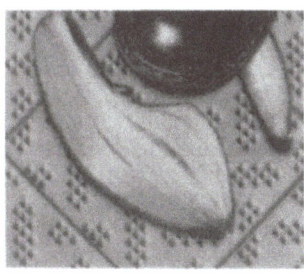

1.14 Trittsichere Bodenfliesen mit Verdrängungsraum

Messung der Rutschhemmung. Je nach ihrer Rutschsicherheit werden Bodenbeläge für Arbeitsräume mit erhöhter Rutschgefahr vom Berufsgenossenschaftlichen Institut für Arbeitssicherheit (BIA) in 4 Gruppen eingeteilt (1.15, 1.16), nachdem sie im Auftrag des Herstellerwerkes durch das Begehungsverfahren auf einer schiefen Ebene geprüft worden sind. Bei dieser Prüfung geht eine Person mit genau definiertem Schuhwerk vorwärts und rückwärts auf dem eingeölten Belag. Die Bodenfläche wird immer mehr geneigt, bis das Begehen nicht mehr fortgesetzt werden kann. Jetzt misst man den Neigungswinkel und ordnet die Platten in die entsprechende Bewertungsgruppe R 10 bis R13 ein.

Tabelle **1.15** Bewertung der Rutschhemmung

Bewertungsgruppe	Neigungswinkel
R 10	10° bis 19°
R 11	> 19° bis 27°
R 12	> 27° bis 35°
R 13	> 35°

Das BIA erstellt ein Prüfungszeugnis und nimmt die Platten in die Liste der rutschhemmenden Bodenbeläge auf. Für jeden Boden in gewerblichen Räumen mit erhöhter Rutschgefahr wird ein Bodenbelag aus einer bestimmten Bewertungsgruppe verlangt (z. B. für Wurstküchen Fliesen aus R 13 und V 8).

Tabelle **1.16** Verdrängungsraum-Bewertung

Bezeichnung	Verdrängungsraum Mindestvolumen in cm³/dm²
V 4	4
V 6	6
V 8	8
V 10	10

Steinzeugfliesen sind feinkeramische, gesinterte Bodenfliesen mit geringer Wasseraufnahme (≤ 3 Gew.-%). Sie sind sehr hart, fest, haltbar, farb-, frost- und säurebeständig.

Unglasierte Steinzeugfliesen (STZ-UGL) gibt es mit einfarbiger, porphyrierter und geflammter Farbstruktur. Ihre Oberfläche kann eben oder wegen erhöhter Trittsicherheit auf vielfältige Weise profiliert sein.

Glasierte Steinzeugfliesen (STZ-GL) werden je nach ihrer Widerstandsfähigkeit gegen die Abnutzung der Glasur in die Gruppen I bis IV eingeteilt.

1.5 Grobkeramische Platten

1.5.1 Spaltplatten

Herstellung. Als Rohstoffe dienen hochwertige Tone und mineralische Zuschläge, z. B. Quarzsand und Schamottemehl. Um eine gleichbleibende Qualität zu erreichen, müssen die Tone aus verschiedenen Lagerschichten sorgsam gemischt werden, damit sich die zufälligen natürlichen Unregelmäßigkeiten der Tonmasse ausgleichen. Nach dem Mischen, Mahlen und Trocknen mischt man das Tonmehl mit den Zuschlagstoffen und Wasser. Im Gegensatz zu Steingut und Steinzeug werden die Rohlinge nicht aus trockenem Pulver, sondern aus der feuchten, plastischen Masse stranggepresst. Dabei wird die Masse durch eine Vakuumpresse hoch verdichtet und durch ein Mundstück gepresst, das dem Tonstrang die Querschnittsform gibt. Elektronisch gesteuerte Abschneider trennen vom endlosen Strang die Rohlinge im gewünschten Format ab. Bei Spaltplatten und Spaltklinkern entstehen dadurch jeweils „Zwillinge" – zwei Platten, die zwar auch in Längsrichtung durchgeschnitten werden, aber durch die Klebkraft des Tones aneinander haften. Erst nach dem Brennen werden sie werkseitig gespalten (daher der Name Spaltplatten). Die Rohlinge werden getrocknet, mit Abstand zueinander auf die Brennwagen gestapelt und im Tunnelofen bei Temperaturen zwischen 1100 und 1300 °C gebrannt.

Es gibt auch Spaltplatten als stranggepresste Einzelplatten. Diese können dann auch im Rollenofen gebrannt werden. Glasierte Spaltplatten haben fast immer eine Scharffeuerglasur; Scherben und Glasur werden also auf einmal gebrannt.

Eigenschaften. Spaltplatten sind frost- und säurebeständig (außer Flusssäure) und weisen höhere Werte sowie größere Bruch- und Stoßfestigkeit als Steingutfliesen auf. Beim Brennen schwinden jedoch die nass gepressten, grobkeramischen Rohlinge weit stärker als die trocken gepressten von Steingut und Steinzeug. Spaltplatten und Klinker sind daher weniger maßgetreu in Abmessungen, Winkeln, Ebenheit und Geradheit der Kanten. So erlaubt die DIN EN 121 auch Abweichungen der Längen- und Breitenmaße sowie der Rechtwinkligkeit von ± 1,25%, des Dickenmaßes bis zu ± 10%. Die Ebenheit der Fläche und die Geradheit der Kanten dürfen bis zu 0,5% abweichen. Spaltplatten mit grau-weißem, hellem Scherben dürfen höchstens 3 Gew.-% Wasser aufnehmen, solche mit farbigem Scherben bis 6 Gew.-%. Spaltplatten brauchen also nicht dichtgesintert zu sein und können daher eine gewisse Saugfähigkeit aufweisen, die zur Mörtelhaftung beiträgt (s. Abschn. 2.1). Wesentlicher ist jedoch die Verzahnung des Mörtels zwischen den schwalbenschwanzförmigen Stegen der Rückseiten. Für die Dünnbettverlegung bieten die Hersteller Platten mit geringer Profilierung der Rückseite an.

Arten, Formen, Formate. Spaltplatten und -riemchen werden als glasierte und unglasierte Wand- und Bodenplatten hergestellt und in 2 Güteklassen – überwiegend jedoch in 1. Sorte – geliefert. Bei der 1. Sorte muss jede Platte mit einer roten Farbmarkierung versehen sein. Die Glasur von Bodenplatten teilt man je nach ihrer Abriebfestigkeit in eine der 4 Verschleißklassen (wie bei STZ-GL) ein. Die Abmessungen von Platten und Riemchen haben Modulmaß; die genormten Vorzugsmaße zeigt Bild **1**.17. Als besondere Formplatten werden u.a. hergestellt: Treppenplatten (wie in **11**.16c und d), Balkonabdeckplatten (**12**.3), Fenstersohlbanksteine und Fahrbahnbegrenzungssteine (**1**.18a und b). Aus demselben grobkeramischen Material wie Spaltplatten bestehen die beidseitig glasierten Trennwandsteine (s. Abschn. 14.4, Bild **14**.12) und die vielfältigen Formsteine für den Bäderbau, z.B. Beckenrandsteine, Rinnensteine, Akustiksteine (Schallschlucksteine, **1**.16c bis h).

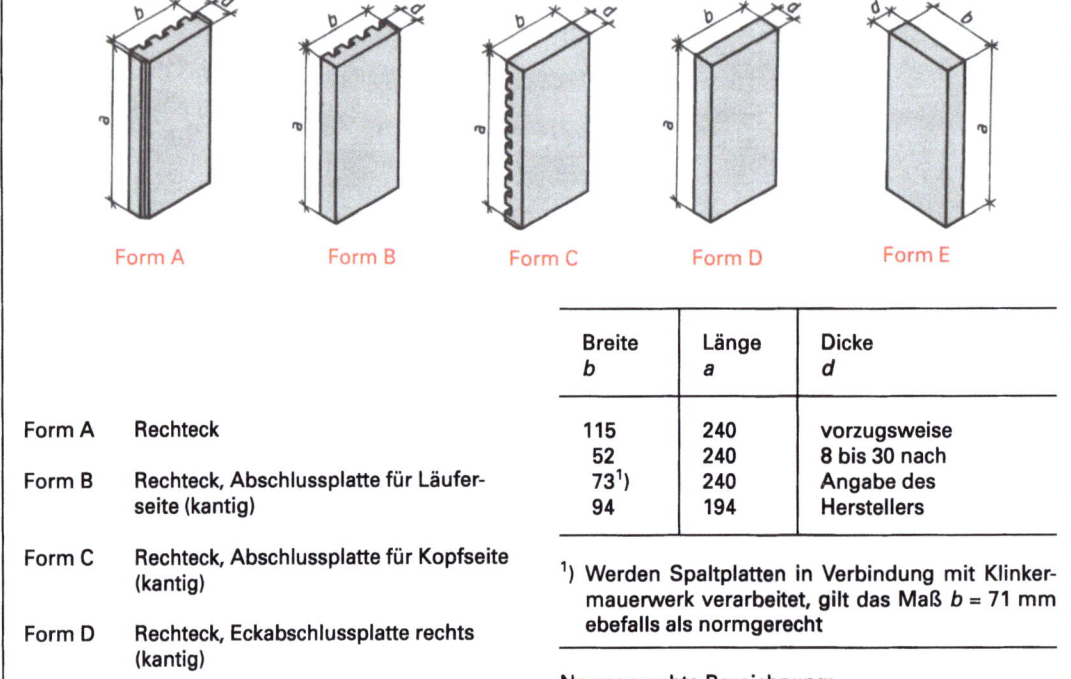

		Breite b	Länge a	Dicke d
Form A	Rechteck	115	240	vorzugsweise
		52	240	8 bis 30 nach
Form B	Rechteck, Abschlussplatte für Läuferseite (kantig)	73[1]	240	Angabe des
		94	194	Herstellers
Form C	Rechteck, Abschlussplatte für Kopfseite (kantig)			
Form D	Rechteck, Eckabschlussplatte rechts (kantig)			
Form E	Rechteck, Eckabschlussplatte links (kantig)			

[1]) Werden Spaltplatten in Verbindung mit Klinkermauerwerk verarbeitet, gilt das Maß b = 71 mm ebefalls als normgerecht

Normgerechte Bezeichnung:
Spaltplatte EN 121 A I,
M 25 x 12,5 cm (W 240 x 115 mm), GL

1.17 Vorzugsformate der Spaltplatten

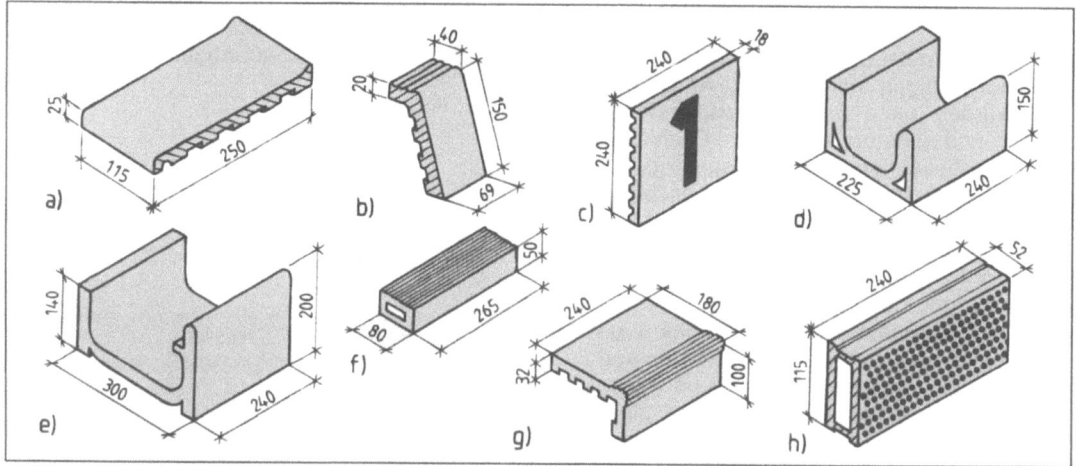

1.18 Formplatten aus Grobkeramik
a) Sohlbankstein mit Aufkantung, b) Fahrbahn-Begrenzungsstein, c) Nummernplatte, d) Überlaufrinne,
e) Überflutungsrinne, f) Steigleitersprossenstein, g) Beckenrandstein, h) Schallschluckstein

1.5.2 Bodenklinkerplatten

Klinkerplatten sind gesinterte, grobkeramische, meist unglasierte Platten. Man stellt sie vorwiegend aus rot- oder braunbrennenden Tonen und mineralischen Zuschlägen her. Dabei wird die aufbereitete grobkeramische Masse, ähnlich wie bei Steinzeug, unter hohem Druck in der Stempelpresse gepresst und anschließend bis zur Sinterung gebrannt. Bodenklinkerplatten haben rechteckigen Querschnitt von 1,2 bis 2,5 cm Dicke und werden in vielen Formaten – von etwa 5 × 22 cm (Vollriemchen) bis etwa 30 × 30 cm geliefert. Spaltklinker haben dieselben Formate wie Spaltplatten und werden hauptsächlich zum Verkleiden von Fassaden verwendet. Gut durchgesinterte Klinker mit einer Wasseraufnahme von 1 bis 2% weisen die gleichen günstigen technischen Eigenschaften wie Steinzeugfliesen auf, erreichen jedoch nicht deren Maßgenauigkeit. Sie wirken rustikaler und haben mehr natürliches Farbspiel, vornehmlich in rot-braunen, blau-roten und blaubraunen Farbtönen. Ihre Oberfläche kann glatt oder rau, eben oder profiliert, matt oder glänzend sein. Metallischer Glanz (Eisenschmelz-, Kupferglanz) lässt sich durch Zugabe von entsprechendem Metallpulver erzeugen. Manche Klinker haben auf ihrem Scherben den Anflug einer Glasur, nämlich eine farblose extrem dünne Salzglasur. Das wird erreicht, indem man in den Tunnelofen Kochsalz eingibt, das wegen der hohen Temperatur sofort verdampft. Das Gas haftet am Scherben, beim Abkühlen kondensiert es und erstarrt.

Klangprobe. Zwischen den Klinkerplatten verschiedener Hersteller gibt es beträchtliche Unterschiede bezüglich Härte, Festigkeit, Widerstandsfähigkeit und Dichtheit. Beim Anschlagen mit dem Fliesenhammer kann man von der Helligkeit des Klangs auf Dichte, Festigkeit (und Rissefreiheit) der Platte schließen. Die Härte lässt sich durch Ritzversuche prüfen.

Feinklinker werden aus einer besonders fein aufbereiteten Tonmasse stranggepresst, (meistens) glasiert und gebrannt. Wegen ihres feinen Gefüges zählen sie nicht zur Grobkeramik. Von glasiertem Steinzeug unterscheiden sie sich durch den nass gepressten Scherben.

Ziegelplatten bestehen aus denselben Rohstoffen wie Klinker; sie werden jedoch unterhalb der Sintergrenze gebrannt. Ziegelplatten sind daher porös und gewöhnlich nicht frostbeständig. Vor dem Verlegen wässert man sie, damit dem Verlegemörtel das Wasser nicht zu rasch entzogen wird. Ihre Oberfläche kann durch werkseitige Imprägnierung gegen Verschmutzung und Flecken geschützt sein.

1.5.3 Cottoplatten

Cottoplatten sind unglasierte, ungesinterte, rote oder rotbraune Ziegelplatten aus Italien, die ursprünglich nur in der Toskana hergestellt wurden. Heute gibt es vielfältige Arten von Cotto mit recht unterschiedlichen Qualitäten und Eigenschaften. Die gemahlene Rohstoffmasse wird stranggepresst oder handgeformt und bei Temperaturen um 1000 °C gebrannt. Wegen ihrer hohen Wasseraufnahme sind sie meist nicht frostbeständig, neigen manchmal zu Ausblühungen und würden ohne Schutzbehandlung schnell Flecken und Schmutz annehmen. Deshalb muss man die besonderen Arbeitsregeln und Hinweise des Herstellers unbedingt beachten. Die (werkseitig oder auf der Baustelle) satt gewässerten Platten sollen in dem kalkarmen Trasszementmörtel verlegt werden, weil die Gefahr von Ausblühungen dadurch gemindert wird. Platten gleicher Dicke und mit geringer Profilierung werden im Dünnbett verlegt. Beim Verlegen und Fugen sind Mörtelreste rechtzeitig und mit reichlich Wasser abzuwaschen. Grauen Zementschleier nach dem Verfugen beseitigt man durch Absäuern. Erst nach vollständiger Trocknung (4 Wochen) wird der Cottobelag in mehreren Arbeitsgängen eingewachst. Für den Zeitraum zwischen der Verlegung und der Nachbehandlung sollte der Boden mit Wellpapier (das die Austrocknung im Gegensatz zu Folien nicht behindert) vollständig abgedeckt werden.

Fachgerecht verlegte, gut gepflegte Cottoböden erfreuen durch ihre rustikale, behagliche, unaufdringliche natürliche Schönheit.

Spaltplatten und Klinker sind grobkeramische Platten mit frost- und säurebeständigem Scherben. Spaltplatten werden aus plastischer Tonmasse durch die Strangpresse geformt, evtl. glasiert und einmal gebrannt. Bodenklinkerplatten werden trocken gepresst. Man verwendet sie für Wand- und Bodenbeläge innen und außen. Gebräuchlichste Formate sind 11,5 x 24 cm für Platten und 5,2 x 24 cm für Riemchen.

Cottoplatten aus Italien sind saugfähige, oft nicht frostsichere, rote Ziegelplatten, die gewässert, in Trasszementmörtel oder im Dünnbett verlegt und nach völliger Austrocknung gewachst werden.

1.6 Großformatige Keramikplatten

Grobkeramische, großformatige Fassadenplatten (z. B. im Format 49 x 49 x 2 cm) haben den gleichen Scherben und die gleiche Glasur wie Spaltplatten. Sie werden wegen ihres Gewichts meist als vorgehängte, hinterlüftete Verkleidung mit Hilfe von Ankern befestigt. Das Ansetzen im Mörtelbett ohne zusätzliche Anker ist nicht zulässig.

Keraion (Markenname) sind glasierte, 8 mm dicke Steinzeugplatten für die dekorative Verkleidung von Wänden, Böden und Decken. Sie sind

1.19 Keraion-Platten mit grafischen Ornamenten

1.6 Großformatige Keramikplatten

frost-, säure- und laugen- sowie lichtbeständig und nehmen 1,5 Gew.-% Wasser auf. Sie werden in den Regelformaten 60 x 60 cm und 30 x 60 cm sowie 50 x 50 cm und 25 x 50 cm, auf Bestellung auch in Sonderformaten 160 x 125 cm und 80 x 125 cm in mehr als 30 verschiedenen Farbmustern hergestellt.

Dazu kommen für besonders ausdrucksvolle, künstlerische Gestaltung von Wandflächen einige Serien mit freihandgezeichneten Glasurbildern in grafischen Mustern und Ornamenten (**1.19**). Keraion-Platten werden bis zu einer Größe von 60 x 60 cm im Dünnbett verlegt, größere Formate bedürfen einer besonderen mechanischen Befestigung. Keraionplatten lassen sich mit Hilfe des Widiarädchens oder mit der Diamantsäge trennen.

Keraflair (Markenname) sind glasierte, nur 2,3 mm dicke feinkeramische Platten für anspruchsvolle, großflächige Wandverkleidungen. Sie werden im Endlosverfahren hergestellt, ihre Rohstoffzusammensetzung ist Werksgeheimnis. Trotz der geringen Dicke haben die Platten hohe Festigkeit und Härte. Sie werden in 6 Dekoren mit lebendigen Farbwirkungen in den Formaten 60 x 60, 30 x 30 und 60 x 30 cm hergestellt. Sie sind säure-, laugen- und lichtbeständig und sehr maßgenau. Man setzt sie mit 5 mm Fuge ausschließlich im Dünnbettverfahren an. Zum Anklopfen der Platten benutzt man ein weich beschichtetes Klopfbrett.

MegaCeram (Markenname) sind glasierte keramische Großplatten, die in einer Dicke von 4,5 mm (Platten nach EN 188 A III für innen) sowie von 6,5 mm für frostbeständige Platten nach EN 121 A I hergestellt werden. Das Besondere an dem Rohstoff-Versatz ist die Beimischung von langfaserigem Material. Der auf die gewünschte Dicke ausgewalzte Rohstoffteig in einer Größe von 120 x 120 x 0,45 cm oder von 120 x 210 x 0,65 cm wird ein erstes Mal gebrannt; später werden gemäß Kundenauftrag diese Groß-Biskuits mit Wasserstrahl auf Format geschnitten, glasiert und ein zweites Mal gebrannt. Die frostbeständigen 6,5 mm dicken MegaCeram-Platten werden für Bodenbeläge innen und außen sowie für eindrucksvolle Fassadengestaltungen verwendet; dagegen sind die 4,5 mm dicken Platten nur für innen geeignet. Die Verlegung erfolgt meist im Dünnbett, nur große Formate werden an Fassaden auf Aluminium-Unterkonstruktionen montiert.

1.20 Wandgestaltung mit großformatigen Keramikplatten

1.7 Nichtkeramische Platten

Zur Unterscheidung von keramischen Platten werden nichtkeramische auch als ungebrannte künstliche Platten bezeichnet. Bei ihrer Herstellung preßt man frischen Mörtel unter hohem Druck in Formen. Nach dem Erhärten wird bei einigen Plattenarten noch die Oberfläche geschliffen.

1.7.1 Terrazzo und andere Betonwerksteinplatten

Terrazzoplatten sind zweischichtige Betonwerksteinplatten. Als untere Schicht wird Beton in Formen eingebracht und verdichtet. Darauf kommt als Oberschicht eine Mischung aus Zement und Natursteinsplitt, die nach dem Erhärten mehrmals maschinell geschliffen und ggf. gespachtelt wird. Hauptsächlich verwendet man härtere Kalksteine (wie Marmor, Jura, Travertin) sowie Basalt und Granit. Für helle Platten wählt man meist weißen Zement als Bindemittel. Durch das Zusammensetzen verschiedener Natursteinarten und -körnungen und die Wahl von grauem, weißem oder mit Oxidfarben gefärbtem Zement lassen sich vielfältige Farben und Muster in dunklen und hellen Tönungen erzielen. Das reicht von schwarz-weiß oder rot-weiß gesprenkelter Oberfläche bis zu buntem, marmorartigem Aussehen. Besonders ansprechend und einem Natursteinboden ähnlich wirken Beläge aus (teureren) *Betonwerksteinplatten*, die aus größeren Marmorbruchstücken bestehen.

Eigenschaften. Wie alle Steinböden sind auch Beläge aus Terrazzo hart, abriebfest und leicht sauber zu halten. Sie erreichen jedoch nicht die Härte, Festigkeit und Haltbarkeit von Steinzeugfliesen und Klinkerplatten. Sie sind frost-, aber nicht säurebeständig. Ihre Oberfläche ist ziemlich glatt, aber im trockenen Zustand etwa ebenso rutschsicher wie die von halbgeschliffenen Natursteinplatten und unglasierten, unprofilierten Steinzeugfliesen. Die meisten Arten der Terrazzoplatten sind preisgünstiger als Fliesen oder Natursteinplatten.

Formate. Grundsätzlich kann man Terrazzoplatten in beliebigen Formen herstellen. Gebräuchlich sind quadratische Platten mit Kantenlängen zwischen 15 und 50 cm. Besonders häufig werden Formate 25 x 25 cm und 30 x 30 cm mit etwa 2,5 cm Dicke verwendet. Kunststeinplatten mit Einlagen aus Natursteinbruch sind vornehmlich in größeren Formaten (35 x 35, 40 x 40 und 50 x 50 cm) lieferbar.

Arten und Verwendung. Neben Bodenplatten für Innen- und Außenbeläge werden Setz- und Trittstufen, Sockelplatten und Fensterbänke aus Terrazzo vom Fliesenleger verlegt. Betonwerkstein- und Terrazzohersteller verwenden Terrazzo auch für Sockelputz, z. B. an Treppen, sowie häufig für Estriche.

Terrazzoestrich. Der Terrazzomörtel wird in einem Verhältnis von einem Raumteil Zement und zwei Raumteilen Steinkörnung verschiedener Korngrößen gemischt. Er wird auf einem abgezogenen und verdichteten Zementestrich mindestens 1,5 cm dick aufgebracht und gewalzt. Nach dem Abbinden wird die Oberfläche geschliffen, wobei die Zementhaut verschwindet und die Körnung sichtbar wird. Bei größeren Räumen erhält der Terrazzoestrich Dehnungsfugen durch eingelegte Fugenstreifen aus hartem, schleifbaren Kunststoff.

Gehwegplatten und Waschbetonplatten sind ebenfalls großformatige Platten aus Betonwerkstein. Sie sind jedoch wesentlich dicker und schwerer als Terrazzoplatten und können deshalb auch – auf gewachsenem Boden – im Sandbett verlegt werden. Diese Art der Plattierung gehört in das Arbeitsgebiet des Pflasterers und Straßenbauers, nicht des Fliesenlegers.

1.7.2 Asphaltplatten

Herstellung. Als Rohstoff dient natürliches Asphaltgestein. Das ist ein Bitumen getränkter Kalkstein, der in Deutschland (mit nur geringem Bitumengehalt) im Raum Minden – Hannover vorkommt. Das Gestein wird zu Asphaltmehl gemahlen, dem man weiteres Bitumen zusetzt. Unter hohem Druck wird der Asphalt zu quadratischen Platten, meist im Format 25 x 25 cm, gepresst (Hochdruck-Stampfasphaltplatten).

Eigenschaften. Bodenbeläge aus Asphaltplatten sind trittsicher, verhältnismäßig fußwarm, vor allem geräuschdämpfend. Sie haben nur geringe Härte und sind daher empfindlich gegen Kratzer, Schrammen und Eindrücke durch Ritzen bzw. hohe punktförmige Belastung. Trotzdem sind sie ein dauerhafter und abriebfester Belag. Denn Asphaltplatten verformen sich plastisch, so dass der Bodenbelag bei häufiger Benutzung regelrecht breit- und festgetreten wird. So werden Kratzer durch das Begehen wieder eingeebnet, sogar die Fugen verschwinden mit der Zeit immer mehr. Beim Stapeln muss man die Platten auf eine ebene, glatte Unterlage stellen, weil sonst leicht eingedrückte Stellen entstehen. Auch müssen die Platten senkrecht, dicht aneinander und nicht zu hoch gestapelt werden. Schräg gestellte Platten verbiegen sich leicht durch die Auflast, besonders bei warmem Wetter. Normale Hochdruck-Stampfasphaltplatten werden von Säuren, Ölen, Fetten, Benzin, Terpentin und ähnlichen Stoffen angegriffen. Sie dürfen daher auch nicht mit beliebigem Bohnerwachs gepflegt werden. Entweder lässt man die Platten unbehandelt und reinigt sie durch übliches Wischen oder reibt sie mit einem Spezialpflegemittel des Herstellers ein, um der Oberfläche Schutz und etwas Glanz zu geben.

Arten und Verwendung. Die schwarze bis schwarz-braune Farbe des Asphalts wirkt wenig freundlich. Deshalb werden diese Platten wegen ihrer günstigen Eigenschaften und ihres geringen Preises häufig dort verlegt, wo es nicht auf schönes Aussehen ankommt, z. B. in Lagerräumen, Abstellkammern, Aktenkellern, Werkräumen, unter Bänken in Versammlungsräumen. Außer den naturfarbenen werden auch Platten mit rotbraun und dunkelgrün eingefärbter Oberfläche geliefert.

Säurefeste Asphaltplatten sind gegen viele (jedoch nicht alle!) Säuren beständig.

Benzin- und ölbeständige Asphaltplatten werden von Benzin und Mineralöl nicht angegriffen.

Asphaltterrazzoplatten haben als untere Schicht Asphalt und als Deckschicht Terrazzo. Sie vereinigen einige Vorzüge beider Stoffe.

Verlegen. Asphaltplatten werden in vorgezogenem, gepudertem Zementmörtelbett verlegt. Die 2 bis 3 mm breiten Fugen kann man in üblicher Weise mit Zementschlämme und -mörtel ausgießen. Manchmal werden die Platten auch mit Asphaltmehl gefugt. Im Gegensatz zu allen anderen Platten aus Stein darf man Asphaltplatten auch mit Knirschfugen verlegen. Denn sie werden allenfalls etwas plastisch verformt, falls im Belag waagerecht verlaufende Spannungen auftreten (während bei anderen knirsch verlegten Platten Kanten absplittern oder sich Bereiche des Bodenbelags hochwölben können).

1.7.3 Glasplatten

Glasplatten bestehen aus durchgefärbtem, undurchsichtigem Glas. Sie werden als 6 bis 10 mm dicke Wandplatten in verschiedenen quadratischen und rechteckigen Formaten und als etwa 3 mm dickes quadratisches Kleinmosaik mit unregelmäßigen Kanten und engen Fugen geliefert. Glasplatten und -mosaik sind druckfest, dicht, sehr hart, frost- und säurebeständig, aber wenig biegezugfest und sehr spröde. Schubspannungen und Biegungen im Belag oder Untergrund können leicht zu Schäden führen.

Da Glas nicht saugfähig ist, kommt es auf hohe Klebkraft des Ansetzmörtels an. Am besten verlegt man Platten und Mosaik im Dünnbettverfahren mit Dispersionsklebern und ordnet an den Rändern dauerelastische Anschlussfugen an.

> Platten aus Beton, Terrazzo und Betonwerkstein sowie Asphalt sind ungebrannte, künstliche Platten aus gepresstem, verfestigtem Mörtel. Sie werden als Bodenplatten verwendet. Gebräuchlichstes Format ist 25 × 25 cm.

1.8 Platten aus Naturstein

Natursteinplatten werden aus massigen Gesteinsblöcken in Sägegattern geschnitten oder aber aus schichtigem Gestein (Schiefer, Solnhofener) abgespalten und behauen. Anschließend bringt man sie durch Fräsen und Schleifen in die gewünschte Form. Nur feste, harte, unverwitterte Gesteine ohne Risse, Brüche, schiefrige Abblätterungen und schädliche Einsprengungen sind für die Herstellung von Platten geeignet.

Natursteinplatten werden wegen ihrer natürlichen Schönheit, ihrer belebten, unregelmäßigen Farbigkeit für Beläge in Räumen mit anspruchsvoller Ausstattung bevorzugt. Jede Platte ist ein Stück Natur mit einmaligem Charakter. Deshalb wäre es auch falsch und geschmacklos, wollte man Natursteinplatten nach Farbtönungen oder in hell-dunkel sortieren, um einen gleichmäßigen, eintönigen Belag zu erzielen.

Aufbau. Gesteine bestehen aus Mineralien. Das sind natürlich gebildete, meist kristalline Bestandteile der Erdkruste. Besonders häufig kommen Silikate (Quarz, Feldspat, Hornblende, Augit) und Carbonate (Kalkspat, Dolomit) vor. Das Gefüge von Natursteinen kann dicht oder (grob-, fein-) porig, glasig oder (fein-, grob-)kristallin sein. Nach der Lagerung im Gebirge unterscheidet man massiges (mehr als 3 m dick), bankiges (bis zu 3 m), säuliges, geschichtetes (nach cm gemessen) und schiefriges Gestein.

Entstehung. Nach ihrer Entstehung werden Natursteine in 3 Gruppen eingeteilt: *Erstarrungsgesteine* (vulkanische Gesteine, Urgesteine), *Ablagerungsgesteine* (Sedimentgesteine, Nassgesteine) und *Umwandlungsgesteine* (s. auch Baufachkunde Grundlagen von Kohl/Bastian/Neizel, Abschn. 4.1).

1.8.1 Platten aus Erstarrungsgesteinen

Granit ist ein sehr hartes, festes, schweres Tiefengestein mit kristallinem, körnigem, dichtem Gefüge. Er ist frost- und weitgehend säurebeständig. Feingeschliffene und polierte Granitplatten werden vornehmlich für Fensterbänke, Fassadenverkleidungen, Tür- und Fenstergewände verwendet, nur selten für Böden und Stufen. Granit lässt sich nur schwer schneiden und bearbeiten, daher sind die Platten recht teuer.

Porphyre sind Ganggesteine mit ähnlichen Eigenschaften wie Granit. Eingestreute größere Kristalle geben den Porphyren ihre eigentümliche, der Blutwurst vergleichbare Struktur (vgl. die Bezeichnungen grau-porphyr, gelb-porphyr u. a. bei STZ-UGL).

Basalt ist ein blau-schwarzes Ergussgestein mit dichtem, glasigem Gefüge. Zu Platten verarbeitet man fast ausschließlich die geschlossenporige *Basaltlava* und verwendet es für Boden- und Stufenbeläge. Es ist frostbeständig, gut zu bearbeiten und wegen der rauen Oberfläche trittsicher. Die Farbe ist dunkelgrau bis schwarz.

1.8.2 Solnhofener Platten

Solnhofener Platten werden aus Jura-Plattenkalk-Gestein gewonnen. Dies ist ein Ablagerungsgestein aus fast reinem Kalk (96 bis 98% Calciumcarbonat $CaCO_3$), das vor rund 145 Millionen Jahren (Jurazeit) im Gebiet um Solnhofen bei Eichstätt im Altmühltal entstanden ist. Damals wich das Meer zurück und hinterließ Kalkschlamm; wiederholt überflutete das Wasser die Ablagerung und fügte neue Schichten von Kalk hinzu. In dem Gestein finden sich Versteinerungen von Pflanzen und Tieren; gut erhaltene Abdrücke sind aber äußerst selten und wandern in die Museen. Häufig dagegen findet man auf den Platten zarte, bräunliche oder schwarze Zeichnungen von feinen Verästelungen, die wie Moos oder Farn aussehen. Diese „Dendriten" sind durch eingesickerte Eisen- und Manganlösungen entstanden, die sich in den feinen Rissen zwischen den waagerechten Schichten ausgebreitet haben (1.21).

1.21 Dendriten in Solnhofener Wandplatten

Das Gestein lagert in 7 mm bis 27 cm dicken, waagerechten Schichten, den „Flinzen". Die Flinze werden vorsichtig von Hand mittels Meißel und Brechwerkzeug abgehoben. Mit dem Hammer prüft man jeden Stein auf seine Klangreinheit. Dumpfer, plärrender, unreiner Ton zeigt einen Stein mit Fehlern an.

> Guter Stein gibt guten Klang. Was besagt dieser Spruch? Gilt er auch für keramische Steine und Platten?

Aus der Form jedes abgespaltenen Steins wird das größtmögliche Rechteck oder Quadrat bestimmt, angezeichnet und mit dem Hammer roh herausgehauen (1.22). Im Werk werden die Platten schließlich mit Steinkreissägen und Diamant-Fräsmaschinen bekantet und dann geschliffen. Dickere Steine schneidet man in mehrere Platten (1.23).

1.22 Im Solnhofener Steinbruch

1.8 Platten aus Naturstein

1.23 Maschinelle Bearbeitung von Solnhofener Platten

1.24 Solnhofener Wandplatten an einer Treppenhauswand

Farben und Oberflächen. Zur zeitlosen Schönheit eines Solnhofener Belags trägt in besonderer Weise das Spiel der Farben und Tönungen im Plattenbelag bei. Bruchraue Platten zeigen als Grundfarbe gelbliche, manchmal auch hellgraue Töne, die häufig auf schmückende Weise durch braune, graue und schwarze Verfärbungen und Dendriten belebt wird (**1.24**). Dunkle Adern aus Kalkspat durchziehen manche Steine. Sie sind natürlich entstanden und beeinträchtigen keineswegs die Festigkeit; daher sind sie auch kein Grund zu Beanstandungen. Geschliffene Platten sind in den Farben tiefer und deutlicher abgestuft; die Farbtönungen reichen von Gelb und zartem Rosa bis zum tiefen Blau. Allerdings verliert sich beim Schleifen das lebendige Spiel von Grundfarbe, Verfärbungen und Dendriten.

Bodenplatten werden mit folgenden Oberflächen geliefert: bruchrau (Naturkorn), leicht angeschliffen (Naturkorn wenig abgeschliffen), halbgeschliffen (Naturkorn ganz abgeschliffen), leicht angeschliffen und poliert, feingeschliffen (mit völlig glattgeschliffener Oberfläche), feingeschliffen und poliert.

Arten und Formen. Solnhofener Platten gibt es als Wandplatten (**1.24**), Bodenplatten, Sockel, Setz- und Trittstufen, Treppensockel und Blockleisten (als Abschluss von Wandbelägen **1.24**). Die Flinze sind unterschiedlich stark. Deshalb sucht man die Steine nach ihrer Dicke für die verschiedenen Verwendungszwecke aus: für Wandplatten 7 bis 12 mm, für Bodenplatten 13 bis 20 mm sowie 18 bis 30 mm (für stärker beanspruchte Beläge), für Trittstufen 30 bis 50 mm Dicke. Lieferbar sind die quadratischen Standardgrößen 15 × 15, 18 × 18, 20 × 20, 25 × 25 cm usw. bis zu 55 × 55, 60 × 60 und 70 × 70 cm. Als Rechtecke werden u. a. die Formate 15 × 25, 15 × 30, 20 × 30 und 20 × 40 cm hergestellt, außerdem solche von unregelmäßiger Länge bei bestimmter Breite für die Verlegung in Bahnen.

Für Polygonal- und Römische Verbände werden Sonderformen angefertigt.

Eigenschaften. Solnhofener Platten sind sehr druckfest (180 bis 260 N/mm^2), abriebfest, mäßig hart, aber weder frost- noch säurebeständig. Da sie feinporig sind, können Fett, Öl, Tinte usw. auf der ungeschützten Oberfläche Flecken hinterlassen. Für Außenbeläge und Nassräume sind sie nicht geeignet. Ihr großer Vorzug besteht in ihrer natürlichen Schönheit; sie sind allerdings nicht so widerstandsfähig, stoß- und kratzfest wie keramische Platten.

1.8.3 Marmor

Marmor ist festes, dichtes Umwandlungsgestein aus Kalkstein mit feinkörnigem, kristallinem Gefüge. Er wird im Steinbruch mit umlaufenden Drahtseilen aus dem massiven Gestein in großen Blöcken herausgesägt; nach moderner Methode wird mit Wasserstrahl gesägt. Im Werk zerschneidet man die Blöcke im Sägegatter zu Platten gleicher Dicke, schleift und poliert sie.

Im Bauwesen werden auch nichtkristalline, schleif- und polierfähige Kalksteine als Marmor bezeichnet, z. B. bei deutschen Arten Jura-gelb und Jura-grau. Sie zählen zu den Ablagerungsgesteinen. Kristalliner Marmor wird vor allem aus dem Mittelmeerraum (Italien, Portugal, Spanien, Griechenland, Türkei) geliefert; berühmt ist der weiße, hochfeste Carrara-Marmor aus Mittelitalien.

Verwendung. Seit der Antike ist Marmor als schöner und edler, beständiger Baustoff für vornehme Häuser, Paläste und Kirchen sowie als

Werkstoff für Bildhauer sehr begehrt. Geschliffene Marmorplatten werden heute vornehmlich für Boden- und Treppenbeläge (1.25), Fassaden-

1.25 Boden- und Stufenbelag aus Marmor

verkleidungen und Fensterbänke verwendet; bruchraue, schmale Riemchen (Zykloma) dienen als Zierverblendung an Kaminen, Pfeilern und kleineren Wandflächen. Fensterbänke mit ihren größeren Längen sind stets hochkant zu transportieren. Sonst können sie wegen der wesentlich höheren Biegezugspannung schon auf Grund ihres Eigengewichts in der Mitte durchbrechen.

> Biegen Sie einmal Ihr Lineal in flacher und hochkanter Lage. Haben Sie schon einmal darauf geachtet, in welcher Lage rechteckige Stürze und Träger über Öffnungen verlegt werden?

Arten und Eigenschaften. Marmor gibt es in vielfältigen Farbtönungen und Farbstrukturen. Den ursprünglich weißen Kalkstein haben Metalloxide gelblich, braun oder rötlich, Kohle grau bis schwarz oder Serpentin (ein Mineral) grünlich gefärbt. So entstanden oft wunderschöne farbliche Muster, deren Struktur u. a. als gestreift, gebändert, geädert, geflammt, wolkig oder blumig bezeichnet wird.

Kristalliner Marmor ist druckfest, ziemlich hart, dicht und frostbeständig, wie jeder Kalkstein jedoch nicht säurebeständig. So können Fassadenverblendungen aus Marmor, vor allem in Industriestädten, durch abgashaltige Luft und Regenwasser angegriffen werden.

1.8.4 Weitere Platten aus Ablagerungs- und Umwandlungsgesteinen

Muschelkalk und Travertin sind ebenfalls ziemlich harte und feste polierfähige Kalksteine, die ähnlich wie heller, gelblich bis grauer Marmor aussehen. Travertin ist leicht zu erkennen an seinen groben, tiefen, bandförmigen Poren, die den geschliffenen Platten eine trittsichere Oberfläche geben. Trotzdem sind Travertinplatten dicht, denn die Poren haben keine Verbindung untereinander (geschlossenporiges Gefüge). Mit der Zeit kann sich Schmutz in den Poren festsetzen und dadurch Schönheit und Hygiene des Belags beeinträchtigen. Deshalb werden auch Platten mit zugespachtelten Poren angeboten.

Dolomit besteht aus den Mineralien Dolomit ($CaCO_3 - MgCO_3$) und Kalkspat. Dolomitplatten sind hart, dicht und frostbeständig und weniger anfällig gegen Säuren und chemischen Angriff aus der Luft als Kalksteine. Sie werden mit bruchrauer und geschliffener Oberfläche geliefert.

Schiefer ist eine Bezeichnung für in dünne Schichten lagerndes Umwandlungsgestein. Der grau- bis blauschwarze Schiefer (Dachschiefer) ist aus Schieferton entstanden. Mit geschliffener Oberfläche wird er hauptsächlich als Sockelplatten und Fensterbänke verwendet; er passt auch gut als Setzstufe oder Einlegestreifen zu Trittstufen bzw. Böden aus Solnhofener oder hellen Marmorplatten.

Bodenplatten werden mit naturglatter, spaltrauer Oberfläche geliefert; sie sind wesentlich dicker als Dachschiefer. Schieferplatten lassen sich nur schlecht mit Widiameißel und Fliesenhammer teilen, Streifen und Aussparungen schneidet man am besten mit der Trennscheibe ab.

Quarzit ist ein besonders hartes, dichtes, frost- und witterungsbeständiges Umwandlungsgestein, das aus Sandstein entstanden ist. Besonders die grünlich-grauen, bruchrauen Platten aus skandinavischem *Alta Quarzit* eignen sich vorzüglich für dauerhafte, schöne, schlicht-elegante Verkleidungen von Wänden, Böden, Treppen und Fassaden.

Sandsteine kommen in vielen Gegenden als Randgebirge von Flüssen vor. Sie werden hauptsächlich für Naturstein-Mauerwerk, weniger zur Herstellung von Platten verwendet. Die aus verkitteten Quarzkörnern bestehenden Steine sind nämlich nicht polierfähig, ihre Oberfläche bleibt rau und weist geringe Abriebfestigkeit auf.

Platten aus Natursteinen werden aus großen Blöcken geschnitten oder im Steinbruch aus Gesteinsschichten abgespalten. Die Oberfläche kann bruchrau belassen oder angeschliffen, geschliffen und/oder poliert sein.

Natursteine bestehen aus Mineralien. Die hübschen Farbtönungen, Verfärbungen und Muster haben Metalloxide verursacht. Granit, Basalt und Basaltlava sind Erstarrungsgesteine. Solnhofener, Muschelkalk und Travertin sind aus Kalkablagerungen entstanden. Zu den Umwandlungsgesteinen gehören Schiefer (aus Ton), Quarzit (aus Sandstein) und (kristalliner) Marmor (aus Kalkstein).

Natursteinplatten werden vor allem wegen ihres schönen, natürlichen Aussehens geschätzt und besonders für Bodenbeläge, Stufen und Fensterbänke, zum Teil auch für Wand- und Fassadenverkleidungen verwendet. Ihre technischen Eigenschaften – Festigkeit, Härte, Beständigkeit gegen Frost, Säure, Abnutzung, Verschmutzung – sind sehr unterschiedlich.

1.9 Werkzeug

„Wie der Herr, so das Gescherr". Lässt sich dieser alte Spruch nicht auch gut auf den Fliesenleger und sein Werkzeug anwenden?

Ordentliches und vollständiges Werkzeug erleichtert die fachgerechte und saubere Ausführung der Arbeit. Das Werkzeug, das zur *Grundausrüstung* des Fliesenlegers zählt, sollte er sich schon während der Lehrzeit nach und nach beschaffen.

1.9.1 Werkzeug zum Ansetzen, Verlegen und Fugen

Mit der Fliesenlegerkelle wird der Mörtelballen auf Wandplatten aufgetragen. Der Stiel dient zum Anklopfen der Platten. Für das Ansetzen von Fliesen mit empfindlichen Glasuren (z. B. schwarzglänzend) werden Kellenstiele mit Gummipfropfen angeboten. Die *Herzkelle* ist weit verbreitet, mancherorts wird aber auch mit der Kelle in *Hamburger* oder *Schweizer Form* gearbeitet (1.26).

Die Vierkantkelle fasst mehr Mörtel. Mit ihr kann man schneller Wände vorspritzen und vorputzen.

Die Glättekelle wird zum Verteilen des erdfeuchten Verlegemörtels gebraucht; außerdem kann man mit ihr den Fugmörtel bei grobkeramischen Wandbelägen einstreichen.

Mit dem Fuggummi verteilt man den Fugmörtel bei Wandbelägen und (kleineren) Böden aus glasierten Platten.

Schwämme müssen öfter erneuert werden. Sie dienen zum Reinigen der Beläge beim Ansetzen und Fugen und zum Verteilen und Glätten des eingestrichenen Fugmörtels.

Der Spachtel ist vielseitig zum Einstreichen und beim Säubern zu verwenden; *Zahnspachtel* werden beim Aufziehen des Dünnbetts gebraucht.

Außerdem gehören Fugeisen, Reibebrett und Schwammbrett, Zahnglättekelle, Quast oder Handbesen, Spitzkelle u. a. zu dieser Werkzeuggruppe.

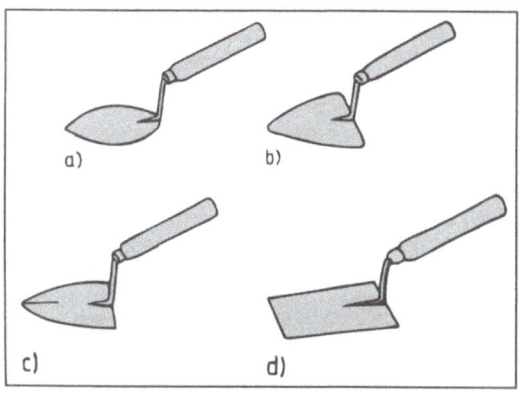

1.26 Fliesenlegerkellen
a) Herzkelle, b) Hamburger Form,
c) Schweizer Form, d) kleine Viereckkelle

1.9.2 Mess-, Richt- und Prüfwerkzeug

Dieses Werkzeug soll helfen, Form und Lage des Plattenbelags und der Fugen zu bestimmen und zu prüfen. Das geschieht durch Messen, Fluchten, Loten, Wiegen und Winkeln („geometrisches Werkzeug").

Die Wasserwaage, aus Teakholz oder aus Leichtmetall, dient zum Wiegen und Loten, bei kurzen Strecken auch zum Fluchten. Ihre Genauigkeit sollte beim Kauf und auch später hin und wieder überprüft werden. Wenn man nur eine Wasserwaage hat, sollte sie am besten 60 cm lang sein. Mit kürzeren kann man zwar auch unter dem Wannenrand loten, aber schlechter Lehren und Unterleglatten auswiegen. Längere Wasserwaagen sind genauer, aber unhandlich.

Die Lote (wenigstens 2) sollen drehrund, schmal und kurz sein, damit sie mit geringem Abstand zur Rohbauwand aufgehängt werden können.

Der Stahlwinkel kann nicht einfach durch rechtwinklige Platten ersetzt werden. Er ist genauer und vor allem auch für Außenecken zu benutzen.

Die Gummischnur mit 2 Metallecken (Fliesenhexe) ist schnell und praktisch zu handhaben, aber nicht für jede Flucht verwendbar.

Mit Schnurstiften (Putzhaken) werden Lot- und Fluchtschnüre (bzw. Richt- und Putzlatten) befestigt. Man braucht mindestens 8, einige sollten sich auch in Beton einschlagen lassen.

Die Schnur aus rotem oder grünem Nylon oder Perlon ist auch an hellen Platten gut zu erkennen. Sie lässt sich an den Schnurstiften schlecht durch Umwickeln befestigen, sondern muss eingeklemmt werden.

Der 2-m-Stock (immer noch als Zollstock bezeichnet) ist ein Gliedermaßstab zum Messen von Strecken.

Elektronische Messgeräte mit Digitalanzeige (z. B. als Entfernungs-, Winkel- und Gefällemesser) und Baulaser zum Übertragen von Höhen sind schnell, einfach und vielseitig verwendbar, aber (noch) recht teuer.

Mit dem Klopfbrett aus dickem ebenen Holz werden kleinere Formate abgeklopft. Zusätzlich kann man sich Richt- und Abziehlatten, weitere Schnurstifte und Lote, eine 2. Wasserwaage und ein Bandmaß anschaffen.

1.9.3 Werkzeug zum Bearbeiten von Platten und Untergründen

Der Fliesenmeißel mit Widiaschneide wird zum Schlagen von Steinzeug, Grobkeramik und Natursteinplatten verwendet. Mit der Ecke der Schneide kann man auch Glasuren anreißen. Widiameißel sollen handlich, d. h. kürzer als 10 cm und schmaler als 1 cm sein.

Mit der Widia-Reißnadel oder dem Glasschneider ritzt man Wandfliesen an.

Der Schleifstein (z. B. aus Kaborundum) dient zum Nachschleifen sichtbarer Schnittkanten von Fliesen.

Das Fliesenhämmerchen wird zum Schlagen von Bodenplatten mit dem Widiameißel, zum Behauen von Plattenrändern und zum Lochen von Wandfliesen benutzt. Der Hammerstiel sollte ziemlich lang (etwa 30 cm), der Kopf nicht zu schwer (etwa 50 g) sein. Der Hammerkopf hat eine spitze und eine vierkantige Seite.

Die Hauschiene mit festem oder verstellbarem Winkel hat sich als einfaches, praktisches Fliesenschneidgerät bewährt (**1.27**). Für größere Fliesenformate ist die Hauschiene nicht verwendbar. Deshalb und wegen der leichteren Handhabung gehört heute zur Grundausstattung des Fliesenlegers ein **Plattenschneidgerät** wie in Bild **1.30**, welches es in verschiedenen Größen gibt.

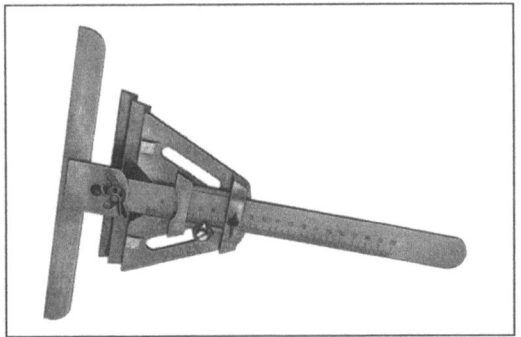

1.27 Hauschiene

Als Fliesenzange wird zu Recht häufig die *Rabitzzange* gewählt. Mit ihren etwa 2 cm breiten Backen lassen sich leicht Fliesenstücke vom Rand her abzwicken und schmale Streifen abbrechen. Mit den Backenenden kann man die geschlagenen Löcher in Wandfliesen weiter auskneifen.

Der Papageienschnabel ist eine oft verwendete Lochzange.

Der Fäustel gehört zum Stemmzeug. Außerdem werden mit ihm Schnurstifte eingeschlagen und mit seinem Stiel Bodenplatten angeklopft. Der Stiel soll handlich geformt (geschweift) und lackiert sein; der Kopf kann 1000 oder 1250 g wiegen und sollte ebene (nicht gewölbte) Schlagflächen haben.

Der Flachmeißel ist vielseitiger einsetzbar als der Spitzmeißel. Neue Meißel haben einen verjüngten Kopf, der aber mit Gebrauch mehr und mehr breit geschlagen wird. Dabei entstehen gefährliche Grate, die man von Zeit zu Zeit entfernen muss.

Mit dem Maurerhammer werden nicht nur Steine geschlagen, sondern auch Nägel eingeschlagen, Putzüberstände beseitigt, Vertiefungen für Seifenschalen in Leichtbausteinen eingestemmt, Unterlegeplatten in Sand eingeklopft und vieles mehr.

Besonders für die Bearbeitung von Fliesen und Platten gibt es viele praktische Werkzeuge wie Papageien- und andere Lochzangen, Lochboy, Brechzangen (zum Teil mit Widiarädchen), Töpferzangen, Fliesendorn, Spitzmeißel und viele Arten von mechanischen Plattenschneidmaschinen.

Schutz. Knieschoner, Gummihandschuhe und -fingerlinge gehören wie Helm, Arbeitsschuhe und Schutzbrille nicht mehr zu den Werkzeugen – sie dienen als Schutz vor Unfällen, Verletzungen und berufsbedingten Krankheiten.

Aufbewahrung. Werkzeug sollte stets gesäubert und geordnet aufbewahrt werden. Dafür eignen sich ausreichend große Werkzeugtaschen oder Holzkoffer mit eingebauten Steckschlaufen und Klemmen. Lote, Schwamm, Lappen, Schnüre und weiteres Kleinwerkzeug kann man zusätzlich lose in den Koffer legen bzw. in Seitentaschen von Werkzeugtaschen aufbewahren.

> Zur Grundausstattung des Fliesenlegers gehören:
> – Herz-, Vierkant- und Glättekelle, Fuggummi, Schwamm und Spachtel;
> – Wasserwaage, Lote, Winkel, Schnur, Fliesenhexe, 2-m-Stock;
> – Gummihammer und Klopfbrett sowie Widiameißel und -reißer, Schleifstein, Fliesenhammer, Lochzange, Schneidgerät, Zange, Fäustel, Meißel und Maurerhammer.

1.10 Gerät und Maschinen

Werkzeug gehört dem Fliesenleger; für Anschaffung, Pflege und Transport zur Baustelle ist er verantwortlich. Sämtliches Gerät und Maschinen stellt der Betrieb zur Verfügung. Dazu zählen Schaufeln, Besen, Eimer, Mörtelkübel, Schlauchwaage, Spritzpistole, Kabellampen, Schlauch und Wassertonne, Gerüstböcke und Bohlen, Schubkarren, Latten, Kanthölzer und Schalholz (bei Trennwandanlagen), elektrische Plattenschneide- und Trennmaschinen. Auf größeren Baustellen werden manchmal auch Mischmaschinen und Aufzüge eingesetzt.

1.10.1 Gefäße für Sand, Mörtel, Wasser

Jedem Fliesenleger stehen neben Besen und Schaufel ein Mörtelkübel und 2 Eimer zur Verfügung. Diese bestehen zweckmäßig aus zähfestem Kunststoff und haben meist die Form eines Kegelstumpfs. So sind sie verrottungsbeständig und bruchfest und lassen sich leicht reinigen, transportieren und ineinander stapeln.

Schubkarren (und Japaner) dienen zum waagerechten Transport von Sand, Zement, Mörtel, gelegentlich auch von Platten. Luftbereifte Räder haben geringen Reibungswiderstand und lassen sich leichter über Sand und Lehmboden fahren als die veralteten Räder aus Holz oder Stahl. Auf weichem Boden schafft man sich eine Karrbahn aus Bohlen, ebenso zur Überwindung von wenigen Stufen (Hauseingänge). Beim Beladen achtet man auf gleichmäßige Gewichtsverteilung, dann braucht man weniger Kraft beim Heben und Schieben der Karre.

Das Volumen von Gefäßen lässt sich grob schätzen durch Einfüllen oder Ausschöpfen mit anderen Gefäßen, deren Inhalt bekannt ist. Ein gebräuchlicher Kunststoffeimer fasst etwa 10 l (manche haben auch bei 10 l eine Markierung); ein Mörtelkübel wird mit 6 bis 8 Eimern gefüllt, hat also etwa 60 bis 80 l Inhalt. Wenn 2 1/2 Schaufeln einen Eimer füllen, fasst man mit einer Schaufel ungefähr 4 l. Ein Sack Zement, der 5 Schaufeln enthält, muss etwa 20 l Inhalt haben. Diese Art der Volumenermittlung ist ungenau. Durch Berechnung kann man Rauminhalte genauer bestimmen.

Beispiel 1 Wie viel l fasst die Wassertonne in Bild 1.29a?

Lösung $V = A \cdot H$
$V = r \cdot r \cdot \pi \cdot H$
$V = 2{,}8 \text{ dm} \cdot 2{,}8 \text{ dm} \cdot 3{,}14 \cdot 11 \text{ dm} = 271 \text{ dm}^3$
Die Wassertonne fasst **271 l**.

Beispiel 2 Für eine Bodenplattierung im Keller braucht man 2,5 m³ Sand. Wie viel m³ sind schon über die Schütte in den Keller gerutscht? (1.29 b)

Lösung $V_{kegel} = A \cdot H : 3$
$V = r \cdot r \cdot \pi \cdot H : 3$
$V = 1{,}15 \text{ m} \cdot 1{,}15 \text{ m} \cdot 3{,}14 \cdot 1{,}44 \text{ m} : 3 = 1{,}99 \text{ m}^3$
Es sind schon etwa **2 m³ Sand** im Keller.

Tabelle 1.28 Körperinhalte

I Säulen (Prisma, Zylinder, 1.29a)

Volumen = Grundfläche · Höhe

$$V = A \cdot H$$

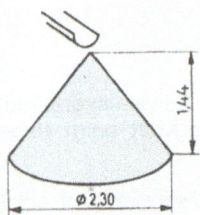

1.29 a   Wassertonne

II spitze Körper (Pyramide, Kegel, 1.29b)

Volumen = Grundfläche · Höhe : 3

$$V = \frac{A \cdot H}{3}$$

1.29 b   Kegelförmiger Sandhaufen

III stumpfe Körper (Pyramiden-, Kegelstumpf, 1.29c)

Volumen = mittlere Fläche · Höhe[1)]

$$V = A_m \cdot H \quad \text{oder} \quad V = \frac{A_1 + A_2}{2} \cdot H^{1)}$$

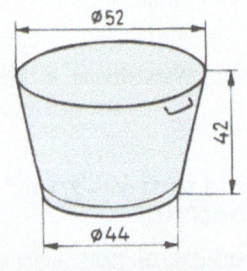

1.29 c   Mörtelkübel

[1)] im Bauwesen zugelassene Annäherungen.
Die genaue Formel lautet:

$$V = \frac{A_1 + A_2 + 4 A_m}{6} \cdot H$$

Beispiel 3 Wie viel l Mörtel passen in den Kübel, wenn er bis zum Rand gefüllt ist? (**1.29c**)

Lösung $V_{Kegelstumpf} = A_m \cdot H$
$V = r_m \cdot r_m \cdot \pi \cdot H$
$V = 2,4 \text{ dm} \cdot 2,4 \text{ dm} \cdot 3,14 \cdot 4,2 \text{ dm} = 76 \text{ dm}^3$
Es gehen **76 l** in den Mörtelkübel.

1.10.2 Maschinen

Im Gegensatz zu vielen anderen Bauberufen setzt der Fliesenleger verhältnismäßig wenig Maschinen ein; bei fast allen Arbeiten kann man völlig auf Maschinen verzichten.

Plattenschneidemaschinen gibt es in vielen mechanisch und motorbetriebenen Ausführungen. Nach dem Schneidevorgang unterscheidet man drei Arten.

– **Maschinen zum Ritzen.** Sie sind meist mit einem Widiarädchen bestückt und werden von Hand betrieben (**1.30**).

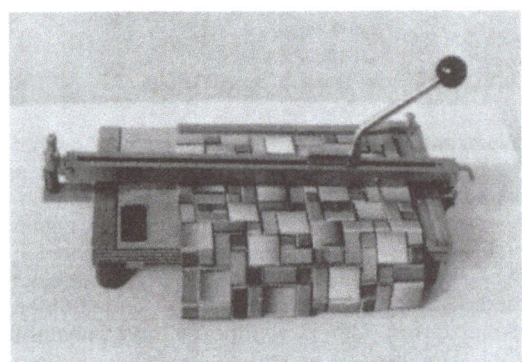

1.30   Plattenschneidmaschine

– **Platten- und Stein-Spaltmaschinen.** Zwischen zwei Schneiden legt man die zu teilende Terrazzo-, Asphalt- oder Natursteinplatte. Durch Betätigung eines Hebels oder einer Spindel wird der Plattenstreifen abgeschert (**1.31**).

1.31   Spaltmaschine

1.10 Gerät und Maschinen

– **Trennmaschinen mit rotierenden Trennscheiben.** In einfacher, handlicher Ausführung in der Form und Größe einer Bohrmaschine wird sie (die „Flex") auf der Baustelle für saubere Schnitte an Natur- und Kunststeinplatten eingesetzt. Daneben gibt es leistungsstarke Steintrennmaschinen mit Tisch und Führungsschiene, mit denen man saubere Nassschnitte an Platten aller Art ausführen kann. Als Schneidwerkzeug setzt man Diamantscheiben und -bohrer ein. Mit einigen Maschinen lassen sich auch Plattenkanten schräg abfasen (Jollys).

Fugmaschinen (Abschn. 10.2) und Schleifmaschinen werden seltener eingesetzt.

Mörtelmischmaschinen haben einen genormten Nenninhalt ihrer Trommel (75, 100, 150, 250 l und mehr). Für Fliesenleger eignet sich die kleine Maschine mit 75 l Mischvolumen, weil dann die Inhalte von Mischer, Schubkarre und Mörtelkübel etwa übereinstimmen. Für Nassmörtel soll die Trommel in der Reihenfolge Wasser-Zement-Sand beschickt werden. Mit der Maschine ist schnelleres (2 bis 3 min) und gründlicheres Mischen als von Hand möglich.

Rührgeräte werden bei der Aufbereitung von Klebern, manchmal auch zum Rühren von Fugmörtel verwendet. Sie bestehen aus einem Rührkorb, den man in eine übliche Bohrmaschine einsetzt (**1.32**).

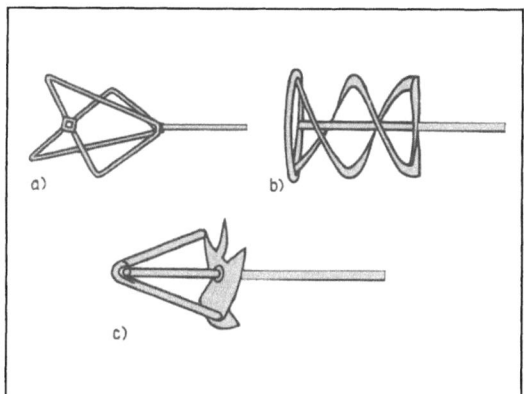

1.32 Rühreinsätze
   a) eckiger Rührkorb, b) Rührspirale, c) Rührkorb mit Scheibe

Aufzüge für Plattierungsbetriebe sollen leicht aufzubauen und zu transportieren und vielseitig einsetzbar sein. Dagegen ist eine hohe Förderleistung nur selten erforderlich.

Schrägaufzüge gibt es in verschiedenen Ausführungen. Die einfachsten kann man wie eine Leiter an das Gerüst bzw. die Fensterbrüstung stellen und im normalen Kombifahrzeug transportieren (**1.33**). Sie können etwa 1,5 kN tragen. Als Fördergerät kann man einen Kippkübel oder eine Plattform anschließen. Auf einen sicheren Stand des Gestells muss man achten.

1.33 Schrägaufzug

Seilaufzüge (Bauwinden) sind auch an kleineren Baustellen sinnvoll einzusetzen. Sie bestehen aus einem Auslegerarm, dem Motor, dem Seil mit der Rolle und dem Fördergerät. Auf den Ausleger wirkt eine Kraft, die doppelt so groß ist wie die hochzuziehende Last und die durch schlagartige Beanspruchung noch vergrößert wird. Daher muss man den Kragarm sorgfältig befestigen. Einfach montierbar sind Aufzüge, deren schwenkbarer Ausleger an einer fest einzuspannenden senkrechten Strebe befestigt ist (**1.34**). Sie lassen sich auch in Fensteröffnungen anbringen und haben eine Tragkraft zwischen 1 und 2 kN. Wenn man die Strebe in ein Fenster des obersten Stockwerks einspannt, kann man mit dem Aufzug ohne umzurüsten auch die darunterliegenden Etagen mit Material versorgen.

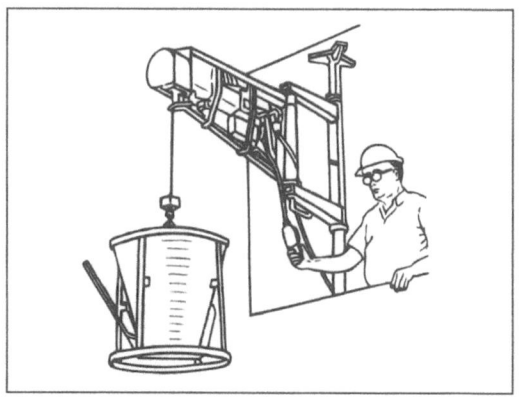

1.34 Seilaufzug

Aufgaben zu Abschnitt 1

1. Was versteht man unter Keramik?
2. Welche keramischen Platten bezeichnet man als Fliesen?
3. Nennen Sie Erzeugnisse der Grobkeramik.
4. Geben Sie die Formgebung des Rohlings und die Wasseraufnahme nach EN 87 an für Platten der Gruppe a) B II, b) A I, c) B I, d) A IIa.
5. Welche Eigenschaften keramischer Fliesen und Platten werden nach Euronormen geprüft?
6. Geben Sie die Rohstoffe für Steingut an.
7. Nennen Sie Gebiete in Deutschland mit größeren Tonvorkommen.
8. Schildern Sie den Herstellungsgang von Steingutfliesen.
9. Was versteht man unter den Fachausdrücken a) Schlicker, b) Biskuitfliese, c) Schrühbrand, d) Glattbrand, e) Flachbrand?
10. In welchen Güteklassen werden Steingutfliesen geliefert? Wie sind sie gekennzeichnet?
11. Welche günstigen Eigenschaften der Steingutfliesen werden durch die Glasur erreicht?
12. Wodurch können Glasurrisse entstehen?
13. Welche Glasuren neigen zu Haarrissen?
14. Wie viel Wasser muss ein Steingutscherben mindestens aufnehmen?
15. Erläutern Sie, wie es zu Frostschäden an Fliesen und Platten kommen kann.
16. Nennen Sie einige frostbeständige Steine und Platten. Wodurch wird ihre Frostbeständigkeit verursacht?
17. Unterscheiden Sie Arten von Steingutfliesen nach der Scherbenart und der Oberfläche.
18. Welcher Unterschied besteht zwischen Deck- und Transparentglasuren?
19. Nennen Sie gebräuchliche Formate für Steingutfliesen.
20. Was versteht man unter Modulformat?
21. Warum brauchen Meißel zum Trennen unglasierter Bodenfliesen eine Widiaschneide?
22. Beschreiben Sie den Herstellungsgang glasierter Steinzeugfliesen.
23. Erläutern Sie den Vorgang des Sinterns.
24. Worin bestehen die wesentlichen Unterschiede zwischen Steinzeug und Steingut?
25. Was versteht man unter Scharffeuerglasur?
26. Geben Sie die Sortierungen und ihre Kennzeichnung für STZ-UGL an.
27. Deuten Sie den Werbespruch: „Auf einem Steinzeugboden hinterlässt niemand einen schlechten Eindruck".
28. Welche Eigenschaften machen Steinzeug zum wertvollen, verschleißfesten Baustoff?
29. Für welche Böden sind glasierte Fliesen der Verschleißklasse I, II, III, IV jeweils geeignet?
30. Nennen Sie gebräuchliche Formate für Steingut- und Steinzeugfliesen.
31. Welche Farbstrukturen unterscheidet man bei unglasierten Steinzeugfliesen?
32. Nennen Sie besondere Formen von Sockelfliesen mit ihrer Fachbezeichnung.
33. Unterscheiden Sie Arten von Mosaik a) nach der Größe, b) nach der Form, c) nach der Aufklebung.
34. Geben Sie Arten trittsicherer Fliesen an.
35. Was versteht man unter trittsicheren Fliesen mit Verdrängungsraum, und welchen Zweck sollen sie erfüllen?
36. Was sind Riemchen?
37. Wodurch unterscheidet sich der Pressvorgang feinkeramischer Fliesen von dem der Spaltplatten?
38. Beschreiben Sie den Herstellungsgang von Spaltplatten.
39. Erläutern Sie den Namen „Spaltplatte".
40. Vergleichen Sie die Eigenschaften von Spaltplatten und STG-Fliesen.
41. Geben Sie genormte Formate für Spaltplatten und -riemchen an.
42. Was sind Klinkerbodenplatten?
43. Was versteht man unter einer „Salzglasur"?
44. Wodurch unterscheiden sich Cottoplatten von Klinkerplatten?
45. Beschreiben Sie Keraion, Keraflair und MegaCeram.
46. Geben Sie gemeinsame Eigenschaften und Verwendungsbereiche für die drei großformatigen Keramikplatten an.
47. Woraus bestehen Terrazzoplatten?
48. Nennen Sie Eigenschaften der Asphaltplatten.
49. Warum muss man Asphaltplatten sorgfältig stapeln?
50. Vergleichen Sie die Eigenschaften von Klinker-, Terrazzo- und Asphaltplatten.
51. In welche Gruppen werden Natursteine nach ihrer Entstehung eingeteilt?
52. Nennen Sie zu jeder der Gruppen in Aufgabe 51 zwei Natursteinarten.
53. Schildern Sie die Entstehung der Solnhofener Platten.
54. Was versteht man unter Dendriten? Wie sind sie entstanden?

Aufgaben zu Abschnitt 1

55. Welche Natursteinplatten eignen sich für die Verkleidung a) von Fassaden, b) von Stufen im Freien?
56. Welche Ausdrücke bezeichnen Muster und Farbstrukturen bei Marmorplatten?
57. Woran kann man Travertinplatten erkennen?
58. Welche Eigenschaften zeichnen Platten aus Quarzit aus?
59. Ein Auszubildender will sich zunächst die 10 wichtigsten Werkzeuge für Wandplattierungen anschaffen. Welche sind das?
60. Welches Werkzeug braucht man beim Verlegen eines Klinkerbodens?
61. Geben Sie die ungefähren Inhalte gebräuchlicher Mörtelgefäße an.
62. Auf welche verschiedene Weisen kann man Terrazzoplatten teilen?
63. Wie kann man eine Solnhofener Bodenplatte sauber ausklinken?
64. Welchen Vorteil bieten Mischmaschinen?
65. Erläutern Sie den unterschiedlichen Aufbau von Schräg- und Seilaufzügen.

M

1. Ein Fliesenleger will prüfen, ob die auf dem Lieferschein angegebene Sandmenge von 4 m³ stimmt. Noch auf der Ladefläche des LKW von 2,30 m x 3,80 m verteilt er deshalb den Sand so, dass er überall etwa gleiche Höhe hat. Er misst als Höhe 48 cm. Kann er den Lieferschein unterschreiben?
2. a) Wie viel l Wasser füllen den Eimer in Bild **1.35** randvoll?
   b) Wie viel l sind im Eimer, wenn er bis zur 3/4 Höhe gefüllt ist? (!)
3. Berechnen Sie den Inhalt eines Mörtelkübels mit den Maßen oberer ⌀ = 58 cm, unterer ⌀ = 46 cm, Höhe = 40 cm.
4. Um das Volumen eines Sandhaufens zu bestimmen, wurde er in die Form wie in Bild **1.36** gebracht. Wie viel m³ sind es?

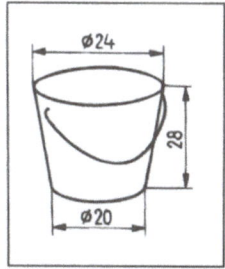
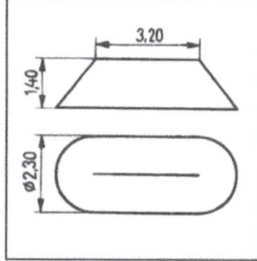

1.35 Eimer

1.36 Sandhaufen (Vorderansicht und Draufsicht)

Z

1. **Sechseckfliesen, M 1:2** (1.37). Zu zeichnen sind jeweils drei Ansichten.

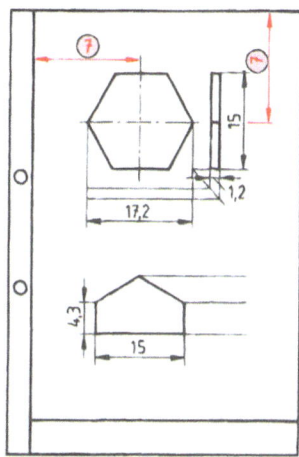

1.37 Sechseckfliesen, M 1:2

2. **Sockelfliesen, M 1:2** (1.38). Zeichnen Sie in drei Ansichten und bemaßen Sie in mm:
   a) Kehlsockel ohne Fase 10 x 15 (wie in Bild **1.12 b**),
   b) gerader Sockel mit Fase (**1.12a**).

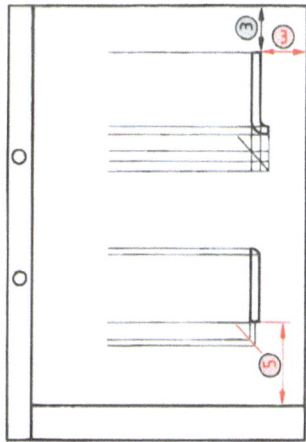

1.38 Sockelfliesen, M 1:2

3. **Bodenfliesen in Isometrie, M 1:2** (1.39). Zeichnen und bemaßen Sie in isometrischer Darstellung:
   a) STZ-Fliesen 10 x 10 x 1 cm
   b) STZ-Fliese 10 x 15 x 1,2 cm
   c) Sockelfliese 10 x 15 x 1,2 cm mit Fase (**1.12a**)
   d) Sechseckfliese 17,2 x 15 x 1,2 cm. (Beginnen Sie mit dem umschriebenen Rechteck).

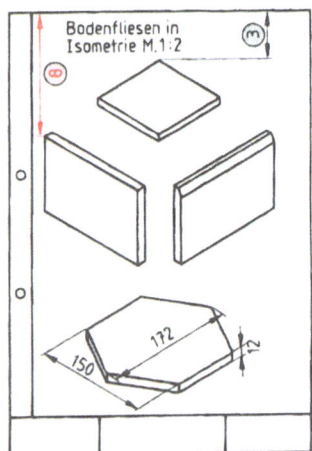

1.39 STZ-Fliese in Isometrie, M 1:2
a) 10 x 10, b) 10 x 15, c) 10 x 15 mit Fase,
d) Sechseck 15 x 17,2

4. **Wandspiegel, M 1:10** (1.4a). Übernehmen Sie die Vorderansicht (ohne Dekor) und zeichnen Sie einen waagrechten Schnitt nach Bild **1.4 a**.

5. **Wandspiegel, M 1:5** (1.40). Wandfliesen 15 x 15, 11,5 cm dickes Mauerwerk, 2,5 cm Belagdicke (Fliese mit Mörtel). Zu zeichnen sind die Vorderansicht, Schnitt A-B und C-D.

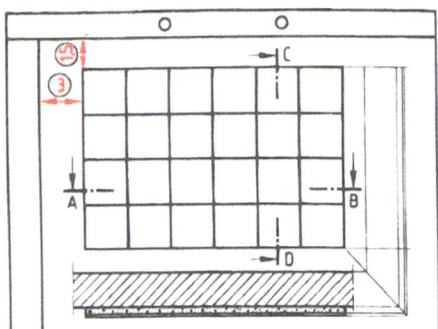

1.40 Wandspiegel, M 1:5

6. **Geflieste Raumecke, M 1:10** (1.41). 15 x 15 Wandfliesen, 9 Schichten hoch und 6 bzw. 3 Reihen breit; Sockelfliesen 10 x 10; 11,5er-Mauerwerk, 2,5 cm Belagdicke. Zu zeichnen sind drei Risse.

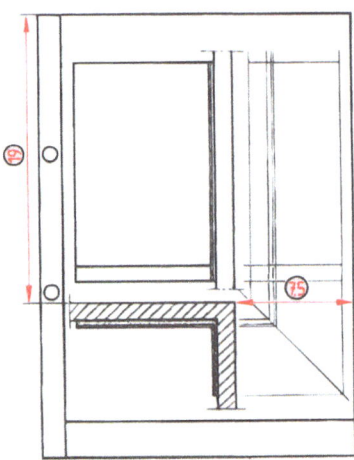

1.41 Geflieste Raumecke, M 1:10

7. **Geflieste Wand (Ausschnitt), M 1:10** (1.42).
a) Übernehmen und ergänzen Sie den Grundriss: Schraffieren von Mauerwerk und Mörtel, Fugen der Wandfliesen 15 x 20.
b) Vorderansicht als Ausschnitt von ca. $4\frac{1}{2}$ Schichten Fliesen 15 x 20 hochkant.

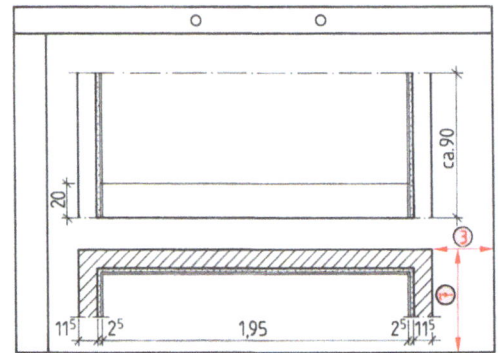

1.42 Geflieste Wand, M 1:10

2 Ansetzgrund und Ansetzmörtel

Von einem fachgerecht ausgeführten Fliesenbelag wird verlangt, dass er dauerhaft über Jahrzehnte hinweg mit seinem Untergrund verbunden bleibt. Aber nicht nur der abgebundene Mörtel – der Festmörtel – soll gut an Fliesen und Ansetzgrund haften, sondern auch der Frischmörtel beim Ansetzen. Die Haftung des Fest- wie des Frischmörtels hängt wesentlich ab von den Eigenschaften der Fliesen, des Mörtels und des Ansetzgrunds sowie davon, wie der Fliesenleger seine Arbeit ausführt.

2.1 Ursachen für die Mörtelhaftung

Bild 2.1 verdeutlicht, dass zum Haften des Ansetzmörtels drei Bereiche gehören:
- die Haftung zwischen Fliese und Mörtel,
- der Zusammenhalt des Mörtels in sich,
- die Haftung zwischen Mörtel und Ansetzgrund.

■ *Versuch 1* Man nässt die (sauberen!) Glasuren zweier Wandfliesen kräftig an und legt diese Fliesen mit den nassen Glasuren aufeinander. Dann versucht man, die Fliesen zu trennen, indem man sie rechtwinklig zu den glasierten Flächen auseinanderzieht.

Ergebnis Man spürt einen Widerstand gegen das Auseinanderziehen: Das Wasser "klebt" die Glasuren aneinander.

■ *Versuch 2* Setzen Sie eine Wandfliese nur mit nassem Sand an.

Ergebnis Zwar saugt die Fliese Wasser an, doch sie haftet nicht. Die Klebkraft des Wassers reicht nicht aus.

■ *Versuch 3* Man trägt Zementleim auf die Glasur einer Wandfliese und klebt die Fliese verkehrt an.

Ergebnis Die Fliese haftet am Untergrund.

Klebfähigkeit des Zementleims. Die Versuche zeigen, was wir aus der praktischen Arbeit kennen. Zwar hat auch das Wasser eine Klebkraft (z. B. zu Glas), aber der Zement eine wesentlich höhere. Diese Klebfähigkeit des Zementleims im Frischmörtel wirkt an allen drei Stellen (2.1): Die Sandkörner untereinander werden verkittet, der Mörtel haftet an der Fliese und an der Wand. Die Klebkraft beruht darauf, dass sich die verschiedenen Moleküle der beteiligten Stoffe gegenseitig anziehen und dadurch aneinander haften (Adhäsion, s. Baufachkunde Grundlagen, Abschn. 2.1.5). So besteht z. B. zwischen Wasser und allen steinigen Stoffen (Keramik, Glas, Quarzsand, Natursteine) Adhäsion, auch zu Holz, Metallen und vielen anderen Stoffen – nicht aber zu Fetten

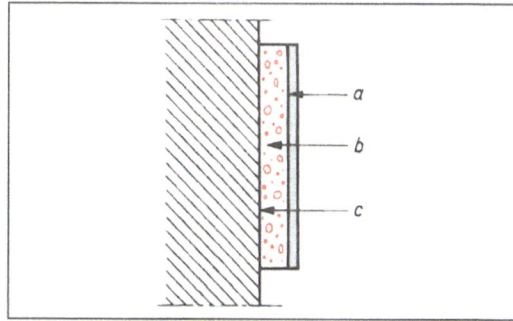

2.1 Mörtelhaftung
 a Fliese/Mörtel
 b Mörtel in sich
 c Mörtel/Ansetzgrund

und manchen Kunststoffen. Die Wirkweise von Klebern, auch von Fliesenklebstoffen, beruht auf hohen Anhangskräften zu steinigen Stoffen.

Saugfähigkeit. Zementmörtel haftet aber nicht an allen Baustoffen gleich gut. Offensichtlich gibt es außer der Klebfähigkeit des Zementleims noch andere Ursachen für die Mörtelhaftung. Porige Baustoffe saugen vom Mörtel Wasser und Zementleim an. Diese Saugfähigkeit bewirkt eine Verankerung des Zementleims in der Fliese und im (porigen) Ansetzgrund. Die Verankerung verhindert, dass der angesetzte Belag beim Frischmörtel infolge seines Eigengewichts abrutscht. Beim Festmörtel wird hierdurch die Haftfestigkeit wesentlich erhöht – wie beim Wurzelwerk einer Pflanze, das für eine gute Verankerung im Boden sorgt. Die Saugfähigkeit von Fliese und Ansetzgrund ist also eine günstige Eigenschaft.

Wandfliesen und Mauerziegel haben ein großes Porenvolumen. Sie können daher viel Wasser aufnehmen. Ihr Gefüge ist feinporig, die Durchmesser der Kapillaren sind jedoch sehr unterschiedlich.

Die Rauheit der Fliese und vor allem des Ansetzgrunds ist eine weitere Ursache für das Haften des Mörtels. Die raue Oberfläche eines Ansetzgrunds ist umso wichtiger, je weniger saugfähig dieser ist. Die geringere Mörtelhaftung durch fehlende oder verminderte Verankerung des Zementleims in den Poren kann nämlich durch die Rauheit wenigstens teilweise wieder ausgeglichen werden. Durch die Rauheit wird die Klebfläche vergrößert und damit auch die gesamte Klebkraft. Zugleich stützt eine raue Oberfläche mit ihren Vorsprüngen und Vertiefungen den Mörtel ab und verzahnt sich mit ihm. So haftet das frische Mörtelbett auch auf einer nichtsaugenden Betonwand, wenn sie durch einen Spritzbewurf rau gemacht worden ist. Ebenso haftet der Festmörtel an rauen Wänden wesentlich besser; vor allem die Scherfestigkeit des Belags zwischen Mörtelbett und Wand ist beträchtlich vergrößert.

> **Der Ansetzmörtel** soll gut am Untergrund, an der Fliese und in sich selbst haften; er soll sich gut verarbeiten lassen.
> Die **Ursachen der Haftung** sind:
> **die Klebkraft** (Adhäsion) des Zementleims zur Fliese, zum Untergrund und für die Sandkörner;
> **die Saugfähigkeit** von Fliese und Untergrund, die die Verzahnung des Zementleims in den Poren bewirkt;
> **die Rauheit**, die die Klebfläche vergrößert und den Mörtel abstützt und verzahnt.

2.2 Wässern von Wandfliesen

Durch richtiges Wässern von Wandfliesen lässt sich die Haftfestigkeit des Mörtels erhöhen. Falsch ist es, Fliesen minuten- oder gar stundenlang ins Wasser zu stellen, weil sich dann der Porenraum voll mit Wasser gefüllt hat und daher ein Eindringen des Zementleims nicht mehr möglich ist. Günstig ist ein kurzes Tauchen der Fliesen in Wasser, nur etwa 1 bis 3 Sekunden lang. In dieser kurzen Zeit saugt die Fliese nur einen Bruchteil der Wassermenge auf, die sie aufnehmen kann. Dieses Wasser wandert in die allerfeinsten Kapillaren, weil sie die stärkste Saugkraft haben. Diese feinsten Röhrchen könnten den dickflüssigeren Zementleim ohnehin nicht aufnehmen, sie würden dem Zementleim nur vermehrt Wasser entziehen. So aber sind nur die weniger feinen Poren frei, in denen der eingedrungene Zementleim zu Zementkristallen erhärtet. Dadurch entsteht eine gute Verzahnung zwischen Fliesenscherben und Mörtelbett.

Auf der Baustelle wird von Fall zu Fall über das Wässern entschieden, und zwar vorrangig danach, wie die Bedingungen für das Haften des Frischmörtels sind. Für das Ansetzen an schwach oder gar nicht saugenden Wänden wie bei dickerem Mörtelbett wird gar nicht gewässert. Dagegen ist die Fliese stets zu wässern, wenn mit dünnerem Mörtel oder an gut saugenden Wänden angesetzt wird. Aber auch bei normaler Saugfähigkeit des Ansetzgrunds und bei normaler Mörteldicke verbessert bei porigen Fliesen ein kurzes Tauchen die Haftfestigkeit des Festmörtels. Dieses kurze Tauchen von Wandfliesen ist nicht zu verwechseln mit dem stundenlangen, stets erforderlichen Wässern von Cottoplatten.

2.3 Mischen des Ansetzmörtels

Bindemittel für den Ansetzmörtel bei allen fein- und grobkeramischen Wandbelägen sind die Normenzemente, vornehmlich der Portlandzement. Aber auch die anderen genormten Zemente dürfen verwendet werden. An Zement soll so viel zugegeben werden, dass alle Sandkörner ummantelt und alle Hohlräume im Sand ausgefüllt werden. Zu viel Zement macht den Mörtel weniger fest, weil das abgebundene Zementkorn deutlich geringere Festigkeit aufweist als das Quarzkorn des Sandes.

Der Zuschlag ist das tragende Gerüst des Mörtels. Für den Ansetzmörtel eignet sich scharfer, sauberer, gemischtkörniger Fluss- oder Grubensand (Quarzsand) der Korngruppe 0 bis 4, z. B. Rheinsand. Ungeeignet sind lehmhaltiger Schmiersand mit seinem hohen Anteil an aufschlämmbaren Bestandteilen sowie See- und Dünensand. Gemischtkörniger Sand ist deshalb günstig, weil er weniger Hohlräume hat, dadurch weniger Zement braucht und deshalb festeren Mörtel ergibt. Die zu wählende Korngruppe des Sandes hängt von der Mörteldicke ab. Das Größtkorn des Sandes sollte höchstens ein Drittel der Mörteldicke sein, sonst ist der Mörtel kaum noch zu verarbeiten und zu verdichten. Bei 1,5 cm dickem Ansetzmörtel ist daher das Größtkorn von 4 mm im Sand 0 bis 4 gerade richtig.

2.3 Mischen des Ansetzmörtels

Bei feinerem Sand wird die innere Oberfläche im Sand erhöht, man braucht daher mehr Zement, um alle Sandkörner zu ummanteln, und die Festigkeit nimmt ab.

Der Sand und seine Korngruppe beeinflussen aber nicht nur die Festigkeit des Mörtels, sondern auch seine Verarbeitbarkeit. Bei einem Ansetzmörtel aus Rheinsand 0 bis 4 und Zement setzt sich sehr schnell Wasser oben ab, so dass der Fliesenleger dauernd mit seiner Kelle den Mörtel aufrühren muss. Dieses „Bluten" des Mörtels lässt sich durch Zugabe von feinkörnigem Sand (Silbersand, Putzsand) vermeiden, weil der durch seine große innere Oberfläche viel mehr Adhäsionskräfte zum Wasser hat. Man sollte aber nicht zu viel – weniger als die Hälfte – Anteil an feinkörnigem Sand nehmen, um die Festigkeit nicht stärker zu vermindern.

Das Mischungsverhältnis hat großen Einfluss auf die Verarbeitbarkeit des Zementmörtels, auf seine Festigkeit sowie – was für Fliesenbeläge besonders wichtig ist – auf die Haftung des Frisch- und Festmörtels an Fliese und Wand. Eigentlich sind beim Ansetzmörtel für seine drei verschiedenen Bereiche (2.1) auch drei unterschiedliche Mischungsverhältnisse jeweils die günstigsten:

– Haftung an der Wandfliese 1:5,
– Eigenfestigkeit des Mörtels 1:4 beim Sand 0 bis 4,
– Haftung an der Wand 1:3.

Vom Spritzbewurf abgesehen, wird jedoch für alle Aufgaben derselbe Mörtel mit dem Mischungsverhältnis 1:5 genommen. Mit ihm erzielt man eine größere Haftfestigkeit als bei einem Verhältnis 1:4 oder gar 1:3. Bei diesen fetteren Mörteln wird die Haftfestigkeit zwischen Fliese und Mörtelbett stark gemindert, weil das Einsaugen in die Poren unterbleibt. Das lässt sich leicht durch die *Schüttel- oder Rutschprobe* zeigen: Man legt eine STG-Fliese auf die Hand, gibt einen Ballen *fetten* Mörtel darauf und klopft mit dem Kellenstiel einige Male darunter. Dann neigt man die Fliese immer mehr: der Mörtel rutscht ab, weil die Fliese den fetten Mörtel nicht angesaugt hat. Bei einem Mörtel 1:5 bleiben dagegen angesaugte Mörtelreste auf der Fliese zurück. Tabelle 2.2 gibt die günstigsten Mischungsverhältnisse und den Einmischungsfaktor an.

Zwar gibt es für jeden Zweck und jede Sandkörnung das jeweils beste Mischungsverhältnis, doch bleibt immer ein gewisser Spielraum, so dass die Raumteile von Sand und Zement nach Augenmaß bestimmt werden dürfen. Grobe Abweichungen führen jedoch zu Fehlern:

– zu fetter Mörtel verhindert das Einsaugen in die Poren;
– zu magerer Mörtel hat geringe Adhäsion und Festigkeit;
– zu feinsandiger Mörtel braucht mehr Zement, wird weniger fest;
– zu großes Größtkorn erschwert das Verarbeiten und Verdichten;
– zu geringer Feinsandanteil bewirkt schnelles Absetzen des Wassers aus dem Frischmörtel, häufiges Anrühren wird nötig.

Tabelle 2.2 Günstigste Mischungsverhältnisse und Einmischungsfaktor für Wandbeläge

Mörtel	Zement : Sand	Einmischungsfaktor
Steingut, Irdengut	1:5	1,4
Steinzeugfliesen	1:3 + Pudern	1,5
Spaltwandplatten	1:4 bis 4,5	1,4
Spritzbewurf	1:2,5 bis 3	1,5
Vorputz	1:3 bis 3,5	1,5

Das Mischen des Mörtels erfolgt beim Fliesenleger oft von Hand. Dabei soll so gründlich gemischt werden, dass der Mörtel keine Streifen mehr zeigt und leicht und glatt von der Kelle geht. Zeitsparend geht man vor, indem man einen Sack Zement auf den Sandhaufen wirft, ohne vorher die Sandmenge bestimmt zu haben. Dann wirft man – beim Mischungsverhältnis 1:5 – insgesamt 30 Schaufeln um. Dabei wird davon ausgegangen, dass die Schaufel jeweils etwa 4 l fasst; also 5 Schaufeln (= 20 l = 1 Sack) Zement werden mit 25 Schaufeln Sand zu 30 Schaufeln Mischung. Beim Mischen soll jede Schaufel viel Sand und etwas Zement fassen, bei der 30. Schaufel muss der gesamte Zement untergemischt sein. Beim nochmaligen Umwerfen und beim Füllen der Eimer greift die Schaufel die Mischung unten vom Haufen weg und wirft sie oben auf den neuen Haufen: das Nachrieseln der Mischung bedeutet einen zusätzlichen Mischvorgang.

Weiteres Mischen geschieht beim Auskippen des Eimers und beim Aufrühren des Mörtels im Fass. Trockene Mischungen müssen in einem halben Tag verarbeitet sein, Nassmörtel noch eher, weil Normenzemente nach einer Stunde mit dem Erstarren beginnen dürfen.

2.4 Baustoffbedarf für Ansetzmörtel (Beispiel)

Beim Ermitteln des Bedarfs an Sand und Sack Zement für eine zu plattierende Fläche muss man den Mörtelschwund beim Mischen und Verdichten berücksichtigen. Das geschieht am einfachsten mit dem Einmischungsfaktor (2.2).

Der Rechenweg:

a) Nassmörtel (m³) = Ansetzfläche (m²) x Mörteldicke (m)

b) lose Masse an Zement und Sand = Nassmörtel x Einmischungsfaktor

c) Aufteilung der losen Masse in Zement und Sand gemäß Mischungsverhältnis

d) Umrechnen des Zements von m² in Anzahl Säcke (20 l Sackinhalt)

Eine Fläche von 235 m² erhält einen Wandfliesenbelag. Es wird mit einer durchschnittlichen Mörteldicke von 2 cm gerechnet.

a) Nassmörtel: 235 m² x 0,02 m = 4,7 m³
b) lose Masse: 4,7 m³ x 1,4 = 6,58 m³
c) 1 Anteil Zement + 5 Anteile Sand = 6 Anteile Mischung
6,58 m³ : 6 = 1,097 m³ $\approx$ 1,1 m³ = 1 Anteil (Zement)
6,58 m³ − 1,1 m³ = 5,48 m³ $\approx$ 5,5 m³ = 5 Anteile (Sand)
d) 1,1 m³ Zement = 1100 l Zement
1100 l : 20 l = 55.

Es werden **55 Sack Zement** und **5,5 m³ Sand** gebraucht.

2.5 Vorbehandeln von Wandflächen

Anforderungen an den Untergrund. Der Ansetzgrund soll saugfähig und rau sein und eine gute Haftung des Ansetzmörtels ermöglichen. Staub und lose Teile sind von der Wand abzukehren, Kalkreste und Verunreinigungen zu entfernen, weil sie die Haftung vermindern. Ölige Stellen müssen kräftig aufgeraut oder abgestemmt werden, sonst kommt dort keine Mörtelhaftung zustande. Auch muss der Untergrund ausreichend eben und lotrecht (s. Tab. 9.1) sein, grobe Unebenheiten sind durch Vorputz auszugleichen, damit der Ansetzmörtel nicht zu dick (und schwer) wird. Der Ansetzgrund sollte frei von Schwind- und Setzrissen sein; auch Ausblühungen können die Mörtelhaftung vermindern.

Gips darf nicht im Ansetzgrund verbleiben, auch nicht in geringen Mengen an Schalterdosen oder dergleichen. Das Zusammenkommen von Gips und Zement kann zum Treiben führen. Das geschieht zwar nicht sofort und auch später nicht, wenn die Umgebung stets trocken bleibt. Aber bei wiederholter Durchfeuchtung bildet sich aus Zement und Gips ein nadelförmiges Kristall (Ettringit), das viel Platz braucht und daher den Fliesenbelag absprengen kann.

Die verschiedenen Wandbaustoffe, die als Ansetzgrund vorkommen, weisen auch sehr unterschiedliche Eigenschaften auf. Besonders Rauheit und Saugfähigkeit sind für das Haften des Ansetzmörtels wichtig; jeder Ansetzgrund ist vom Fliesenleger im Hinblick auf diese beiden Eigenschaften zu beurteilen, um zu entscheiden, ob und wie er vorzubehandeln ist. Das Saugverhalten lässt sich leicht erkennen, wenn man mit einem triefnassen Quast oder Besen Wasser an die Wand wirft.

In einem kaum oder schwach saugenden Ansetzgrund verankert sich der Zementleim zu wenig oder zu langsam. Der Frischmörtel „zieht nicht an" und rutscht leicht ab, auch der Festmörtel hat geringe Haftung zur Wand. Daher muss durch Rauheit des Ansetzgrunds die Haftung verbessert werden. Solche Wände (z. B. Beton) werden durch einen *Spritzbewurf* aufgeraut. Günstig ist es bei Mauerwerk außerdem, wenn die Fugen ausgekratzt sind.

Der Spritzbewurf ist kein Vor- oder Unterputz. Im Gegensatz zu diesen ist er nur wenige Millimeter dick, besteht aus fetterem Mörtel (etwa 1:2,5) und wird nach dem Anwerfen nicht nachbehandelt. Beim Vorspritzen wird grobkörniger Mörtel (Sand 0 bis 4) mit kräftigem Schwung angeworfen. Dabei sollen deutliche Erhebungen und Vertiefungen entstehen (wie bei einem Streuselkuchen), damit der Untergrund möglichst rau wird. Der Spritzbewurf verbessert die Mörtelhaftung, weil er eine einheitliche, raue Ansetzfläche schafft; eine gegebenenfalls zu starke Saugfähigkeit des Ansetzgrundes wird verhindert.

Glatte, nicht oder kaum saugende Untergründe (z. B. Betonfertigteile) kann man durch eine *Haftbrücke* für das Ansetzen von Wandbelägen vorbereiten. Haftbrücken bestehen aus Kunststoffen (meist mit Zusatz von Quarzsand), die hohe Adhäsion zu Untergründen aus Stein, Glas und Metall sowie zum Mörtel bzw. Fliesenklebstoff aufweisen. Somit wird die Klebkraft stark verbessert; dagegen bleibt der Untergrund ohne Saugfähigkeit. Vornehmlich verwendet man Haftbrücken beim Dünnbettverfahren.

Bei dickerem Mörtelbett und kaum saugenden oder feuchten Wänden kann trotz Rauheit die Gefahr entstehen, dass der frische Mörtel abrutscht. Nur dann kann der Fliesenleger zum „letzten Mittel" greifen: nach jeder angesetzten Schicht werden der Ansetzmörtel und ein Streifen des Ansetzgrunds mit trockenem Zement dünn gepudert – jedoch niemals die porösen Fliesen! Der Zement bindet einen Teil des Wassers und erhöht die Klebkraft am Ansetzgrund, doch die Eigenfestigkeit des Mörtels wird dadurch herabgesetzt. Dickere Puderschichten sind nicht erlaubt; der Mörtel könnte dort später reißen.

Am besten vermeidet man ein dickeres Mörtelbett, indem man vor dem Ansetzen die Ebenheit der Wand prüft und Unebenheiten durch teilweises Vorputzen oder Abstemmen beseitigt.

An einem kräftig saugenden Ansetzgrund haftet zwar der frische Mörtel zunächst gut, doch wird ihm zu viel und zu schnell Wasser entzogen. Der Zementleim verliert besonders in der Mörtelschicht direkt am Ansetzgrund zuviel Wasser, so dass dort die Haftung gering wird. Auch die Verbindung von Mörtel zum Fliesenscherben wird leicht gestört, wenn die Platten – sei es auch nur kurz nach dem Ansetzen – noch zurechtgerückt oder nachgeklopft werden. Ohne Vorbehandlung könnte daher der Belag später teilweise hohl liegen, entweder am Ansetzgrund oder am Fliesenscherben.

Stärker saugende Wände sind dauernd nass zu halten. Vor dem Ansetzen jeder Schicht ist die Wand erneut anzunässen.

Besonders stark saugender Ansetzgrund (z. B. Wände aus Porenbetonsteinen), muss vorbehandelt werden, z. B. durch einen Spritzbewurf. Vorher muss die Wand angenässt werden. Der Spritzbewurf soll die Ansetzfläche abdecken, damit dem Mörtel das Wasser nicht entzogen werden kann.

Günstig ist auch ein Voranstrich aus einer mit Wasser verdünnten Kunstharzdispersion. Auch dem Mörtel für den Spritzbewurf kann man eine geeignete Dispersion zugeben. Die Kunstharzdispersion bewirkt, dass das Wasser des Mörtels besser zurückgehalten und nicht von dem stark saugenden Untergrund entzogen wird.

Mäßig saugender, nicht zu glatter Ansetzgrund, wie er z. B. bei Ziegelmauerwerk oft vorkommt, braucht nicht besonders vorbehandelt zu werden. Doch auch hier wirkt sich ein Spritzbewurf günstig aus, nicht nur wegen der größeren Rauheit. Der angeworfene fettere Mörtel 1:3 haftet ja besser am Ansetzgrund als der magere Ansetzmörtel 1:5.

2.6 Überbrücken von ungeeignetem Ansetzgrund

Es gibt Untergründe, die für das Ansetzen mit Mörtel nicht geeignet sind oder erst nach Vorarbeiten geeignet werden. Dazu zählt *Stahl*, weil er zu glatt ist und nicht saugt. *Holz* saugt zwar, quillt aber bei der Aufnahme von Feuchtigkeit und schwindet beim Trocknen. Der Festmörtel würde sich wegen dieser Formänderungen bald vom Holz lösen. Wände aus Gipsdielen oder Gipskartonplatten kommen wegen der Gefahr des Treibens nicht als Ansetzgrund in Frage, wohl aber als Untergrund für Kunststoffkleber (s. Abschn. 9.1).

Auch steiniger Ansetzgrund kann ungeeignet sein, wenn verschiedene Steinarten (Mischmauerwerk) oder Betonbauteile mit Mauerwerk vermischt verarbeitet sind. Dann saugt nämlich der Ansetzgrund zu unterschiedlich, so dass der Mörtel verschieden schnell erstarrt und erhärtet. Daraus ergeben sich Spannungen, die oft zu Rissen führen. Hier hilft ein Spritzbewurf allein oft nicht weiter; solche Bereiche im Ansetzgrund müssen durch Mörtelträger überbrückt werden. Ähnliches gilt für breitere Rohrschlitze.

Mörtelträger ermöglichen manchmal erst das Verfliesen von Bauteilen, indem sie ungeeignete Bereiche überbrücken oder als selbsttragende Putzträger dienen und durch Vorputzen mit Zementmörtel einen neuen, starren Ansetzgrund zum Verkleiden von Bauteilen wie Fallrohren und weichen Dämmschichten schaffen. Mörtel- oder Putzträger sind als Draht-, Ziegeldrahtgewebe, Streck- und Rippenstreckmetall erhältlich.

Drahtgewebe ist sechseckiges oder rechteckiges Drahtflechtwerk, deren Einzeldrähte verwebt oder in den Kreuzungspunkten verschweißt sind

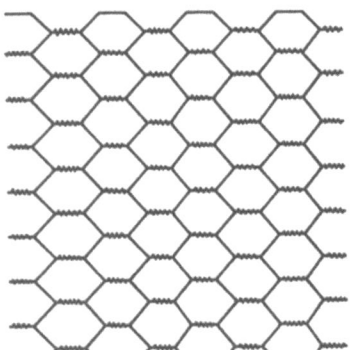  

2.3 Putzträger   2.4 Ziegeldrahtgewebe   2.5 Schneiden von Rippenstreckmetall

(2.3). Das Gewebe muss etwas Abstand vom Untergrund haben, damit es später im Mörtel liegt.

Ziegeldrahtgewebe haben auf ihrem quadratischen Drahtgeflecht aufgepreßte Ziegelkörper, die den Mörtel ansaugen und so die Haftung verbessern (2.4).

Streckmetall besteht aus gestanzten Stahlblech.

Rippenstreckmetall ist ein selbsttragender Putzträger aus kaltgewalztem Bandstahl und in verschiedenen Ausführungen lieferbar (2.5). Alle Rippenstreckmetalle haben 10 bzw. 4 mm hohe Tragrippen mit etwa 20 cm Abstand. Dazwischen liegen Grätenfelder. Die freitragende Spannbarkeit beträgt je nach Blechdicke und Rippenhöhe 35 bis 100 cm. Der Fliesenleger verwendet Rippenstreckmetall beispielsweise zum Verkleiden von Fallrohren (2.6, s. Abschn. 10.3).

Angemörtelte Trägerplatten können größere Flächen unbrauchbaren Ansetzgrunds überdecken und als ebener Untergrund für das Dünnbettverfahren dienen. Neben Gipskartonplatten sind Platten aus hartem Schaumstoff (Styrodur) überall gut geeignet, auch in Nassräumen. Sie bestehen aus dem Wärmedämmstoff Polystyrol, dessen Oberfläche beidseitig mit glasgewebeverstärktem Mörtel beschichtet ist. Diese Polystyrol-Hartschaumplatten haben geringe Wasseraufnahme (unter 0,5 Vol.-%), sind zähelastisch, ziemlich druckfest, maßgenau, leicht, wärmedämmend und völlig unempfindlich gegen Feuchtigkeit. Somit sind sie für den Fliesenleger vielseitig innen und außen einsetzbar und gewinnen immer mehr als Ansetzgrund für das Dünnbettverfahren an Bedeutung.

Stahlbetonstürze werden am einfachsten mit einem Drahtgeflecht überspannt (z. B. Rabitzdraht oder Streckmetall).

Holzwolle-Leichtbauplatten sind – in genügend biegesteifer Bauweise – als Ansetzgrund durchaus geeignet. Sie werden auch nur dann mit Drahtgeflecht überbrückt, wenn sie mit anderen Baustoffen einen gemischten Untergrund bilden (z. B. bei Stürzen). In allen anderen Fällen (Trennwände, Dachgeschosswände, Heizkörpernischen, Badewannenverkleidung) werden nur die Fugen zwischen den einzelnen Leichtbauplatten mit einem mindestens 8 cm breiten Streifen aus Drahtnetz überspannt. Die gesamte Fläche muss aber deckend vorgespritzt werden. Holzwolle-Leichtbauplatten sollen trocken sein. Sie dürfen weder für den Spritzbewurf noch für das Ansetzen angenässt werden.

Holzbalken im Ansetzgrund (2.6) müssen verwahrt und überbrückt werden. Um das Holz vor Feuchtigkeit zu schützen, verkleidet man es zunächst mit Sperrpappe. Dann wird ein Mörtelträger darüber gespannt und am Mauerwerk befestigt – keinesfalls am Holz, denn die Bewegungen des Holzes sollen sich ja nicht auf den Wandbelag übertragen.

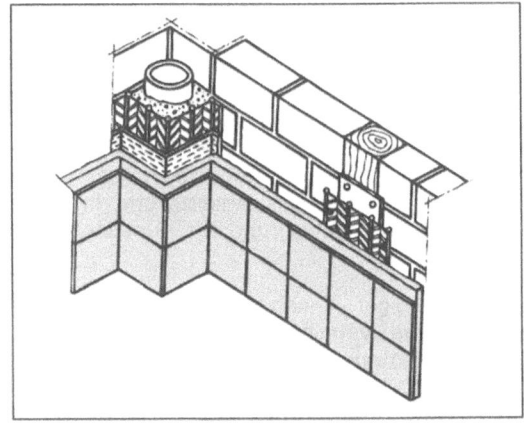

2.6 Verkleiden von Holzbalken und Abflussrohren

Stahlstützen und -träger kommen häufig in Industriebauten vor, z. B. Skelettbauweise. Es ist zweckmäßig, nur die Ausfachungen zu plattieren und nicht die Stahlbauteile. Soll ausgemauertes Stahlfachwerk doch plattiert werden, ist der Stahl bereits vor dem Ausmauern mit Zementschlämme zu streichen und an den Flanschen mit einem Mörtelträger zu ummanteln (**2.7**).

Alter, gut haftender, fester Putz der Mörtelgruppe III oder II ist trotz seiner Festigkeit oft durch Ablagerung von Staub, Ruß und Schmutz oder durch einen Anstrich als Ansetzgrund unbrauchbar geworden. Solche Putzflächen im Innern und an Sockeln von Gebäuden kann man plattieren, wenn man sie vorher ganz mit Streckmetall oder Ziegeldrahtgewebe überzieht und dann vorputzt.

Viele glatte Untergründe wie alte Fliesenbeläge, Platten aus Holzwerkstoff, Gips, Faserzement u. a. sind zwar für das Ansetzen mit Mörtel ungeeignet, können aber als Untergrund für das Dünnbettverfahren dienen (s. Abschn. 9).

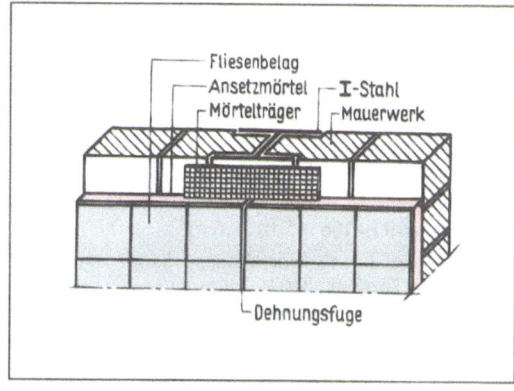

2.7 Gefliese Stahlfachwerkwand

Aufgaben zu Abschnitt 2

1. Was versteht man unter Adhäsion?
2. Worauf beruht Adhäsion?
3. Erläutern Sie, wie die Saugfähigkeit von Fliese und Ansetzgrund zum Haften des Mörtels beiträgt.
4. Warum ist eine raue Ansetzfläche günstig?
5. Was geschieht beim kurzen Tauchen in einer Wandfliese?
6. In welchen Fällen sollen Wandfliesen gewässert werden?
7. Welcher Sand ist für Ansetzmörtel zu verwenden?
8. Woran erkennt man schlecht gemischten Mörtel?
9. In welcher Zeit ist Ansetzmörtel zu verarbeiten?
10. Welche Mörtelmischung haftet am besten
    a) an der Wand, b) in sich selbst,
    c) an der Wandfliese, d) an der Spaltplatte,
    e) am Steinzeugsockel?
11. Was wird durch einen Spritzbewurf erreicht?
12. Beurteilen Sie Saugfähigkeit und Rauheit von
    a) Ziegelmauerwerk, b) Bimsdielen, c) Holzwolle-Leichtbauplatten, d) Beton, e) Natursteinmauerwerk.
13. Wie ist der jeweilige Ansetzgrund (Aufg. T 12) vorzubehandeln?
14. Welche Vorarbeiten sind erforderlich, wenn ein Holzbalken im Ansetzgrund vorhanden ist?
15. Wie werden Wände aus Holzwolle-Leichtbauplatten vorbehandelt?
16. Warum ist Mischmauerwerk als Ansetzgrund ungeeignet?
17. Nennen Sie verschiedene Mörtelträger.
18. Welcher Mörtelträger ist saugfähig? Wodurch wird das erreicht?
19. a) Welche besondere Eigenschaft hat nur Rippenstreckmetall im Gegensatz zu den anderen Mörtelträgern?
    b) Wo wird Rippenstreckmetall verwendet?
20. Welche Untergründe werden mit einer Haftbrücke vorbehandelt?
21. Welche Eigenschaften muss der Ansetzgrund aufweisen?
22. Welche Beschaffenheit des Untergrundes kann die Mörtelhaftung beeinträchtigen?
23. Ansetzmörtel für Fliesen hat das Mischungsverhältnis 1:5
    a) Warum wäre 1:4 schlechter,
    b) warum wäre 1:6 schlechter?
24. Sand für den Ansetzmörtel sollte die Korngruppe 0 bis 4 haben.
    a) Warum nicht 0 bis 8,
    b) warum nicht 0 bis 2?
25. Warum wird dem Rheinsand 0 bis 4 noch Putzsand für den Ansetzmörtel zugegeben?
26. Welche Fehler können durch
    a) zu fetten,
    b) zu mageren Mörtel entstehen?
27. Welche Aufgabe übernimmt der Sand, welche der Zement im Mörtel?

M

1. Berechnen Sie Nassmörtel, Zement in l und Sack sowie Sand in m³ für 2 cm dicken Zementmörtel 1:5 für Wandbeläge von
   a) 388 m², b) 69 m², c) 144 m².

2. wie Aufgabe M 1, jedoch 2,5 cm dicker Zementmörtel 1:4 für a) 96 m², b) 208 m².

3. wie Aufgabe M 1, jedoch Kalk-Zement-Mörtel 2:1:8, 1,5 cm dick für a) 312 m², b) 48,5 m².

4. wie Aufgabe M 1, jedoch 3 cm dicker Zementmörtel 1:4,5 für a) 108 m², b) 38,6 m².

5. a) Wie viel l lose Mörtelmasse kann man mit 1 Sack Zement (20 l) anmachen, wenn das Mischungsverhältnis 1:5 (1:4) beträgt?
   b) Wie viel l Nassmörtel gewinnt man daraus (Einmischungsfaktor 1,4)?
   c) Wie viel m² Fliesen kann man damit ansetzen, wenn das Mörtelbett durchschnittlich 2 cm dick ist?

6. Wie viel Sack Zement „passen" zu 1m³ Sand
   a) bei einem Mischungsverhältnis von 1:5,
   b) bei einem Mischungsverhältnis von 1:4?
   c) Wie viel l Nassmörtel erhält man jeweils?
   d) Wie viel m² Fläche kann man damit bei 2 cm dickem Mörtel verfliesen?

3 Verfliesen von Wänden

3.1 Anforderungen an keramische Wandbeläge

Die technischen Vorzüge und die vielfältigen gestalterischen Möglichkeiten haben keramischen Fliesen und Platten zu Recht einen wachsenden Anteil an den Wandbekleidungen gebracht. Von plattierten Wänden erwartet man:

- große Haltbarkeit, also lange Lebensdauer,
- Unempfindlichkeit in vielfacher Hinsicht,
- Hygiene und leichte Sauberhaltung,
- gleichbleibend schönes Aussehen.

Diese Ziele werden erreicht durch die Auswahl der Fliesen bzw. Platten sowie der Fugenfarbe und dem fachgerechten Ansetzen in technischer und gestalterischer Hinsicht. Der Fliesenbelag soll fest und voll vermörtelt am Ansetzgrund haften. Er soll eine geschlossene, möglichst dichte Oberfläche aufweisen. Für sehr lange Zeiträume müssen Fliesen, Ansetzmörtel und Fugen den zu erwartenden Belastungen und Spannungen standhalten. Zum schönen Aussehen gehört, dass die „Geometrie des Fliesenbelags" stimmt, nämlich Form und Lage der Fläche, Fugenbild und Einteilung.

An der Baustelle stellen sich dem Fliesenleger immer wieder vor allem diese beiden Aufgaben:
- I Wie ist eine gute Haftung des Belags zu erzielen?
- II Wie erreiche ich ein schönes Aussehen des Fliesenbelags?

Zum ersten Bereich zählen die Vorarbeiten am Ansetzgrund, manchmal auch an den Platten (Wässern, Pudern, Einstreichen mit einer Haftemulsion), das Mischen des Mörtels, die Arbeitstechnik beim Ansetzen. Zum zweiten gehört die vorherige Planung der Aufteilung, besonders aber die sorgfältige Arbeit beim Einrichten der Wand und beim Ansetzen jeder einzelnen Fliese. Dabei sind Überlegung, Augenmaß, Fingerspitzengefühl im wörtlichen Sinn und durch Übung gewonnene Geschicklichkeit gefordert.

3.2 Bearbeiten der Fliesen und Platten

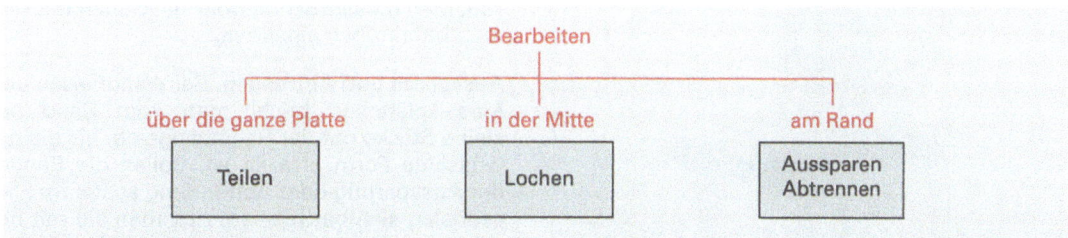

Teilen. Für Ausgleichsstreifen bei Wand- und Bodenbelägen werden Passstücke gebraucht, die man durch genaues Teilen der Platte erhält.

Keramische Platten. Die Hauschiene wird mit dem Maßstab auf die Breite des Ausgleichsstreifens eingestellt, wobei die Dicke des Schnittwerkzeugs (Widianadel, Glasschneider, Widiameißel) zu berücksichtigen ist. Die Genauigkeit der Hauschiene für parallele Schnitte überprüft man von Zeit zu Zeit. Für wenige schräge Schnitte verstellt man die Führungsschiene nicht schiefwinklig, sondern zeichnet die Schnittlinie auf jeder Platte an. Bei parallelen Schnitten werden die Fliesen mit ihrer Oberseite bzw. Glasur nach oben an die Hauschiene gelegt und fest gegen den Anschlag gedrückt. Es ist darauf zu achten, dass nicht Sandkörner oder Unebenheiten an der Fliesenkante einen geraden, parallelen Schnitt verhindern.

Wandfliesen ritzt man mit einer Widianadel oder einem Glasschneider unter kräftigem, rechtwinkligem Andrücken. Unglasierte Platten und Scharffeuerglasuren werden mit Hilfe eines Widiarädchens in der Schneidemaschine geritzt, oder man schlägt mit Fliesenhammer und Widiameißel ein- bis zweimal entlang der Hauschienenführung bzw. einer aufgezeichneten Linie eine Ritzspur in die Oberfläche. Wandfliesen bricht man mit der Hand oder wie Mosaik mit der Brechzange (3.1).

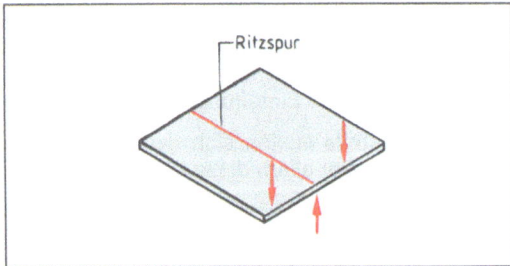

3.1 Wirkungsweise der Kräfte bei einer Brechzange

Dabei wird infolge von Biegung eine Zugspannung erzeugt, die möglichst genau entlang der Ritzlinie verlaufen soll. Fliesen sind wie alle Steine zwar sehr druckfest, aber nicht zugfest. Nun tritt bei jeder Biegung die größte Zugspannung am äußersten Rand auf, bei der Fliese also an der glasierten Oberfläche. Dort ist aber der Querschnitt durch das Ritzen geschwächt. Daher reißt die Platte von der Ritzlinie aus weiter, bis sie bricht.

Nichtkeramische Platten. Hier unterscheidet man verschiedene Verfahren. Terrazzo- und Natursteinplatten mit homogenem (= gleichmäßig) Gefüge können wie Steinzeugfliesen geschlagen werden. Asphalt- und Terrazzoplatten sowie weichere Natursteine lassen sich mit Hilfe einer Steinspaltmaschine teilen (1.31). Harte, feste Platten werden mit elektrischen Maschinen durch sich drehende kreisrunde Trennscheiben „durchgeschnitten". Genau besehen, handelt es sich dabei um einen Schleifvorgang. Am leichtesten lassen sich die Platten mit einer Nasstrennmaschine schneiden (3.2).

Lochen. Wandfliesen kann man von Hand mit dem Fliesenhammer lochen. Man nimmt einen Fäustel zwischen die Knie und legt die Fliese mit dem Scherben auf den Hammerkopf. Mit der Spitze des Fliesenhammers schlägt man so lange auf dieselbe Stelle in der Mitte des vorher angezeigten Lochs, bis die Glasur und schließlich der Scherben ein kleines Loch aufweisen. Man vergrößert das Loch mit dem Hammer und bricht dann mit den Backenenden der Lochzange kleine Stückchen heraus. Lage und Größe des Lochs prüft man zwischendurch an der Wand.

Genau kreisrunde Löcher mit sauberem Schnittrand kann man mit dem widiabestückten Kreisschneider (Zirkelschneider) herstellen. Härtere Platten werden gelocht, indem man die Platte durch die Mitte des angezeichneten Lochs teilt und das Loch durch freies Schlagen mit dem Fliesenhammer aus beiden Teilplatten stückweise herausarbeitet. Steinzeugfliesen, Klinker und viele Natursteine sind so hart, dass sie sich auch nicht mit den üblichen Steinbohrern lochen lassen. Man müsste schon Bohrmaschinen mit Diamantbohrkronen einsetzen.

Aussparen und Abtrennen. Bei Wandfliesen und Mosaikplättchen bricht man vom Rand her kleine Stücke mit der Rabitzzange ab, bis die gewünschte Form erreicht ist. Sollen die Ränder der Aussparung oder Abtrennung später im Fliesenbelag sichtbar bleiben, ritzt man sie mit der Widianadel vor und schleift sie zum Abschluss.

Bodenplatten werden nach dem Anreißen durch schräge Schläge auf die Kante der Rückseite hinterhauen. Dann legt man die Platte mit der Vorderseite nach oben auf das Knie und haut mit dem Fliesenhammer in leichten, federnden und schnellen Schlägen die gewünschte Form heraus.

3.2 Steintrennmaschine, bestückt mit Diamanttrennscheibe

3.3 Einrichten der Wandflächen

Zweckmäßigkeit und Haltbarkeit der Fliesenbeläge hängen weitgehend von den technischen Eigenschaften des Ansetzgrunds, des Mörtels und der Fliesen ab. Das schöne Aussehen jedoch wird durch die geometrischen Eigenschaften der gefliesten Fläche bestimmt.

Geometrische Begriffe der Fachsprache

a) fluchtrecht: gerade und in bestimmter Richtung. Eine Linie heißt gerade, wenn sie die kürzeste Verbindung zweier Punkte ist (z. B. die straffe Schnur zwischen zwei Schnurstiften). Gegenteil: krumm. Anwendung: Fugen aller Art, Begrenzung von Belägen, Kanten in Innen- und Außenecken.

b) lotrecht (senkrecht, vertikal): zum Erdmittelpunkt weisend, z. B. das frei pendelnde Lot (Gewicht) an einer Schnur. Anwendung: Wandflächen, Kanten in Innen- und Außenecken, seitliche Begrenzung von Wandbelägen, Stoßfugen.

c) waagerecht: rechtwinklig zu lotrechten Linien oder Flächen; parallel zu ruhigen Wasseroberflächen (z. B. die Verbindungslinie zwischen dem Wasserstand in beiden Enden der Schlauchwaage). Anwendung: Bodenflächen, Lagerfugen, Ober- und Unterkante von Wandbelägen.

d) eben: Eine Fläche heißt eben, wenn jede ihrer Richtungen gerade ist. Ebenheit wird durch Anhalten der Richtlatte an verschiedenen Stellen des Belags geprüft. Gegenteil: uneben oder windschief. Anwendung: plattierte Flächen.

e) winklig (winkelrecht): Kurzwort für rechtwinklig. Linien oder Ebenen, die unter 90° aneinander grenzen. Gegenteil: schiefwinklig. Anwendung: Fugenkreuzung, Wandbelag – Bodenbelag, 2 Nachbarwände.

f) parallel: Linien oder Flächen, die zu einer zweiten Linie bzw. Fläche immer denselben Abstand haben (sich erst in der Unendlichkeit treffen). Anwendung: Lager- bzw. Stoßfugen zueinander, alle lotrechten Kanten zueinander, gegenüberliegende Wände, Bodenfuge zur plattierten Wand.

g) Raumachsen: die 3 rechtwinklig zueinander verlaufenden Hauptrichtungen des Raumes, und zwar: 1. die waagerechte Hauptflucht des Gebäudes (x-Achse), 2. die waagerechte Flucht, die dazu rechtwinklig verläuft (y-Achse), 3. die lotrechte Richtung (z-Achse). In jeder Raumecke stoßen die 3 Achsen zusammen.

h) schräg (schief): Linien und ebene Flächen, die aus der (richtigen) Richtung, also zu keiner der 3 Raumachsen parallel sind. Das Wort „schief" wird gebraucht, wenn es sich dabei um eine fehlerhafte Ausführung handelt

i) bündig: Zwei ebene Flächen heißen bündig zueinander, wenn sie ohne Stufe oder Kante (also unter 180°) aneinander stoßen. Anwendung: Wandfliesenbelag zu Sockelplatten, Bodenfliesenbelag zum Parkettboden.

j) konisch: Im allgemeinen Sprachgebrauch nennt man kegelstumpfartige Körper konisch. Ebene Flächen(streifen) heißen konisch, wenn ihre Begrenzungen nicht genau parallel laufen (z. B. Ausgleichsstreifen im Bodenbelag bei schiefwinklig angeordneten Wänden).

k) Stichmaß: Maß, das den Abstand (also die kürzeste Entfernung) angibt. Abstände bestehen zwischen Punkt und Punkt, Punkt und Linie, Punkt und Fläche; zwischen parallelen Linien, parallelen Flächen und zwischen Linie und paralleler Fläche. Das Stichmaß wird durch genau rechtwinkliges Messen ermittelt. Anwendung: Spannen der Fluchtschnur parallel zur Wand bei der Bodenverlegung durch zweimaliges Nehmen des Stichmaßes, Bestimmen der Breite eines Ausgleichsstreifens, Aufteilung einer Wand zwischen zwei Loten.

l) lichtes Maß: kürzestes Maß (Abstand) zwischen zwei gegenüberliegenden Begrenzungen (z. B. lichte Breite einer Türöffnung, lichte Raumhöhe, -länge). Im gefliesten Raum ist die lichte Wandlänge l_0 der Abstand zwischen den gefliesten Nachbarwänden links und rechts. Gegensatz: Rohbaulänge.

m) Gehrung: gemeinsame Fuge zweier in einem Winkel ungleich 180° aneinander zu setzenden Teile mit gleichem schrägen Schnitt (z. B. Holzrahmen, diagonal geschnittene Bodenfliesen am Senkkasten, Wandfliesen am Beginn und Ende der Schräge einer Treppenhauswand).

Geometrische Eigenschaften des Wandbelags. Im Allgemeinen soll die gefliaste Wand der *Form* nach ein *ebenes Rechteck* sein. Weitere Solleigenschaften des Belags beziehen sich auf seine *Lage im Raum*. Die gefliaste Fläche muss lotrecht sein, waagerechte Ober- und Unterkanten sowie lotrechte seitliche Begrenzungen aufweisen. Auch soll sie gewöhnlich rechtwinklig zu den Nachbarwänden liegen und um Plattendicke über dem Putz vorstehen. Der Belag soll auf bestimmter Höhe beginnen, meist um Fugendicke höher als die Oberkante des fertigen Fußbodens. Seine Ausdehnungen (Länge und

Höhe) sind festgelegt, die Höhe in der Regel durch eine vorgegebene Schichtenzahl. Das Aussehen des Belags wird auch durch seine Aufteilung bestimmt, durch die *Lage* der Fliesen in der Fläche. Die Fugen müssen gleichmäßig dick sein und fluchtrecht verlaufen; als Stoßfugen sind sie lotrecht, als Lagerfugen waagerecht und in gleicher Höhe mit den Lagerfugen der Nachbarwände auszubilden (Einhalten des Fugenschnitts). Die Ausgleichsstreifen dürfen nicht willkürlich, sondern sollen nach bestimmten Regeln gewählt werden (Abschn. 3.4).

Hilfen. Alle diese geforderten geometrischen Eigenschaften werden erzielt durch genaues Arbeiten des Fliesenlegers beim Einrichten der Wand und beim Ansetzen. Als Hilfen dienen ihm 2-m-Stock, Lote, Wasserwaage, Schnur, Unterleglatte, Richtlatte und nicht zuletzt sein Augenmaß.

Arbeitsvorgang. Nach dem Vorbehandeln der Fläche muss die Höhe des fertigen Fußbodens (OKFF) festgestellt, evtl. der Meterriss in den Raum übertragen werden. An der Wand, die zuerst gefliest werden soll, hängt man rechts und links in den Ecken *Lote* auf. Dafür schlägt man die Schnurstifte oberhalb der zu verfliesenden Fläche durch den Putz etwa rechtwinklig in die Wand. Vom Putz der Nachbarschaft hält man einen Abstand von Plattendicke und Fuge. An dem Schnurstift wird die Lotschnur um Plattendicke vor dem Putz befestigt (3.7). Das Lot muss frei auspendeln können – erst dann zieht man die Schnur ein wenig straffer nach unten und befestigt sie, ohne dass sich ihre senkrechte Richtung verschiebt, an einem unten eingeschlagenen Schnurstift. Der Fliesenleger prüft mit Schnur, Richtlatte oder Augenmaß, ob der Ansetzgrund ausreichend eben ist, so dass überall genügend Platz für Fliesen und Ansetzmörtel vorhanden ist. Andernfalls sind beide Lote um gleiches Maß weiter von der Wand abzurücken. Ist noch kein fertiger Boden vorhanden, dient als Auflage für die unterste Schicht bzw. für den Sockel eine *Unterleglatte* (Setzlatte). Geeignet sind nur Richtlatten, Abziehlatten oder Schalbretter, die in Längsrichtung gerade sind, wovon man sich durch Peilen entlang der Kante überzeugt. Die Unterleglatte ist mehrmals zu unterstützen, damit sie sich nicht durchbiegt. Am besten legt man sie auf einige kleine Sandhaufen und klopft sie mit dem Fäustel so weit herunter, bis sie sowohl in Waage als auch auf der richtigen Höhe liegt. Beides muss sehr genau geprüft werden. Je nach Fugenart zwischen Wand- und Bodenbelag (Zementmörtel oder Kunststoff) muss die Unterleglatte 99,8 bzw. 99,5 cm Abstand vom Meterriss haben. Fehlt ein Meterriss, liegt die Latte entsprechend hoch über der OKFF eines Nachbarraums. Dann wird rechts und links an den Loten je eine Platte angesetzt und die Schnur straff gespannt – die Wand ist zum Verfliesen eingerichtet.

3.4 Einteilen der Wandbeläge

Sinnvolles Einteilen der Beläge trägt wesentlich zum gefälligen Aussehen des Fliesenbelags bei. Grundsätzlich ist hierbei zwischen Wandfliesen mit und ohne Dekor zu unterscheiden. Bei ersteren soll das Dekor auf der ganzen Wandfläche voll zur Geltung kommen. Dagegen wird bei den anderen der Gesamteindruck stark durch das Fugennetz geprägt; hier wirkt jede Fliese für sich.

3.4.1 Wandbeläge ohne Dekor

Einteilen des Belags bedeutet hier vor allem, Größe und Lage der Ausgleichsstreifen zu bestimmen. Schmale Streifen beeinträchtigen die Schönheit des Belags. Teilfliesen von weniger als einer halben Plattenbreite sollten nicht vorkommen. Besonders hässlich wirkt es, wenn in einer Raumecke schmale Streifen von beiden Wänden aufeinander treffen.

Symmetrie. Für das menschliche Empfinden erscheinen eine Fläche oder ein Körper harmonisch und angenehm, wenn sie Symmetrie aufweisen. Symmetrie bedeutet Gleichmaß. Bei Fliesenbelägen ist es das Gleichmaß des Fugenbilds links und rechts von der (gedachten) Mittelachse der Wand. Symmetrisch gefliese Wände haben an ihren beiden Enden gleich breite Ausgleichstreifen oder gehen mit ganzen Fliesen auf (3.3). Symmetrie lässt sich durch probierendes Auslegen oder Berechnen der Streifen erreichen.

Ermitteln durch Auslegen

– Mitte zwischen beiden Loten bzw. Lot und gefliester Nachbarwand feststellen und auf der Unterlage markieren.

– Beginnend mit einer Fuge, Fliesen von der Mitte aus bis zu einem Lot auslegen.

– Ergibt sich dabei ein breiter Streifen, beginnt man mit ihm an beiden Wandenden (3.3c). Sonst legt man erneut von der Mitte aus Fliesen an, beginnt aber diesmal mit der Fliesenmitte (3.3d).

3.4 Einteilen der Wandbeläge

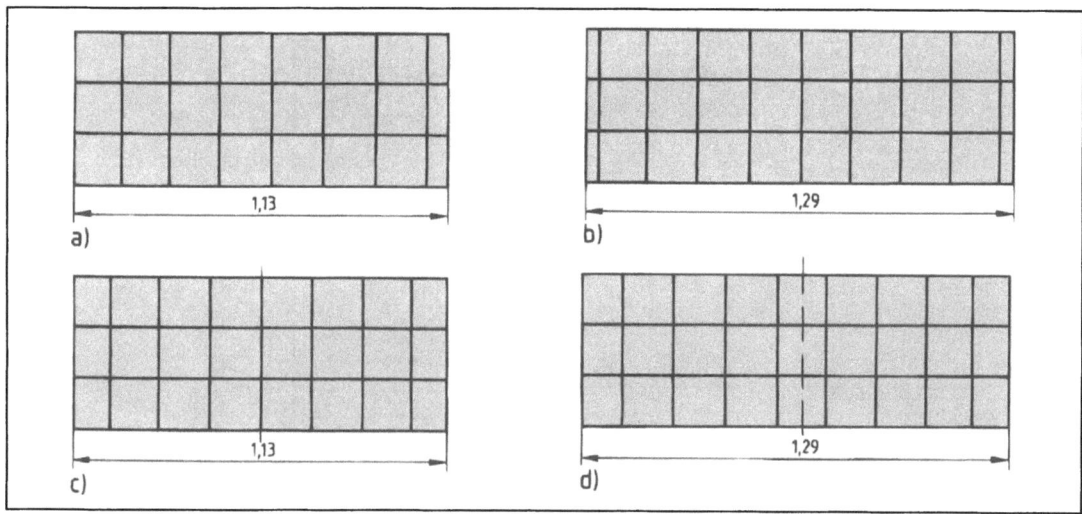

3.3 Symmetrie
a) keine Symmetrie, b) falsch – trotz Symmetrie (warum?), c) Symmetrie-Achse liegt in einer Stoßfuge, d) Symmetrie-Achse liegt in Fliesenmitte

Breite Wände, die man nicht mit einem Blick überschauen kann, braucht man nicht unbedingt symmetrisch zu fliesen; besonders dann nicht, wenn der Ausgleichstreifen genügend breit wird. Dagegen sollen schmalere Wände (z. B. Kopfwände in einem Bad, WC oder in einer Dusche sowie Nischen und Wandspiegel) symmetrisch plattiert werden. Dabei kommen die beiden gleich großen, breiten Streifen an die Enden der Wand. Pfeiler und Vorlagen müssen stets symmetrisch eingeteilt werden; die Teilfliesen gehören hier in die Mitte.

An Außenecken beginnt man mit ganzen Fliesen. Das gilt auch für Fensterleibungen, wenn die Fensteröffnung nicht nur 1 bis 2 Schichten, sondern deutlich in den Fliesenbelag hineinreicht. Die Stoßfugen sollen sich dann von den Ecken der Leibung bis zum Boden bzw. Sockel hin fortsetzen. Den Belag an Pfeilern zwischen zwei Fenstern sowie unterhalb des Fensters teilt man symmetrisch ein. Dagegen muss man für den Belag zwischen Leibung und Raumecke entweder auf Symmetrie verzichten oder doch an der Leibung mit einer (breiten) Teilfliese beginnen (3.4). Bei Plattierungen über Türhöhe sollte die Stoßfuge an der Türzarge bzw. Leibung oberhalb der Tür fortgeführt werden. Der Bereich über dem Türsturz ist symmetrisch aufzuteilen. Dabei kann man wählen, ob die (breiten) Ausgleichstreifen in der Mitte oder an den Enden angesetzt werden.

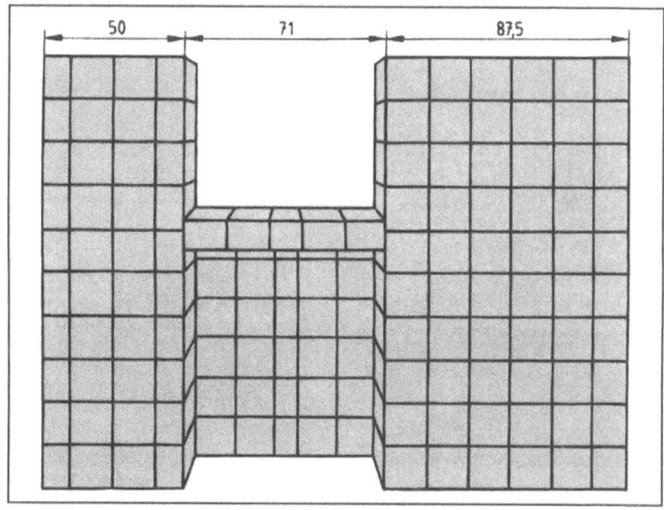

3.4
Fensterwand mit
Heizkörpernische

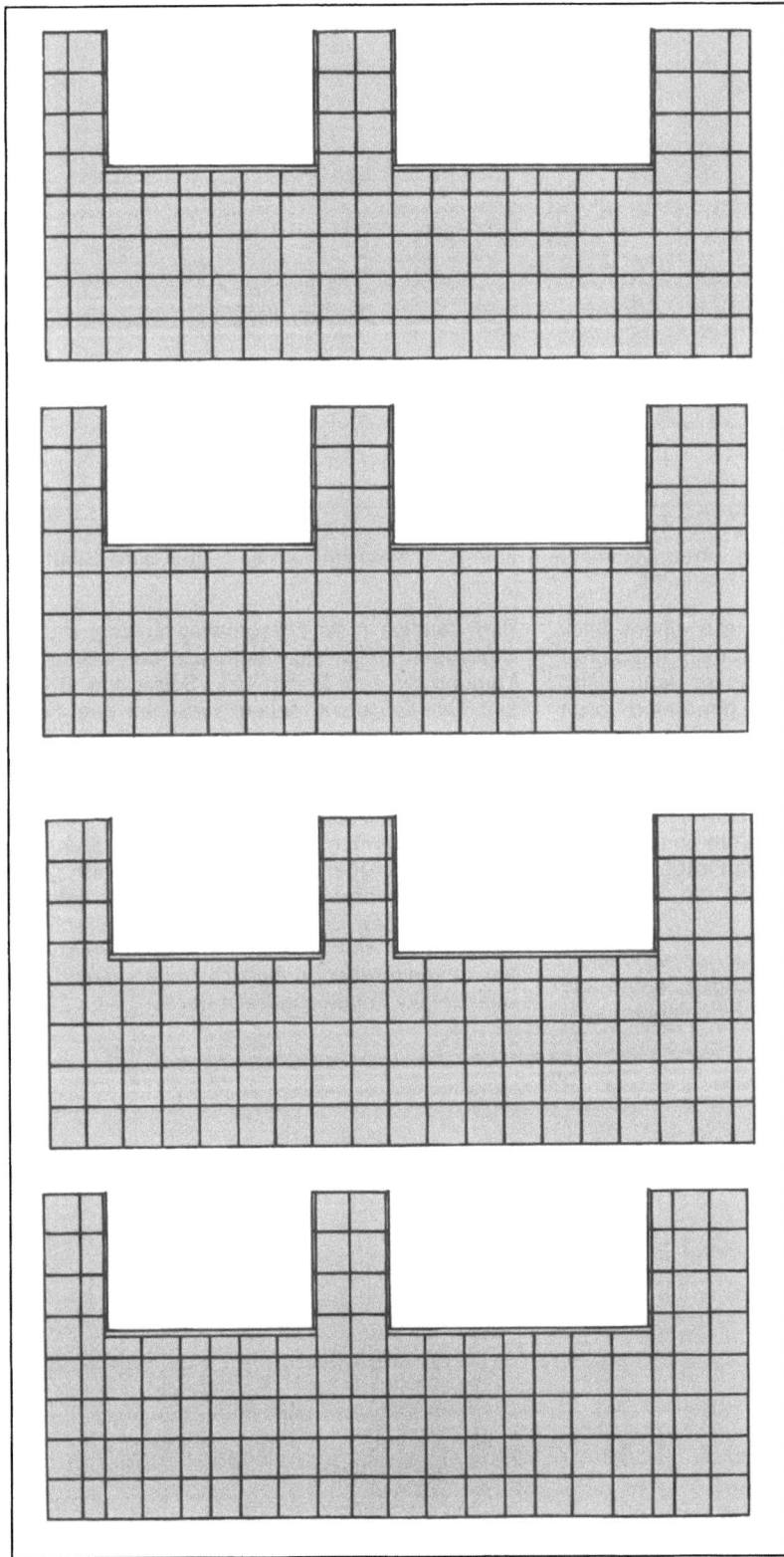

3.5
Verflieste Wand verschieden eingeteilt

3.4 Einteilen der Wandbeläge

Die Ausgleichstreifen setzt man bei Wänden an die Ränder, bei Pfeilern und Vorlagen in die Mitte. Bei Heizkörpernischen ist es meist zweckmäßig, die Teilfliesen in der Mitte anzuordnen, weil der Heizkörper sie größtenteils verdeckt. Andere Nischen erhalten dagegen die beiden Ausgleichstreifen stets an den Rändern. Wahlweise in die Mitte oder an die Ränder lassen sich Teilfliesen beim Verkleiden von Fensterbänken und Bereichen über Türen anordnen.

Die Wahl der Fugenbreite innerhalb der erlaubten Grenzen kann auch zum sinnvollen Einteilen einer Wand beitragen, vor allem bei grobkeramischen Platten. So lässt sich jede Wand ab 5 m Länge mit 11,5 cm breiten Spaltplatten ohne Ausgleichstreifen plattieren, wenn man eine Fugenbreite zwischen 7 und 10 mm wählt.

> Betrachten Sie die verschiedenen Verfliesungen einer Fensterwand in Bild **3.5**. Wie hat der Fliesenleger begonnen? Beurteilen Sie jede Ausführung.

Einteilungsregeln

- Ausgleichstreifen müssen mindestens halbe Fliesenbreite haben. Man vermeidet schmale Streifen durch symmetrisches Einteilen.

- An Außenecken gehören ganze Fliesen.

- Symmetrisches Einteilen

    muss sein bei Pfeilern, Vorlagen und Wandspiegeln,

    soll sein bei Kopfwänden, Nischen, Fensterbänken, über Türen,

    kann sein bei breiteren Wänden, die nicht mit einem Blick überschaubar sind.

- Teilfliesen gehören bei Wänden und Nischen an die Ränder, bei Pfeilern und Vorlagen dagegen in die Mitte.

Ausnahmen. Bei Wänden, die an einem Ende mit einer Außenecke und am anderen mit einer Innenecke abschließen (einseitig angebaute Mauern) lassen sich nicht alle Regeln gleichzeitig anwenden. An der Außenecke sollte man nur dann mit einer ganzen Fliese anfangen, wenn der Fliesenstreifen an der Innenecke genügend breit wird (rechte Teilwand in Bild **3.4**). Sonst teilt man den Belag symmetrisch ein, wobei die beiden Ausgleichstreifen an die Ränder gehören (linke Teilwand in Bild **3.4**).

3.4.2 Wandbeläge mit Dekor

Dekorfliesen werden häufig nur als Einstreuung im Belag oder für das Zusammensetzen eines Bildes oder Musters an einer oder an wenigen Stellen der Wände gebraucht. Dann gelten die im vorigen Abschnitt aufgeführten Regeln. Werden dagegen die Wände ganz mit dem Dekor überzogen, ist grundsätzlich das Dekor in den Raumecken weiterzuführen. Die an einer Ecke zusammentreffenden Ausgleichstreifen müssen sich zu einer ganzen Fliese ergänzen, damit das Muster „um die Ecke" weitergeht. Mit dem Streifen, der an der ersten Wand abgeschnitten wird, beginnt man an der nächsten. Dabei können auch schmalere Streifen vorkommen. Man muss sich vorher überlegen, mit welcher Wand man beginnt. Hat der Raum eine Außenecke, fängt man an dieser mit ganzen Fliesen an. Bei mehreren Außenecken beginnt man bei der auffälligsten. Dann ist es nur dadurch zu vermeiden, dass das Dekormuster an mindestens einer (möglichst unauffälligen) Ecke nicht aufgeht, wenn die Platten auf Gehrung geschnitten werden. Ebenso verfliest man Leibungen von Fenstern und Nischen gewöhnlich unabhängig vom Dekor, weil man an den Außenecken Fliesen mit glasierten Kanten oder Rundungen ansetzen sollte. Liegen jedoch die Kanten der Fensterleibungen mit denen der Heizkörpernische in einer Flucht, sollte man hier an beiden Ecken beginnen und in der Nischenmitte das Muster in einer oder zwei gleich breiten Teilfliesen verspringen lassen. Diesen „Schönheitsfehler" überdeckt zum großen Teil der Heizkörper.

Hat ein Raum nur Innenecken, misst man die Rohbaulängen aller Wände und ermittelt davon durch Abzug der geschätzten Mörtel- und Fliesendicke die lichten Wandlängen. So lässt sich feststellen, ob man durch geschickt gewählte Reihenfolge an einer oder an mehreren Wänden mit ganzen Fliesen auskommt.

3.4.3 Rechnerische Aufteilung

Durch Rechnung wird ermittelt, wie viel ganze Fliesen und welche(r) Ausgleichstreifen in jeder Schicht gebraucht werden. Man misst oder berechnet aus dem Rohbaumaß die Verlegelänge l_v und teilt dieses Maß durch die Fliesenbreite mit Fuge. Die Verlegelänge beginnt und endet mit einer Fliesenkante. Nur beim Hinterschieben der Randfliese hinter die schon fertig gefliester Nachbarwand endet die Verlegelänge am Fliesenbelag der fertigen Wand. Die Teilfliese an dieser Seite muss dann einige mm größer als berechnet geschnitten werden. Das berechnete Maß ist die sichtbare Streifenbreite.

Die Division ist mit Rest durchzuführen. Der Rest x ist bereits die Breite der Teilfliese bei fehlender Symmetrie (**3.6a**). Bei symmetrischer Einteilung zählt man zum Rest x eine Fliesenbreite (ohne Fuge!) hinzu und teilt das Maß durch 2 (**3.6b** und **c**). Bild **3.6** zeigt, dass sich die Anzahl der Fugen sowie der Stücke beim Umstellen auf symmetrisches Einteilen nicht verändert.

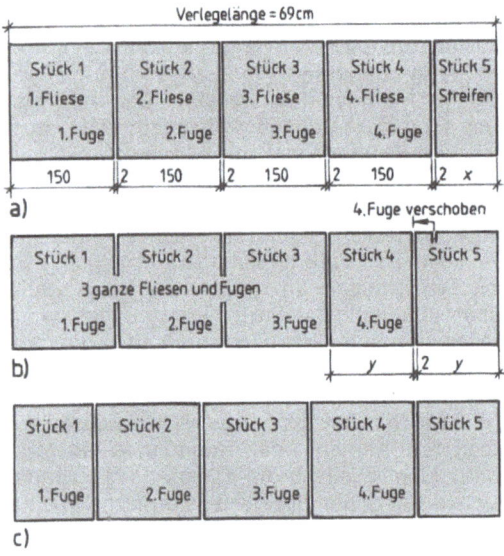

3.6 Aufteilung in Ganze und Streifen bei Fliesen 15 x 15 zuzüglich 2 mm Fuge

    a) ohne Symmetrie 690 mm : 152 mm = 4 + Rest x

    b) Aufteilung auf 2 Streifen (nicht fachgerecht, nur erläuternd), Streifenbreite
    $y = (x + 150) : 2$

    c) mit Symmetrie: 3 Ganze, 2 Streifen von je $\dfrac{(x + 150)}{2}$

Beispiel 1 Verlegelänge l_v = 6,295 m, Fliesen 150 mm, Fugen 2 mm. Wie viel ganze Fliesen und welche(n) Streifen braucht man in jeder Schicht bei unsymmetrischer und bei symmetrischer Einteilung?

Lösung   a) Unsymmetrische Einteilung

$\dfrac{6295 \text{ mm}}{152 \text{ mm}}$ = 41 Rest 63 mm, also: **41 ganze Fliesen und ein Streifen von 63 mm**

b) Symmetrische Einteilung
40 ganze Fliesen, Rest 63 mm + 150 mm = 213 mm
213 mm : 2 = 106,5 mm. Also: **40 ganze Fliesen und 2 Streifen von je 106,5 mm**

Beispiel 2 Rohbaulänge = 2,26 m, Fliesen 150 mm, Fugen 3 mm, Dicke von Mörtel und Fliese 2,5 cm.
Gesucht: Anzahl ganzer Fliesen und Streifenbreite.

Lösung l_v = 2260 mm − 2 x 25 mm = 2210 mm

a) $\dfrac{2210 \text{ mm}}{153 \text{ mm}}$ = 14 Rest 68 mm (= Streifen)

b) 13 Rest 68 mm + 150 mm. Streifen = 218 mm : 2 = 109 mm.

Ohne Symmetrie braucht man **14 ganze Fliesen und einen Streifen von 68 mm**, mit Symmetrie **13 ganze und 2 Streifen von je 109 mm**.

Aufteilung ohne Symmetrie

$\dfrac{\text{Verlegelänge}}{\text{Fliese + Fuge}} = n$ ganze Fliesen + Rest x

(x = Streifenbreite)

Aufteilung mit Symmetrie

$n - 1$ ganze Fliesen + Rest x + Fliesenbreite

Streifenbreite = $\dfrac{x + \text{Fliese}}{2}$

3.5 Ansetzen der Wandfliesen mit Mörtel

Anlegen. Nach dem Vorbereiten und Einrichten der ersten Wand werden an den beiden Loten je eine Wandfliese bzw. die vorher ermittelten Ausgleichsstreifen angesetzt (**3.7**).

Dann ist die Fluchtschnur von Lot zu Lot etwa 0,5 mm schräg über den Vorderkanten der Fliesen straff zu spannen. Sie bestimmt zugleich die Flucht der Lagerfugen, die Höhe der Fliesen in der Schicht (zusammen mit der Unterleglatte, deren Flucht sie kontrolliert) und im Zusammenwirken mit den Loten die Ebenheit des Belags. Die Schnur wird für jede Schicht neu gespannt. Sie muss stets straff und frei sein, d. h., weder Platten noch Mörtel dürfen sie berühren. In der ersten Schicht prüft man die angesetzten Fliesen

3.5 Ansetzen der Wandfliesen mit Mörtel

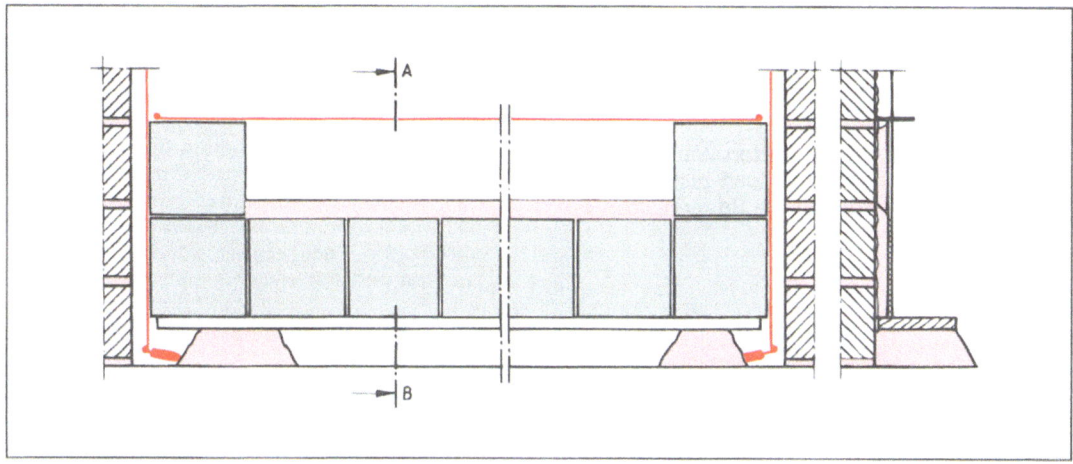

3.7 Angelegte Wand mit Unterleglatte, Loten und Fluchtschnur

mit der Wasserwaage auf ihre lotrechte Lage, weil keine untere Flucht vorgegeben ist.

Anklopfen. Jede Fliese ist mit dem gut aufgeführten plastischen Zementmörtel 1:5 vollsatt anzusetzen und durch mehrmaliges kräftiges Anklopfen mit dem Kellenstiel in lot- und fluchtrechte Lage zu bringen. Das Anklopfen verdichtet den Mörtel und bewirkt zugleich, dass an der Fliesenrückseite verstärkt Mörtelbrei und Zementleim in dünnflüssiger Form entsteht und in die Poren des Scherbens gelangt. Beim Andrücken oder Anrütteln der Fliesen würden sich die Fliese und Mörtel nicht so gut verzahnen. Die Lage jeder Fliese richtet sich nach der Schnur, der Seitenkante und Lagerfuge der Nachbarfliese sowie der Oberkante und den Stoßfugen der unter ihr angesetzten Platte.

Die richtige Lage muss der Fliesenleger innerhalb weniger Minuten teils durch Augenmaß, teils durch Fühlen mit den Fingerspitzen erreichen. Ein späteres Nachklopfen stört die Verzahnung zwischen Mörtel und Scherben, mindert die Haftung und lockert die Fliese. Es ist deshalb unbedingt zu vermeiden.

Waschen. Nach Fertigstellung einer Schicht wird zwischen Oberkante der Fliesen und der Mauer Mörtel aufgetragen und schräg glattgestrichen. So füllen sich noch verbliebene Hohlräume im Mörtelbett und bildet sich ein Auflager für die Fliesen der nächsten Schicht. Mörtel, der beim Verstreichen an der Glasur haftet, wischt man sofort weg. Größere Wände wäscht man (vor allem bei warmem Wetter und bei glänzenden Glasuren) schon vor der Fertigstellung ab. Langes Haften von Mörtel an der Fliese macht die Glasur stumpf, was bei schräg einfallendem Licht besonders deutlich zu sehen ist.

Nach dem Ansetzen der letzten Fliese streicht man die oberste Schicht mit Mörtel glatt, kratzt die Fugen mit einem Holzstift aus, entfernt den Mörtel auf der Unterleglatte und wäscht die ganze Wand mit einem Schwamm ab.

Zweite Wand. Als Richtschnur für die lotrechte Lage der zweiten Wand dient an ihrem einen Ende ein Lot, am anderen die senkrechte Seitenkante der fertig gefliesten Wand. Der Ausgleichstreifen, mit dem man an dieser Ecke beginnt, wird etwa 6 bis 12 mm hinter diese Kante geschoben, damit der Fugenmörtel später besser haftet. Dekorfliesen kann man oft nur 1 bis 2 mm hinterschieben, weil sich sonst das Muster nicht um die Ecke fortsetzt. Daher muss man in diesem Fall die Innenecke mit Mörtel zuwerfen.

Das Lot soll so aufgehängt werden, dass die Fläche rechtwinklig zum Fliesenbelag der ersten Wand gefliest wird – auch wenn der Überstand zum Putz dadurch ungleichmäßig wird. Bei kurzen Wänden lässt sich das durch einen Stahlwinkel kontrollieren, sonst durch Auswinkeln nach dem *Lehrsatz des Pythagoras* oder dem *Thalessatz* (s. Abschn. 6.2). Allerdings ist ein rechtwinkliges Anlegen bei zu schiefwinklig gemauerten Wänden unmöglich. Besonders wichtig ist das Einhalten der Rechtwinkligkeit bei schmalen Flächen, z.B. an Fensterleibungen, Rohrkästen, Kaminen, Einbauwannen. Eine schiefwinklige Verfliesung fällt häufig erst nach dem Verlegen der quadratischen oder rechtwinkligen Bodenplatten auf.

Beim Anlegen der dritten und vierten Wand kann das Auswinkeln entfallen, weil es einfacher ist, zur gegenüberliegenden Wand zweimal das Stichmaß zu nehmen und so eine parallele Lage zu erreichen.

Nach dem Verfliesen der letzten Wand wird der Belag verfugt, möglichst jedoch nicht am gleichen Tag. Danach können die Bodenplatten verlegt werden.

> Wandfliesen sind durch Anklopfen mit dem Kellenstiel in vollem Mörtelbett anzusetzen und rechtzeitig abzuwaschen.
>
> Unterleglatte, Lote, Fluchtschnur, Meterstock und Augenmaß helfen dem Fliesenleger, den Wandbelag in richtiger Höhe, lotrecht, eben, mit gleichmäßigem Fugenbild, mit waagerechten bzw. senkrechten Kanten und Fugen, rechtwinklig zu den Nachbarwänden und sinnvoll eingeteilt herzustellen.

3.6 Ansetzen der Sockelfliesen

Zweck und Auswahl. Sockelplatten sind zwar ein Teil der Wandbekleidung, dienen aber als Abschluß und Übergang des Bodenbelags zu den Wänden. Sie sollen die Wände vor Verunreinigung und Beschädigung schützen, besonders beim Wischen und Scheuern des Bodens sowie beim Anstoßen mit Schuhen und Stuhlbeinen. Daher gehört zu jedem Bodenbelag aus Stein ein Sockel als Fußleiste. Er sollte in Material und Farbe, doch nicht unbedingt im Format den Bodenplatten entsprechen oder sich zumindest anpassen. So kann man zu einem Marmorboden keine Fußleisten aus Steinzeug wählen oder umgekehrt. Dagegen lassen sich z. B. schwarze Steinzeugsockel durchaus zu grauen Terrazzoplatten, Fußleisten aus Schiefer zu manchen Natursteinplatten verlegen.

Werden auch die Wände gefliest, kann die unterste Schicht des Fliesenbelages mehr oder minder die Aufgaben des Sockels übernehmen. Bei Steingutfliesen spricht allerdings dagegen, dass sie weniger stoßfest sind und ihre (weißen) Fugen gerade in Sockelhöhe leicht verschmutzen.

Ansetzmörtel. Für Naturstein-Fußleisten nimmt man zweckmäßig einen Trasszementmörtel von etwa 1 : 3 (Raumteile). Sockel aus Steinzeug oder Klinker werden mit Zementmörtel 1 : 3 angesetzt – nicht mit dem zu mageren Mörtel für Wandfliesen, der für die gesinterten Platten zu wenig Klebkraft hat. Auch hier ist Trasszement günstig wegen seiner höheren Geschmeidigkeit und Klebkraft. Zusätzlich kann man die Sockelfliesen vor dem Aufgeben des Mörtels mit Zement pudern.

Sockel sollen nicht auf Kalkwandputz gesetzt oder geklebt werden, weil gerade an Fußleisten hohe Anforderungen an Stoßfestigkeit und Haltbarkeit gestellt werden.

Formen, Verwendung und Verlegen. Sockel ohne Fase ist bündig mit den Wandfliesen und in einem Arbeitsgang mit ihnen anzusetzen und meist auch zu fugen. Zum später zu verlegenden Bodenbelag bleibt eine Fuge, die entweder starr mit Zementmörtel beim Ausgießen des Bodens oder elastisch mit Kunststoff (bei schallgedämmten Böden) ausgebildet wird.

Sockelfliesen mit Fase verwendet man nur, wenn die Wände nicht gefliest werden. Die Fase ergibt einen besseren Übergang zur geputzten Wandfläche. Der Sockel wird nach dem Verlegen der Bodenplatten angesetzt und mit ihnen zusammen verfugt.

Wenn unter dem Bodenbelag eine Dämmschicht vorhanden ist, darf man die Sockelfliesen nicht direkt auf die Bodenplatten, sondern auf einen dünnen Streifen aus Kunststoffschaumplatten aufsetzen. Später wird die vordere Rand des Schaumstoffstreifens wieder abgeschnitten, um Platz für die dauerelastische Fugmasse zu schaffen. So wird eine Schallbrücke zwischen Sockelfliesen oder seinem Ansetzmörtel und dem Boden vermieden (s. Abschn. 8.1).

Hohlkehlsockel mit oder ohne Fase sind besonders in Nassräumen von großem Vorteil. Durch die viertelkreisförmige Kehle ist der Anschluss vom Boden zur Wand besser zu säubern als beim rechtwinkligen Übergang. Man kann den Boden abspritzen oder reichlich Wischwasser ausgießen, ohne dass Wasser an den Rändern stehen bleibt oder gar durch eine Fuge in die Wand einzieht – der Anschluss zur Wand ist fugenlos und dicht. (Bei fehlender Wandplattierung ist die Fuge zwischen Sockel und Boden – bei fehlender Schalldämmung – sonst ja nicht mit Mörtel gefüllt, weil man den Sockel ohne Kehle direkt auf den Bodenbelag aufsetzt und die entstandene Pressfuge gar nicht verfugt werden kann.)

Fugenschnitt wird vielfach bei gleichem Format oder gleicher Länge von Sockel- und Bodenplatten verlangt. Er ist richtig und leicht auszuführen, wenn der Sockel nach dem Boden verlegt wird. Sonst muss man schon beim Ansetzen der Wandfliesen darauf achten, dass genau rechtwinklig und mit stets gleichen Fugen gearbeitet wird. Als Nachteil bleibt, dass die Bodenplatten nicht an allen Wänden unter den Sockel geschoben werden können – es sei denn, man hat nirgends mit ganzen Sockelfliesen begonnen. Fachgerecht ausgeführt ist eine Sockelplattierung auch dann, wenn die Fugen zu denen der Wand- oder Bodenfliesen deutlich versetzt sind (z. B. bei halbem Verband).

Ansetzverfahren für Hohlkehlsockel. Wenn man den Hohlkehlsockel unmittelbar vor den Wandfliesen auf der Unterleglatte ansetzt, ist ein volles Mörtelbett schwer zu erreichen und die erste Schicht nur umständlich zu loten. Deshalb wendet man ein besonderes Verfahren an. Zunächst werden links und rechts zwei Sockelplatten genau lotgerecht angesetzt, wobei als Auflager erdfeuchter Zementmörtel dient.

Vor die Sockelunterkante legt man eine Richtlatte flach in Sand, die (z. B. durch Mauersteine oder Schnurstifte) gegen Verschieben gesichert wird (3.8). Diese Richtlatte gibt den Sockelunterkanten Höhe und Flucht an. Der Hohlraum zwischen Richtlatte, Rohfußboden und Rohbauwand wird locker mit erdfeuchtem Zementmörtel gefüllt. Jede Sockelfliese wird in dieses untere Mörtelbett eingedrückt und dann angeklopft, so dass sie voll in Mörtel eingebettet ist. Die obere Flucht kann durch eine Schnur vorgegeben werden oder durch die Unterkante der Wandfliesen – falls man diese vor dem Hohlkehlsockel angesetzt hat (3.8). Die lotrechte Lage ergibt sich durch die obere und untere Flucht; sie braucht deshalb nicht mehr nachgeprüft zu werden. Durch das Anlegen an die Kante der Richtlatte bildet sich zugleich eine gerade, saubere Fuge zwischen Sockel und (späterem) Bodenbelag. Nach dem Ansetzen entfernt man die Richtlatte und klopft den Mörtel unter dem Sockel etwas schräg an.

Für das Ansetzen von Außenecken mit Hohlkehlsockel braucht man besondere Formstücke. Innenecken können dagegen auch mit zwei Sockelplatten gefliest werden, die an den Kehlen auf Gehrung geschlagen sind.

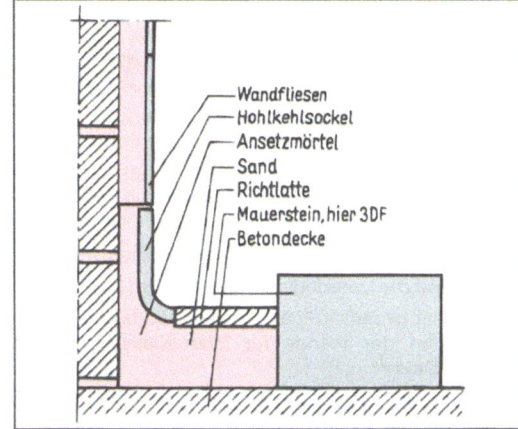

3.8 Ansetzen des Hohlsockels

Aufgaben zu Abschnitt 3

1. a) Unterscheiden Sie Teilen, Lochen und Aussparen von Fliesen.
   b) Welche Werkzeuge sind dafür jeweils geeignet?
2. Beschreiben Sie das Lochen einer STG-Fliese.
3. Wie lassen sich Asphaltplatten teilen?
4. Wodurch kann eine ungerade oder nicht parallele Schnittspur beim Teilen von Fliesen verursacht sein?
5. Erläutern Sie, warum Fliesen trotz geringer Ritztiefe entlang der Ritzspur brechen.
6. In welchen Fällen brauchen Schnittkanten nicht genau gerade zu verlaufen?
7. Welche drei Kräfte erzeugen beim Brechen der Fliese über einem Nagel die Biegung?
8. Welche geometrischen Begriffe (Eigenschaften) beziehen sich a) nur auf Linien, b) auf Linien und Flächen, c) nur auf Flächen?
9. Zeigen Sie aus Ihrem Klassenraum Beispiele zu den geometrischen Eigenschaften.
10. Mit welchen Werkzeugen und Geräten erzielt man die geometrischen Eigenschaften?
11. Können waagerechte Linien schräg sein? Begründung.
12. Erklären sie die geometrischen Begriffe a) bündig, b) auf Gehrung, c) schief.
13. Wie sollen die Fugen in einer gefliesten Wand verlaufen?
14. Welche Lage soll die gefliest Wand haben? Wie erreicht man das?

15. Welche Form soll die gefliese Fläche aufweisen?
16. Welche geometrischen Eigenschaften des Wandbelags erreicht man durch fachgerechtes Ausrichten der Unterleglatte?
17. Welche geometrischen Eigenschaften der gefliesten Wand werden durch die Lote bestimmt?
18. Beschreiben Sie das Einrichten einer zu verfliesenden Küchenwand aus 4 Schichten, deren Unterkante etwa 80 bis 90 cm über OKFF liegen soll.
19. Worauf ist beim Loteaufhängen zu achten?
20. Wie soll die Unterleglatte liegen?
21. Welcher grundsätzliche Unterschied besteht beim Einteilen der Wände für Wandfliesen mit und ohne Dekor?
22. Geben Sie Beispiele für symmetrische Formen aus der Natur an.
23. Warum werden kurze Wände symmetrisch eingeteilt und längere gewöhnlich nicht?
24. In welchem Fall soll auch eine lange Wand symmetrisch eingeteilt werden?
25. Wie vermeidet man, dass bei symmetrischer Aufteilung an beiden Wandenden schmale Streifen entstehen?
26. Teilen Sie durch Auslegen mit Fliesen 15 x 15 cm Ihre Wandtafel symmetrisch ein.

M

1. Berechnen Sie die Anzahl der ganzen und die Größe der Teilfliesen für ein Rastermaß (= Fliese + Fuge) von 153 mm bei symmetrischer und bei nichtsymmetrischer Einteilung für folgende lichte Wandlängen l_0: a) 1,00 m, b) 1,15 m, c) 2,02 m, d) 2,40 m, e) 3,01 m, f) 4,59 m, g) 3,38 m, h) 8,46 m.
2. Ein Raum hat die Rohbaumaße 1,645 x 3,20 m. Für Fliesen- und Mörteldicke (= Konstruktionsdicke) werden 2,5 cm angenommen. Errechnen Sie Fliesenzahl und Streifenbreite für beide Wände. Legen Sie eine sinnvolle Einteilung fest (Rastermaß 153 mm).
3. Berechnen Sie die Aufgabe M 1 für Wandfliesen 10,8 x 10,8 cm mit 2 mm Fuge.

Z

1. Zeichnen Sie die Strecke AB mit l = 18 cm schräg zu den Kanten Ihres Zeichenblatts. Bestimmen Sie den Mittelpunkt M und errichten Sie darauf eine Senkrechte von 5 cm Länge.
2. Zeichnen Sie zu AB der Aufgabe Z1 eine Parallele im Abstand von 3 cm.
3. Zeichnen Sie in schräger Lage einen rechten Winkel mit je 10 cm langen Schenkeln und einen Punkt P, der von einem Schenkel 4 cm, vom anderen 3 cm Abstand hat.
4. Gegeben ist ein Dreieck im Maßstab 1 : 100 (3.9). Messen Sie die Abstände und geben Sie sie in m an:

27. Welche Schwierigkeiten können sich beim Einteilen einer Fensterwand ergeben?
28. Zeigen Sie Fälle auf, in denen man nicht alle drei Einteilungsregeln zugleich anwenden kann.
29. Wo beginnt man in einem Raum mit dem Ansetzen von Dekorfliesen?
30. Wozu dient die Schnur? Worauf ist bei ihrem Spannen zu achten?
31. Warum sollen Fliesen beim Ansetzen angeklopft werden?
32. Warum darf man Wandfliesen nicht nachklopfen?
33. Wie stellt man bei einem fertigen Belag fest, ob Fliesen keine oder fast keine Verbindung zum Mörtel haben?
34. Welchen Zweck hat das schräge Aufstreichen des Mörtels nach dem Ansetzen einer Schicht?
35. Warum darf man mit dem Abwaschen der frisch angesetzten Fliesen nicht zu lange warten?
36. Wie erreicht man es, dass die gefliesten Wände rechtwinklig und parallel zueinander sind?
37. In welchen Fällen ist rechtwinkliges Verfliesen besonders wichtig?
38. Geben Sie die Grundregeln für das Einteilen von Wandbelägen an!

4. Gegebene Rohbaulängen a) 1,76 m, b) 1,51 m, c) 2,635 m, d) 3,385 m, e) 4,26 m, f) 6,26 m. Rastermaß 153 mm, Konstruktionsdicke 2,5 cm. Gesucht: Anzahl ganzer und Breite der Teilfliesen je Schicht für symmetrische und unsymmetrische Einteilung.
5. Wie Aufgabe M 4, jedoch für Fliesen 20 x 20 (Modulformat).
6. Ein rechteckiger Raum mit den Rohbaumaßen 5,76 m x 8,31 m soll mit Spaltplatten 11,5 x 24 hochkant verkleidet werden. Die Dicke von Platte und Mörtel beträgt 3,5 cm. Teilen Sie beide Wände so ein, dass keine Teilplatten erforderlich sind. Die Fugenbreite soll zwischen 7 und 10 mm liegen. Wie viel Platten brauchen Sie je Schicht, und welche Fugenbreite ist zu wählen
a) an der ersten, b) an der zweiten Wand?

a) ha = Abstand von A nach a,
b) hb = Abstand von B nach b,
c) hc = Abstand von C nach c.
5. Messen Sie im Dreieck 3.10 (M 1 : 100) die Abstände wie in Aufgabe Z 4, Ergebnisse in m.

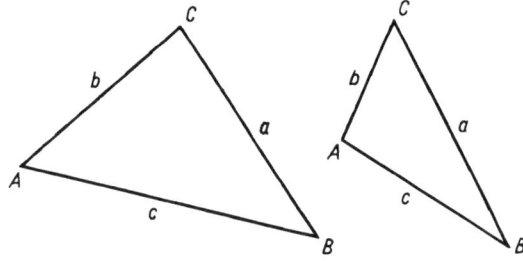

Aufgaben zu Abschnitt 3

6. Zeichnen Sie die 30 cm hohen Wandstreifen im Maßstab 1:10 nach Bild **3.11** und teilen Sie sie mit Wandfliesen 15 × 15 und 2 mm Fuge symmetrisch ein.
Wandlängen: a) 1,13 m, b) 1,40 m, c) 0,98 m, d) 1,45 m, e) 1,32 m.

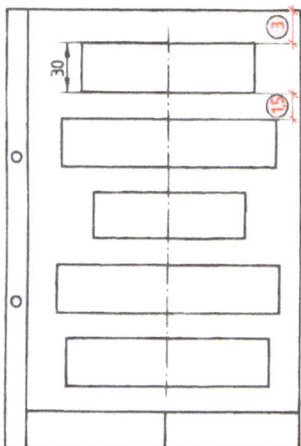

3.11 Symmetrisches Einteilen

7. Zeichenaufgabe wie Z 6 für Wandfliesen 10,8 × 10,8 cm, 3 Schichten hoch.

8. Zeichnen Sie den gefliesten Pfeiler **3.12** im Maßstab 1:10 – Grundriss, Vorder- und Seitenansicht. Wandfliesen 15 × 15 cm, 10 Schichten hoch, Konstruktionsdicke 2,5 cm (DIN A4, hoch). Die langen Seiten überdecken die kurzen.

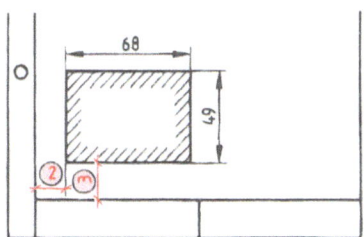

3.12 Gefliester Pfeiler

9. Zu zeichnen sind Grundriss und Vorderansicht einer Wand mit Vorlage, M 1:10 (**3.13**) für Wandfliesen 15 × 15 cm, 6 Schichten hoch, Konstruktionsdicke 2,5 cm (DIN A4, quer).

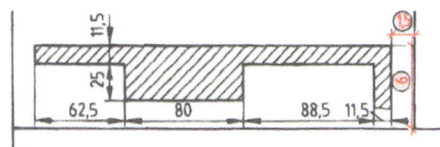

3.13 Wand mit Vorlage

10. Zeichnen Sie die gefliese Fensterwand mit Heizkörpernischen (**3.14**), M 1:10 im Grundriss und in der Ansicht mit 15er Wandfliesen, 9 Schichten hoch, 2,5 cm Konstruktionsdicke (DIN A4, quer).

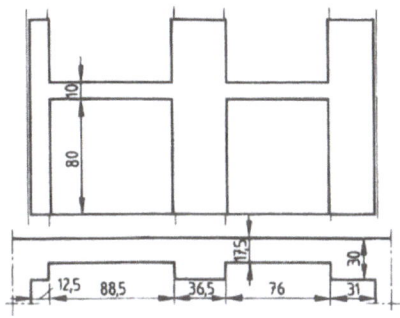

3.14

11. Wandbelag über Türen, M 1:10 (**3.15**). Zeichnen Sie die Ansichten des Wandbelags aus 15er-Fliesen (jeweils 1 Fliese neben und über der Zarge). Türbreiten einschließlich 2 cm breiter Zargen: a) 64 cm, b) 70 cm, c) 86 cm, d) 98 cm.

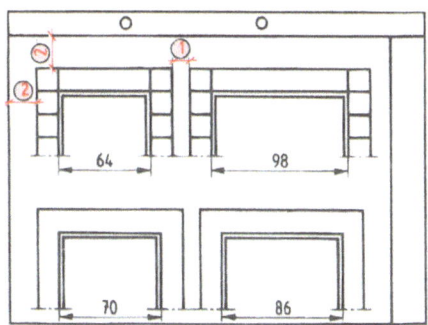

3.15

12. Übernehmen Sie im Maßstab 1:10 die isometrische Darstellung **3.16** und zeichnen Sie 4 Schichten Wandfliesen 15 × 15 mit fachgerechter Einteilung ein. Dicke von Fliese mit Mörtel = 2,5 cm. Übernehmen Sie nicht die Rohbaumaße, sondern bemaßen Sie die fertig gefliesten Flächen.

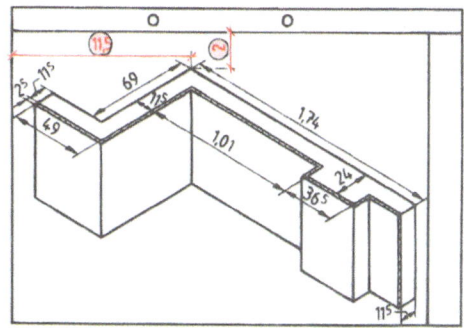

3.16 Fachgerechtes Einteilen (Isometrie)

13. a) Übernehmen Sie im Maßstab 1 : 10 die Darstellung **3.17**.
   b) Teilen Sie die Wandflächen mit Fliesen 15 x 20 (hochkant) fachgerecht ein.
   c) Ordnen Sie in der vorletzten Schicht eine Bordüre 7 x 20 an und gestalten Sie diese mit einem Muster.
   d) Schraffieren Sie das geschnittene Mauerwerk und kennzeichnen Sie das Mörtelbett durch Punkte.
   e) Bemaßen und beschriften Sie die Zeichnung. (in der Vorderansicht sind die lotrechten Kanten sowie die Lagerfugen der Bordüre und der untersten Schicht im Bild **3.17** vorgegeben.)

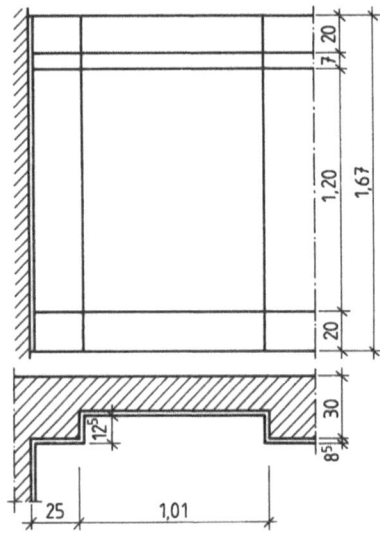

3.17 Wand mit Nische, M 1 : 10

4 Verkleiden von Pfeilern und Säulen

4.1 Stütze als Bauwerkteil

Pfeiler und Säulen sind allseitig freistehende Bauwerkteile und dienen als Stützen. Als Pfeiler werden alle rechtwinkligen Stützen bezeichnet; runde, ovale und elliptische nennt man Säulen.

Beanspruchung. Stützen werden als tragende Bauwerkteile auf Druck beansprucht, sie müssen daher aus druckfesten Baustoffen (wie Stahl, Stahlbeton oder Stein) hergestellt sein. Der dauernd lastende Druck sorgt dafür, dass sich die Stütze mit der Zeit verkürzt – sie „kriecht". Außer dem Kriechen erzeugen auch Temperaturänderungen und Betonschwindung Spannungen zwischen Stützenkern und Verkleidung. Daher darf der Plattenbelag weder am unteren noch am oberen Rand fest eingespannt werden. Es ist eine breite Fuge zu lassen, die dauerelastisch verfugt wird, denn sonst könnten Teile vom Plattenbelag abgesprengt werden (**4.1**).

4.1 Pfeiler am Garagentor. Der starre Anschluss der Plattierung zur Betonmauer führte zur Absprengung

Verbund. Aus den Beanspruchungen ergibt sich auch, dass ein guter Verbund zwischen Mörtel und Stützenkern notwendig ist. Alle Beton- und Steinstützen müssen mit Zementmörtel 1:3 vorgespritzt und mit vollsattem Mörtelbett plattiert werden. Stahlstützen sind mit einem Mörtelträger (z. B. Rippenstreckmetall) zu ummanteln und mit Zementmörtel vorzuputzen.

Eigenschaften. Weil Stützen mitten im Raum stehen, werden sie häufiger als Wände angefasst und berührt. Der Belag sollte daher schmutzab-

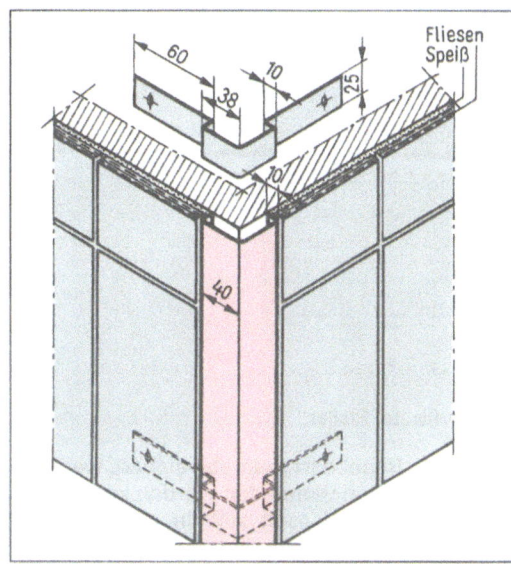

4.2 Mit Eckschutzschiene geschützte Außenecke

weisend und leicht zu reinigen sein; glasierte keramische Platten weisen diese Vorzüge auf. In vielen gewerblichen Räumen werden Lasten transportiert und Karren gefahren. Hier wird ein besonders robuster, stoßfester Belag gefordert. Geeignet sind im Dickbett angesetzte Spaltplatten, -riemchen oder -klinker. Die Pfeilerkanten können zusätzlich mit Eckschutzschienen gegen Beschädigung gesichert werden (**4.2**).

4.2 Plattieren rechteckiger Pfeiler

Sollform und Einteilung. Der Querschnitt eines plattierten Pfeilers soll rechteckig sein. Daraus ergibt sich, dass die Gegenseiten gleich groß und die benachbarten rechtwinklig zueinander sein müssen (**4.3**). Für das Einteilen der vier Flächen gelten folgende

Einteilungsregeln
1. Symmetrische Einteilung.
2. Kein Streifen unter 1/2 Plattenbreite.
3. Ausgleichstreifen gehören in die Mitte.
4. Gegenseiten sind gleich einzuteilen.
5. Lange Seiten überdecken die kurzen.

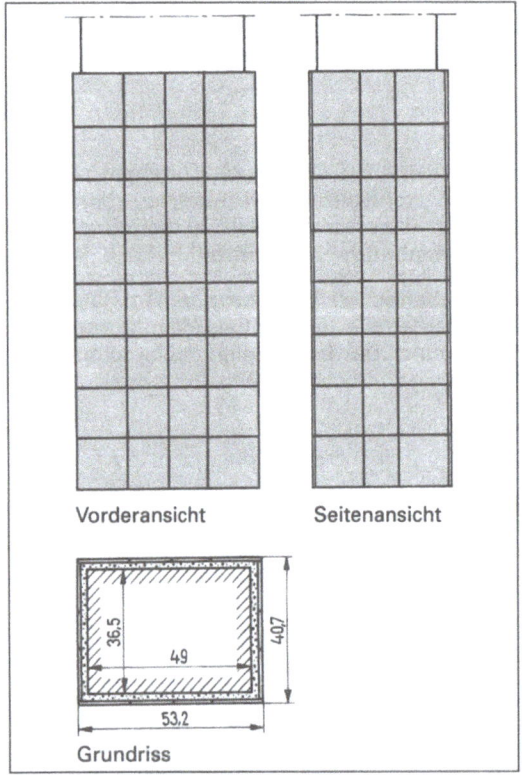

4.3 Verfliester Pfeiler

Von der 5. Regel darf man abweichen, wenn dadurch Teilplatten vermieden werden können. Die 2. und 3. Regel lassen sich in einigen Fällen nicht gleichzeitig anwenden (**4.4**). Bei Dekorfliesen bestimmt das Muster die Einteilung. Man wird sie so vornehmen, dass ein harmonisches, vom Fliesenmuster geprägtes Bild entsteht – auch wenn die Einteilungsregeln nicht eingehalten werden.

Arbeitsvorgang. An beiden Enden einer kurzen Seite werden Lote aufgehängt. Dabei ist darauf zu achten, dass nicht nur für diese Seite genügend Konstruktionsdicke vorhanden ist, sondern auch – bei rechtwinkliger Plattierung – für längere Nachbarseiten des Pfeilers. Das lässt sich mit einem Winkel prüfen. Die Fläche zwischen den Loten teilt man symmetrisch ein und plattiert Schicht für Schicht mit genau *waagerechten Fugen*. Vorteilhaft ist es, anschließend die Gegenseite zu plattieren und erst zum Schluss die langen Seiten. Dann drücken nämlich beim Ansetzen die Eckplatten der langen Seiten (die ja die Plattierung der kurzen Seiten überdecken) nicht so leicht die bereits angesetzten Platten der Nachbarseite weg. Außerdem schneidet man Ausgleichstreifen derselben Breite gleich für

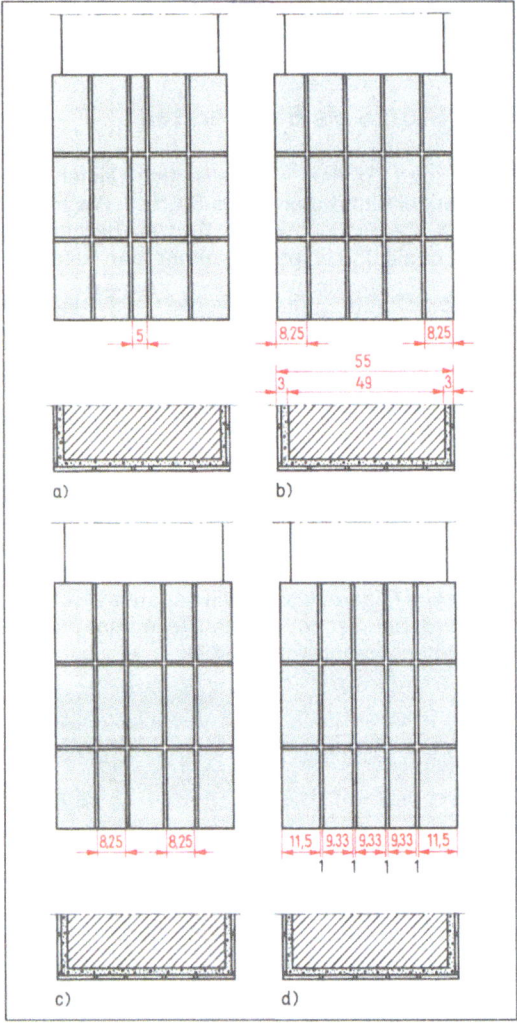

4.4 Mögliche Einteilung eines 49 cm breiten Pfeilers mit Spaltplatten 11,5 × 24
a) 1 schmaler Streifen in der Mitte
b) 2 breite Streifen an den Ecken
c) 2 breite Streifen neben den Eckplatten
d) 3 gleich breite Streifen in der Mitte

zwei Seiten. Die Lote an der Gegenseite müssen rechtwinklig zu den ersten beiden aufgehängt werden; dann ergibt sich auch derselbe Abstand zwischen den Loten wie auf der Gegenseite. Die Übereinstimmung der jeweiligen Schichthöhen mit der Gegenseite prüft man immer wieder mit der Wasserwaage. Beim Plattieren der letzten beiden Seiten entfällt dafür jedes Loten, Wiegen und Winkeln.

Fallunterscheidung beim Einteilen. Je nach Breite der Pfeilerseiten sind für Anzahl und Lage der Ausgleichstreifen drei Fälle zu unterscheiden:

- Gerade Anzahl ganzer Platten, 1 breiter Streifen in der Mitte (**4.3** Seitenansicht),
- Gerade Anzahl ganzer Platten, 2 breite Streifen in der Mitte (**4.3** Vorderansicht),
- ungünstiger Fall
  a) gerade Anzahl ganzer Platten mit 1 schmalen Streifen in der Mitte (**4.4a**) oder besser:

b) 2 breite Streifen an den Enden und ungerade Anzahl ganzer Platten (**4.4b**) oder noch besser:

c) 2 breite Streifen zwischen Mitte und den Enden (**4.4c**) oder:

d) 3 gleich breite Streifen in der Mitte bei gerader Anzahl ganzer Platten (**4.4d**).

4.3 Plattieren von Rundsäulen

Form. Die fertige Säule soll lotrecht an jeder Mantellinie sein, ihr Querschnitt die gewünschte geometrische Form (kreisrund, oval, elliptisch) aufweisen. Allerdings ist die letzte Forderung nicht ganz zu erfüllen, denn durch das Ansetzen von z. B. 32 Fliesenstreifen je Schicht entsteht ein regelmäßiges 32-Eck und – streng genommen – kein Kreis. Mit vielen schmaleren Streifen oder Riemchen lässt sich der Säulenquerschnitt eher dem Kreis annähern als mit breiteren.

Dickbettverfahren. Fliesenstreifen und Riemchen werden im Dickbettverfahren angesetzt. Man braucht zum Einrichten und Kontrollieren der Plattierung Schablonen, die man aus Sperrholz oder Holzwerkstoffplatten selbst herstellt. Zunächst werden durch Messen und Berechnen Durchmesser und Umfang der fertigen Säule ermittelt, danach Plattenzahl und Fugendicke errechnet.

Beispiel 1 Eine Rundsäule mit dem Rohbau-Durchmesser d = 44 cm soll mit Riemchen 24 x 5,2 x 1,5 und einem Mörtelbett von 2 cm Dicke (einschl. Spritzbewurf) verkleidet werden. Fugenbreite etwa 8 mm. Zu berechnen sind:
a) Durchmesser D der fertigen Säule und ihr Umfang U,
b) Anzahl der Platten je Schicht,
c) Fugenbreite.

Lösung a) D = 44 cm + 2 · (1,5 cm + 2 cm) = **51 cm**
$U = D \cdot \pi \approx 51$ cm · 3,14 ≈ **160 cm**
b) Plattenzahl n = 160 : (5,2 cm + 0,8 cm) = **26 Rest 4 cm**

Gewählt werden 26 Platten, obwohl 27 dem rechnerischen Ergebnis näher kämen. Man nimmt aber möglichst eine gerade Anzahl Platten wegen der Herstellung, Einteilung und Verwendung der Schablone.

c) U : 26 = 160 cm : 26 = 6,15 cm
6,15 cm − 5,2 cm = **0,95 cm**

Man braucht also je Schicht 26 Platten mit einer Fugenbreite von 9,5 mm (**4.5**).

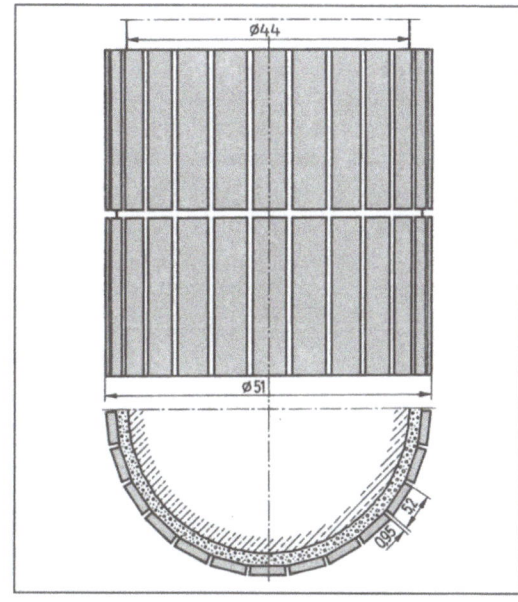

4.5 Verkleiden einer Rundsäule mit Riemchen

Beispiel 2 Eine Rundsäule mit 37 cm Durchmesser erhält einen Belag aus etwa 50 mm breiten Fliesenstreifen, 6 mm dick mit 3 mm breiten Fugen. Mörtelbettdicke = 15 mm. Berechnen Sie: a) Durchmesser und Umfang der fertigen Säule, b) (gerade!) Anzahl der Fliesenstreifen je Schicht, c) das genaue Schnittmaß der Fliesenstreifen.

Lösung a) D = 370 mm + 2 · (15 mm + 6 mm)
= 412 mm
$U = D \cdot \pi \approx 412$ mm · 3,14 ≈ **1291 mm**
b) Streifenanzahl n =
$\frac{1291 \text{ mm}}{50 \text{ mm} + 3 \text{ mm}} = \frac{1291 \text{ mm}}{53 \text{ mm}} =$ **24 Rest 19 mm**
Gewählt 24 Fliesenstreifen
c) Streifenbreite $b = \frac{1291 \text{ mm}}{24} = 53,8$ mm

Schnittmaß s = 53,8 mm − 3 mm = 50,8 mm
≈ **51 mm**. Man braucht 24 Fliesenstreifen von je 51 mm Breite.

Herstellen der Schablone. Auf der Sperrholzplatte wird mit dem Bleistift der Umfang der fertigen Säule im Maßstab 1:1 aufgerissen. Als Zirkel kann man eine Schnur benutzen, die mit einem Nagel oder einer Reißzwecke im Kreismittelpunkt befestigt wird. Der Kreis wird halbiert, auf dem Umfang jedes Halbkreises sind Plattenbreite und Fuge genau einzutragen. Dann wird die Sperrholzplatte bis zur Hälfte genau auf dem Aufriss ausgeschnitten. Die andere Hälfte ist in einem kleineren Halbkreis so auszuschneiden, dass neben dem Aufriss etwa 2 cm stehen bleiben. Diese Schablone soll nämlich als Unterleglatte dienen, die andere als Richtwerkzeug zum Prüfen der richtigen Lage jeder Schicht (**4**.6).

fenweise plattieren. Das hat den Vorteil, dass rund um die Säule das Einhalten eines genau geraden und lotrechten Verlaufs der Stoßfugen durch die vier bzw. entsprechend viele Lote erleichtert wird.

> Rundsäulen werden in senkrechten Abschnitten mit Hilfe von zwei Schablonen plattiert. Diese sind nach der Querschnittsform der fertigen Halbsäule ausgeschnitten; auf ihnen sind Platten und Fugen eingezeichnet. Eine Schablone dient als Unterlage, die andere als Richtwerkzeug.

Dünnbettverfahren. Mit *Mosaik* werden Säulen im Dünnbettverfahren verkleidet. Die Rohsäule muss vorher genau lotrecht und mit formgetreuem Querschnitt vorgeputzt sein. Diese Arbeit führt meist der Stukkateur mit Hilfe einer Putzschablone durch; der Fliesenleger hat die fachgerechte Ausführung des Vorputzes zu prüfen.

Anlegen der Säule. Zuerst wird an beliebiger Stelle ein (sehr schmales) Lot aufgehängt. (Evtl. ist durch Stemmen am Säulenfuß Platz dafür zu schaffen.) Vom Lot aus werden Mosaikstreifen probeweise trocken um den Mantel der Säule gelegt. Dabei stellt man fest, wie dick der Kleber aufzutragen ist, damit es mit ganzen Plättchen aufgeht. Eine Mehrstärke des Dünnbetts von 1 mm macht auf den Durchmesser 2 mm und auf den Umfang 2 · π, also gut 6 mm aus. Ein Plättchen Kleinmosaik mit 2 cm Kantenlänge kann man also durch 3 mm Mörteldicke „herausholen". Das bedeutet, dass man beim Verkleiden von Säulen mit Kleinmosaik im Dünnbett immer zurecht kommt.

4.6 Schablone für eine Rundsäule

Anlegen. Das erste Lot wird an beliebiger Stelle im richtigen Abstand vom Säulenkern aufgehängt, das zweite genau gegenüber. Die richtige Lage der Lote wird mit der Schablone geprüft. Dann verlegt man die ausgeschnittene Unterleglatte mit dem eingezeichneten Aufriss waagerecht und in richtiger Höhe im Sandbett. Die Riemchen bzw. Fliesenstreifen werden nun genau nach dem Aufriss angesetzt und gelotet; die Lage ihrer Oberkanten wird mit der Schablone überprüft. So plattiert man die erste Hälfte des Säulenmantels Schicht für Schicht bis zur vollen Höhe, bevor man die Rückseite entsprechend verkleidet. Die Säule lässt sich auch in vier oder noch mehr senkrechte Mantelabschnitte gemäß der Schabloneneinteilung aufteilen und so streif-

Die erste Schicht muss sehr sorgfältig rund um die Säule geklebt werden, evtl. in mehreren Versuchen. Man muss nicht unbedingt unten beginnen; der Anfang in Augenhöhe ist oft vorteilhafter. Beim Ankleben der Tafeln in den nächsten Schichten helfen Lotschnur, senkrechtes Anhalten der Wasserwaage oder Richtlatte und vor allem Kante und Fugenbild der vorigen Schicht, die richtige Form einzuhalten.

Wegen der Rundung von Säulen, besonders bei schlanken, kann man nur kleinformatiges Mosaik kleben. Breitere Plättchen oder Streifen lägen nicht satt im Kleberbett. Außerdem wäre es in manchen Fällen nur durch entsprechendes Vorputzen zu erreichen, dass die Einteilung auf dem Säulenmantel mit ganzen Platten aufginge.

Aufgaben zu Abschnitt 4

T

1. Wodurch können an Stützen Spannungen zwischen Belag und Stützenkern verursacht sein?
2. Warum sind glasierte Spaltplatten und -riemchen besonders als Belag an Stützen geeignet?
3. Warum sollen Stützen oben und unten eine dauerelastische Fuge erhalten?
4. Unterscheiden Sie die Begriffe Pfeiler und Säule.
5. Warum ist das Einhalten genau waagerechter Lagerfugen beim Plattieren einer Pfeilerseite so wichtig?
6. Die Grundrißform eines Pfeilers ist gewöhnlich ein Rechteck. Was folgt daraus für die Pfeilerseiten und -winkel?
7. Geben Sie Beispiele für Fertigmaße von Pfeilern an, bei denen nicht alle Regeln einzuhalten sind (für Format 15 x 15).
8. Beurteilen Sie die Einteilung in Bild **4.4**a) bis d).
9. Beschreiben Sie die Herstellung einer Schablone für die Plattierung einer Rundsäule.
10. Wozu verwendet man Schablonen?
11. Wie muss eine Säule für das Dünnbettverfahren vorbereitet werden?
12. Warum eignet sich nur kleinformatiges Mosaik für das Ankleben an Rundsäulen?
13. Beschreiben Sie das Anlegen einer Rundsäule mit Mosaik im Dünnbettverfahren.

M

1. Ein Rechteckpfeiler 42,5 x 49 cm soll mit Wandfliesen 151 x 151 x 6 mm und 2 mm Fuge verkleidet werden. Mörteldicke: 2 cm, Belagshöhe = 14 Fliesen. Berechnen Sie:
   a) Fliesenzahl und Streifenbreite an den langen Seiten,
   b) Fliesenzahl und Streifenbreite an den kurzen Seiten,
   c) Gesamtbedarf an Fliesen ohne Verschnitt.
2. wie M 1, jedoch Rohbaumaße 30 x 55 cm und Spaltplatten 11,5 x 24 x 1,5 cm mit 1 cm Fuge und 2 cm dickem Mörtel, 12 Platten hoch, hochkant
3. Eine Rundsäule ($\varnothing$ 34) cm soll mit Spaltriemchen 5,2 x 24 x 1,5 und ca. 8 mm Fugen verkleidet werden. Mörteldicke einschließlich Spritzbewurf 2 cm. Berechnen Sie:
   a) Durchmesser und Umfang der fertigen Säule,
   b) (gerade!) Anzahl Riemchen je Schicht,
   c) genaue Fugendicke,
   d) Gesamtbedarf an Platten (9 Schichten).
4. Rundsäule $\varnothing$ 29 cm ist zu verkleiden mit Fliesenstreifen von 3 cm, 13 Schichten hoch. Fugen 2 bis 3 mm dick; Konstruktionsdicke 2,5 cm. Sonst wie M 3.
5. Welche Dicke muss das Mörtelbett haben, wenn eine Rundsäule $\varnothing$ 49 cm mit 32 Streifen von 5 cm Breite und 6 mm Dicke und 3 mm Fugen plattiert werden soll?

Z

1. **Verfliester Pfeiler, M 1 : 10 (4.7)** Wandfliesen 15 x 15 x 0,6, Mörteldicke 2 cm. 4 Schichten hoch. (4 Risse)

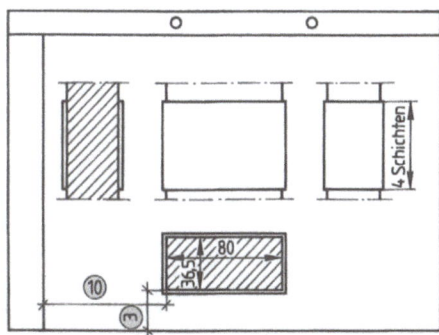

4.7 Verfliester Pfeiler, M 1 : 10 (Wandfliesen 15 x 15)

2. **Plattierter Pfeiler, M 1 : 10 (4.8)** Spaltplatten 11,5 x 24 x 1,5, hochkant 7 Schichten hoch. Fuge 1 cm, Mörtel 1,5 cm. (3 Ansichten)

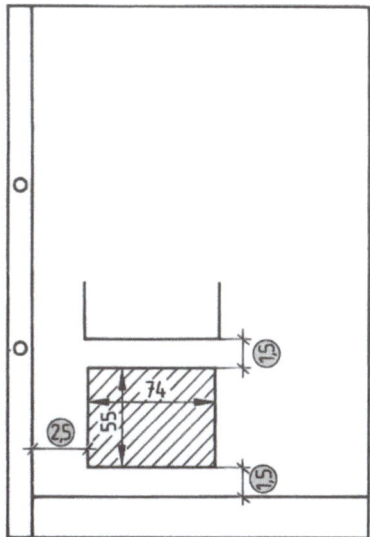

4.8 Plattierter Pfeiler, M 1 : 10 (Spaltplatten 11,5 x 24)

3. **Pfeilereinteilungen, M 1:10 (4.9)** Spaltplatten 10 x 20 x 1,2 hochkant, 8 mm Fuge. Mörtelbett 1,8 cm dick. Rohbaumaße: oben links 86,5 cm; o. r. 49 cm; u. l. 61,5 cm und u. r. 68 cm. (Grundrissausschnitt und Vorderansicht mit 3 Schichten)

4. **Rundsäule M 1:2** wie Aufgabe M. 4. (Grundriss und 1 Schicht in der Vorderansicht)

5. **Rundsäule M 1:2** (Rohbaudurchmesser 30,6 cm. Spaltriemchen 4 x 24 x 1,2, 7 bis 10 mm Fuge, 1,8 cm Mörtelbett. (Grundriss der Halbsäule, Vorderansicht 1 Schicht)

Gesamtaufgabe

6 gleiche Säulen eines Geschäftslokals sind mit Fliesenstreifen 5 x 15 cm 13 Schichten hoch zu verfliesen. $\varnothing$ = 35,1 cm, Fugendicke 2 bis 3 mm, Konstruktionsdicke einschl. Vorspritzen 2,5 cm.

a) Einteilung der Säule,
b) Stückzahl der Fliesen insgesamt,
c) Beschreibung des Arbeitsvorgangs,
d) Zeichnung: Grundriss und 2 Schichten in der Vorderansicht, M 1:2,5.

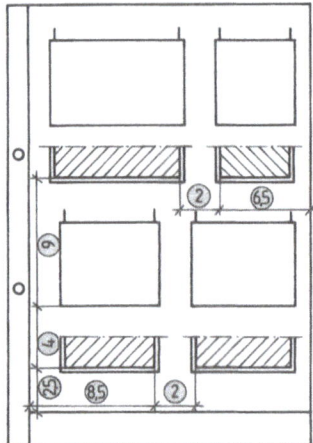

4.9 Pfeilereinteilungen, M 1:10 (Spaltplatten 10 x 20)

5 Verkleiden von Bögen, Stürzen und Decken

Bögen und Stürze überdecken Öffnungen oder Nischen. Sie übertragen die Last der über ihnen liegenden Bauwerkteile auf das angrenzende Mauerwerk. Bögen wurden früher vornehmlich gemauert, weil man nur mit ihnen im Steinbau breitere Öffnungen überdecken konnte. Heute wählt man Bögen hauptsächlich aus gestalterischen Gründen, erst recht dann, wenn sie mit Platten verkleidet werden sollen. Deshalb muss der Fliesenleger Bogenformen kennen, fachgerecht einteilen und plattieren können.

5.1 Bogenformen, Bogenteile

Bogenformen. Von den vielfältigen Bogenformen (scheitrechter-, Flach-, Rund-, Korb-, Spitz-, einhüftiger und elliptischer Bogen) kommen für das Plattieren allenfalls die drei erstgenannten in Frage (5.1).

Namen Widerlager und Kämpferpunkt weisen auf das Wirken von Kräften im Bogen hin. Der Bogen wird im Gegensatz zum Sturz durch die Auflast nicht auf Biegung, sondern nur auf Druck beansprucht. Er überträgt die Druckkraft auf die Widerlager.

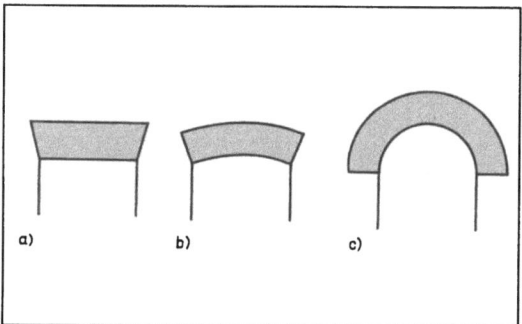

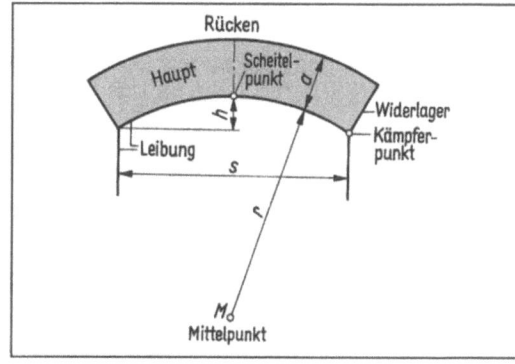

5.1 Die wichtigsten Bogenformen
 a) scheitrechter Bogen
 b) Flachbogen
 c) Rundbogen

Die Bogenteile werden seit jeher in anschaulicher Weise nach Teilen des menschlichen Körpers benannt: Haupt, Rücken, Leibung (5.2). Die

5.2 Bogenteile und -maße
 r = Radius
 s = Spannweite
 a = Bogendicke
 h = Stichhöhe

5.2 Einteilen von Rund- und Flachbögen

Der Flachbogen ist seiner Form nach ein Kreisausschnitt, der Rundbogen ein Halbkreis. Die Fugen des plattierten Bogens müssen in Richtung auf den Mittelpunkt verlaufen. Am Scheitelpunkt soll keine Fuge, sondern die Mitte einer Platte – die als König bezeichnet wird – liegen. Diese Forderung gilt zunächst aus statischen Gründen für gemauerte Bögen; für die Verkleidung mit Platten wird sie als gestalterischer Grundsatz übernommen.

Die Form des Bogens ist durch das Mauerwerk in etwa vorgegeben, doch werden Spannweite, Radius und Stichhöhe des plattierten Bogens kleiner als die entsprechenden Rohbaumaße. Vor dem Plattieren ist aus einer Holzwerkstoffplatte oder aus Brettern ein Lehrbogen (5.3) herzustellen. Mit einem Zirkel (Schnur oder drehbare Leiste) wird der Halbkreis bzw. Kreisabschnitt in wahrer Größe des fertigen Bogens aufgezeichnet. Auf diesem aufgerissenen Kreisbogen

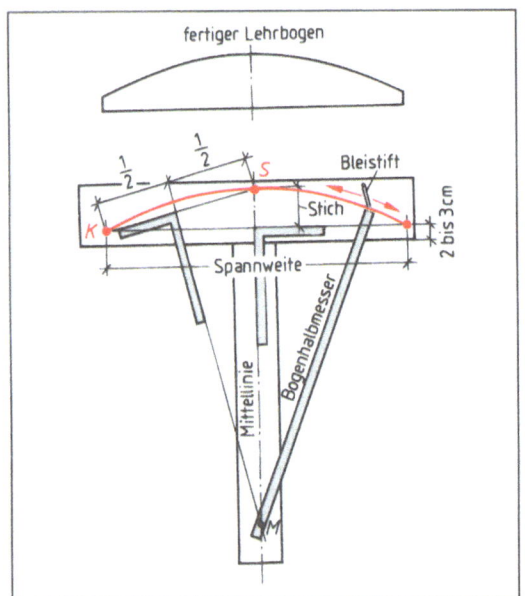

5.3 Anreißen eines Lehrbogens für einen Flachbogen

$$b_L = \frac{2\,r \cdot \pi}{2} = \frac{120\,\text{cm} \cdot 3{,}14}{2} = 188{,}4\,\text{cm}$$

$$b_R = \frac{2\,(r+a) \cdot \pi}{2} = \frac{141{,}6\,\text{cm} \cdot 3{,}14}{2} = 222{,}3\,\text{cm}$$

Schichtenzahl = 222,3 cm : 11 cm = **20** (+ Rest)

Gewählt: 21 Schichten (ungerade Anzahl!)
obere Schichtbreite 222,3 cm : 21 = **10,6 cm**
untere Schichtbreite 188,4 cm : 21 = **9 cm**

Man braucht 21 Fliesenstreifen, die oben 10,4 und unten 8,8 cm breit sind. Die Fugen sind gleichmäßig 2 mm dick.

teilt man die Platten und Fugen ein. Dafür ist vorher immer eine Berechnung erforderlich.

Längenunterschied. Die Bogenlänge am Rücken ist größer als die an der Leibung. Je stärker der Bogen gekrümmt ist, desto größer ist auch dieser Unterschied. Bei Flachbögen und Rundbögen mit großem Radius, die mit grobkeramischen Platten und breiten Fugen verkleidet werden, wirkt sich der Längenunterschied zwischen Bogenrücken und Bogenleibung nur in keiligen Fugen aus. Dabei muss die Fuge unten noch mindestens 0,5 cm und darf oben höchstens 2 cm dick sein. Sonst müssen alle Fliesen gleichmäßig konisch geschnitten werden. Es entstehen trapezförmige Fliesenstreifen, die mit normaler, gleichbleibender Fuge angesetzt werden. Anzahl und Abmessungen der Streifen sowie der Fugen errechnet man aus der Bogenlänge.

Berechnungen für Rundbögen. Zunächst ist die Länge des Bogens am Rücken b_R und an der Leibung b_L zu bestimmen; es handelt sich dabei um den Umfang eines Halbkreises. Die größere, obere Bogenlänge b_R ist durch das Plattenmaß mit Fuge zu teilen. Die so errechnete Anzahl Schichten wird bis zur nächsten ungeraden Anzahl erhöht. Dann berechnet man die wirklichen Breiten der Teilfliesen.

Beispiel 1 Durchmesser = Spannweite = 1,20 m
(5.4) (lichtes Maß)

Verkleidung: Wandfliesen 10,8 × 10,8, 2 mm Fuge

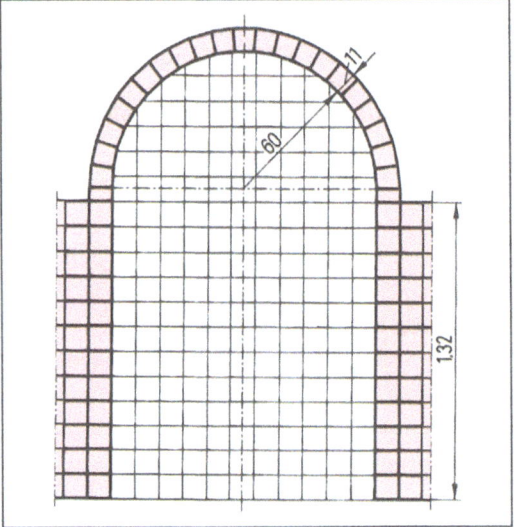

5.4 Nische mit Rundbogen

Das 2. Beispiel zeigt, dass beim Dünnformat die Spannweite des Rundbogens nicht wesentlich kleiner als 2 m sein darf, wenn man mit Keilfugen die Krümmung erzielen will.

Beispiel 2 $2r = s = 2{,}00$ m, Spaltriemchen 5,2 × 24

Lösung $b_L = \dfrac{200\,\text{cm} \cdot 3{,}14}{2} = 314\,\text{cm}$

$b_R = \dfrac{248\,\text{cm} \cdot 3{,}14}{2} = 389{,}4\,\text{cm}$

Untere Fugenbreite 5 mm. Schichtenbreite 5,7 cm.

3,14 cm : 5,7 cm = 55,09.

Gewählt: **55 Schichten**

Fugenbreite unten = 314 cm : 55 − 5,2 cm = **0,51 cm**

Fugenbreite oben = 389,4 cm : 55 − 5,2 cm = **1,88 cm**

Die Fuge wird unten 5,1 mm und oben 18,8 mm breit.

Flachbogen. Spannweite s und Stichhöhe h werden nach den gemessenen Rohbaumaßen ermittelt. Radius r und Mittelpunkt M lassen sich zeichnerisch bestimmen (5.5).

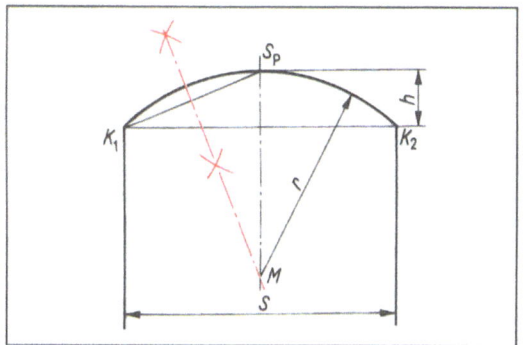

5.5 Zeichnerische Ermittlung von M und r nach gegebenen s und h am Flachbogen

Auf der Verbindungsstrecke vom Kämpferpunkt K zum Scheitelpunkt S_p wird die Mittelsenkrechte errichtet. Diese schneidet die Mittelachse des Bogens im Bogenmittelpunkt M. Der Mittelpunktswinkel α ist zu messen; dann können die Bogenlängen am Rücken und an der Leibung errechnet werden. Sie lassen sich aber auch durch Messen (Lehrbogen oder maßstäbliche Zeichnung) feststellen.

Beispiel 3 (5.6) $s = 160$ cm, $h = 20$ cm. Verkleidung mit Wandfliesen 10,8 × 21,8 mit etwa 2 mm Fuge.

Lösung $r = 170$ cm, $= 56°$ (zeichnerisch ermittelt)

$$b_L = \frac{2 r \cdot \pi \cdot 56°}{360°} = \frac{340 \text{ cm} \cdot 3{,}14 \cdot 56}{360} = 166{,}1 \text{ cm}$$

$$b_R = \frac{2(r+a) \cdot \pi \cdot 56}{360} = \frac{384 \text{ cm} \cdot 3{,}14 \cdot 56}{360} = 187{,}6 \text{ cm}$$

Die obere Schichtbreite darf höchstens 11 cm sein.
187,6 cm : 11 = 17,05.
Gewählt: **17 Platten**
Schichtbreite oben 187,6 cm : **11 cm**
Schichtbreite unten 166,1 cm : **9,8 cm**

Man braucht 17 Fliesenstreifen, die oben 10,8 cm und unten 9,6 cm breit sind.
Die Fuge **ist 2 mm** breit.

Der Radius r und der Mittelpunktswinkel α des Flachbogens können auch errechnet werden, wenn die Spannweite s und die Stichhöhe h bekannt sind.
Es gelten die Formeln

$$r = \frac{s^2}{8h} + \frac{h}{2} \text{ und}$$

$$\sin \frac{\alpha}{2} = \frac{s}{2r}$$

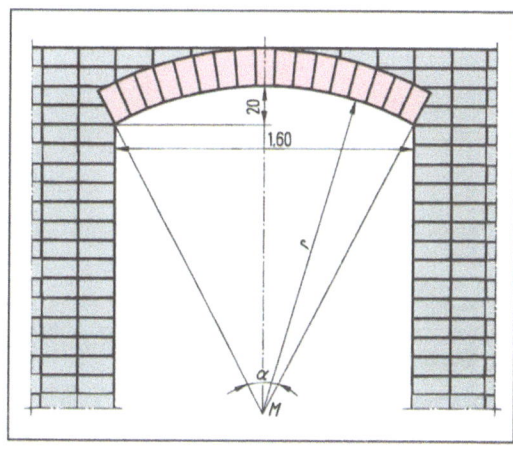

5.6 Plattierter Flachbogen

5.3 Einrüsten und Plattieren

Einrüsten. Zunächst können die seitlichen Wandflächen bis etwa zur Höhe der Kämpferpunkte plattiert werden. Der scheibenförmige Lehrbogen mit seiner Fugeneinteilung dient als Unterlegplatte und Richtwerkzeug. Um ihn fest an den Leibungen der Maueröffnung verkeilen zu können, wird er mit aufgenagelten Latten verstärkt.
Es ist zweckmäßig, die Scheibe bündig mit dem seitlich angrenzenden Belag anzubringen. Dann gibt nämlich ihre Kante die Flucht an für die anzusetzenden Platten.

Bei Flachbögen kann statt eines ausgeschnittenen Lehrbogens auch ein dünner elastischer Streifen (Leiste, dünnes Brett, Kunststoffschaumplatte) als gebogene Unterleglatte dienen. Allerdings verläuft die Krümmung infolge Biegung anders als ein Kreisbogen (*versuchen Sie es mit Ihrem Lineal!*), aber der gemauerte Bogen ist schon Richtschnur für die richtige Krümmung. Der zwischen die Öffnung eingeklemmte gebogene Streifen nimmt die richtige Form an, wenn man ihn entsprechend unterkeilt (5.7). Zu prüfen ist die kreisförmige Biegung mit der Schnur, die im Mittelpunkt des Bogens an einer eingeklemmten Latte befestigt wird. Die Schnur braucht man ohnehin, um den richtigen Fugenverlauf einzuhalten.

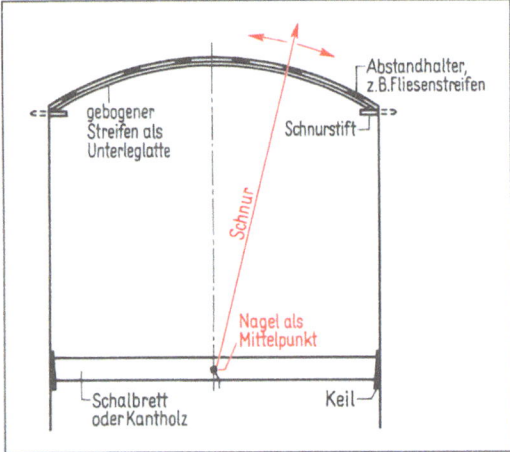

5.7 Einrichten eines Flachbogens

Plattieren. Vor dem Plattieren schneidet man zur Probe einige Streifen gemäß der Berechnung zu recht und legt sie nebeneinander trocken auf der Unterlegplatte aus. So lässt sich prüfen, ob die Einteilung stimmt, ob die Fugen gleichmäßig sind und zum Mittelpunkt verlaufen. Den Bogen kann man gleichzeitig mit den angrenzenden Wandbereichen plattieren. Dann wird die Schnur für die Lagerfugen über den Bogen hinweg durchgespannt. So erzielt man leicht eine fluchtgerechte Verkleidung des Bogens. Nach dem Ansetzen jeder konischen Teilfliese am Bogen muss durch Anhalten der Schnur vom Mittelpunkt die Richtung der Fuge geprüft werden.

Es sieht gut aus, wenn der Kämpferpunkt in einer Lagerfuge liegt (vgl. 5.6 mit 5.4). Doch meist ist die Höhenaufteilung der Wandplattierung unabhängig von der Lage des Bogens vorgegeben.

Plattierte „scheitrechte Bögen" bekommen – im Gegensatz zu gemauerten – weder schräge Widerlager noch einen Stich. Denn die Verkleidung hat ja keine statischen Aufgaben und sollte auch keine vortäuschen. Es handelt sich im Grund nicht um einen Bogen, sondern um eine hochkant angesetzte Schicht, deren obere Lagerfuge in der angrenzenden Plattierung weiterlaufen muss.

> Bögen werden meist mit einer ungeraden Anzahl von gleichen konisch geschnittenen Plattenstreifen und gleichmäßigen Fugen verkleidet. Die Fugen müssen zum Mittelpunkt gerichtet sein. Die Einteilung des Bogens wird vorher errechnet und auf dem Lehrbogen eingetragen.

Werkstücke mit Rundungen (wie runde Tische, runde Stufen, Brunnen, 5.8) werden in ähnlicher Weise wie Bögen und Rundsäulen verkleidet.

5.8 Gefliester Brunnen (Meisterstück des Autors)

5.4 Stürze und Decken

Die Unterseite eines Sturzes wird zweckmäßig im Dünnbett verfliest. Falls erforderlich, putzt sich der Fliesenleger den Sturz selbst vor. Die Verfliesung soll waagerecht und im Fugenschnitt zum angrenzenden Belag ausgeführt werden. Nach Möglichkeit ist eine Wand mit Sturz in ihrer Höhe so einzuteilen, dass die Schicht über dem Sturz mit ganzen Fliesen angesetzt wird.

Decken werden im Dünnbettverfahren gefliest. Bei Neubauten ist die Decke so sorgfältig wie bei Sichtbeton einzuschalen und zu betonieren. Sonst muss die Decke durch Stuckateure flucht- und waagerecht vorgeputzt werden. Den Fliesenbelag teilt man vom Mittelpunkt aus ein, so dass sich Symmetrie in beiden Richtungen ergibt (s. Abschn. 6.1). Soll Fugenschnitt zu allen Wänden eingehalten werden, beginnt man mit der Decke.

Schräge Decken kommen als Unterseiten von Dachflächen vor. Die schrägen Stoßfugen der Verfliesung sollen Fugenschnitt zum unten angrenzenden Wandbelag einhalten. Fugenschnitt der Lagerfugen ist unmöglich, doch muss die Oberkante des schrägen Belags auf gleicher Höhe mit der Verfliesung der lotrechten Nachbarwände abschließen. Daher beginnt man an der untersten Schicht der schrägen Fläche mit einem Fliesenstreifen oder verlegt die Fliesen von oben im Dünnbettverfahren.

Aufgaben zu Abschnitt 5

T

1. Nennen Sie einige Bogenformen.
2. Benennen Sie an einer Skizze die Bogenteile.
3. Wie verlaufen die Fugen an einem Bogen?
4. Wie prüft man den richtigen Fugenverlauf?
5. Was versteht man unter einem Lehrbogen?
6. Schildern Sie, wie man einen Flachbogen für das Plattieren einrüstet.
7. Wie und in welchen Fällen kann man einen Bogen mit ungeschnittenen ganzen Platten verkleiden?
8. Worauf muss man beim Einteilen und Anlegen schräger Flächen (Decken im Dachgeschoß) achten?

M

1. Ein Rundbogen mit $s = 2r = 2{,}50$ m soll mit ganzen Riemchen 24 x 5,2 und Keilfugen von 5 bis 20 mm plattiert werden.
   a) Wie viel Riemchen braucht man?
   b) Wie breit wird die Fuge oben und unten?
2. Ein Flachbogen soll mit Spaltplatten 11,5 x 24 und Keilfugen plattiert werden. Aus der Bauzeichnung werden die Maße $r_L = 1{,}99$ m und $\alpha = 66°$ entnommen. Berechnen Sie:
   a) die Bogenlänge b_L an der Leibung, b) die Bogenlänge b_R am Rücken, c) die Anzahl der Spaltplatten, d) die Fugenbreiten am Rücken und an der Leibung.
3. Rundbogen, $r = 55$ cm, mit Fliesenstreifen aus dem Plattenformat 10 x 20 zu verkleiden.
   (5.10 und Aufgabe Z 1).
   Wie viel Fliesen werden gebraucht? Welche Abmessungen haben sie?
4. Flachbogen, $s = 150$ cm, $h = 25$ cm. Verkleidung mit 15er-Wandfliesen. Radius r und Mittelpunktwinkel α können zeichnerisch ermittelt werden. Berechnen Sie Anzahl und Abmessungen der Teilfliesen. (5.11 und Aufgabe Z 2)
5. Bild 5.9 zeigt die Vorderansicht eines 24 m langen Fußgängertunnels, der an beiden Kopfseiten sowie im Innern an Wänden und Gewölbe mit Spaltriemchen 24 x 5,2 verkleidet wird. Berechnen Sie:

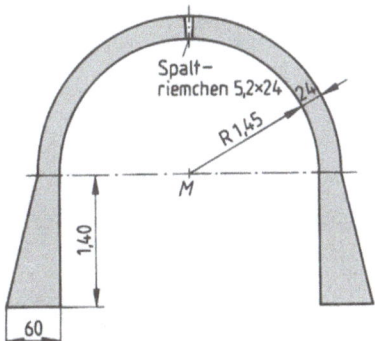

5.9 Fußgängertunnel

a) die Fläche der beiden Kopfseiten,
b) die Fläche im Innern (ohne Fußboden),
c) die Anzahl der Riemchen in dem Rundbogen bei keilförmigen Fugen, die an der Bogenleibung mindestens 5 mm betragen sollen,
d) die Fugenbreite an der Leibung und am Rücken des Bogens,
e) die Gesamtzahl der Spaltriemchen ohne Verhau.

1. **Nische mit Rundbogen, M 1:10** (5.10). Zu zeichnen sind Grundriss (Mauerdicke 24 cm, Nischentiefe 13,5 cm) und Vorderansicht.

   Radius r = 55 cm, Höhe des Kämpferpunkts 150 cm. Wandfliesen 10 x 20 einschließlich Fuge, flach in 15 Schichten verlegt.

2. **Flachbogen, M 1:10** (5.11). Zeichnen Sie die Vorderansicht mit Fliesen 15 x 15. s = 150 cm, h = 25 cm. M und r sind in der Zeichnung zu bestimmen. Der Kämpferpunkt liegt in einer Lagerfuge.

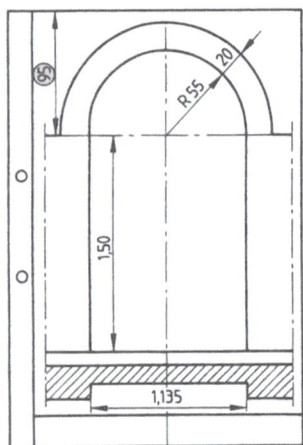

5.10   Nische mit Rundbogen, M 1:10

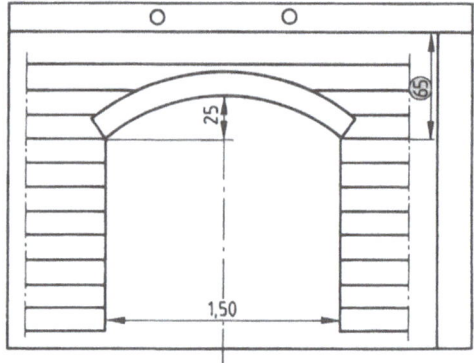

5.11   Flachbogen, M 1:10

6 Verlegen von Bodenplatten ohne Gefälle im Dickbett

Gesinterte keramische Fliesen sind auf Grund ihrer Härte, Festigkeit und Beständigkeit gegen mechanische Beanspruchung für viele Bauwerkteile der geeignetste Bodenbelag. Die Haltbarkeit fachgerecht verlegter Beläge aus (unglasiertem) Steinzeug, Spaltbodenplatten und Klinkerplatten wird infolge ihrer hohen Abriebfestigkeit von keinem anderen Baustoff übertroffen und nur von einigen Natursteinplatten erreicht. Solche Bodenbeläge überdauern oft viele Generationen, ohne dass eine Abnutzung festzustellen ist.

Schönes Aussehen und persönliche Gestaltung der Bodenflächen werden einmal durch die Wahl der Platten nach der Art (fein- oder grobkeramisch, glasiert oder unglasiert), der Farbe, dem Format und dem Verlegeverband bestimmt. Aber auch die geometrischen Eigenschaften des plattierten Bodens tragen wesentlich dazu bei. Hierzu gehören die ebene und waagerechte Lage der Fläche sowie ihre Einteilung.

6.1 Einteilen von Bodenflächen

Schildern und skizzieren Sie je eine Bodenfläche, deren Einteilung nach Ihrer Meinung besonders gut und schlecht gelungen ist. Führen Sie jeweils die Gründe an.

Bodenfliesen sollte man nicht „auf gut Glück" von einer Raumecke aus verlegen, sondern nach vorheriger Überlegung und Einteilung. Dabei ist zu unterscheiden zwischen Bodenbelägen mit Fries, Bodenverlegung im Fugenschnitt zum Wandbelag und der üblichen Verlegung (6.1).

6.1 Bodenbelag mit Fugenschnitt zum Wandbelag

Ausgleichstreifen gehören stets an die Ränder des Bodens, wo die Wände die Fläche begrenzen. Sie sollen nicht zu schmal sein, sondern wenigstens halbe Plattenbreite haben. Je deutlicher der Kontrast zwischen Fugen und Platten ausfällt, umso unschöner wirken schmale Streifen. Dagegen fallen die Teilfliesen z. B. bei einem Belag aus grau geflammten Bodenfliesen kaum auf. Vor allem aber sollen Bodenbeläge keine konischen Ausgleichstreifen aufweisen. Solch ein Schönheitsfehler kann zwei Ursachen haben:

Entweder sind die Wände schiefwinklig zueinander gemauert, oder der Fliesenleger hat den Bodenbelag „verdreht", d.h. das Fugennetz verläuft nicht genau parallel und rechtwinklig zu den Wänden.

Symmetrie wird von größeren Bodenflächen in üblicher Verlegeart gewöhnlich nicht verlangt, vor allem nicht bei breiten Teilfliesen. Denn ungleich breite Ausgleichstreifen an gegenüberliegenden Rändern beeinträchtigen das Aussehen nur bei schmalen, überschaubaren Böden oder Teilflächen von Böden (z. B. zwischen Einbauwanne und gegenüberliegender Wand im Bad). Bodenbeläge mit Fries müssen dagegen stets symmetrisch aufgeteilt sein. Auch teilt man Wand- und Bodenbelag symmetrisch ein, wenn Fugenschnitt zwischen beiden eingehalten werden soll. Diese Aufteilung sieht gut aus, wenn Wände und Boden mit den gleichen Platten verfliest werden. In diesem Fall ist es zweckmäßig, den Boden schon zu verlegen, nachdem die erste Wand (die „Hauptwand") gefliest ist – also vor den übrigen Wänden. Damit der Boden nicht verkratzt oder verschmutzt, deckt man ihn sorgfältig ab.

Einachsige Symmetrie. Flure, Gänge und andere schmale Bodenflächen bekommen gleich breite Streifen nur an den Längswänden. Parallel zu diesen wird in der Mitte die Schnur gespannt; sie bildet die Längs- oder Hauptachse der Fläche (**6.2**). Dazu nimmt man je zweimal das Stichmaß a_1 und a_2 sowie b_1 und b_2 zu den Wänden. Von der Schnur aus werden die Platten verlegt. Dabei beginnt man mit einer Fuge oder mit der Plattenmitte (vgl. Abschn. 3.4.1).

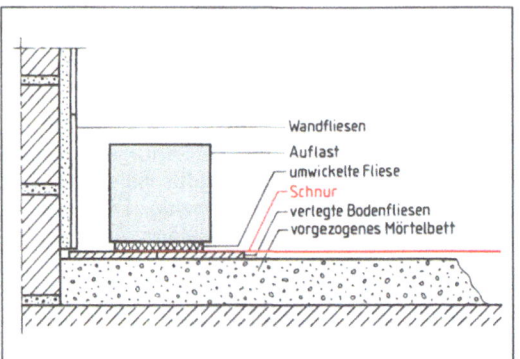

6.4 Spannen der Schnur

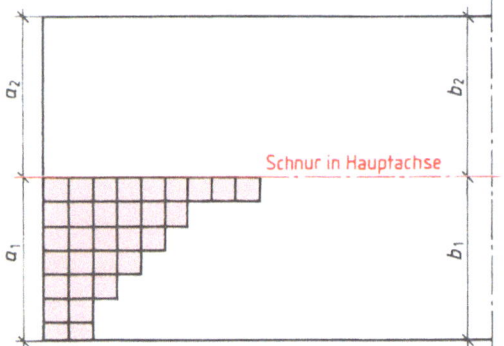

6.2 Einachsige Symmetrie
$a_1 = a_2 = b_1 = b_2$

Bei zwei Symmetrieachsen wird der Bodenbelag vom Mittelpunkt des Raumes aus eingeteilt, so dass an den gegenüberliegenden Rändern jeweils breite Streifen entstehen (**6.3**). Man muss

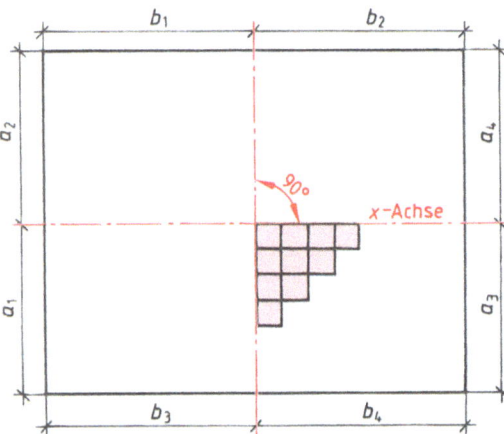

6.3 Zweiachsige Symmetrie
$a_1 = a_2 = a_3 = a_4 \quad b_1 = b_2 = b_3 = b_4$

erreichen, dass sich zwei Fluchtschnüre im Mittelpunkt rechtwinklig schneiden. Zunächst spannt man eine Schnur auf der Längsachse (in **6.3** als *x*-Achse bezeichnet). Sie wird am besten in Höhe Oberkante des fertigen Fußbodens in

der Mitte der Querwände an Putzhaken befestigt oder auf dem Boden zwischen einer Platte und einer Auflast eingeklemmt (**6.4**). So kann sie nach dem Ausmitteln als Fluchtschnur dienen.

In gleicher Weise wird die 2. Schnur in Querrichtung (*y*-Achse) gespannt und durch Stichmaße überprüft. Nun muss man die Rechtwinkligkeit zwischen beiden Schnüren kontrollieren, am besten mit den Maßen 1,20 m, 1,60 m, 2,00 m nach dem Lehrsatz des Pythagoras. Die Schnüre *müssen* sich rechtwinklig schneiden – notfalls ist die Richtung einer Schnur zu ändern.

Beim Anlegen des Bodens kann man auch mit den Teilfliesen am Rand beginnen, wenn deren Breite durch Rechnung oder probeweises Auslegen vom Mittelpunkt vorher bestimmt wurde.

Eine schiefwinklige Bodenbegrenzung infolge einer schrägen Wand fällt schon beim Vergleich der vier Stichmaße a_1 bis a_4 bzw. b_1 bis b_4 auf. Geringere Abweichungen bis etwa 2 cm haben zwar auch einen konischen Ausgleichsstreifen zur Folge, lassen aber eine zweiachsig symmetrische Einteilung noch zu. Die Schnur zwischen den parallelen Wänden bleibt unverändert. Die 2. Schnur wird rechtwinklig zur ersten in ihrer Mitte gespannt. (Sie ist deren Mittelsenkrechte). Die Teilfliesen an der schrägen Begrenzung werden so in ihrem Mittel genauso breit wie die an der Gegenseite.

Bei stärkeren Abweichungen verlegt man den Boden nur mit einachsiger Symmetrie.

Im Raummittelpunkt kann man beim Verlegen a) mit einem Fugenkreuz, b) mit einer Plattenmitte oder c) mit der Mitte einer Plattenkante beginnen (**6.5** bei Diagonalverlegung; trotz fehlender Achsensymmetrie bei 6.5b) geht das Muster an den Rändern auf). Bei manchen Verlegeverbänden oder Formaten (z. B. Sechseckfliesen) sind nur b) oder c) möglich.

6.1 Einteilen von Bodenflächen

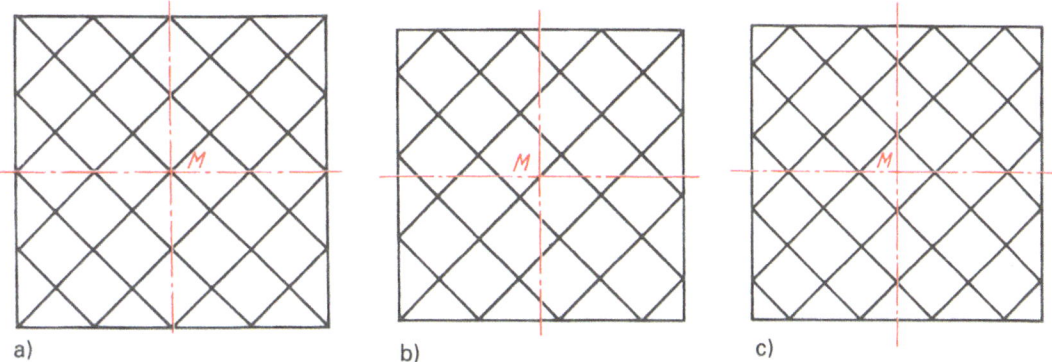

6.5 Lage des Raummittelpunkts M
a) M liegt in einem Fugenkreuz, b) M liegt in einer Fuge bei der Mitte einer Plattenkante, c) M liegt im Plattenmittelpunkt

Ohne Symmetrie werden viele Böden verlegt. Eine Wand nimmt man als *Hauptwand* an. Parallel zu ihr werden die ersten Reihen Fliesen verlegt. Dabei prüft man die Lage der Fluchtschnur oder der Richtplatte durch zweimaliges Stichmaß vom *fertigen* Wandbelag (Fliesen oder Putz). Aus praktischen Gründen wählt man eine lange Wand in der Nähe der Tür oder die Türwand selbst als Hauptwand, wenn der Mörtel für den ganzen Boden auf einmal vorgezogen wird (kleinere Räume). Bei streifenweisem Aufziehen sollte man die Außenwand annehmen. Sie hat beim Mauern die Flucht aller Innenwände bestimmt; diese sind parallel oder rechtwinklig zu ihr. Man kann aber auch *die* Wand als Hauptwand auffassen, die beim Eintritt in den Raum zuerst und am deutlichsten im Blickfeld liegt.

Die Raumecke, in der man mit dem Verlegen beginnen will, ist vorher auf Rechtwinkligkeit zu prüfen. Bei stumpfem Winkel beginnt man nicht mit ganzen, sondern mit Teilfliesen an der Nebenwand. Sonst entstehen sehr schmale, häßliche Streifen oder eine Keilfuge (6.6).

1. In beiden Richtungen symmetrisch einzuteilende Bodenbeläge werden vom Raummittelpunkt aus eingeteilt.
2. Für schmale Bodenflächen genügt meist einachsige Symmetrie; der Belag wird von der Hauptachse aus eingeteilt.
3. Böden ohne Symmetrie legt man parallel zur „Hauptwand" an.

Das Fugennetz in allen Belägen muss parallel oder rechtwinklig zu den Achsen bzw. zur Hauptwand verlaufen. Ausgleichstreifen sollen gleichmäßig sein, mindestens halbe Plattenbreite haben und an den Wandanschlüssen liegen.

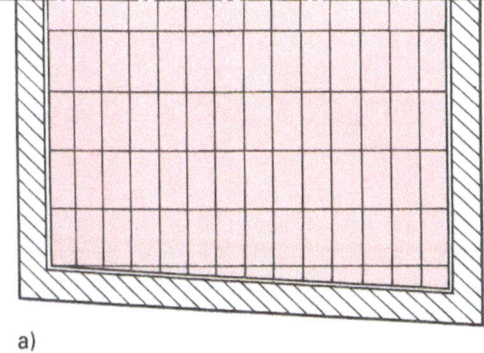
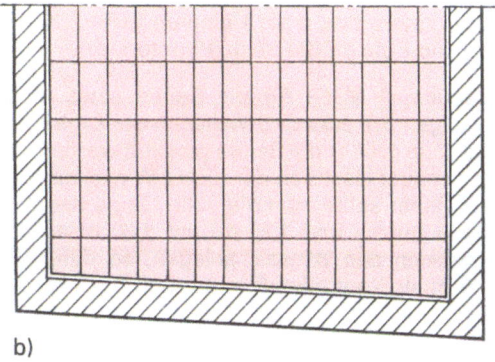

6.6 Anlegen eines Bodens mit schiefer Begrenzung
a) falsch, b) richtig

6.2 Vorarbeiten

Die Höhe des fertigen Bodens ist bei plattierten Wänden vorgegeben; sonst ist sie festzustellen. Sie kann durch eine Anschlagschiene, eine Tür(zarge), die Ausgangsstufe der fertigen Treppe, die Oberkante des fertigen Fußbodens eines anderen Raums oder durch den Meterstrich bestimmt sein. Ist nichts davon vorhanden, sondern nur der schwimmende Estrich oder der Betonboden, muss die Höhe beim Bauführer erfragt werden. Es ist zu unsicher, die Höhe einige mm über den Estrich als OKFF einfach anzunehmen.

Mit der *Schlauchwaage* kann man zu zweit den Meterstrich auch von weiter entfernten Stellen sehr exakt übertragen; kein Messinstrument arbeitet genauer. Nach dem Gesetz der verbundenen Röhren steht der Wasserspiegel an beiden (durchsichtigen) Enden gleich hoch. Die Wasseroberfläche im Röhrchen ist zum Rand hin leicht hochgezogen. Als Höhe des Wasserspiegels gilt die höchste Stelle, also der Wasserstand am Rand. Im Schlauch dürfen keine Luftblasen enthalten sein; er darf nicht geknickt und nicht betreten werden.

Über kurze Strecken können Höhen auch mit der Richtlatte und Wasserwaage übertragen werden.

Anlegen eines rechten Winkels. Auswinkeln ist vor oder bei der Verlegung in manchen Fällen erforderlich (s. Abschn. 6.5). Dazu braucht man bei kürzeren Strecken als Werkzeug einen Stahlwinkel oder einen Bauwinkel aus Holz. Für größere Entfernungen werden rechte Winkel mit dem 2-m-Stock nach dem *Lehrsatz des Pythagoras* eingemessen. Ein Dreieck ist rechtwinklig, wenn für die 3 Seiten *a, b* und *c* gilt:

$$a^2 + b^2 = c^2.$$

Dabei sind *a* und *b* die kleineren Seiten (Katheten) und *c* die größte Seite (Hypotenuse).

„Bequeme" Maße für die Seiten eines rechtwinkligen Dreiecks sind Vielfache der Zahlen 3, 4 und 5. Je größer die Seiten gewählt werden, desto genauer lässt sich der rechte Winkel einmessen. Daher sollte man die volle Länge des 2-m-Stocks nutzen und 1,20 m und 1,60 m an den Schenkeln des Winkels anlegen, so dass sich 2,00 m als Kontrollmaß in der Schräge ergeben (6.7).

Prüfen eines Winkels auf Rechtwinkligkeit. Raumecken können auch auf Rechtwinkligkeit geprüft werden, indem man den *Satz des Thales*

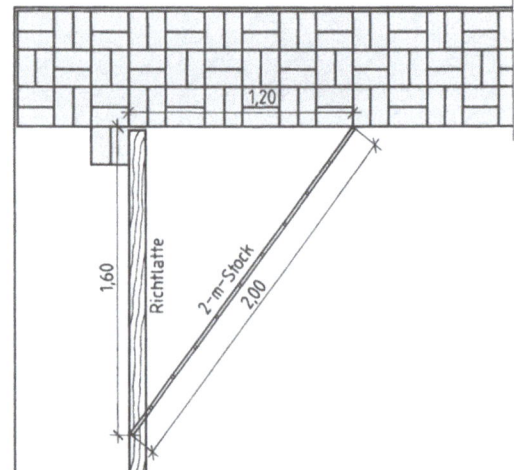

6.7 Anlegen eines rechten Winkels nach dem Lehrsatz des Pythagoras

anwendet: *Der Winkel im Halbkreis ist ein rechter.* Man legt eine Richtlatte beliebiger Länge waagerecht in die Raumecke von der einen Wand schräg herüber zur anderen. Dann misst man die Entfernung vom Mittelpunkt der Latte zur Raumecke. Beträgt dieses Maß genau die halbe Länge der Richtlatte, ist die Ecke rechtwinklig. Eine kleinere Entfernung zeigt einen stumpfen Winkel an, eine größere einen spitzen (6.8).

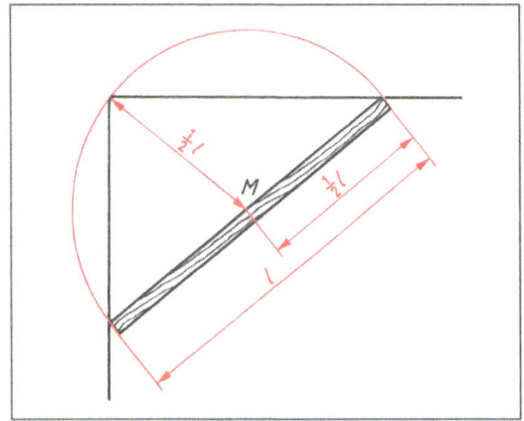

6.8 Prüfen auf Rechtwinkligkeit nach dem Satz des Thales

Der Verlegegrund ist vor dem Einbringen des Mörtels mit dem Kehrbesen gründlich zu säubern. Mörtelreste auf dem Boden und an den

Wandanschlüssen werden entfernt. Vor allem unter dem Sockel bzw. den Wandfliesen darf kein „Mörtelbart" bleiben, damit die Bodenfliesen untergeschoben werden können. Meist wird dann die Dämmschicht verlegt und abgedeckt (s. Abschn. 8.1). Randstreifen aus Kunststoffschaum an den Wandanschlüssen verhindern, dass Mörtelbett und Bodenfliesen an die Wände anstoßen. Bei schallgedämmten Böden sind Randstreifen vorgeschrieben (s. Abschn. 8.1). Doch auch sonst ermöglichen sie es dem Belag, sich auszudehnen. Zugleich verhindern sie, dass der Frischmörtel im Bereich der saugenden Wände zu schnell austrocknet.

> Vor dem Verlegen ist die Höhe des fertigen Bodens festzustellen und gegebenenfalls in den Raum zu übertragen. Der Rohfußboden wird gesäubert, Dämmschicht und Randstreifen werden ausgelegt. Rechte Winkel werden mit dem 2-m-Stock eingemessen (günstigste Maße: 1,20 m, 1,60 m und 2 m).

6.3 Verlegeverfahren, Verlegemörtel

Der Verlegemörtel kann auf verschiedene Art aufgebracht werden:
– mit starrem Verbund zum Untergrund, vergleichbar dem Verbundestrich,
– als schwimmende Mörtelschicht (schwimmender Estrich, s. Abschn. 8),
– auf einer Trennschicht (Estrich auf Trennschicht, s. Abschn. 12.2),
– nur punktweise bei unterlüfteten Belägen (s. Abschn. 12.4).

Unabhängig davon unterscheidet man grundsätzlich zwei Verfahren für das Verlegen von Bodenplatten mit Mörtel: die Verlegung in vorgezogenem Mörtelbett und die Einzelverlegung „nach der Schnur". Mörtelart (I), Platten (II) und Arbeitsablauf (III) sind in Tabelle 6.9 für beide Verfahren gegenüber gestellt.

Die Tabelle zeigt, dass die meisten Platten (II) in vorgezogenem Mörtelbett verlegt werden. Das Verfahren ist für diese Platten aus mehreren Gründen geeigneter als die Einzelverlegung in Mörtel. Der erdfeucht anzumachende Verlegemörtel erreicht hohe Festigkeit. Durch das Pudern mit Zement bzw. Schlämmen wird infolge großer Klebkraft eine gute Haftung zwischen Platte und Mörtelbett erzielt. Man erhält ein geschlossenes Mörtelbett ohne Hohlräume. Hinzu kommt ein arbeitstechnischer Vorteil: Nach dem fachgerechten Aufziehen des Mörtels ist bereits für einen ebenen, waagerechten Belag in richtiger Höhe gesorgt. Bei der Verlegung kann sich

Tabelle 6.9 Verlegeverfahren im Dickbett

	Vorgezogenes Mörtelbett	Einzelverlegung nach Schnur
I	1. Zementmörtel 1:4 bis 1:6 eben und in Waage abgezogen 2. dünne Puderschicht aus Zement, gut durchfeuchtet oder Schlämme	1. Untermischung: magerer, kaum feuchter Zementmörtel 2. Verlegemörtel: Kalkzementmörtel etwa 2:1:8
II	Mosaik und Fliesen aus STZ, Klinker, Spaltbodenplatten, Asphalt-, Asphaltterrazzoplatten, Terrazzoplatten	Keramische Handformplatten Natursteinplatten Kunststeinplatten ungleicher Dicke Terrazzoplatten
III	1. Vorarbeiten 2. Aufziehen des Mörtels waagerecht, eben, in richtiger Höhe 3. Verlegung (zu beachten: Fugenbild, Einteilung) 4. Abklopfen, Abwaschen	1. Vorarbeiten 2. Einbringen der Untermischung 3. Verlegung (zu beachten: Höhe, Waage, Ebenheit, Fugenbild, Einteilung)

der Fliesenleger ganz auf das Einteilen und das Fugenbild konzentrieren. Auch lässt sich der Boden schneller verlegen, besonders bei kleineren und mittelgroßen Formaten.

Terrazzoplatten mit ihrer Unterseite aus Beton haften ebenfalls gut an gepudertem Zementmörtel. Oft sind sie jedoch unterschiedlich dick. Dann kann man sie nur in dickerem, ziemlich locker aufgezogenem Mörtelbett verlegen, wo sie sich einige Millimeter tief einklopfen lassen. Bei geringer Mörteldicke und kleinen Flächen werden Terrazzoplatten einzeln in Kalkzementmörtel verlegt.

Das günstigste Mischungsverhältnis für den aufzuziehenden Verlegemörtel beträgt 1:4 bei Verwendung von Normenzement und gemischtkörnigem Flußsand 0 bis 4 oder 1:4,5 bei 0 bis 8. Für Plattenbeläge über Dämmschichten oder im Außenbereich sollte man dieses Mischungsverhältnis wählen.

Auf Betondecken im Innern reicht ein Verhältnis 1:5 bis 1:6, weil der Mörtel nur auf Druck beansprucht wird. Noch magerer Mörtel allerdings ist nicht geeignet – er könnte sanden. Dann besteht die Gefahr, dass sich der Boden an oft belasteten Stellen absenkt.

6.4 Aufziehen des Mörtelbetts und Aufbringen der Haftschicht

Lehren legen. Für das Abziehen einer ebenen Fläche braucht man Lehren. In kleinen Räumen mit Wandplattierung können die Lehren rundum an den vier Wänden nach der Unterkante des Wandbelags ausgerichtet werden. Dazu breitet man dort ca. 20 cm breite Streifen des erdfeuchten Zementmörtels aus und stampft sie fest. Mit einer Richtlatte und dem Glättspan werden die *Mörtellehren* geebnet und auf die richtige Höhe gebracht. Dabei kann eine Bodenplatte, die sich ohne Fuge unter den Sockel schieben lässt, als Maß für die Höhenlage dienen. (Die Bodenplatten werden später in den Mörtel eingeklopft, so dass eine Fuge zwischen Sockel und Boden entsteht.) Von den vier Ecken aus wird dann das Mörtelbett jeweils diagonal zur Mitte abgezogen. Dabei muss man darauf achten, die Abziehlatte genau bis auf die Mörtellehren zu drücken und weder Vertiefungen einzuziehen noch Buckel stehen zu lassen.

In Räumen jeder Größe kann das Mörtelbett auf parallelen *Lehren aus Latten* abgezogen werden. Rechtwinklig zu einer Wand (meist gegenüber der Tür) richtet man zwei oder mehr parallele Lehren ein im Abstand von 2 bis 3 m – je nach Länge der Abziehlatte. Die Lehren bestehen aus Mörtelbahnen mit trapezförmigem Querschnitt, in die dünne Latten, Flachstahl o. ä. voll und fest eingebettet sind (**6.10**). Diese Einlage bildet beim

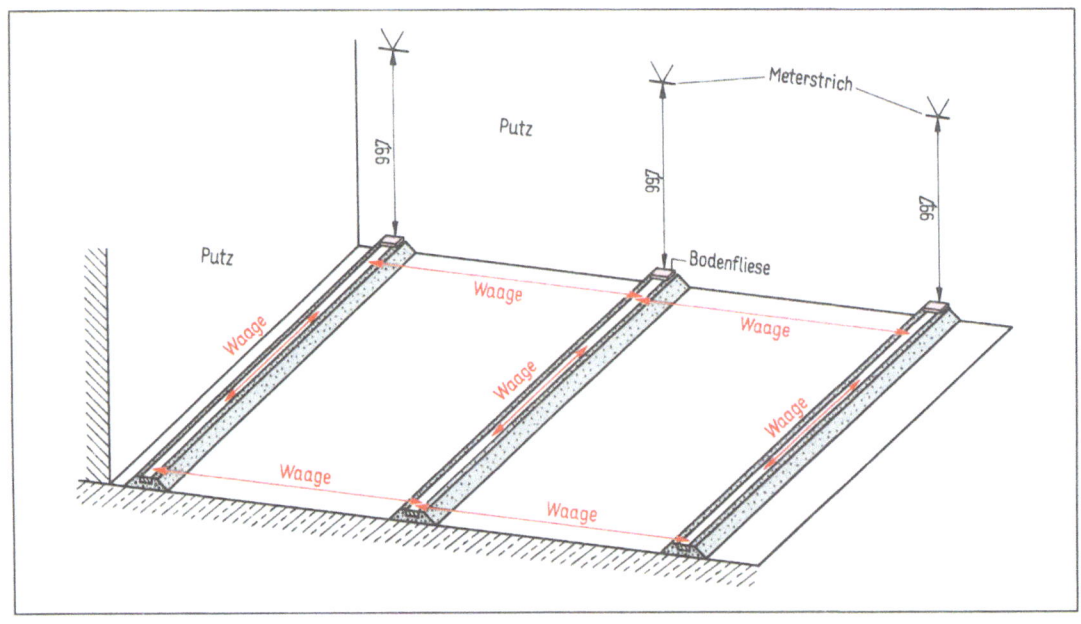

6.10 Einrichten der Lehren

Abziehen des Mörtels ein festes Auflager für die Abziehlatte. Bei reinen Mörtellehren ohne Einlage ist es schwieriger, beim Abziehen des Mörtels stets die genaue Höhe der Lehren einzuhalten und damit ein ebenes Mörtelbett zu erzielen. Zunächst werden die Streifen aus Mörtel mit dem Glättspan verteilt und angestampft. Diese Mörtelbahnen werden mit der Richtlatte und Wasserwaage genau eben und waagerecht sowie durch das Stichmaß vom Meterriss auf richtiger Höhe eingerichtet. Dabei sind die Dicke und die Einklopftiefe der Platten zu berücksichtigen. Schon beim Übertragen der Höhe in den Raum bringt man die Meterrisse am besten dort an, wo die Lehren an die Wände anstoßen sollen. Schließlich werden die Lehren auch untereinander auf Waage geprüft.

Abziehen des Mörtels. Der erdfeuchte Mörtel wird zwischen den Lehren verteilt, festgestampft und auf Armlänge mehrmals mit der Richtlatte abgezogen. Zwischendurch werden Mörtelnester aufgefüllt, bevor man das nächste Stück aufzieht. Mit kräftigem Druck auf die Lehren (nicht auf das Zwischenfeld!) bewegt man dabei die Abziehlatte teils geradlinig nach vorn, teils diagonal mit Zickzackkurs. Günstig und kräfteschonend ist das Aufziehen zu zweit. Dann lässt sich auch der Abstand der Lehren weiter wählen. In großen Räumen wird jeweils abwechselnd ein Mörtelstreifen aufgezogen, gepudert bzw. geschlämmt und mit Platten belegt. Bei kleineren Bodenflächen, die man in einem halben Tag fertig plattieren kann, wird der Mörtel für den ganzen Belag vorweg in einem Arbeitsgang aufgezogen. Für das Verlegen legt man dann ebene Bretter oder Tafeln auf das Mörtelbett oder auf bereits verlegte Teilflächen. Zum Schluss sind noch die rillenförmigen Vertiefungen, die von den Lehrlatten herrühren, mit Mörtel aufzufüllen.

Aufbringen der Haftschicht. An dem aufgezogenen mageren, erdfeuchten Zementmörtel würden die Bodenfliesen kaum oder gar nicht haften. Deshalb muss zusätzlich eine Haftschicht mit erhöhter Klebkraft aufgebracht werden, z. B. durch *Pudern* mit Zement. Die Puderschicht muss dünn, aber gleichmäßig aufgestreut werden und stets durchfeuchtet sein. Fehlende oder angetrocknete Stellen ergeben keine Haftung, eine zu dicke Zementschicht könnte reißen. Richtiges Pudern ist an der dunkleren Färbung des Mörtelbetts gut zu erkennen. Deshalb ist nicht die ganze Fläche auf einmal, sondern nur jeweils ein Streifen zu pudern. Beim zeitaufwendigen Schlagen und Verlegen des Ausgleichsstreifens an den Rändern muss man evtl. Mörtel und Puderschicht erneut annässen, wenn die saugenden Wände zuviel Wasser gezogen haben (bei fehlendem Randstreifen). Von Zeit zu Zeit sollte der Fliesenleger auch in der Flächenmitte die gute Haftung prüfen, indem er eine frisch verlegte Bodenplatte wieder aufhebt.

Wie vermeidet man Puderfehler und erzielt überall eine lückenlose Haftschicht mit sehr hoher Klebkraft zu Fliesen und vorgezogenem Mörtelbett? Indem man eine *Haftschlämme* vergießt und verteilt. Hierzu rührt man Zement und Feinsand 1:1 in Wasser ein. Zugesetzter hydraulischer Dünnbettmörtel verbessert Klebkraft, Verarbeitbarkeit und Wasserrückhaltevermögen noch mehr. Die Haftschlämme lässt sich auch noch aufbringen, wenn der Mörtel schon „angezogen" hat und fürs Pudern zu trocken ist. In Innenräumen kann man zwischen Pudern und Schlämmen wählen, außen sollte nur geschlämmt werden.

> Keramische Bodenplatten werden in erdfeuchtem Zementmörtel mit dem Mischungsverhältnis von 1:4 bis 1:6 verlegt. Der Mörtel wird auf waagerechten, ebenen, gut angestampften Lehren in richtiger Höhe abgezogen und durch Anstampfen verdichtet. Es entsteht eine ebene Mörtelfläche, die dünn und gleichmäßig mit reinem Zement gepudert oder mit einer Haftschlämme überzogen wird.

6.5 Verlegen

Verlegen. In das vorgezogene, frisch gepuderte oder geschlämmte Mörtelbett werden die Platten mit dem Hammerstiel eingeklopft. Bei richtiger Konsistenz des Mörtels (erdfeucht) drückt sich die Platte dabei einige Millimeter tief in das Mörtelbett ein, ohne dass Mörtelbrei aus den Fugen quillt und die Platten zu „schwimmen" beginnen. Auge und Hand des Fliesenlegers prüfen die bündige Lage zu den Nachbarfliesen. Die Fugenbreite wird nach Augenmaß angelegt und eingehalten. Für den fluchtrechten Verlauf der Fugen in Längsrichtung sorgt die Schnur oder Richtlatte, die man jeweils für eine Bahn von 40 bis 60 cm Breite neu spannt bzw. hinlegt. Die Querfugen werden bei kleineren, ganz aufgezogenen Flächen nur mit dem Augenmaß geprüft. Bei größeren Böden sollten Fluchtschnüre (jeweils in 2 bis 4 m Abstand) auch in Querrichtung

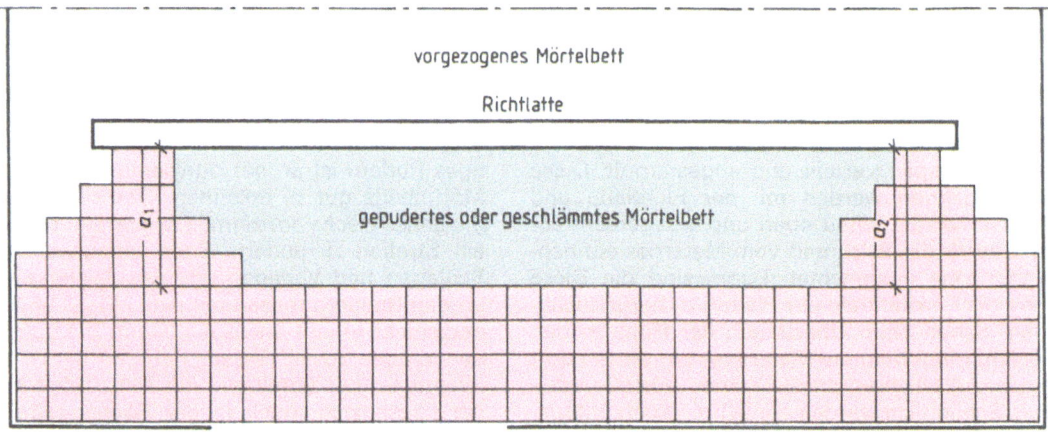

6.11 Angelegter Boden

gespannt werden, vor allem bei grobkeramischen Platten mit ihren breiteren Fugen. Beim Anlegen jeder neuen Flächenbahn und beim freien Verlegen des letzten Bodenbereichs geht man am besten treppenförmig vor (6.11). Zusätzlich prüft man die richtige Flucht von Schnur oder Latte durch Stichmaße.

In Räumen mit Wandplattierung schiebt man die Bodenfliesen ein paar Millimeter unter den Sockel. Doch sollen die Platten nicht an das Mauerwerk stoßen, damit Spannungs- oder Wärmedehnungen des Belags möglich bleiben.

Das Rüttelverfahren ist eine zeitsparende Verlegemethode für größere Bodenflächen, die hohe Belastungen aushalten müssen. Es eignet sich besonders für Industrieböden aus Klinkerplatten oder aus dickeren[1]) Fliesen aus STZ-UGL. Das Zementmörtelbett wird beim Aufziehen mit Rüttelbohlen verdichtet; die von Hand lose auf die Puderschicht gelegten Platten werden maschinell mit dem Rüttler eingeklopft. Vorher wird der Belag gründlich angenässt, so dass beim Rütteln dünnflüssiger Zementleim von unten in die Fugen dringt. Nach dem Verteilen von Fugmischung auf dem Plattenbelag wird der Belag erneut abgerüttelt. So wird ein hoch verdichteter, ebener, höhengerechter fertiger Belag erstellt, bei dem jede Platte vollsatt von Mörtel umklammert wird. Beim Fugen und Reinigen werden ebenfalls (rotierende) Maschinen eingesetzt. Durch diese maschinell unterstützten Arbeitsweisen ergibt sich beim Rüttelverfahren eine deutlich höhere Verlegeleistung als sonst.

Winkelschienen aus Metall schließen den Fliesenbelag zu einem weicheren Bodenbelag des Nachbarraums bzw. Flures ab und schützen die Fliesenkante. Die Schiene in einer Türöffnung soll unter dem Türblatt angeordnet sein, damit bei geschlossener Tür nicht der andere Boden sichtbar ist. Sind noch keine Tür und keine Türzarge vorhanden, legt man die Schiene mit 1,5 bis 3 cm Abstand von der Rohbauwand, z. B. in derselben Flucht wie der Wandfliesenbelag. Dann wird das meist etwa 4 cm dicke Türblatt die Winkelschiene als Grenze zweier Bodenbeläge verdecken. Für das Dünnbettverfahren mit seiner geringen Konstruktionshöhe eignet sich als Bodenabschluss die *Schlüterschiene*, ein Winkelprofil mit einem niedrigen und einem gelochten breiten Schenkel, der in das Klebebett gedrückt wird.

Säubern. Nach dem Verlegen der Ausgleichsstreifen säubert man den ganzen Bodenbelag mit Wasser. Kleinere Formate werden in einem Arbeitsgang beim Waschen sorgfältig mit Klopfbrett und Fäustel abgeklopft, damit keine vorstehenden Ecken und Kanten bleiben und der Mörtel verdichtet wird. Danach dürfen die Fliesen nicht mehr betreten werden, auch nicht auf Brettern. Das Wasser weicht den anziehenden Mörtel wieder etwas auf. Doch darf man mit dem Abklopfen nicht stundenlang warten, weil sonst der Zement mit dem Erstarren begonnen hat.

Sperren. Zum Schluss muss der Zugang zu dem frisch verlegten Boden mit Angabe einer Frist versperrt werden. Bei Verwendung von Z 32,5 F soll man den Boden frühestens 4 Tage nach dem Verlegen bzw. einen Tag nach dem Verfugen freigeben. Soll der Raum früher benutzt werden (z. B. Toilette in einer bezogenen Wohnung), macht man den Mörtel mit einem Zement der

---

[1]) Mit der Dicke der Fliese wächst ihre Biegefestigkeit unverhältnismäßig stark an. So steigt z. B. die Bruchkraft von 1800 N bei 10 mm dicken STZ-Fliesen auf 4000 N bei 15 mm Dicke!

6.5 Verlegen

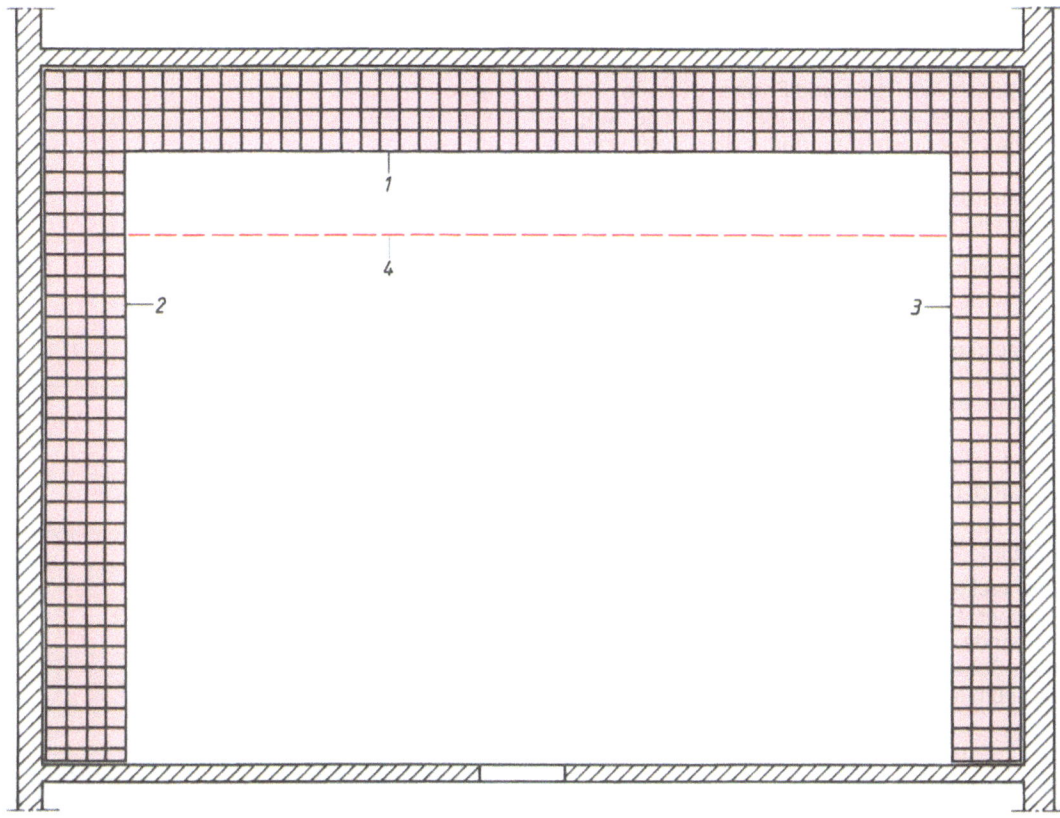

6.12 Bodenverlegung in U-Form
1 Flucht des zuerst verlegten Flächenstreifens, parallel zur Hauptwand
2 und 3 rechtwinklig zu 1 angelegter Flächenstreifen
4 Schnur als Flucht für die weitere Plattierung

Festigkeitsklasse 52,5 an. Dann kann Fliesenbelag schon nach 24 Stunden vorsichtig begangen werden.

Größere Bodenflächen werden am besten ⊔-förmig angelegt (6.12), streifenweise aufgezogen, gepudert, plattiert und abgeklopft, so dass man die frisch verlegten Fliesen nicht betreten muss.

Sehr große Böden in Kirchen, Sälen, Hallen usw. teilt man in rechteckige Felder ein, die einzeln aufgezogen und plattiert werden. Ihre Abmessungen entsprechen dem Vielfachen von Plattenmaßen, ihre Ränder werden z.T. als Dehnungsfugen ausgebildet. Am günstigsten beginnt man in der Raummitte mit einem Feld, das an zwei Seiten durch die Längs- und Querachse der Bodenfläche begrenzt wird. Alle vier Ränder der Felder sind genau einzuwinkeln. Dabei werden die Schnüre *durch den ganzen Raum* gespannt. Beim Aufziehen eines Felds kann man den bereits fertigen benachbarten Belag als Lehre benutzen, indem man die Abziehlatte an einer Ecke entsprechend ausspart.

Beim Verlegen ist auf fluchtrechten Verlauf der Fugen zu achten. Bei kleineren Flächen werden die Fliesen in parallelen Streifen von ca. 50 cm Breite nach Schnur oder Latte in das ganz aufgezogene Mörtelbett verlegt.

Größere Flächen werden in ⊔-Form angelegt und streifenweise aufgezogen, sehr große Böden in genau rechteckige Felder aufgeteilt. Nach dem Verlegen klopft man die Fliesen ab und versperrt den Raum für einige Tage. Hoch belastete, größere Böden lassen sich auf rationelle Weise im Rüttelverfahren erstellen.

6.6 Verlegeverbände und -muster für keramische Platten

Bodenbeläge werden einmal durch die Wahl der Platten nach Art, Farbe und Format gestaltet. Daneben gibt es fast unbegrenzt vielfältige Möglichkeiten der Gestaltung durch das Zusammenstellen von Farben und Formen in Verbänden und Mustern. Nur einige übliche können hier vorgestellt und bezeichnet werden.

Verlegeverbände werden bestimmt durch die Anordnung der Platten untereinander, also durch das Fugenbild. So ist z. B. regelmäßige Sechseckfliesen und für Florentiner nur ein Verband möglich, dagegen gibt es sehr viele für Quadrate und Rechtecke, wie diese Übersicht zeigt.

- Quadrate gleicher Größe: Fuge auf Fuge, Halbverband, Diagonalverlegung (**6.17**),
- Quadrate verschiedener Größen: Quadrate mit Einlagen (**6.13**),
- Rechtecke gleicher Größe: wie bei Quadraten gleicher Größe und Drittelverbände, Viertelverbände, Blockparkett (Klinkerschachbrett, **6.7**), Schwalbenschwanz-Verband (Fischgrät), Streifenverband u. a. (**6.14**),

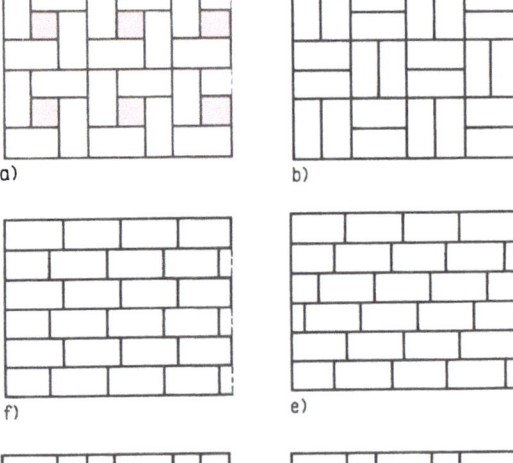

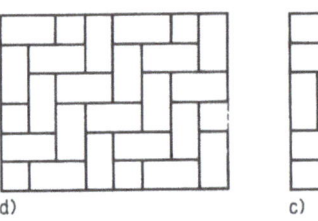
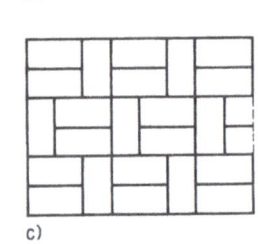

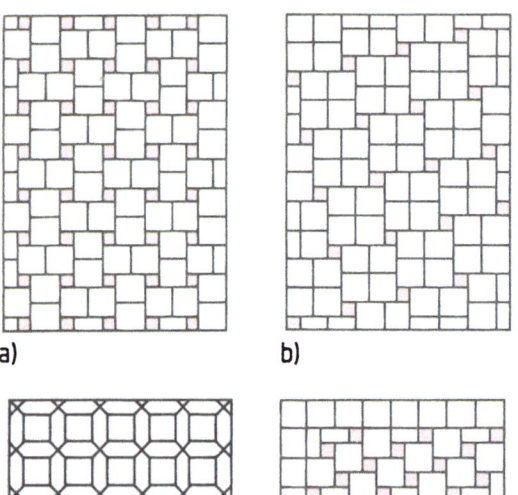

6.14 Verbände für Rechtecke mit a) quadratischen Einlagen, b) Blockparkett (Klinkerschachbrett), c) Dreierblockverband, d) Schwalbenschwanz, e) Viertelverband, abgetreppt, f) Viertelverband

- Verschiedene Rechtecke: Rechtecke mit Quadraten (**6.14a**), Kombimosaik-Verband, freie Verbände u. a. (s. Natursteinverbände in Abschn. 6.8).
- 2 Formate (**6.13c**, **6.14a**, **6.17**)
- Mischverbände (**6.15**)
- Verbände für Vielecke.

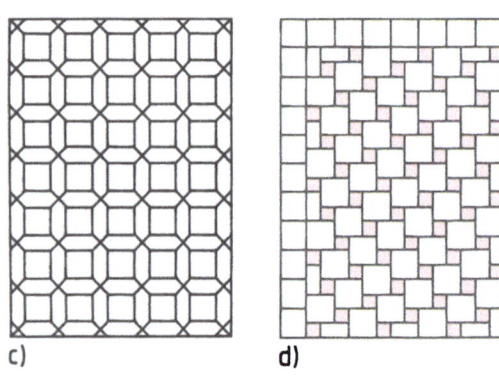

6.13 Quadrate mit Einlagen
a) Flechtmuster, b) verschobene Viererblöcke,
c) Rosenspitz, d) verschobene Quadrate

6.15 Mischverband

6.7 Bodenverlegung mit Fries

Verlegemuster sind Zusammenstellungen *verschiedener* Platten. Sie können sich unterscheiden:
– nur in der Farbe (gleiches Format); Beispiele: Schachbrett, Streifenschachbrett, Streifen, Streumuster (**6.16**), Netzmuster (= Bodenaufteilung in quadratische oder rechteckige Felder), geometrische, bildhafte und freie Muster verschiedener Art;
– in den Formen; Beispiele: Kreise mit Einlagen, Rosenspitz (**6.13c**, Egerer Muster), freies Muster bei Polygonverlegung, Achtecke mit Quadraten;
– in Farben und Formen; Beispiele: Steinzeugbruch, Stiftmosaik, geometrische, bildhafte und freie Muster.

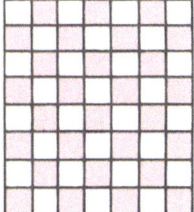 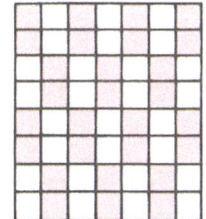 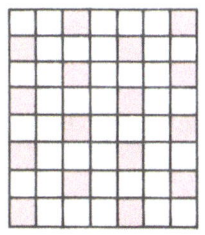 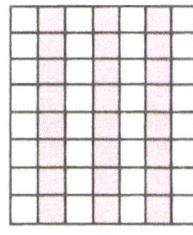

a) Schachbrett b) Streifenschachbrett c) Kombination aus a) und d) d) Streifen

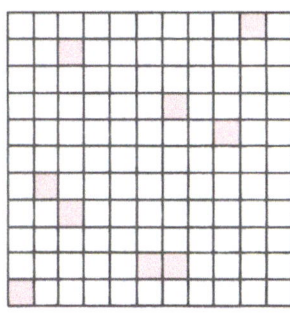 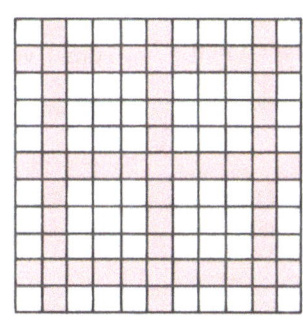 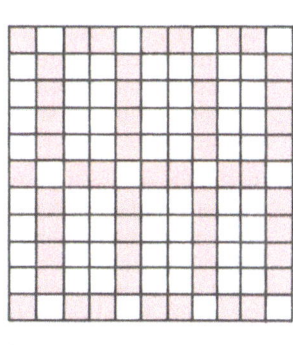

e) Streumuster f) Netzmuster, quadratisch g) Netzmuster, rechteckig

6.16 Verlegemuster für Quadrate

6.7 Bodenverlegung mit Fries

Ein Fries ist eine Umrahmung des Bodens. Er kann aus anderen Platten als der Belag in der Mitte – **das Feld** – bestehen und sich durch eine andere Farbe mit deutlichem Kontrast vom Feld abheben. Manchmal ist auch nur das Format oder der Verlegeverband verschieden, oder von den verschiedenen Platten des Feldes wird eine für den Fries gewählt. Seltener wird eine andere Plattenart als Fries gewählt (z. B. dunkle Schieferplatten zu einem hellen Marmor- oder Solnhofener Boden). Friese werden u. a. bei Sechseckfliesen, Achtecken mit Einlagen, Quadraten mit Einlagen, Mosaikbildern, geometrischen Mustern, Diagonalverlegung und Bodenfliesen mit Ornamenten verwendet.

Zweck und Anforderungen. Der Fries nimmt die Teilfliesen auf, so dass das Muster oder der Verband im Feld aufgehen. An den Rändern des Feldes liegen nur ganze Fliesen oder mittig geteilte, je nach Plattenformat oder Verlegeband. An gegenüberliegenden Seiten muss der Fries gleich breit sein; daher ist der Boden mit *zweiachsiger Symmetrie* zu verlegen. Er soll angemessen breit sein (nur bei schmalen Flächen besteht er allein aus dem Ausgleichstreifen) und farblich gut zu den Platten des Feldes passen.

Bodeneinteilung. Man legt den Boden in beiden Richtungen symmetrisch vom Raummittelpunkt aus an (s. Abschn. 6.1). Durch Auslegen oder rechnerisch prüft man, wie man im Mittelpunkt am besten beginnt, damit der Fries angemessen breit wird. Man kann auch am Rand beginnen, wenn man die Friesbreite vorher genau berechnet hat. Die Platten an den Rändern des Feldes sind nach Schnur oder Latte auszurichten, damit die Abgrenzung zum Fries genau fluchtgerecht wird. Kleinere Nischen im Boden und Türschwellen gehören zum Fries; um größere Vorlagen und Vorsprünge wird er herumgeführt.

Bei besonderen Formaten, Verbänden und Mustern muss vor dem Anlegen klar sein, wie das Feld am Fries endet, damit ein schönes Bild entsteht. Diese Vorüberlegung ist ebenfalls nötig beim Berechnen der Friesbreiten, der Anzahl der Platten im Feld und der Maße des Feldes in beiden Richtungen.

- **Bei der Diagonalverlegung** wird das Feld überall durch diagonal halbierte Platten begrenzt (s. Abschn. 6.8).

- **Beim Rosenspitzmuster** liegen an den Feldrändern entweder die länglichen Sechsecke (Schiffchen oder Navetten genannt, 6.13 c), oder die Grenzfuge zum Fries verläuft durch die Mitte der Quadrate. Im ersten Fall setzt sich die Feldlänge aus n Quadratseiten und $n + 1$ Schiffchenbreiten zusammen. Im anderen Fall sind es gleich viele Quadrate und Schiffchen.

- **Bei Achtecken** mit Einlagen aus diagonal verlegten Quadraten (Karos) sieht ein Abschluss des Feldes mit halben Achtecken an allen Rändern am besten aus (6.17). Die Grenze zum Fries kann aber auch durch die Karos verlaufen, so dass ganze Achtecke am Rand liegen (6.17, unten). In beiden Fällen setzt sich die Feldlänge aus n ganzen Achtecken zusammen, wenn der Abschluss an Gegenseiten einheitlich gewählt wird. Im Bild 6.17 sind es in der Breite $n = 8$ Achtecke, dagegen in der an-

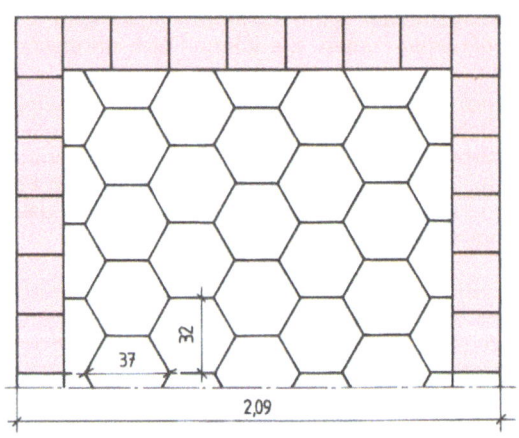

6.18 Sechseckboden mit Fries

deren Richtung $n + \frac{1}{2}$ Achtecke, weil sonst der Fries unangemessen breit oder schmal geworden wäre.

Dieses Muster lässt sich auch gut um 45° gedreht verlegen, wobei die Kanten der eingelegten Quadrate in den Hauptrichtungen des Raumes liegen (6.19).

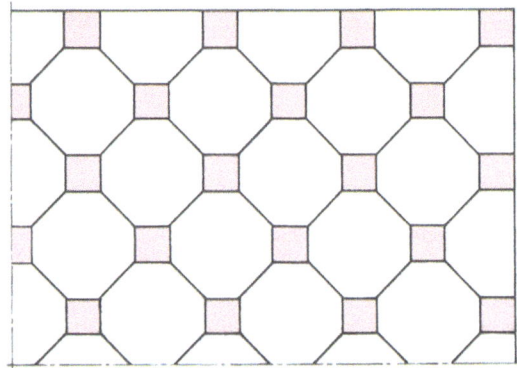

6.19 Achtecke mit Einlagen

- **Bei Sechsecken** (6.18) sind 2 Richtungen zu unterscheiden, weil der Abstand a gegenüberliegender Seiten kleiner ist als der gegenüber liegender Ecken. Letzteres ist der Durchmesser d des Umkreises, das 2-fache der Sechseckseite s (6.20). Am Fries liegen stets halbe Sechsecke: in einer Richtung viereckige halbe (Trapeze), in der anderen fünfeckige. Sechseckfliesen werden aus praktischen Gründen von den Werken mit zwei Maßen angegeben, obwohl schon eine Abmessung ein regelmäßiges Sechseck bestimmt. Die Maße (z. B. 10 x 11,5, 15 x 17,3 oder 32 x 37) geben das umschriebene Rechteck an, a und d in Bild 6.20.

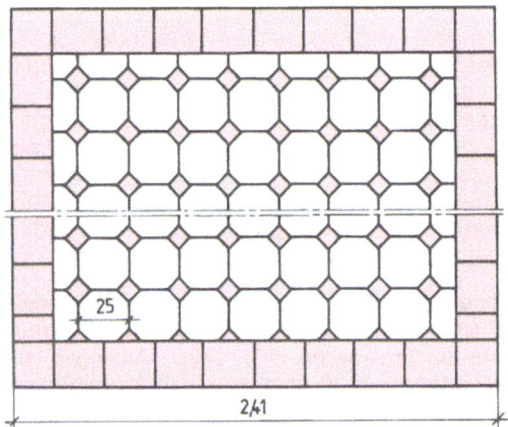

6.17 Achtecke mit Einlagen

6.7 Bodenverlegung mit Fries

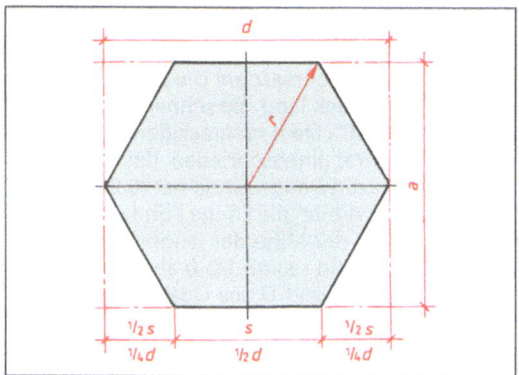

6.20 Abmessungen an Sechseckfliesen

In Bild **6.**18 besteht die Feldbreite aus $4\frac{1}{2}$ Durchmessern; für das nächstmögliche kleinere Feld wären es $3\frac{3}{4} \cdot d$, danach $3 \cdot d$. Die Feldbreite muss also durch $\frac{3}{4} \cdot d$ teilbar sein. Die Gegenrichtung enthält n ganze oder $n + \frac{1}{2}$ Sechsecke mit der Ausdehnung $n \times a$ oder $(n + \frac{1}{2}) \, a$.

Beispiel 1 Berechnung für einen rechteckigen Raum (**6.**21) mit der lichten Länge $l_0 = 471$ cm und der lichten Breite $b_0 = 345$ cm. Der Fries soll aus Platten 25 × 25 geschnitten werden, darf also höchstens 25 cm breit sein. Alle Maße

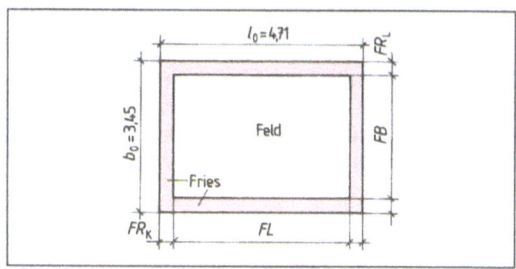

6.21 Feld und Fries

sind in der Rechnung in cm angegeben. Für alle 3 Beispiele gilt:
Mindestlänge des Feldes
= 471 cm − 2 · größtmögliche Friesbreite

Lösung l_{min} = 471 cm − 2 · 25 cm = 421 cm
Mindestbreite des Feldes
= 345 − 2 · 25 cm = 295 cm

> Böden mit Fries weisen stets zweiachsige Symmetrie auf. Der Fries soll den Boden umrahmen, seine Ausgleichstreifen aufnehmen, an Gegenseiten gleich breit sein und farblich zum Feld passen. Das Muster bzw. der Verband im Feld muss aufgehen.

Verband oder Muster, Formate	Längsrichtung mind. Feldlänge l_{min} = 421 cm gesucht: a) Plattenzahl n b) Feldlänge FL c) Friesbreite FR_k an kurzen Seiten	Querrichtung mind. Feldbreite b_{min} = 295 cm gesucht: a) Plattenzahl n b) Feldbreite FB c) Friesbreite FR_l an langen Seiten

Rosenspitz
Quadrate
20 · 20 Modulformat
q = 20 cm
Schiffchen
Breite s = 10
Modulformat
	a) $n \approx (l_{min} - s) : (q + s)$
	   $(421 - 10) : (20 + 10)$
	   $n = 13 + $ Rest $\to$ **14**
	b) $FL = n \cdot (q + s) + s$
	   $FL = 14 \cdot (20+10) + 10 = $ **430**
	c) $FR_k = (l_0 - FL - $ Fuge$) : 2$
	   $FR_k = (471 - 430 - 0{,}2) : 2 = $ **20,4**
		$n \approx (b_{min} - s) : (q + s)$
		$(295 - 10) : 30$
		$n = 9 + $ Rest $\to$ **10**
		$FB = n \cdot (q + s) + s$
		$FB = 10 \cdot 30 \quad + 10 = $ **310**
		$FR_l = (b_0 - FB - $ Fuge$) : 2$
		$FR_l = (345 - 310 - 0{,}2) : 2 = $ **17,4**

Achtecke mit Einlagen
25 · 25 Modulformat
a = 25 cm
	a) $n \approx l_{min} : a$
	   $n \approx 421 : 25 = 16 + $ Rest $\to$ **17**
	b) $FL = n \cdot a = 17 \cdot 25 = $ **425**
	c) $FR_k = (l_0 - FL - $ Fuge$) : 2$
	   $FR_k = (471 - 425 - 0{,}2) : 2 = $ **22,9**
		$n \approx b_{min} : a$
		$n = 295 : 25 = 11 + $ Rest $\to$ **12**
		$FB = n \cdot a = 12 \cdot 25 = $ **300**
		$FR_l = (b_0 - FB - $ Fuge$) : 2$
		$FR_l = (345 - 300 - 0{,}2) : 2 = $ **22,4**

Sechsecke
15 · 17,3
a = 15 cm
d = 17,3 cm
$FL = 0{,}75 \, d \cdot k$
	a) $n \approx 421 : (0{,}75 \cdot 17{,}3)$
	   $n = 32 + $ Rest $\to$ **33**
	   $n = 33 \cdot 0{,}75 = 24\frac{3}{4}$
	b) $FL = n \cdot d = 24{,}75 \cdot 17{,}3 = $ **428,175**
	c) $FR_k = (l_0 - FL - $ Fuge$) : 2$
	   $FR_k = (471 - 428{,}2 - 0{,}2) : 2 = $ **21,3**
		a) $n \approx b_{min} : a$
		$n = 295 : 15 = 19 + $ Rest $\to$ **20**
		$FB = n \cdot a = 20 \cdot 15 = $ **300**
		$FR_l = (b_0 - FB - $ Fuge$) : 2$
		$FR_l = (345 - 300 - 0{,}2) : 2 = $ **22,4**

6.8 Diagonalverlegung mit Fries

Um einen geradlinigen Fugenverlauf zu bekommen, müssen die Platten nach diagonal gespannten Schnüren verlegt werden (6.22). Dabei kann man nach zwei verschiedenen Methoden vorgehen:

– Anlegen vom Raummittelpunkt aus oder
– Anlegen vom Rand aus nach vorheriger Berechnung der Friesbreiten.

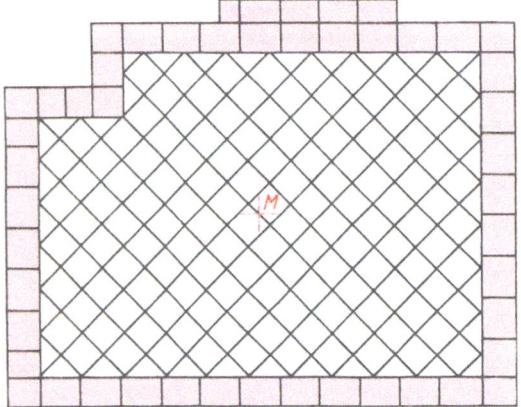

6.22 Diagonalverlegung mit Fries

Das Anlegen im Raummittelpunkt erfordert, dass sich dort zwei gleich lange, diagonal gespannte Schnüre rechtwinklig zueinander, aber unter 45° zu den Raumachsen schneiden.

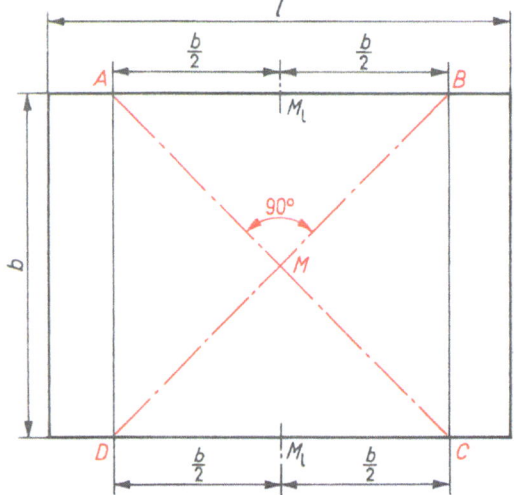

6.23 Anlegen eines Bodens für Diagonalverlegung
A – D Schnurhaken als Endpunkte des Quadrats, M rechtwinklige Schnurkreuzung im Raummittelpunkt

Man wendet den Lehrsatz an: Die Diagonalen des Quadrats sind gleich lang, sie schneiden sich in ihrer Mitte unter 90°. Dem rechteckigen Boden wird mittig ein Quadrat einbeschrieben, das die Seitenlänge b der kurzen Raumwände hat (6.23). Zu diesem Zweck misst man die Länge l und die Breite b des Raums. Von der Mitte der langen Seiten trägt man nach links und rechts 1/2 b ab und erhält so die Punkte A, B, C und D des Quadrats. In diesen Punkten werden Putzhaken eingeschlagen, an denen man die beiden diagonal zu spannenden Fluchtschnüre befestigt. Beim Dünnbett erfolgt die Markierung auf dem Estrich durch Schnurschlag. Die *Schnurkreuzung* ist auf *Rechtwinkligkeit* zu prüfen (ein Winkel genügt). Dann misst man nach, ob die Schnüre gleich lang sind und sich in ihrer Mitte schneiden.

Vom Mittelpunkt aus wird der Boden in 4 Abschnitten entlang den diagonalen Schnüren verlegt. Am Rand muss genügend Platz für den Fries bleiben. Es ist zweckmäßig, zunächst eine Reihe Fliesen vom Mittelpunkt aus an der Schnur auszulegen, um die Friesbreite zu bestimmen bzw. den günstigsten Anfang am Mittelpunkt festzustellen (s. Bild **6**.5). In breiteren Räumen verlegt man die Fliesen ohne vorherige Ermittlung der Friesbreite und entscheidet erst am Rand, wie breit der Fries werden soll. Dabei muss man zwischen Maßen wählen, die sich um eine halbe Plattendiagonale unterscheiden; bei 10er-Fliesen sind das etwa 7 cm, bei 15er-Fliesen 10,6 cm. Die Friesbreite kann auch berechnet werden.

Beispiel 2 Lichte Verlegelänge l_o = 319 cm, Fliese mit Fuge = 15,3 cm, Diagonale von Fliese mit Fuge = 21,6 cm. Gewünschte Breite des Frieses: 15 cm oder etwas weniger.

Lösung (vorläufige) Feldlänge = **319** cm – 2 · 15 cm = 289 cm

Plattenzahl im Feld = 289 cm : 21,6 cm = 13,38

Gewählt: 13^1/$_2$ Platten im Feld; Feldlänge l_f = 13,5 · 21,6 cm = 291,6 cm

Friesbreite = (319 cm – 291,6 cm) : 2 = **13,7 cm**

Das Anlegen vom Rand aus setzt voraus, dass vorher die Friesbreiten sowohl an den langen Wänden als auch an den kurzen Wänden berechnet wurden (s. Beispiel 3). Dann legt man mit den Platten des Frieses eine U-Form an (6.24). Dabei muss das Feld in der Mitte rechteckige Form bekommen. Daher sind die beiden rechten Winkel genau anzulegen. Zusätzlich sollte man durch Stichmaße die parallele Lage der gegenüberliegenden Seiten prüfen. Es ist zweckmäßig, danach direkt am Fries die dreieckigen halben Fliesen auszulegen. Dann spannt man die

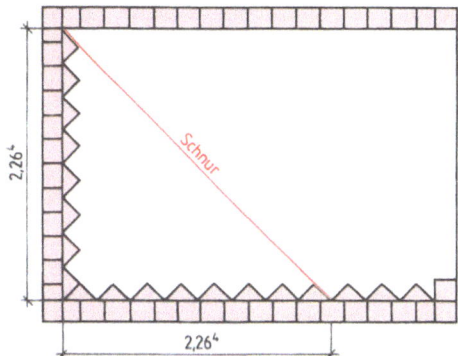

6.24 Vom Rand angelegter Boden in Diagonalverlegung

Schnur aus einer Friesecke diagonal so, dass ein gleichschenkliges, rechtwinkliges Dreieck entsteht (Kontrolle durch Stichmaße), das zuerst mit Platten zugelegt wird. Beim weiteren Plattieren wird die Schnur parallel verschoben, bis man sich zutraut, das letzte verbliebene dreieckige Stück nach Augenmaß zuzulegen.

Beispiel 3 Lichte Raummaße: $l_o = 349$ cm, $b_o = 261$ cm. Fliese mit Fuge = 20 cm (Modulformat),

Diagonale von Fliese mit Fuge = 28,3 cm. Gewünschte Friesbreite höchstens 20 cm.

Lösung a) (vorläufige) Feldlänge = 349 cm − 2 · 20 cm = 309 cm · (vorläufige) Plattenzahl = 309 cm : 28,3 cm = 10,9

Gewählt: 11 Platten

Feldlänge = 11 · 28,3 cm 311,3 cm

Fries an kurzen Seiten
(349 cm − 11 · 28,3 cm) : 2 = 18,85 cm

b) (vorläufige) Feldbreite 261 cm − 2 · 20 cm = 221 cm · (vorläufige) Plattenzahl = 221 cm : 28,3 cm = 7,8

Gewählt: 8 Platten

Feldbreite = 8 · 28,3 cm = 226,4 cm

Fries an langen Seiten
= (261 cm − 8 × 28,3 cm) : 2 = 17,3 cm

Das Feld besteht aus **11 · 8** Fliesen, ist also 311,3 cm · 226,4 cm groß. Der Fries an den Kopfseiten ist **18,85 cm** breit, an den langen Seiten **17,3 cm**.

6.9 Verlegen von Natursteinplatten

6.9.1 Verlegemörtel, Verlegetechnik

In Mörtel der Mörtelgruppe II können Natursteinplatten in Innenräumen ohne Dämmschicht verlegt werden. Dabei verlegt man die Platten einzeln nach Schnur. Den gut durchgeführten, weichen Kalk-Trasszement-Mörtel kann man nicht unmittelbar auf den Betonboden aufbringen, weil sonst die Platten beim Verlegen „schwimmen" würden.

Zuerst wird eine Untermischung aus magerem Zementmörtel (ca. 1 : 6) eingebracht, der gerade nur so feucht ist, dass der Zement abbinden kann. Den Rohfußboden feuchtet man leicht an. Zur besseren Haftung am Verlegemörtel können die Unterseiten der Platten mit Trasszement gepudert werden. Vorteilhaft ist auch das Bestreichen mit Zementschlämme oder Haftemulsion, weil so etwa noch vorhandener Schleifstaub gebunden wird, der sonst die Haftung beeinträchtigt.

Der Verlegemörtel wird auf der Untermischung in einer Dicke von 1 bis 1,5 cm für jede Platte einzeln ausgebreitet, die dann satt in das Mörtelbett eingeklopft wird. Es ist nicht leicht, jeweils die richtige Mörtelmenge abzuschätzen, vor allem bei Solnhofener und anderen unterschiedlich dicken Platten. Manche Platte muss man wieder aufnehmen, um das Mörtelbett zu berichtigen.

Die Platten müssen mit ihrer Kante genau nach der Schnur ausgerichtet werden. Diese bestimmt nicht nur den fluchtrechten Verlauf der Fugen, sondern auch Höhe und waagerechte Lage des Belags. Deshalb muss sie stets straff gespannt sein und frei liegen; bei einer langen Flucht wird sie in der Mitte zusätzlich unterstützt. Geschnittene, geschliffene Natursteinplatten verlegt man mit engen, etwa 2 mm dicken Fugen, denn sie sind maßgetreu und haben parallele, scharfe, rechtwinklige Kanten. Die Fugen werden, wie bei keramischen Fliesen, mit Zementmörtel vergossen; am geeignetsten ist Trasszement. Vor dem Ausgießen sind sie kräftig anzunässen; trotzdem können bei porösen Natursteinen (z. B. Solnhofer) dunkle Ränder durch eingesaugten Zementleim entstehen, die aber mit der Zeit verblassen. Das Anlegen des Bodens ist je nach Verlegeverband verschieden.

Trasszementmörtel ist für alle Natursteinböden ein geeigneter Verlegemörtel, besonders für Böden im Freien und über Dämmschichten, weil dieser Mörtel ja wesentlich höhere Festigkeit als der Kalkzementmörtel erreicht. Im Vergleich zu anderen Zementarten ergibt Trasszement einen verhältnismäßig geschmeidigen Frischmörtel wegen seines guten Wasserrückhaltevermögens. Der Festmörtel ist wegen seiner Kalkarmut beständiger gegen säurehaltiges (Regen-)Wasser; daher ist die Gefahr von Kalkausblühungen gering. Außerdem kann Trass freien Kalk an sich binden. So wird verhindert, dass sich freies Calciumhydroxid mit organischen Stoffen verbinden kann, die in Natursteinplatten nicht selten vorhanden sind. Solche Verbindungen können sich an der Plattenoberfläche als hässliche Flecken und Ausblühungen zeigen.

Das vorgezogene Mörtelbett mit einer Schlämme als Haftschicht wird man immer dann wählen, wenn die Natursteinplatten vom Werk auf gleiche Dicke geschnitten wurden. Für den Mörtel und die Schlämme sollte Trasszement genommen werden.

Im Dünnbett werden gleich dicke Platten dann verlegt, wenn ein geeigneter ebener Untergrund vorliegt wie bei schwimmendem Estrich. Speziell für die Natursteinverlegung werden besondere hydraulische Dünnbettmörtel von den Herstellern angeboten, nämlich weiß abbindende Mörtel. Denn helle, dünnere, nicht völlig dichte Natursteinplatten neigen dazu, die dunkle Farbe des Verlege- oder Dünnbettmörtels durchscheinen zu lassen. Allerdings wird beim Abbinden auch normaler Zement heller, so dass mögliche Verfärbungen verblassen. Neben den „Natursteinklebern" oder „Marmorklebern" gibt es im Handel auch noch „Marmormörtel", „Marmorschlämmen" und „Marmorfugmörtel".

6.9.2 Verlegeverbände

Je nach der Form der zu verlegenden Platten unterscheidet man vier typische Naturstein-Verlegeverbände:

– Verlegung in Bahnen für Rechtecke verschiedener Längen bei 3 bis 5 unterschiedlichen Breiten (mit oder ohne Überlängen **6.25**),
– Verlegung Fuge auf Fuge für Quadrate,
– Verlegung in römischem Verband für Rechtecke und Quadrate in mehr als vier verschiedenen Größen (**6.27** auf S. 88).
– Polygonalverlegung für unregelmäßige Formen (**6.28** auf S. 88).

Außerdem lassen sich viele der in Abschn. 6.6 beschriebenen Verbände oder Muster auf Natursteinböden anwenden.

In Bahnen verlegte Plattenbeläge haben nur eine durchlaufende Fugenrichtung, im allgemeinen rechtwinklig zur Hauptrichtung. Bei Fluren und Dielen ist das also nicht die Längs-, sondern die kurze Querrichtung, so dass man den Boden meist quer zu den Bahnen betritt und betrachtet.

Die erste Reihe wird an der dem Eingang gegenüberliegenden Kopfwand angelegt. Dafür verlegt man zunächst in beiden Ecken eine Platte gleicher Breite in Waage und auf Höhe (Stichmaß vom Meterriss!) mit etwa 1 cm Abstand von der Rohbauwand. Dazwischen wird die Schnur straff gespannt. Sie muss *genau rechtwinklig zur Längswand* verlaufen, ihre Flucht notfalls entsprechend berichtigt werden. In jeder neuen Bahn richtet man erst die Randplatten mit Richtlatte und Wasserwaage aus, bevor man die Mitte nach der Schnur zulegt. Die ebene und waagerechte Lage des Belags prüft man außerdem durch die Richtlatte, die man auf den bereits fertigen Teil des Bodens legt.

> **Regeln für die Verlegung in Bahnen**
>
> 1. Kreuzfugen und zu geringe Fugenüberdeckungen sind verboten.
> 2. Jede Platte soll mindestens so lang wie die Bahnbreite sein.
> 3. Benachbarte Platten dürfen nicht gleich lang sein.
> 4. Die Bahnbreiten sollen unregelmäßig wechseln.
> 5. Die Bahnen verlaufen rechtwinklig zur Hauptlaufrichtung.
> 6. Eventuell keine Überlängen, also keine Platte länger als dreifache Bahnbreite.

Beträgt bei einigen Platten das Verhältnis von Länge zu Breite 3:1 oder mehr, heißt der Verband Verlegung in Bahnen mit Überlängen.

Fuge auf Fuge. Bei Bodenbelägen mit Fries oder anderer zweiachsiger Symmetrie beginnt man an der Schnurkreuzung im Raummittelpunkt (s. Abschn. 6.1). Ohne Symmetrie zu verlegende

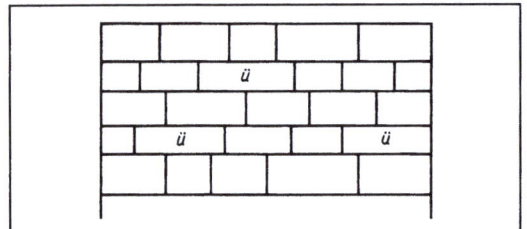

6.25 Verlegen in Bahnen mit Überlängen (*ü*)

6.9 Verlegen von Natursteinplatten

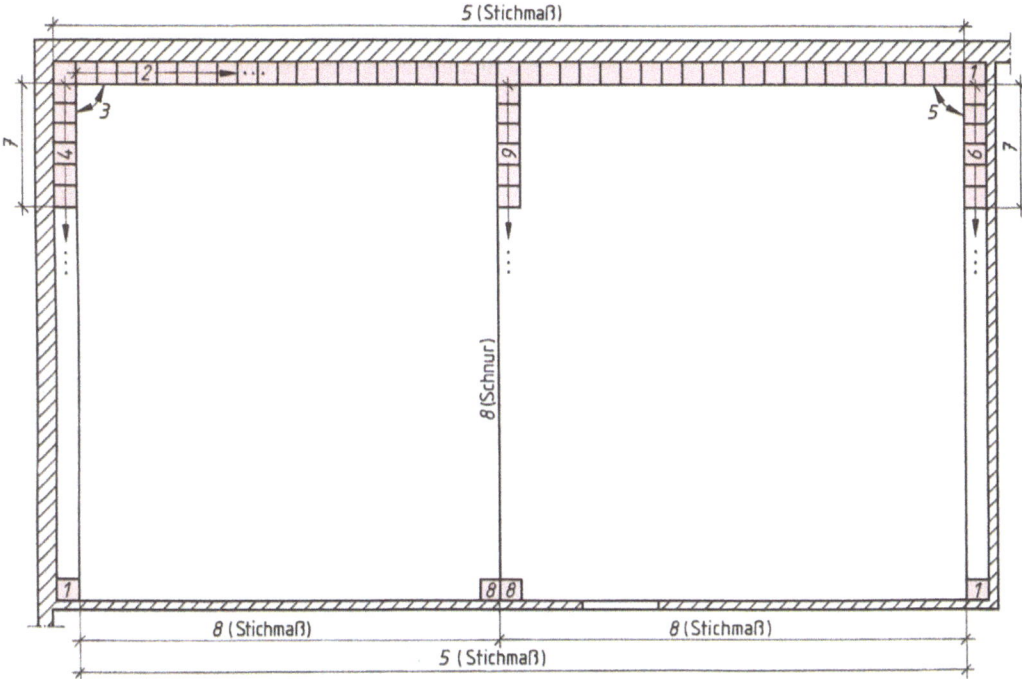

6.26 Anlegen eines großen Bodens mit Natursteinplatten ohne Symmetrie

Böden (6.26) werden von 4 „Richtplatten" aus angelegt, die man zuerst in den 4 Raumecken auf Höhe und in Waage ausrichtet. Vorher sollte man Länge und Breite des Raums messen und gegebenenfalls ausmitteln, um schmale Teilplatten zu vermeiden. Dann verlegt man an der Hauptwand eine Reihe Platten nach straffer Schnur (*2* in **6.26**) und anschließend genau rechtwinklig dazu (auswinkeln!) die beiden Bahnen an der rechten und linken Querwand (*3* bis *6* in **6.26**). Dabei entsteht eine U-Form, ähnlich wie in Bild **6.11**, doch mit jeweils nur einer Reihe Platten. Beim Anlegen dieser ersten drei Reihen muss jede einzelne Platte auf waagerechte Lage quer zur Schnur geprüft werden. Außerdem sind gleiche Fugenbreiten einzuhalten. Das wird bei den parallelen Reihen an den beiden Querwänden durch Vergleich der Stichmaße geprüft (*7* in **6.26**), damit später das Fugennetz rechtwinklig und parallel bleibt.

Bei größeren Böden legt man weitere Querbahnen an. Diese werden rechtwinklig zur Hauptrichtung, wenn man gleiche Stichmaße zu den Reihen an den Querwänden einhält (*8* in **6.26**). Nach dem Anlegen wird der Bodenbelag Reihe für Reihe nach der Schnur verlegt, die man jeweils von Querwand zu Querwand spannt. Jede Platte hat an 3 Seiten durch die Schnur und die bereits verlegten Nachbarplatten eine Richtschnur für ihre waagerechte und bündige Lage. Nach der Verlegung einer Reihe wird diese sofort abgewaschen, so dass der frische Plattenbelag bis zur Verfugung nicht mehr betreten werden muss.

Römischer Verband. Der Plattenbelag wird nach Verlegeplan erstellt. In diesem Plan ist jede einzelne Platte nummeriert; gleiche Formate erhalten gleiche Nummern (**6.27**). Solche Pläne kann man bei den Herstellern von Natursteinplatten anfordern oder vor der Plattenbestellung selbst anfertigen. Freies Verlegen ohne Plan jedoch ist zu schwierig, zu zeitraubend und zu gefährlich.

Regeln für den römischen Verband
1. Keine Fuge darf durchlaufen, lange Fugen vermeiden.
2. Kreuzfugen sind nicht erlaubt.

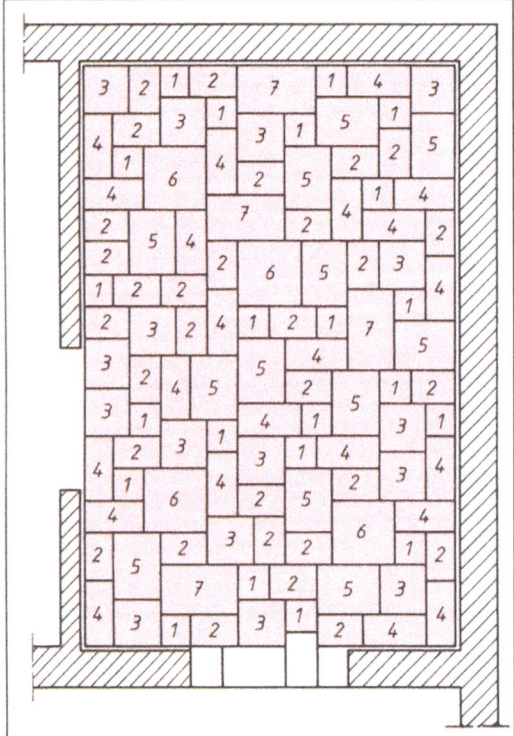

6.27 Römischer Verband mit 7 Größen

1	20 × 20	5	30 × 40
2	20 × 30	6	40 × 40
3	30 × 30	7	30 × 50
4	20 × 40		

Beim Anlegen des Bodens spannt man eine Schnur so, dass sie in einer möglichst langen Fuge liegt. Am besten beginnt man mit einer L-Form oder U-Form. An der Schnur werden nur die Platten verlegt, die dort ihre Fuge haben; die anderen legt man zunächst ohne Mörtel auf die Untermischung, damit die Fugenbreite eingehalten wird. Nach dem Anlegen wird der Boden weitgehend ohne Schnur verlegt. Die maßge-

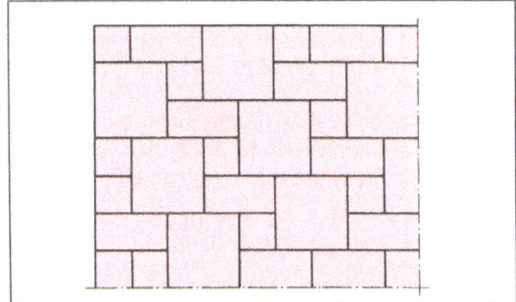

6.27a Regelmäßiger Römischer Verband mit 3 Größen

treuen Platten, mit engen Fugen verlegt, erlauben dieses Vorgehen. Natürlich müssen die waagerechte und ebene Lage jeder Platte mit der Richtlatte geprüft werden.

Regelmäßiger römischer Verband. Ohne Kreuz- und durchlaufende Fugen lässt sich ein Verband mit nur 3 Formaten verlegen, bei dem sich das Muster wiederholt, wie das Bild **6.**27a zeigt.

Polygonverband heißt das freie Verlegen von unregelmäßigen Vielecken ohne Plan und Regel. Bei *angepasster* Verlegeweise werden die Platten so ausgesucht, behauen oder geschnitten, dass eine gleichmäßige, etwa 1 cm breite Fuge eingehalten werden kann. *Unangepasst* verlegt man häufig bruchraue Platten im Freien, manchmal auch Blumenfenster in Gärtnereien (**6.**28).

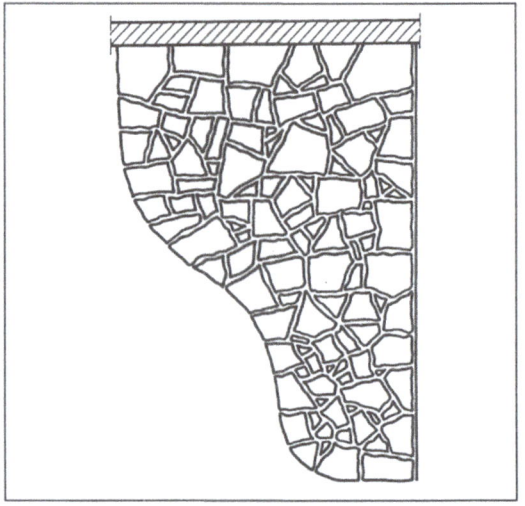

6.28 Blumenfenster mit Natursteinplatten im Polygonverband

Dabei werden passende Platten nur ausgesucht, allenfalls leicht zurechtgehauen. Plattenzwickel und Schwankungen in der Fugenbreite von 1 bis etwa 3 cm sind erlaubt. Der gesamte Belag wird mit Hilfe von Richtlatte und Wasserwaage verlegt. An den Rändern sollen größere Platten mit geradlinigen Kanten liegen.

6.9.3 Nachbehandlung, Säuberung und Pflege

Die meisten Natursteine bedürfen keiner besonderen Pflege; es genügt, wenn man sie von Zeit zu Zeit mit Schmierseife und Wasser reinigt; kalkhaltige Platten dürfen auf keinen Fall abgesäuert werden. Beläge aus porigen Natursteinen können allerdings leicht verschmutzen oder Flecken durch verschüttete Flüssigkeiten bekommen. Solche Platten werden daher zweckmäßigerweise mit Fluat versiegelt oder mit Wachs gebohnert, so dass sich die Poren schließen und der Belag geschützt ist. Die Platten werden freilich durch diese Behandlung glänzender, als ihrem natürlichen Aussehen entspricht. Mit dem Einwachsen des Bodens sollte man warten, bis der Plattenbelag ganz ausgetrocknet ist.

6.10 Verlegen auf Holzbalkendecken

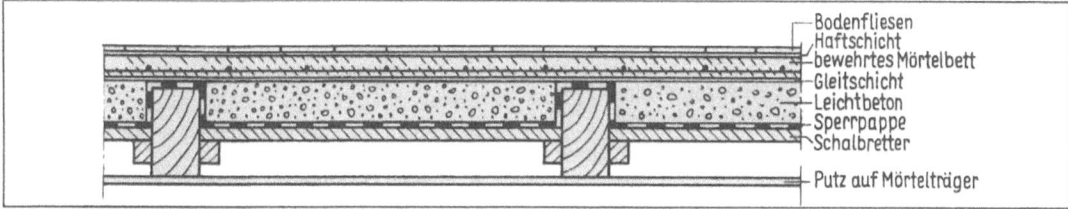

6.29 Fliesenbelag auf einer Holzbalkendecke

Bei fachgerechten Vorarbeiten können auch auf Holzbalkendecken Bodenfliesen in Mörtel verlegt werden (6.29). Zunächst entfernt man die Fußbodenbretter und die darunter liegende Füllung, so dass die Balkenlage frei liegt. Zwischen die Balken nagelt man genügend dicke Schalbretter aus gesundem, kräftigem Holz. Es muss eine tragfähige Zwischenlage entstehen, die sich trotz Auflast nicht durchbiegen darf. Balken und Schalbretter werden zu ihrem Schutz mit Bitumenpappe abgedeckt, die an den Ecken und Kanten gut anliegen muss. Darauf wird bis zur Höhe der Balkenoberkanten eine Schicht aus magerem Leichtbeton eingebracht und verdichtet. Hierauf wird ein bewehrter Estrich bzw. ein bewehrtes Mörtelbett aufgezogen, das von der Unterkonstruktion durch eine Gleitschicht getrennt wird. Nach Aufbringen der Haftschicht können die Bodenplatten in üblicher Weise verlegt werden.

Spanplatten als Verlegegrund (6.30). Gesunde, tragfähige und gut befestigte Holzdielen können als Unterbau verbleiben. Dann dienen als Verlegegrund für das Dünnbett mindestens 25 mm dicke feuchtigkeitsbeständige Spanplatten, die gegen Pilzbefall geschützt sein müssen. Vor dem Auslegen grundiert man die Spanplatten *allseitig* mit einer Kunstharzlösung, um die Feuchtigkeitsaufnahme herabzusetzen. Die Spanplatten werden mit 15 mm Abstand von der Wand im Verband ausgelegt, untereinander mit Nut und Feder verbunden und mit Kunstharz verleimt. Dann befestigt man sie auf dem Unterbau mit nichtrostenden Schrauben, die zueinander höchstens 40 cm (am Rand nur 20 cm) Abstand haben. Als Dünnbett ist ein *Reaktionsharz-Klebstoff* vollflächig aufzutragen und mit dem Zahnspachtel zu kämmen. Zum Verfugen eignen sich fertiger Fugenmörtel mit Kunststoffzusatz oder Reaktionsharz. Die umlaufende, etwa 10 mm breite Anschlussfuge zum Sockel bzw. Wandbelag ist dauerelastisch auszubilden; die 15 mm breite Randfuge zu den Wänden kann offen bleiben oder mit einer Rundschnur aus Schaumstoff gefüllt werden. Ist der Raum unter der Holzbalkendecke häufig wärmer als der obere Raum oder handelt es sich um einen Nassraum, so ist mit Wasserdampf-Wanderung durch die Decke zu rechnen. Dieser Wasserdampf kann den dichten Fliesenklebstoff nicht passieren, kondensiert also zu Wasser. Feuchtigkeitsschäden durch Arbeiten des Holzes können die Folge sein. Deshalb ist in solchen Fällen eine Dampfsperre anzuordnen; außerdem ist für eine gute Unterlüftung durch Luftschlitze (offene Fugenbereiche) zwischen Bodenbelag und Sockel zu sorgen.

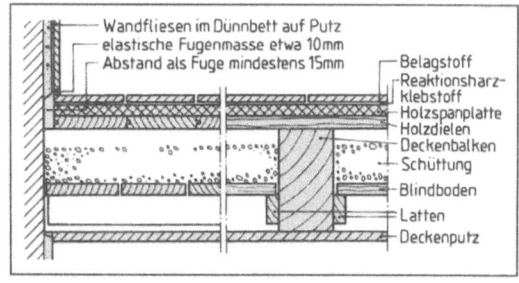

6.30 Keramischer Bodenbelag auf nichtschwimmend verlegten Holzspanplatten bei Holzbalkendecken

Aufgaben zu Abschnitt 6

T

1. Wohin gehören Ausgleichstreifen in einem Bodenbelag? Wie breit sollen sie sein?
2. Wodurch können konische Ausgleichstreifen verursacht sein?
3. Was versteht man unter einachsiger Symmetrie?
4. Wo wendet man einachsige Symmetrie an?
5. Was versteht man unter zweiachsiger Symmetrie?
6. Von wo aus werden zweiachsig symmetrische Beläge angelegt?
7. Wie müssen die Schnüre beim Anlegen eines Bodens mit zweiachsiger Symmetrie verlaufen?
8. Beschreiben Sie das Anlegen von Böden ohne Symmetrie.
9. Wodurch kann die Höhe des zu erstellenden Bodenbelags vorgegeben sein?
10. Wie legt man mit Hilfe des 2-m-Stocks einen rechten Winkel an?
11. Auf welche Weisen kann man eine Raumecke auf Rechtwinkligkeit prüfen?
12. Wie lautet der Lehrsatz des Pythagoras?
13. Wie lautet der Satz des Thales?
14. Welche Platten werden nicht in vorgezogenem Mörtelbett verlegt?
15. Welche Vorteile bietet die Verlegung in vorgezogenem Mörtelbett gegenüber der Einzelverlegung?
16. Geben Sie die Verlegemörtel für beide Verfahren an.
17. Beschreiben Sie das Einrichten von Mörtellehren in (kleinen) Räumen mit Wandplattierung.
18. Welche Eigenschaften müssen richtig verlegte Lehren haben?
19. Warum soll man beim Abziehen des Mörtels nur auf die Lehren drücken?
20. Welche Böden kann man vor dem Verlegen vorweg ganz aufziehen?
21. Woran erkennt man richtig gepuderten Mörtel?
22. Schildern Sie Abwaschen und Abklopfen eines Bodens.
23. Wie erreicht man, dass ein Bodenbelag schon 24 Stunden nach der Verlegung betreten werden darf?
24. Wie legt man größere Bodenflächen an?
25. Welchen Zweck hat ein Fries?
26. Welche Anforderungen sind an den Fries und an das Feld zu stellen?
27. Welche Böden sehen mit Fries viel besser aus als ohne?
28. Wie sollte das Feld an den Fries anschließen:
    a) beim Rosenspitzmuster,
    b) bei der Diagonalverlegung,
    c) bei Sechseckböden,
    d) bei Achtecken mit quadratischen Einlagen?
29. Wie spannt man die Schnüre für das Anlegen eines diagonal zu verlegenden Bodens?
30. Wie kann man die Friesbreite bei der Diagonalverlegung ermitteln?
31. Geben Sie Zweck und Mischungsverhältnis der Untermischung für die Verlegung von Natursteinplatten an.
32. Zu welchen geometrischen Eigenschaften des Bodenbelags soll die straff gespannte Schnur verhelfen?
33. Warum nässt man die Fugen eines Solnhofener-Plattenbelags vor dem Ausgießen an?
34. Welche Arbeitsregeln gelten für die Verlegung von Natursteinplatten in Bahnen?
35. Was versteht man unter Überlängen?
36. Was versteht man unter Polygonverband?
37. Wie können Beläge aus porösen Natursteinplatten gegen Verschmutzung und Flecken geschützt werden?
38. Beschreiben Sie den Aufbau eines Bodenbelags auf einer Holzbalkendecke.
39. Erläutern Sie das Rüttelverfahren!

M

1. Prüfen Sie folgende Dreiecke mit den Seiten a, b und c auf Rechtwinkligkeit!
    a) $a = 45$ cm, $b = 60$ cm, $c = 75$ cm;
    b) $a = 40$ cm, $b = 50$ cm, $c = 60$ cm;
    c) $a = 5$ m, $b = 12$ m, $c = 13$ m.
2. Raum mit schräger Wand (**6.31**). a) Wie lang ist die schräge Wand? b) Wie viel m Sockel sind anzusetzen?
3. Wie lang sind die schrägen Wände in Bild **6.35**?
4. Berechnen Sie die Bodenfläche nach Bild **6.31**.

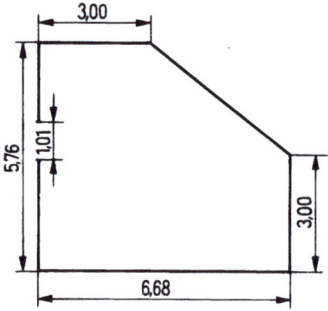

6.31 Boden mit schrägem Rand

Aufgaben zu Abschnitt 6

5. Ladenlokal (**6.32**). Bodenbelag: 10 x 10 rot und grau-porphyr, schachbrettartig verlegt. Sockel: 10 x 10 grau-porphyr.
   a) Berechnen Sie die Bodenfläche
   b) Wie viel rote Fliesen braucht man bei 2 % Verhau?
   c) Wie viel m Sockel sind anzusetzen?
   d) Wie viel graue Fliesen werden gebraucht (2 % Verhau)?

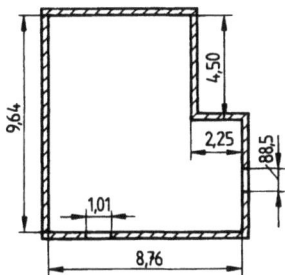

6.32 Boden eines Ladenlokals

6. Ein Erkerzimmer erhält einen Solnhofer Boden (**6.33**).
   a) Wie viel m² sind zu verlegen?
   b) Wie viel DM verdient der Fliesenleger bei einem Akkordlohn von 22,50 DM je m²

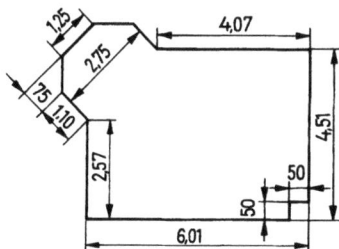

6.33 Zimmer mit Erker

7. Die Wohnung im Bild (**6.34**) erhält in allen Räumen plattierte Böden über einer Fußbodenheizung. Berechnen Sie bei 2 % Verhau:

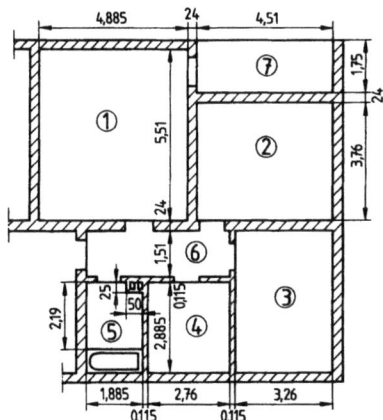

6.34 Grundriss einer Etagenwohnung

a) m² Marmorplatten für den Raum ①,
b) m² glasierte Klinker für die Räume ②, ③, ④, ⑥,
c) m² Mittelmosaik für das Bad ⑤,
d) m² unglasierte Klinker für die Loggia ⑦.

8. Ein Ausstellungsraum (**6.35**) bekommt einen Bodenbelag im Muster „Rosenspitz".
   a) Wie viel m² sind zu verlegen?
   b) Wie viel l Nassmörtel braucht man bei 4 cm Dicke?
   c) Wie viel Sand wird benötigt? (Mischungsverhältnis 1:5, Einmischungsfaktor 1,4)
   d) Wie viel Sack Zement werden gebraucht, wenn man mit 15 % Aufschlag für das Pudern und Ausgießen rechnet?

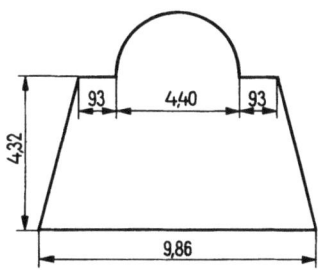

6.35 Ausstellungsraum

9. Der Flurboden in Bild **6.36** wird mit Steinzeugfliesen 15 x 15 plattiert.
   a) Wie viel m² sind insgesamt zu verlegen?
   b) Wie viel Fliesen braucht man bei 3 % Verhau?
   c) Wie viel m Sockel werden an den langen Seiten angesetzt?

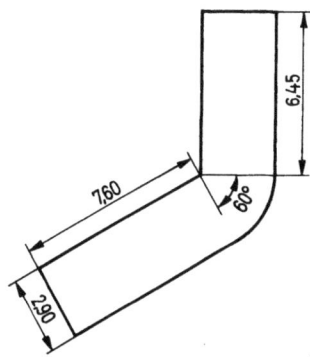

6.36 Eckflur mit Rundung

10. Die in **6.39** abgebildete Diele soll einen Boden aus Sechseckfliesen mit 11,9 cm Kantenlänge und einem im Durchschnitt 18 cm breiten Fries erhalten.
    a) Wie groß ist die Bodenfläche insgesamt?
    b) Wie viel m² Sechseckplatten sind zu verlegen?
    c) Wie groß ist die Fläche einer Sechseckfliese in cm² (∅ mit Fuge = 24 cm)?

11. **Bodenbeläge mit Fries.** Berechnen Sie die Breiten von Feld und Fries für die lichten Maße
    a) Fläche 4,20 m x 3,65 m; Rosenspitz 25 x 25 mit 10 cm breiten Schiffchen (Modulformate) im Feld; Friesbreite höchstens 25 cm;
    b) Fläche 5,10 m x 3,86 m; Fliesen 15 x 15 mit 3 mm Fuge im Feld, Friesbreite höchstens 25 cm;
    c) Fläche 12,20 m x 8,30 m; Sechseckfliesen 24 cm auf 20,8 cm; Friesbreite höchstens 45 cm (2 Möglichkeiten);
    d) Fläche 6,18 m x 4,90 m, Achtecke 30 x 30 (Modulformat) mit Einlagen, Friesbreite höchstens 30 cm.
12. **Diagonalverlegung mit Fries.** Bodenmaße: l_o = 5,20 m, b_o = 3,80 m Bodenfliese mit Fuge 10,2 cm; Fries 25 cm oder weniger aus Bodenfliesen 25 x 25 cm.
    a) Wie lang ist die Diagonale von der Fliese mit Fuge?
    b) Berechnen Sie die Friesbreiten aller Ränder,
    c) Wie viel m² Fliesen verlegt man im Feld?
    d) Wie viel m Fries werden verlegt?
    e) Wie viel Bodenfliesen 10 x 10 braucht man für das Feld, wie viel 25 x 25 für den Fries?
13. Berechnen Sie für Sechsecke (nach Skizze mit Hilfe des Pythagoras)
    a) den Durchmesser d bei einem Seitenabstand von 18 cm,
    b) den Seitenabstand a bei einem Durchmesser von 20 cm,
    c) die Zahl x für die Formel $d = x \cdot a$.

Z

1. **Verlegemuster für Quadrate, M 1 : 10 (6.37).** Zeichnen Sie 4 Beispiele mit Fliesen 10 x 10 in 2 Farbtönen (weiß und bleistiftgrau).

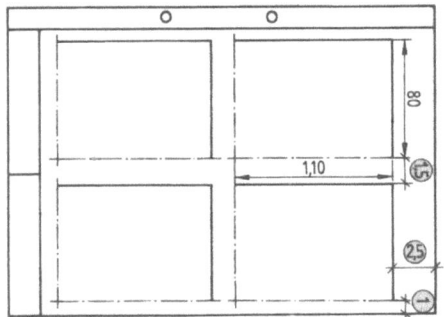

6.37 Verlegemuster und -verbände

2. **Rechteckverbände, M 1 : 10 (6.37).** Zeichnen Sie 4 Beispiele mit dem Format 10 x 20.

3. **Quadrate mit Einlagen, M 1 : 10 (6.38)** 3 Beispiele!

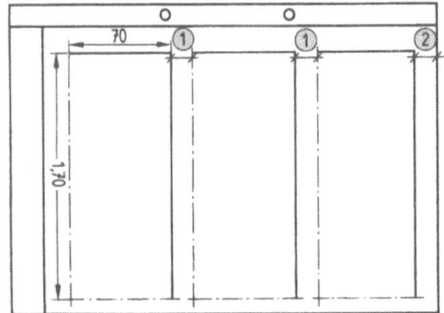

6.38 Verlegemuster

4. **Verbände für Natursteinplatten, M 1 : 20 (6.37).** Zeichnen Sie einen Bodenausschnitt mit den Verbänden:
    a) in Bahnen (20, 25, 30 cm ohne Überlängen),
    b) in Bahnen mit Überlängen (selbst gewählte Bahnbreiten),
    c) Polygonalverband (frei Hand zeichnen!),
    d) Römischer Verband.

5. **Diele, M 1 : 20 (6.39).**
    a) Zeichnen Sie einen Bodenbelag in besonderem Muster (z. B. Quadrate 20 x 20 mit Einlagen) mit Fries.
    b) Berechnen sie den Sockel in lfm (ohne Türen und Türleibungen)
    c) Berechnen Sie die Bodenfläche in m²
    d) Geben sie die Stückzahl von allen verwendeten Fliesen an (3 % Verhau).

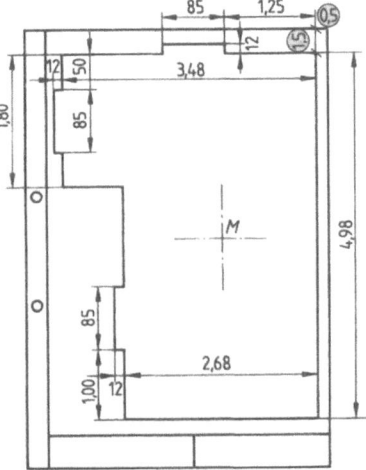

6.39 Diele, M 1 : 20

Aufgaben zu Abschnitt 6

6. **Verlegung in Bahnen, M 1:20** (6.40). Wählen Sie die Bahnbreiten 25, 30 und 35 cm.
7. **Flur, M 1:10.** Zeichnen Sie einen Ausschnitt aus dem Boden des Flurs von Bild **6.34.** Belag: Klinker 10 x 20 mit einachsiger Symmetrie in selbst gewähltem Verband verlegt.
8. **Diagonal verlegter Boden in einem WC, M 1:10.** Rohbaumaße: l = 2,385 m, b = 1,51 m. Bodenbelag: a) 15 x 15 STZ für das Feld, b) Fries: geschnitten aus schwarzen 15 x 15 STZ. Fugenbreite: 3 mm.

9. **Symmetrische Böden, M 1:20** (6.41)
   a) Der Flurboden erhält einachsige Symmetrie. Fliesen 15 x 15 mit 3 mm Fuge, diagonal verlegt; Friesbreite höchstens 20 cm aus Fliesen 20 x 20).
   b) Flechtmuster mit Fries mit zweiachsiger Symmetrie. Große Quadrate 20 x 20, Einlagen 10 x 10. Beginnen Sie am Raummittelpunkt und lassen Sie angemessen breite Friese.

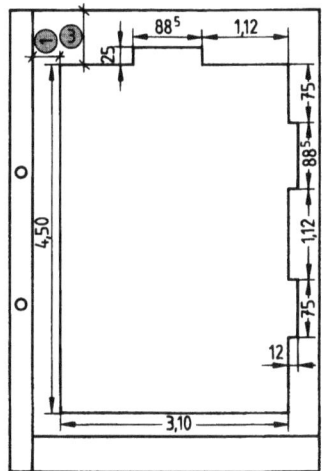

6.40 Verlegung in Bahnen

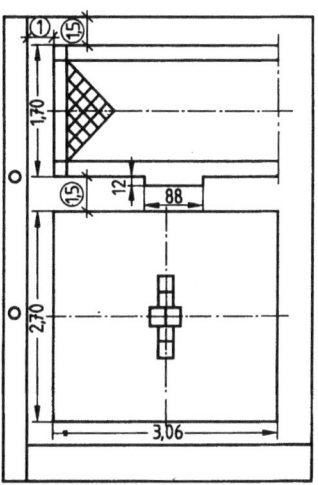

6.41 Symmetrische Böden

10. **Achtecke mit Karos im Flur, M 1:10 (Ausschnitt)** (6.42) Flurbreite 174 cm, Friesbreite höchstens 20 cm, Achtecke 20 x 20.

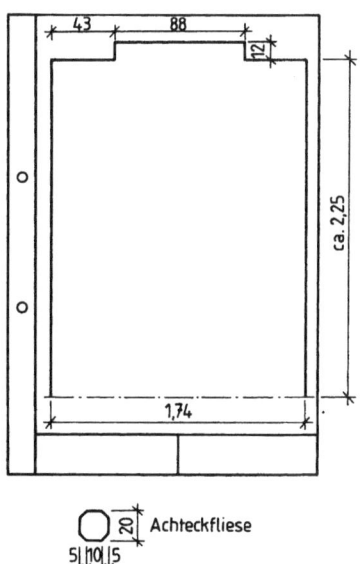

6.42 Achtecke mit Karos als Flurboden

Gesamtaufgabe
Schulflur (Bild 6.43)

Ein 32,60 m langer, 2,54 m breiter Flur mit 3 Schwellen 1,01 m · 0,25 m soll einen Fliesenboden mit besonderem Muster erhalten. Eine Kopfwand (2,54 m) und die Wand mit den 3 Schwellen (zu 3 Klassenzimmern) erhält einen Sockel, nicht dagegen die gegenüber liegende Wand, die aus Holz-Glas-Elementen besteht.

a) Machen Sie Vorschläge für die Gestaltung des Bodens!
b) Wählen Sie ein Muster mit Fries! Geben Sie Art, Format und Farbe für das Feld, den Fries und den Sockel an!
c) Berechnen sie für die Flurbreite die Breite von Feld und Fries!
d) Berechnen Sie die Bodenfläche einschließlich der 3 Schwellen!
e) Geben Sie die Stückzahl Platten für das Feld an!
f) Ermitteln Sie die Anzahl der Platten für den Fries!
g) Wieviel lfm Sockel (einschl. Leibungen) sind anzusetzen?
h) Zeichnen Sie im Maßstab 1:10 einen Ausschnitt von der linken Kopfwand bis zur linken Leibung der 1. Türschwelle!

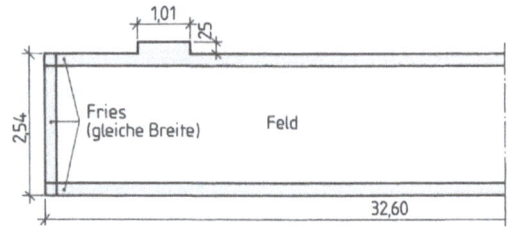

6.43 Schulflur mit Friesboden

7 Verlegen von Bodenfliesen mit Gefälle

Das Gefälle in Plattenbelägen soll für eine zügige Entwässerung des Bodens auf seiner Oberfläche sorgen. Böden auf Balkonen und Terrassen, in gewerblichen Nassräumen, öffentlichen Bädern und Toiletten, in Fußgruben und Becken sowie in allen weiteren Räumen mit häufigem oder stärkerem Wasseranfall müssen

- fachgerecht abgedichtet sein,
- einen oder mehrere Wasserabläufe (Einlauf oder Rinne) und
- ausreichendes Gefälle haben.

Welche Folgen hat ein ungenügendes Gefälle bei stärkerem Wasseranfall? Denken Sie nicht nur an Wohnungen, sondern auch an Straßen und Autobahnen.

Mit einer Sperrschicht abgedichteter Verlegegrund muss stets mit Gefälle zum Bodeneinlauf bzw. zur Rinne plattiert werden.

7.1 Gefälle und Gefällearten

Das Gefälle einer Strecke ist der Höhenunterschied ihrer Endpunkte, bezogen auf die waagerechte Grundlinie (7.1). Der Höhenunterschied $h_2 - h_1$ wird auch mit Δh (lies: Delta h) bezeichnet.

$$\text{Gefälle} = \frac{\text{Höhe}_2 - \text{Höhe}_1}{\text{waagerechte Grundlinie}} = \frac{h_2 - h_1}{g} = \frac{\Delta h}{g}$$

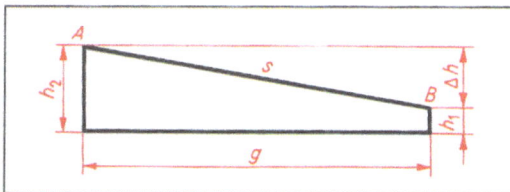

7.1 Gefälle einer Strecke

Gefälle lässt sich – wie die gleichbedeutenden Begriffe Neigung und Steigung – angeben als Verhältnis $\Delta h : g$, als Verhältnis $1 : x$, als Dezimalzahl und in Prozent (sowie durch den Steigungswinkel α). Gefälle von Böden werden meist in Prozent ausgedrückt. In Bauzeichnungen kennzeichnet man Gefälle mit einem Pfeil und darauf geschriebener Prozentangabe.

Beispiel 1 Das Mörtelbett eines Bodens ist am Senkkasten 2 cm, an der Wand 7 cm dick. Der Abstand vom Einlauf zur Wand beträgt 1,25 m (7.2). Das Gefälle soll auf verschiedene Weise angegeben werden.

Lösung

$\text{Gefälle} = \dfrac{\Delta h}{g} = \dfrac{7\,\text{cm} - 2\,\text{cm}}{125\,\text{cm}}$

$= 5 : 125 = \mathbf{1 : 25} = 0{,}04 = \mathbf{4\,\%}$

(Der Steigungswinkel α ist 2° 17'; er wird mit einem Taschenrechner (Taste „tan") ermittelt oder einer Tangenstabelle entnommen.)

Die Stärke des Gefälles hängt ab von der Art des Bodenbelags und davon, wie viel, wie oft und mit welchem Druck Wasser anfällt. In Innenräumen genügt bei feinkeramischen Fliesen mit glatter Oberfläche meist 1 %, bei Klinkern und Spaltplatten 2 %. Im Außenbereich und für Rinnen braucht man 2 % und mehr.

Anlegen des Gefälles. Richtig ist es, wenn bereits die Sperrschicht genügendes Gefälle aufweist, das für den Plattenbelag übernommen wird. Das vorgesehene Gefälle erreicht man beim Verlegen in vorgezogenem Mörtelbett durch das Einrichten der Lehren mit Richtscheit und Wasserwaage. So muss z. B. eine Lehre auf der Länge des Richtscheits von 2 m um 2 cm aus der Waage sein, wenn 1 % Gefälle zu erzielen sind. Oft ist das Gefälle jedoch schon durch die Höhe des Nachbarbodens oder des Meterrisses sowie des Bodeneinlaufs bzw. der Rinne vorgegeben, so dass Messen und Wiegen entfallen.

Gefällearten. Einen Überblick über mögliche Gefällearten, auch seltenere, gibt Tabelle 7.3 auf S. 92/93. In der Praxis kommen zwei Gefälleanordnungen besonders häufig vor, nämlich das Gefälle zu einer Rinne und das Gefälle zu einem Punkt inmitten des Raums.

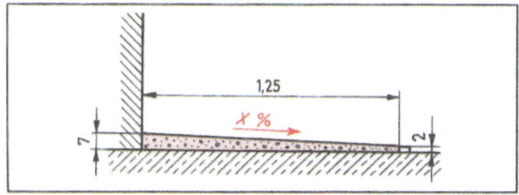

7.2 Gefälle im Mörtelbett

Tabelle 7.3 Gefällearten

Das Wasser fließt	Verlauf des Gefälles	Ebenheit der Bodenfläche
1 zu Geraden hin 1.1 zu 1 Geraden (1 Rinne)		Ja 1 ebene Fläche möglich
1.2 zu 2 Geraden (2 Rinnen)		Nein 2 ebene Teilflächen möglich
1.3 zu 3 Geraden (3 Rinnen)		Nein 3 ebene Teilflächen möglich
1.4 zu 4 Geraden (4 Rinnen)		Nein 4 ebene Teilflächen möglich
2 zu einem Punkt 2.1 Abfluss etwa in der Raummitte		Nein 4 ebene Teilflächen möglich
2.2 Abfluss an einer Wand		Nein 3 ebene Teilflächen möglich
2.3 Abfluss in einer Raumecke		a) Ja b) Nein

7.1 Gefälle und Gefällearten

Ränder des Bodens	mögliche Lage der Lehren 1. Möglichkeit	2. Möglichkeit (w = waagerecht)
$\overline{AB} \atop \overline{CD}$ } waagerecht $\overline{AD} \atop \overline{BC}$ } mit Gefälle		
$\overline{AD} \atop \overline{BC}$ } waagerecht $\overline{AB} \atop \overline{DC}$ } mit Knick		
$\overline{AD} \atop \overline{DC} \atop \overline{BC}$ } waagerecht $\overline{AB}$ mit Knick		
alle vier in Waage		
alle vier in Waage		
$\overline{AD} \atop \overline{DC} \atop \overline{BC}$ } in Waage $\overline{BC}$ mit Knick		
a) alle mit Gefälle b) $\overline{AB} \atop \overline{CD}$ } waagerecht $\overline{AD} \atop \overline{BC}$ } mit Gefälle	a)	b)

Beim Gefälle zu einer Rinne wird der Boden bei fachgerechter Verlegung *eben* wie ein waagerechter Boden. Jedoch weisen zwei seiner vier Ränder Gefälle auf (AD und BC in **7.3**). Wird dort ein Sockel angesetzt, folgt er dem Gefälle. Bei gefliesten Wänden wird die unterste Schicht der Wandfliesen schräg nach dem Gefälle geschnitten.

Für das vorgezogene Mörtelbett werden die Lehren parallel zueinander mit gleichem Gefälle zur Rinne verlegt, oder man richtet zwei waagerechte Lehren am oberen Rand (AB in **7.3**) und an der Rinne ein, die unterschiedliche Höhe haben. So entsteht eine schiefe Ebene mit gleichmäßiger Neigung.

Bei der Einzelverlegung nach der Schnur beginnt man mit einer U-Form (**7.4**). Dabei wird die erste Reihe mit Gefälle zur Rinne verlegt, ebenso

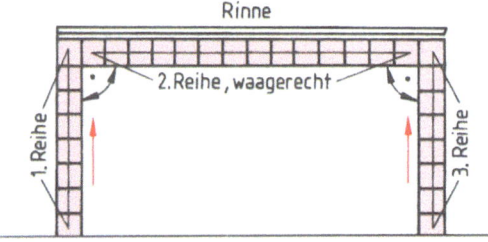

7.4 Einzelverlegung nach Schnur mit Gefälle zu einer Rinne

die dritte. Die zweite Reihe wird nach waagerechter Schnur an der Rinne plattiert. Hier ist jede Platte zu prüfen, ob sie das richtige Gefälle in Richtung auf die Rinne hat. Der Libellenstand in der Wasserwaage muss dabei mit dem von der fertigen ersten Reihe übereinstimmen.

Beim Gefälle zu einem Punkt inmitten des Raums sollen die Ränder des Bodens grundsätzlich in Waage sein, so dass auch die Sockelleisten waagerecht angesetzt werden können. Von allen vier Seiten soll das Wasser zum Senkkasten fließen. Allerdings entsteht in der Fläche unterschiedlich starkes Gefälle, abhängig davon, wie weit ein Randpunkt vom Bodeneinlauf entfernt ist. In Bild **7.5** hat die Strecke PE das stärkste und CE das schwächste Gefälle. Der Bodenbelag

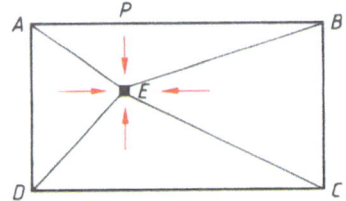

7.5 Gefälle zu einem Bodeneinlauf

kann *nicht eben* plattiert werden – es entstehen Teilflächen, die in *Kehlen* aneinander grenzen.

Lehren in den Kehlen. Man kann die Lehren für das Aufziehen des Mörtelbetts in die Kehlen legen, um den richtigen Verlauf des Gefälles zu bekommen. Das vorgezogene Mörtelbett erhält dann die Form einer auf den Kopf gestellten Pyramide mit 4 ebenen Teilflächen (**7.10**). Dieses Verfahren hat jedoch zwei Nachteile. Einmal zieht man in das Mörtelbett besonders scharf abgegrenzt die Kehlen hinein. Das hat zur Folge, dass die Fliesen bei starkem Gefälle in diesem Bereich zum Verkanten neigen oder gar durch den ganzen Raum diagonal auf Gehrung geschnitten werden müssen (gemäß dem Verlauf der Kehlen). Auch ist das Aufziehen des Mörtels in dreieckigen Feldern umständlich, weil die Abziehlatte nicht in das bereits fertige Nachbargebiet hineinragen darf (das ergäbe Vertiefungen im Mörtelbett).

Auf parallelen Lehren lässt sich das Mörtelbett leichter aufziehen. Eine Lehre verläuft mit dem erforderlichen Gefälle zum bzw. durch den Senkkasten, die andern beiden werden an den Rändern in Waage eingerichtet. Den Boden zieht man in zwei Teilbereichen ab, wobei man den Übergang zwischen beiden möglichst angleicht, damit keine ausgeprägte Kehle entsteht. Die gesamte Bodenfläche wird uneben – es entstehen auch keine ebenen Teilflächen (windschief verzogene Fläche mit Mulde).

Lehren rundum. In kleineren Räumen, vor allem in solchen mit Wandplattierung, kann man auch gut die Lehren rundum an den vier Wänden genau in Waage einrichten. Die Abziehlatte hat an ihrem einen, zuvor leicht ausgeklinkten Ende den Senkkasten als punktförmige Lehre und am andern Ende die Mörtellehren. Der Mörtel wird in kreisförmiger Bewegung abgezogen. Dabei entsteht ein kegelförmiger Trichter ohne Kehlen, so dass allenfalls unmittelbar am Senkkasten die Fliesen auf Gehrung zu schneiden sind.

Mehrere Senkkästen entwässern größere Räume, was vornehmlich in gewerblichen und Industriebauten vorkommt. Die Bodeneinläufe

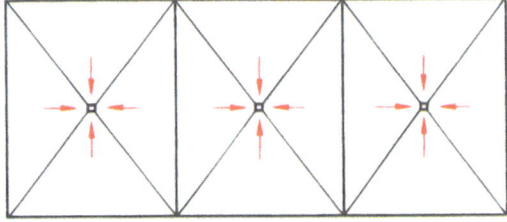

7.6 Entwässerung eines großen Raumes

7.1 Gefälle und Gefällearten

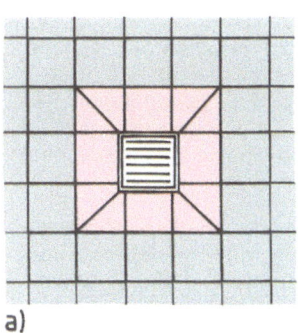
a)

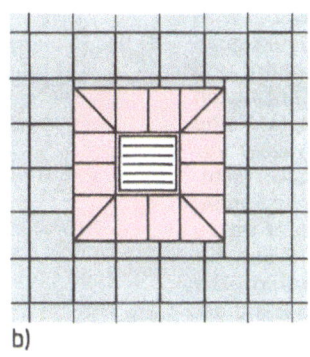
b)

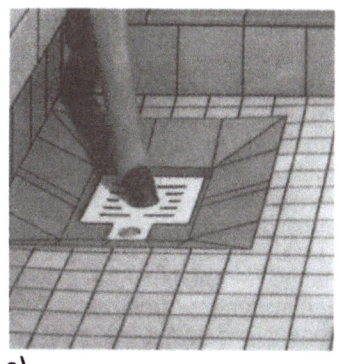
c)

7.7 Fliesenkranz am Senkkasten
a) im Fugenschnitt zum Bodenbelag b) ohne Fugenschnitt zum Bodenbelag c) aus anderen Platten

liegen dann in einer Flucht, wie z. B. die drei in Bild **7.6**. Nur bei sehr großen Flächen können sie auch in mehreren Reihen angeordnet sein, z. B. 6 Senkkästen in 2 Reihen zu je drei. In allen Fällen wird die Bodenfläche entsprechend der Zahl der Senkkästen in gleich viele rechteckige Felder so eingeteilt, dass jeweils 1 Senkkasten in der Mitte liegt. Die Grenzen zwischen den Feldern sind waagerechte oder schwach zur Mitte fallende Grate, die man beim Aufziehen des Mörtels etwas abrunden soll, damit die Fliesen dort nicht verkanten. Die gesamte Bodenfläche ist uneben, sie weist „Berge und Täler" auf.

Kranz (**7.7**). Wie man auch die Lehren legt, im Bereich des Senkkastens wirkt sich die Unebenheit des Mörtelbetts am stärksten aus. Nur bei kleinformatigen Fliesen (Mosaik) und schwachem Gefälle können die geringen Verkantungen in den Fugen aufgenommen werden. Sonst legt man um den Einlauf einen Kranz, bei dem die Eckfliesen diagonal auf Gehrung geschnitten werden. Der Kranz liegt selten im Fugenschnitt zum übrigen Belag, nämlich nur dann, wenn man zufällig am Senkkasten mit ganzen Fliesen oder breiten Teilplatten auskommt, weil ja der Boden niemals vom Senkkasten aus eingeteilt wird. Meist besteht der Kranz rundum aus je einer Reihe ganzer Fliesen, die unabhängig vom sonstigen Fugennetz verlegt werden. Manchmal erhält der Belag um den Senkkasten ein viel stärkeres Gefälle als der übrige Boden (**7.7c**), damit sich das Wasser dort sammelt und zügig abfließt.

Bei der Einzelverlegung nach der Schnur wird der Boden zunächst T-förmig, danach in E-Form angelegt (**7.8**). Die erste Reihe verlegt man an der Hauptwand nach waagerechter Schnur. Jede Platte erhält schwaches Gefälle zum Bodeneinlauf. Rechtwinklig zu der ersten zweigt die

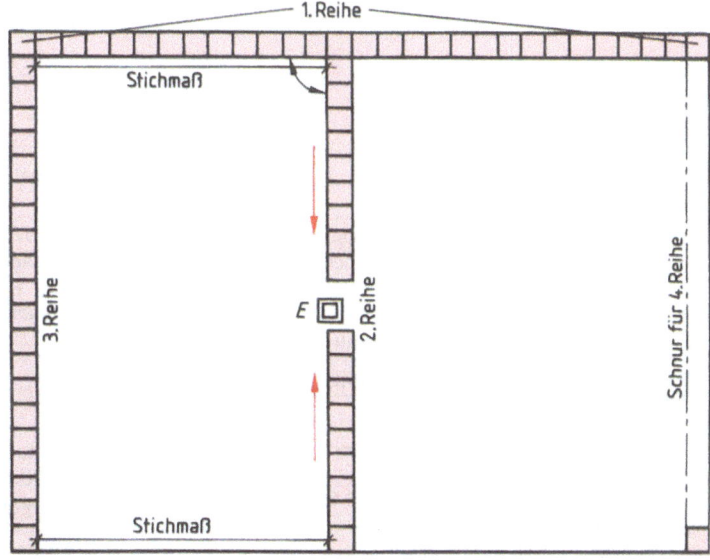

7.8
Anlegen eines Bodens mit
Gefälle zum Einlauf bei der
Einzelverlegung nach Schnur

zweite Reihe zum Senkkasten hin ab. Dabei wird die Schnur waagerecht über den Senkkasten hinweg bis zur Gegenwand durchgespannt und dann durch eine Auflast bis auf den Senkkasten heruntergedrückt. Als dritte und vierte Reihe verlegt man Platten an den Rändern quer zur Hauptwand nach waagerechter, genau rechtwinklig abzweigender Schnur. Auf gleiche Fugeneinteilung der Querreihen untereinander ist zu achten. Schließlich kann der Boden Reihe für Reihe in Längsrichtung verlegt werden. Die Fluchtschnur wird jeweils von Rand zu Rand gespannt und in der Mitte auf die bereits verlegte Querreihe heruntergedrückt.

Abgedichtete Böden erhalten ein Gefälle, das in Innenräumen mindestens 1%, im Außenbereich 2% und mehr betragen soll. Verläuft das Gefälle zu einer Rinne, wird der Boden eine schiefe Ebene mit 2 waagerechten und 2 schrägen Rändern.

Beläge mit Gefälle zum Einlauf im Rauminnern können nicht eben erstellt werden, doch müssen die 4 Ränder gerade und waagerecht verlaufen. Um den Senkkasten wird ein rechteckiger Kranz verlegt mit diagonal geteilten Fliesen an den Ecken.

7.2 Mörtelberechnung bei Gefälleböden

Hat der Verlegegrund dasselbe Gefälle wie der Belag, wird der Mörtel wie bei waagerechten Böden als Produkt der Grundfläche mal Mörteldicke berechnet. Sonst kann man diese Formel nicht anwenden, weil das Mörtelbett nicht die Form eines Quaders hat.

Gefälle zu einer Rinne. Das Mörtelbett hat einen trapezförmigen Querschnitt (7.9). Das Volumen wird nach der Formel für Säulen berechnet, wobei A die Querschnittsfläche und H die Länge der Bodenfläche sind.

$$V = A_{Trapez} \cdot H \qquad V = \frac{g_1 + g_2}{2} \cdot h \cdot H$$

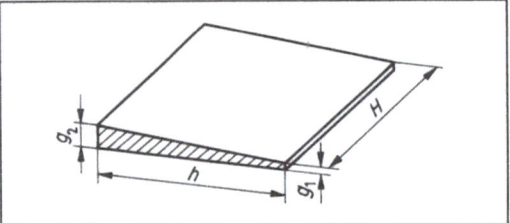

7.9 Mörtelbett mit Gefälle zur Rinne

Beispiel 2 Ein rechteckiger Balkon von 5,80 m × 1,85 m hat an der Rinne eine Mörteldicke von 2 cm, am oberen Rand von 7 cm. Wie viel Mörtel, wie viel Sand und Zement braucht man bei einem Mischungsverhältnis von 1 : 4?

Lösung $V = \frac{g_1 + g_2}{2} \cdot h \cdot H = \frac{0{,}02\text{ m} + 0{,}07\text{ m}}{2} \cdot 1{,}85 \cdot 5{,}80\text{ m}$

$V = 0{,}483\text{ m}^3 =$ **483 l** Nassmörtel
483 l · 1,4 = 676 l lose Masse
676 l : 5 = 135,2 l Zement = 7 Sack Zement (ohne Haftschlämme)
676 l − 135 l = 541 l Sand

Man braucht rund 550 l Sand und 6 Sack Zement.

Gefälle zu einem punktförmigen Einlauf. Aus der quaderförmigen Mörtelplatte eines waagerechten Bodens wird durch das Einziehen des Gefälles eine trichterförmige Vertiefung in der Gestalt einer Pyramide herausgenommen (7.10).

Mörtel-Volumen $\quad V = V_{Quader} - V_{Pyramide}$

$$V = l \cdot b \cdot H_2 - \frac{l \cdot b \cdot \Delta H}{3}$$

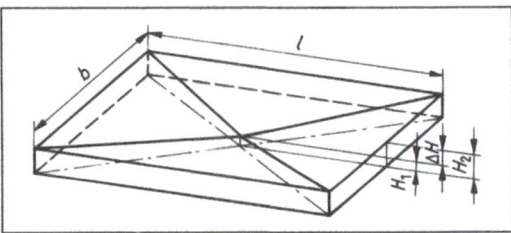

7.10 Mörtelbett mit Gefälle zu einem Einlauf

Beispiel 3 Ein Waschraum von 8,40 m × 4,30 m hat am Bodeneinlauf eine Mörteldicke von 1 cm, an den Rändern von 9 cm. Wie viel Mörtel braucht man zum Aufziehen?

Lösung $\quad V = l \cdot b \cdot H_2 - \dfrac{l \cdot b \cdot \Delta H}{3}$

$V = 8{,}40\text{ m} \cdot 4{,}30\text{ m} \cdot 0{,}09\text{ m} - 8{,}40\text{ m} \cdot 4{,}30\text{ m}$
$\cdot\, 0{,}08\text{ m} : 3$

$V = 3{,}25\text{ m}^3 - 0{,}96\text{ m}^3 = 2{,}29\text{ m}^3$

Es werden **2,29 m³** Mörtel aufgezogen.

7.3 Abdichten gegen Feuchtigkeit

Feuchtigkeit in Bauwerkteilen kann zu erheblichen Schäden führen, die von hässlichen Wasserflecken, Schimmelbildung und Salzausblühungen bis zu Zerstörungen durch Frost reichen. Daher sind das Bauwerk und seine Teile vor Durchfeuchtung von außen und innen (in Nassräumen) zu schützen.

> Wie hoch schätzen Sie die Kosten für Bauschäden in der Bundesrepublik Deutschland? Millionen DM? Milliarden DM?

Fliesenbeläge sind unempfindlich gegen Wasser und daher auch für Nassräume besonders geeignet. Aber sie sind selbst bei fachgerechter Verlegung nicht wasserundurchlässig. Zwar lässt die Fliese aus Steinzeug oder glasiertem Steingut keine Feuchtigkeit durch, doch kann das Wasser durch feine Risse im Fugennetz eindringen. Auch ein Dichtungsmittel im Fugmörtel kann nur den Feuchtigkeitsschutz verbessern, aber nicht als verlässliche Wassersperre gelten. Nur eine besondere Abdichtung unter dem Fliesenbelag schafft eine wirklich wasserundurchlässige Sperre. Gegen gelegentliches Spritz- oder Wischwasser (wie es in Küchen, Fluren, privaten Toiletten, Duschen und Bädern anfällt) ist allerdings keine Abdichtung erforderlich.

7.3.1 Abdichtungsstoffe

Verlege- und Ansetzgründe werden durch verklebte Dichtungsbahnen, Dichtungsschlämmen, Dichtkleber, Flüssigfolien, Sperranstriche oder durch einen Sperrputz abgedichtet, je nach Art und Lage des Bauwerkteils und dem Einwirken der Feuchtigkeit. Gebräuchlichste Abdichtungsmittel für Sperranstriche und zugleich Ausgangsstoffe für Dichtungsbahnen sind Bitumen und Teer.

Bitumen fällt als Rückstand bei der Gewinnung von Öl und Benzin aus Erdöl an. Es ist beständig gegen Wasser und Chemikalien (Salze, Laugen, schwächere Säuren) und hat hohe Klebkraft. Je nach Sorte bleibt Bitumen bis 25 oder 60 °C ein fester Stoff und wird bei höheren Temperaturen zunächst weich, dann zähflüssig und schließlich zwischen 120 und 200 °C dünnflüssig.

Teer wird beim Verkoken der Kohle gewonnen. Er hat ähnliche Eigenschaften wie Bitumen, ist jedoch infolge flüchtiger Bestandteile weniger beständig. Er wird kaum noch verwendet.

Nackte Bitumenbahnen sind mit Bitumen oder Teer getränkte Rohfilzpappen ohne Deckschicht. Sie bekommen ihre wassersperrende Wirkung erst, wenn sie beim Verarbeiten mit Bitumen bestrichen werden. Die Bezeichnungen 500er bzw. 333er-Pappe beziehen sich auf das Gewicht von 1 m² ungetränkter Rohpappe. *Besandete* Sperrpappen mit beidseitigen bituminösen Deckschichten lassen sich wegen der aufgestreuten Sandkörner beim Überlappen zweier Bahnen schlechter dicht aufeinander kleben.

Bitumen-Dichtungsbahnen bestehen aus einer Einlage aus Glasgewebe, Jutegewebe, Kupfer- oder Aluminiumband und haben auf beiden Seiten eine Deckschicht aus Bitumen, die mit Feinsand bestreut wird. Beim Abdichten werden 2 bis 3 Lagen miteinander verklebt.

Bitumen-Schweißbahnen haben eine Einlage wie die Bitumen-Dichtungsbahnen. Man bringt sie in mindestens 2 Lagen ein. Die einzelnen Bahnen werden mit dem Untergrund und mit den benachbarten Bahnen verschweißt.

Sperrfolien sind thermoplastische Kunststoffe, z. B. Polyisobutylen.

7.3.2 Abdichten eines Bodens

Der Fliesenleger braucht Abdichtungsarbeiten nicht selbst durchzuführen, muss aber die fachgerechte Ausführung beurteilen können. Abdichtungen mit bituminösen Stoffen (DIN 18195) führt der Dachdecker aus.

Falls erforderlich, wird auf die Betondecke zunächst ein Estrich aus Zementmörtel 1:4 aufgebracht, der für ausreichendes Gefälle und einen glatten Untergrund sorgt (7.11 auf S. 102). Die raue Oberfläche des Betons könnte sich sonst an einigen Stellen durch die Sperrschicht drücken und diese beschädigen. Auf den Estrich kommen zwei bis drei Lagen Sperrpappe oder Dichtungsbahnen. Sie werden mit heißem Bitumen verklebt. An ihren Stößen müssen sie mit mindestens 10 cm Überdeckung aufeinander geklebt werden. Die 2. Lage wird quer zur Richtung der 1. Bahn aufgeklebt. An den Wänden muss die Abdichtung in Sockelhöhe, nämlich 15 cm über OKFF, hochgezogen werden. Der Anschluss vom Boden zur Wand darf nicht scharf rechtwinklig, sondern muss in einer Rundung erfolgen, damit die Dichtungsbahn nicht durch Knicken bricht. An alle Durchbrüche im Boden (wie Rohre, Geländerstangen, Senkkästen) muss die Abdichtung sorgfältig angearbeitet sein. Senkkästen sollen seitliche Löcher für das Einfließen

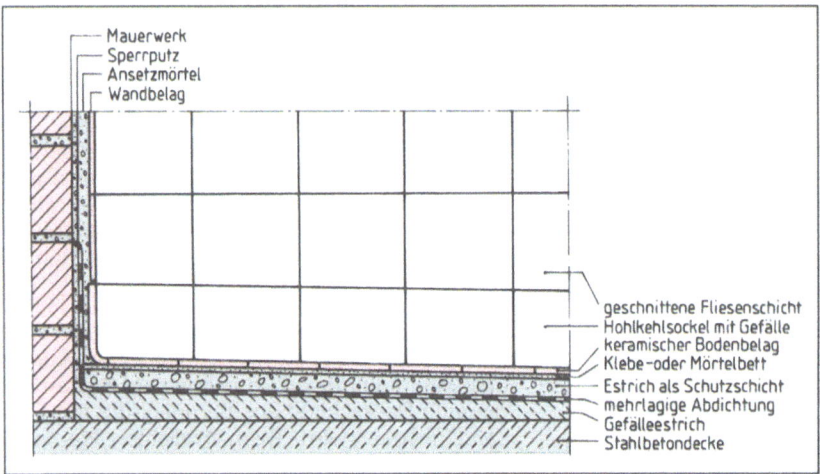

7.11 Schnitt durch einen abgedichteten Boden (Innenraum ohne Dämmung)

des Sickerwassers aufweisen, die nicht durch das Abdichten zugeklebt sein dürfen. Sonst wirkt der abgedichtete Boden wie eine Wanne, in der der eingebettete Verlegemörtel dauernd durchnässt ist. Vielmehr soll das durch die Fugen gesicherte Wasser auf der Dichtschicht zum Senkkasten und in ihn hinein fließen.

Als Abschluss der Abdichtung wird die oberste Lage der Bitumenbahn mit heißem Bitumen überstrichen.

Es ist zweckmäßig, auf die Abdichtung eine Schutzschicht (Lastverteilungsschicht) aufzubringen, damit sie nicht beschädigt wird. Das kann ein Estrich sein, der bei sorgfältiger Ausführung als Verlegegrund für das Dünnbettverfahren dienen kann.

Für die Verlegung im Dickbett kann der Mörtel unmittelbar auf der Sperrschicht aufgezogen werden; er übernimmt die Aufgabe der Schutzschicht. Auf keinen Fall darf die Abdichtung beschädigt werden, etwa durch scharfes Werkzeug, Schaufeln von Mörtel oder durch Splitter beim Hauen der Fliesen.

7.3.3 Senkrechtes Abdichten

Die Abdichtung des Bodens wird, von OKFF aus gemessen, 15 cm an den Wänden hochgeführt, nur in seltenen Fällen darüber hinaus (denn auf Wandbelägen steht ja kein Wasser wie auf dem Boden, sondern fließt allenfalls mehr oder weniger häufig an ihnen entlang). Je nach Wasseranfall unterscheidet man drei verschieden wirksame Schutzmaßnahmen unter Wandbelägen gegen Feuchtigkeit:

– Aufbringen eines Sperrputzes,
– Sperranstrich auf einem Sperrputz (Dickbett) oder Dichtschlämme auf Vorputz (Dünnbett),
– Abdichtung durch Bitumen- bzw. Dichtungsbahnen.

Der Sperrputz besteht aus Zementmörtel von etwa 1:3 mit einem Dichtungsmittel (Biber F, Ceresit, Lugato, Tricosal u. a.). Er schützt ausreichend gegen gelegentliches Spritzwasser, z. B. an Fassaden und in Brausenischen (s. Abschn. 10.4), solange er rissefrei bleibt. Allerdings kann der starre, wenig elastische Putz leicht reißen, z. B. infolge von Setzspannungen.

Sperranstriche schützen gegen nichtdrückendes Wasser. Auf dem geglätteten und abgebundenen Sperrputz trägt man mit kreuzweiser Pinselführung den Sperranstrich zwei- bis dreimal auf.

Bei *heißflüssigem Anstrich* wird Bitumen (Teer) auf 150 bis 200 °C erhitzt, ständig verrührt, auf den Unterputz aufgetragen und durch Erkalten wieder fest. *Kalte Anstriche* bestehen aus einer Bitumenlösung oder -emulsion. Als Lösungsmittel wird Benzin oder Benzol verwendet, das nach dem Auftragen auf den (trockenen!) Untergrund verdunstet. Diese Dämpfe sind feuergefährlich und gesundheitsschädlich – Bitumenlösungen dürfen daher nicht in geschlossenen Räumen verarbeitet werden! Bei der Emulsion ist Bitumen in feinsten Kügelchen mit Hilfe einer Chemikalie (Emulgator) im Wasser verteilt. Beim Anstrich zerfällt („bricht") die Emulsion in das zu einer dichten Masse ineinander fließende Bitumen und in Wasser, das verdunstet.

Beim Dünnbettverfahren werden meist Abdichtungen gewählt, die vom Fliesenleger selbst mit dem Glätter, dem Pinsel oder der Rolle auf lotrechtem, ebenem Untergrund aufgetragen werden. Bei dieser alternativen Abdichtung handelt es sich um Dichtschlämmen, -emulsionen, Flüssigfolien oder Dichtkleber. Letztere wirken gleichzeitig als Abdichtung und als Kleber. Sie müssen nach den Hinweisen des Herstellers verarbeitet werden. Alle Innenecken und der Anschluss der Wände zum Boden werden zuvor mit Dichtungsbändern ausgebildet; Rohrdurchbrüche erhalten Dichtmanschetten.

Sperren mit Dichtungsbahnen ist nur bei drückendem Wasser erforderlich oder wenn die Gefahr von Setzrissen im Ansetzgrund besteht. Das Abdichten wird ähnlich wie bei Bodenflächen ausgeführt.

Der Mörtel haftet auf Sperranstrichen und Dichtungsbahnen nur schlecht, weil der Ansetzgrund ihn nicht ansaugt und verankert. Deshalb sind abgedichtete Wände vorzubehandeln. Zunächst drückt man in den noch frischen Sperranstrich Sandkörner ein. Auf einem zuvor aufgebrachten Spritzbewurf können die Fliesen in üblicher Weise angesetzt werden. Wenn der Frischmörtel mitsamt den Platten abzurutschen droht, kann man die Wand mit trockenem Zement pudern. Auch sollen nicht zuviele Schichten an einem Tag übereinander angesetzt werden. Die Haftung des Frisch- und Festmörtels verbessert sich, wenn man einen Mörtelträger (es genügt ein Drahtgeflecht) über den Sperranstrich spannt. Bei Dichtungsbahnen ist dies sogar erforderlich. Den Mörtelträger kann man punktförmig mit schnellbindendem Mörtel und oberhalb der Abdichtung mit verzinkten Haken oder Nägeln am Mauerwerk befestigen. Er wird dann mit einem Vorputz überzogen. Die Platten sind vollsatt anzusetzen, weil sich sonst in den Mörtelnestern Wasser ansammeln könnte, das weder verdunsten noch vom Ansetzgrund aufgesaugt werden kann.

> Bodenbeläge im Außenbereich und in Nassräumen mit starkem Wasseranfall müssen abgedichtet werden. Auf einen Gefälleestrich werden 2 bis 3 Dichtungsbahnen geklebt und an den Wänden mindestens 15 cm hochgezogen. Die Abdichtung ist vor Beschädigungen zu schützen.
>
> An Wänden genügt meist ein Sperrputz. Darauf kann zusätzlich ein heiß- oder kaltflüssiger Sperranstrich angebracht oder eine Dichtschlämme beim Dünnbettverfahren aufgezogen werden.

Aufgaben zu Abschnitt 7

1. Wovon hängt es ab, wie viel Gefälle ein Bodenbelag haben soll?
2. Erläutern Sie die Aussage: Die Strecke *AB* hat 3 % Gefälle.
3. Auf welche Weise kann man Steigungen und Gefälle ausdrücken?
4. Wie kann man die Lehren legen, wenn das Mörtelbett Gefälle zu einer Rinne haben soll?
5. Bei welcher Gefälleart müssen alle Ränder des Bodens in Waage bleiben, bei welchen Arten geht das nicht?
6. Bei welcher Gefälleart muss der Boden eben sein, bei welchen Arten geht das nicht?
7. Was versteht man unter Kehle und Grat?
8. Geben Sie verschiedene Möglichkeiten an, wie man die Lehren bei Gefälle zu einem Einlauf in der Raummitte anordnen kann.
9. Stellen Sie Vor- und Nachteile der verschiedenen Anordnungen der Lehren gegenüber.
10. Schildern Sie das Anlegen eines Bodens mit Gefälle zu einem Senkkasten bei der Einzelverlegung nach Schnur.
11. Warum werden häufig die Fliesen an den Ecken des Senkkastens diagonal geteilt?
12. Was versteht man unter einem Kranz um den Senkkasten? Skizzieren Sie.
13. In welchen Fällen kommt man am Senkkasten ohne diagonal geteilte Fliesen aus?
14. Welche Schäden können durch Feuchtigkeit im Bauwerk entstehen?
15. Woraus wird Teer, woraus Bitumen gewonnen?
16. Warum zieht man Bitumen dem Teer für Abdichtungen vor?
17. Was bedeutet die Bezeichnung 500er-Pappe?
18. Erläutern Sie den Aufbau eines Bodenbelags mit Abdichtung.
19. Warum darf man auf einer Abdichtung weder Mörtel mischen noch Bodenfliesen zurecht hauen?
20. Wie kann man erreichen, dass das durch den Bodenbelag gesickerte Wasser nicht auf der Abdichtung stehen bleibt?
21. Wo wird ein Sperrputz angewendet?
22. Woraus besteht ein Sperrputz?

23. Erläutern Sie den Unterschied zwischen Bitumenlösung und Bitumenemulsion!
24. Wo darf man Bitumenlösung nicht verwenden? Warum?
25. Beschreiben Sie, wie ein Ansetzgrund gegen Spritzwasser geschützt werden kann.

    a) beim Dickbett, b) beim Dünnbett

26. Wie kann man die Haftung des Ansetzmörtels auf Sperranstrichen und Dichtungsbahnen verbessern?
27. Warum ist bei Belägen über abgedichteten Böden ein volles Mörtelbett so wichtig?
28. Was versteht man unter alternativer Abdichtung?

M

1. Wie viel % Gefälle hat die Strecke s im Bild 7.12?

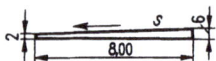

   7.12 Gefälle der Strecke s

2. Ein Bodenbelag soll 1,5 % (2 %) Gefälle zur Rinne bekommen. Wie viel cm Höhenunterschied ergeben sich auf einer Grundlänge von 2,20 m (1,90)?
3. Eine Lehre von 2,50 m (3,20 m) Grundlänge liegt am Rand 4,5 cm (4,8 cm) höher als an der Rinne. Wie viel % Gefälle hat sie?
4. Eine Straße überwindet auf 1,5 km waagerechter Grundlänge einen Höhenunterschied von 120 m. Welche Steigung hat sie?
5. Ein Bodenbelag soll mindestens 1 % Gefälle zum Einlauf E erhalten. Die längste Entfernung eines Bodenpunkts von E beträgt 5,50 m, die kürzeste 1,65 m.

    a) Wie viel cm muss der Einlauf tiefer als die Ränder liegen?
    b) Wie viel % beträgt das stärkste Gefälle?

6. Der Bodeneinlauf E (7.13) liegt 6 cm tiefer als die Ränder des Bodens. Berechnen Sie

    a) das Gefälle von F, G, H und K nach E,
    b) den Abstand von A, B, C und D nach E,
    c) das Gefälle von A, B, C und D nach E.

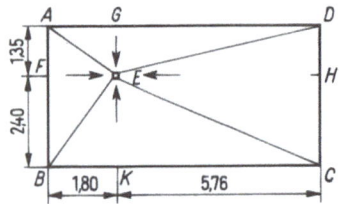

   7.13 Gefälle im Boden

7. Auf einem waagerechten Betonboden soll ein Estrich mit Gefälle von 2,5 % aufgezogen werden. An der Rinne ist der Estrich 1,5 cm dick.

    a) Wie dick ist der Estrich am Rand, der 2,40 m (3,20 m) von der Rinne entfernt ist?
    b) Wie viel m³ Nassmörtel braucht man bei einer Bodenlänge von 7,20 m (6,90 m)?

8. Gefälleestrich zu einer Rinne (7.14).

    a) Berechnen Sie das Gefälle in %.
    b) Wie viel m³ Nassmörtel wird gebraucht?
    c) Ermitteln Sie den Bedarf an Sand und Zement Mischungsverhältnis 1:4, Einmischfaktor 1,4.

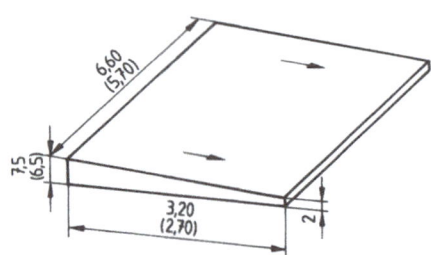

   7.14 Gefälleestrich zu einer Rinne

9. Berechnen Sie den Bedarf an Sand und Zement für einen Estrich 1:4 für den Balkon in Bild **6.34**. Gefälle = 2 %, Mörteldicke an der Rinne = 2 cm.

10. Gefälleestrich zu einem Senkkasten (7.15). Zementmörtel 1:5, am Einlauf 1,5 cm, an den Wänden 8 cm (9,5 cm) dick. Berechnen Sie den Bedarf an Nassmörtel, Sand und Zement.

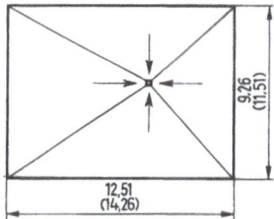

   7.15 Gefälleestrich zu einem Senkkasten

11. Ein rechteckiger Boden von 8,20 m × 6,70 m wird mit Zementmörtel 1:5 aufgezogen mit einem Mindestgefälle von 1 % zum Einlauf. Die weiteste Raumecke liegt 5,75 m (6,25 m) vom Senkkasten entfernt. Am Einlauf ist der Mörtel 1 cm dick.

    a) Wie dick ist der Mörtel an den Rändern?
    b) Berechnen Sie den Bedarf an Sand und Zement.

Aufgaben zu Abschnitt 7

12. Eine Halle von 8,10 m x 18,75 m wird durch 3 jeweils in Feldmitte angeordnete Senkkästen (7.6) entwässert. Das Mindestgefälle soll 1 % betragen, die Mindestdicke des Mörtels 2 cm.

    a) Wie dick ist der Mörtel an den Rändern und auf den Graten?
    b) Berechnen Sie den Nassmörtel in m³.
    c) Wie viel Kiessand 0 bis 8 und wie viel Sack Zement werden gebraucht? (Mischungsverhältnis 1:5)
    d) Wie viel m³ Mörtel wären es weniger, wenn man ohne Grate arbeitete, so dass die Flucht des Bodens zwischen den Senkkästen waagerecht wäre?

13. Eine 15,60 m lange und 10,40 m breite Halle soll durch 6 Senkkästen (2 mal 3) entwässert werden. Das Mindestgefälle soll 1,5 %, die Mindestdicke des Mörtels 1,5 cm betragen.

    a) Welchen Abstand müssen die Senkkästen von den Wänden und untereinander haben, damit 6 gleiche rechteckige Felder entstehen?
    b) Berechnen Sie den Bedarf an Sand und Zement (Mischungsverhältnis 1:5).

1. **Fliesenkranz am Senkkasten, M 1:5 (7.16)**. Senkkasten 15 cm x 15 cm, Bodenfliesen 10 cm x 10 cm. Zeichnen Sie einen Ausschnitt aus dem Bodenbelag von 80 cm x 60 cm um den Senkkasten mit einem Fliesenkranz, der

    a) nicht im Fugenschnitt liegt (Kranzbreite = 10 cm),
    b) im Fugenschnitt bleibt (Kranzbreite < 10 cm).

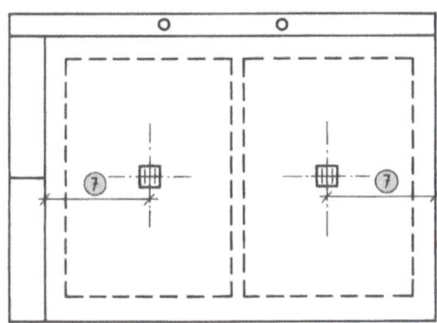

7.16 Fliesenkranz um Senkkasten, M 1:5

2. **Schnitt durch Gefälleboden, M 1:5 (7.17)**. Bodenaufbau: Betondecke, Estrich mit 2,5 % Gefälle, Abdichtung, 3 cm dicker Schutzestrich, 2 cm dickes Mörtelbett, Bodenfliesen 10 x 20, 1 cm dick; Hohlkehlsockel 10 x 15.

3. **Boden mit 2 Senkkästen, M 1:25 (7.18)**. Bodenbelag aus Klinkerplatten 25 x 25 (Modulformat), Senkkästen 20 x 20. Zeichnen Sie die Draufsicht ohne Symmetrie, aber mit einem Kranz um jeden Senkkasten. Der Boden ist ohne Rücksicht auf die Lage der Senkkästen von zwei seiner Ränder aus anzulegen.

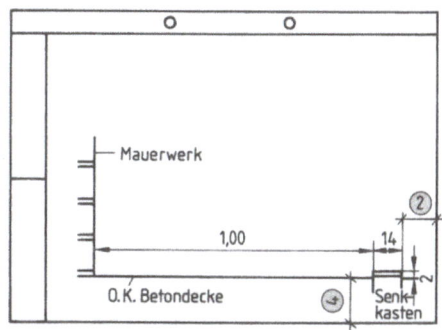

7.17 Schnitt durch Gefälleboden, M 1:5

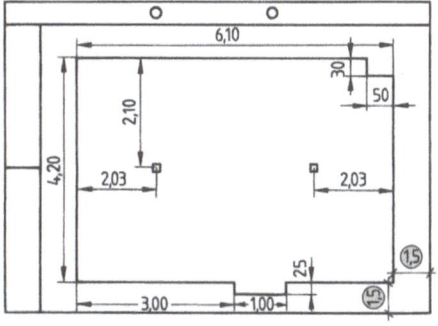

7.18 Boden mit 2 Senkkästen

8 Dämmen

8.1 Schalldämmung
(s. Baufachkunde Grundlagen von Kohl/Bastian/Neizel, Abschn. 2.4)

Vergleichen Sie die Geräusche in einem zur Straße gelegenen Zimmer bei geöffnetem und geschlossenem Fenster. Was können Sie tun, um die Nachbarn unten und nebenan nicht durch Trittgeräusche zu stören? Können Sie im Badezimmer hören, wenn die Nachbarn Wasser laufen lassen oder miteinander sprechen? Stört es Sie, wenn ein Nachbar ein Sinfoniekonzert in voller Lautstärke abspielt? Vielleicht stört es ihn auch, wenn Sie den neuesten Hit so laut wie möglich verbreiten?

In seiner Wohnung möchte jeder vor Lärm und Geräuschen von draußen oder vom Nachbarn geschützt sein. Abdichtungen der Bauwerkteile gegen Schall gibt es nicht, wohl aber lässt sich Schall so weit dämmen, dass er nicht oder weniger stört.

Schall sind Schwingungen und Wellen eines gasförmigen, flüssigen oder festen Mediums. Der Bereich des menschlichen Hörvermögens umfasst etwa 16 bis 16000 Schwingungen je Sekunde (Frequenz von 16 Hz bzw. 16000 Hz). Mit zunehmender Frequenz nimmt die Tonhöhe zu. Nicht hörbare tiefe Töne gehören zum Infraschall (0 bis 16 Hertz), hohe über 16 Kilohertz zum Ultraschall.

Luftschall (z. B. Straßenlärm, Musik oder Geschrei von nebenan) wird durch dichte, schwere Bauwerkteile gedämmt, also durch dicke, massive Wände und Decken, weil sich schwere Körper nicht so leicht durch die aufprallenden Luftwellen des Schalls in Schwingung versetzen lassen. Keramische Beläge tragen durch ihre Dichte zum Schutz gegen Luftschall bei. Luftschall aus Schallquellen desselben Raumes kann deshalb stören, weil er zurückgeworfen wird (Nachhall), z. B. im Hallenbad. Glatte Oberflächen (besonders Fliesenbeläge) werfen den Schall zurück; weiche, raue und löcherige wirken schallschluckend. In Hallenbädern verwendet man aus hygienischen Gründen keine weichen Wandverkleidungen, sondern Schallschlucksteine (**1.16 h**).

Öffnungen, undichte Fenster- und Türanschlüsse, offene Fugen und Risse beeinträchtigen die Luftschalldämmung sehr stark.

Unter Körperschall versteht man die Leitung des Schalls in festen Körpern. In Bauwerken kann störender Körperschall durch Bohren und Schlagen an Wänden, Füllen von Wannen oder Verrücken von Möbeln entstehen. Körperschall wird in dichten, festen, harten Stoffen (wie Stahl, Beton, Fliesen und Platten) sehr gut weitergeleitet, weil sich in ihrem dichten Gefüge die Schwingungen der eng beieinanderliegenden Moleküle fast ohne Energieverlust fortpflanzen können. Je dichter (schwerer) ein Stoff ist, desto besser leitet er den Schall. So kann man z. B. mit dem Ohr auf der Eisenbahnschiene einen nahenden Zug kilometerweit hören. Die Schallgeschwindigkeit beträgt im Stahl 5000, im Wasser 1450, in der Luft nur 340 Meter je Sekunde.

Trittschall heißt der Körperschall, der durch Gehen, Laufen, Springen usw. auf dem Fußboden verursacht wird. Während das Dämmen von Wänden gegen Körperschall kaum möglich und auch nicht nötig ist, müssen Fußböden in Wohnräumen gegen Trittschall gedämmt werden. Weist der Verlegegrund noch keine Schalldämmung auf (schwimmender Estrich), hat der Fliesenleger sie auszuführen. Gerade der Fliesenbelag als guter Schallleiter, mit starrem Zementmörtel auf der Betondecke verlegt, gibt den Trittschall an seine Umgebung beinahe unvermindert weiter. Vom schwingenden Boden aus pflanzt sich bei fehlender Dämmung der Schall in den Decken und Wänden des Bauwerks fort, deren Schwingungen wiederum die umgebende Luft anstoßen (**8.1**).

Die Luftwellen schließlich treffen unser Trommelfell, dessen Schwingungen wir als Schall empfinden. Deshalb muss der Bodenbelag mitsamt Mörtelbett von der Massivdecke und den

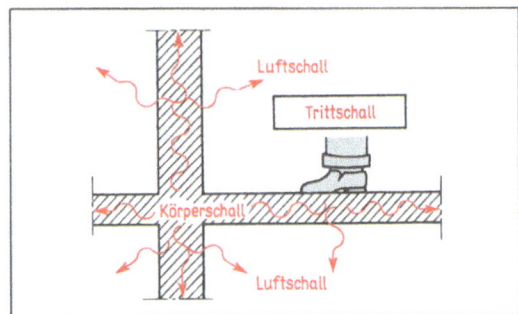

8.1 Ausbreitung des Trittschalls

angrenzenden Wänden getrennt werden – er muss vollkommen in Schalldämmstoffe eingebettet werden, gleichsam „schwimmen".

Dämmstoffe gegen Trittschall sind leicht, weich und federnd. Sie fangen die Schwingungen des Bodenbelags elastisch auf. Je höher ihr Federungsvermögen – also je geringer ihre „dynamische Steifigkeit" (Messgröße nach DIN) ist –, desto besser dämmen sie den Trittschall. Außerdem sollen sie dauerhaft sein, weder durch Fäulnis und Korrosion noch durch Druckbelastung zerstört werden. Am häufigsten verwendet man *mineralische Fasern* und *Schaumkunststoffe*. Wie gut der Trittschallschutz verbessert wird – im Vergleich zur ungedämmten Stahlbetondecke –, ist abhängig von der Dicke der Dämmschicht und der Art des Dämmstoffs. Schaumkunststoffe sind etwas steifer als Faserstoffe, dämmen also bei gleicher Dicke etwas weniger gut, drücken sich aber auch weniger bei Belastung zusammen. Das Maß des Trittschallschutzes für die verschiedenen Anwendungsbereiche legt DIN 4109 fest. Das erforderliche „Trittschallverbesserungsmaß" für den schwimmenden Estrich lässt sich berechnen; danach werden Art und Dicke der Dämmschicht bestimmt.

Mineralische Faserdämmstoffe mit Fasern aus Stein, Glas oder Hüttenschlacke gibt es in loser Form, als Platten (meist 50 oder 62,5 cm x 100 cm), als Filze und als Matten von meist 10 m Länge, die in 1 m breiten Rollen geliefert werden. In ihrer Bezeichnung (z. B. Mineralfaser-Trittschalldämmplatte T nach DIN 18165, 25/20, 1000 x 500 mm) bedeuten „T" Trittschall und „25/20" die Dicke in unbelastetem und belastetem Zustand. Unter Estrichen beträgt ihre dynamische Steifigkeit bei 15 mm Dicke 12 bis 18 MN/m³, bei 20 mm 8 bis 12 MN/m³ – ein sehr guter Wert. Dickere Dämmschichten bringen zwar noch bessere Werte, drücken sich aber bei Belastung auch stärker zusammen, wobei die Gefahr von Rissen im Estrich und an den Anschlüssen zu den Wänden wächst.

Außer mineralischen gibt es auch pflanzliche Faserdämmstoffe, z. B. aus Kokosfasern.

Schaumkunststoffe werden als Platten geliefert. Für den Trittschallschutz verwendet man meist solche aus Polystyrol (PS), z. B. Styropor. Ihre Dicke wird ebenfalls mit zwei Zahlen angegeben, z. B. 29/25 oder 18/15.

Bei einer Dicke von 15 mm beträgt die dynamische Steifigkeit etwa 30 MN/m³, bei 25 mm sind es etwa 15 MN/m³.

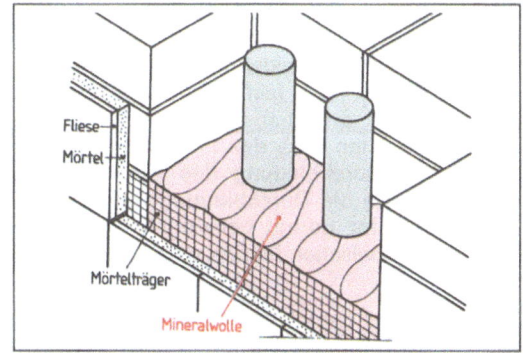

8.2 Schalldämmung wasserführender Rohrleitungen in einer Wandnische

Außer der so wichtigen Trittschalldämmung kommt im Arbeitsgebiet des Fliesenlegers auch Dämmen gegen den Körperschall vor, der durch fließendes Wasser in Wannen und Rohren entsteht. Rohrkästen und -schlitze werden mit losem Dämmstoff (8.2) oder durch schüttbare Dämmung (Perlite u. a.) ausgefüllt oder mit Kunststoffschaum ausgespritzt, der erst nach dem Einbringen aushärtet.

8.2 Trittschalldämmung

Schwimmender Estrich bietet wirkungsvollen Schutz gegen die Übertragung von Trittschall bei massiven Decken. Er soll in allen Räumen einer Wohnung, also auch unter keramischen Belägen den Trittschall dämmen. Unter einem schwimmenden Estrich versteht man eine Estrichplatte, die in einem Polster aus geeigneten Dämmstoffen „schwimmt", d. h. keine starre Verbindung zu den umgebenden Bauteilen hat. Die biegesteife Estrichplatte ist eine Lastverteilungsschicht, sie muss den statischen Belastungen durch Personen und Möbel (nach Norm bis 1,5 kN/m²) sowie dynamischen Beanspruchungen durch Rücken von Möbeln, fallende Gegenstände und springende Personen sicher standhalten.

Über der weichen Dämmschicht biegt sich bei Belastung die Estrichplatte durch. Die Durchbiegung ist um so geringer, je dicker der Estrich ist, wird aber größer, wenn die Dämmschicht dicker wird und mehr zusammengedrückt werden kann. Um Schäden zu vermeiden, schreibt die Norm Mindestdicken für schwimmende Estriche vor:

a) Dämmschicht bis 30 mm dick
und bis 5 mm zusammendrückbar
mind. 35 mm Estrichdicke

b) Dämmschicht wie bei a), aber als
Untergrund für keramischen Belag
mind. 45 mm Estrichdicke

c) Zusammendrückbarkeit der Dämmung
mehr als 5 mm   + 5 mm Mehrdicke

Für keramische Beläge wird also über der Dämmung ein mindestens 4,5 cm dicker Estrich benötigt; somit ergibt sich für den Bodenaufbau eine Konstruktionshöhe von 7,5 cm oder mehr. Dieser vorgeschriebene dickere Estrich biegt sich allenfalls noch ganz geringfügig durch. Das ist wichtig, denn anders als weichere Oberbeläge (Teppichboden, Kunststoff, Parkett) sind Fliesen und Platten hart, fest, sehr biegesteif und nicht zusammendrückbar, sie übertreffen in diesen Eigenschaften auch den Estrich. Die Platten machen die Durchbiegung des Estrichs nicht mit. Also muss die Durchbiegung durch dickeren Estrich ganz gering gehalten werden, um Spannungen zwischen Estrich und Belag zu vermeiden.

Schwimmender Estrich eignet sich gut als Verlegegrund beim Dünnbettverfahren. Er muss aber vor der Plattenverlegung genügend ausgetrocknet sein, weil er während des Trocknens schwindet. Er darf nur noch 2% Feuchtigkeit enthalten. Der Feuchtegehalt lässt sich durch ein CM-Gerät (Carbid-Methode) oder mit elektronischen Messgeräten prüfen. Ohne Feuchtigkeitsprüfung dürfen Estriche erst nach 28 Tagen mit Platten belegt werden.

Für die Belegung mit keramischen Platten findet der Fliesenleger meist einen Zementestrich (ZE) vor, daneben unterscheidet man noch nach dem Bindemittel Anhydritestrich (AE), Gußasphaltestrich (GE) und Magnesiaestrich (ME), der z. T. auch als Steinholzestrich bezeichnet wird.

Durch seinen Aufbau mit zwei völlig getrennten Konstruktionsschalen dämmt der schwimmende Estrich auch den Luftschall wirkungsvoll ab. Außerdem vermindert er mit seiner Dämmschicht entscheidend den Wärmeabfluss durch den Boden. Oft ist die Wärmedämmung sogar seine Hauptaufgabe (s. Abschn. 8.4).

Verlegen der Dämmschicht (8.3 und 8.4). Zunächst ist der Rohfußboden von Mörtelresten und Bauschutt zu säubern, so dass eine ebene und waagerechte Unterlage entsteht, die auch eine gleichmäßige Dicke des Verlegemörtels über der Dämmschicht ermöglicht. Auf keinen Fall dürfen punktförmige Erhebungen verblei-

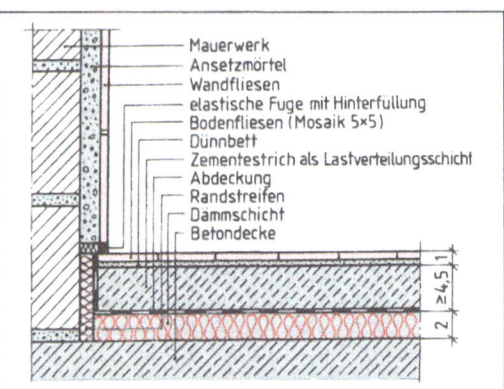

8.3 Dämmen gegen Trittschall: schwimmender Estrich mit keramischem Belag

ben, die die Estrichdicke schwächen (Bruchgefahr!) und Schallbrücken bilden können. Auf dem (trockenen) Betonboden werden die Dämmplatten oder -matten dicht aneinander ausgelegt, die Platten im Verband. Mehrlagige Dämmschichten werden versetzt verlegt. Ringsum an alle Wände gehören Randstreifen aus dem Dämmstoff, die mindestens bis zur Höhe der OKFF reichen sollen. Nach der Bodenverlegung wird ihr über den Fliesenbelag hinausragender Bereich abgeschnitten. Durch den Boden verlaufende Rohre ummantelt man mit dem Dämmstoff. Die ausgelegte Dämmschicht wird mit Bitumenpappe, Ölpapier oder Kunststofffolie aus Polyethylen abgedeckt, damit sie vor Mörtelwasser und -brei geschützt ist. Die Abdeckbahnen überlappen an den Stößen mindestens 8 cm; sie müssen auch an den Randstreifen hochgeführt werden.

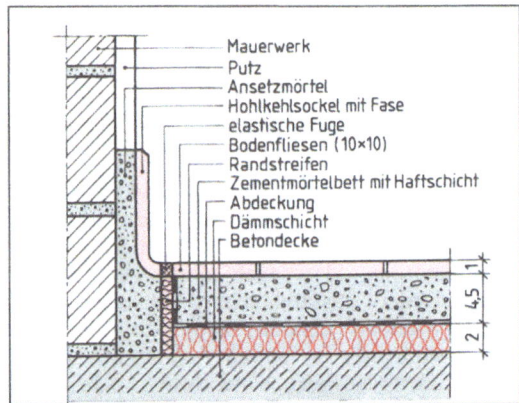

8.4 Dämmen gegen Trittschall: keramische Platten mit Dämmschicht verlegt, Wandanschluss mit Hohlkehlsockel

8.2 Trittschalldämmung

Eindringender Mörtel und Feuchtigkeit setzen die Wirksamkeit der Dämmung beträchtlich herab. Denn erstarrter Mörtel hebt die federnde Wirkung der Dämmstoffe auf; zwischen den Fugen der Dämmschicht würde er sogar als Schallbrücke wirken. Diese Abdeckung darf man allerdings nicht als Feuchtigkeitsabdichtung auffassen.

Schallbrücke. Beim Dämmen hat der Fliesenleger darauf zu achten, dass keine Schallbrücken zu Wänden oder durchlaufenden Rohren entstehen. Schallbrücke nennt man eine ungewollte, durch einen Planungs- oder Ausführungsfehler entstandene starre Verbindung vom Bodenbelag (auf dem der Trittschall entsteht) zu anderen massiven Bauteilen (Wände, Decken, Rohre, 8.5). Über eine (noch so kleine) Schallbrücke werden Trittschallschwingungen übertragen, so dass der Schall in andere Räume des Gebäudes gelangt.

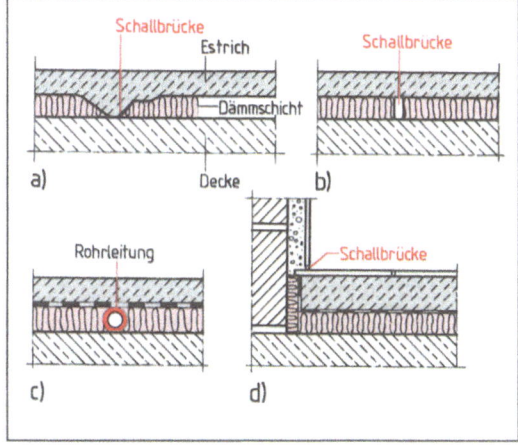

8.5 Schallbrücken mindern den Trittschallschutz
a) durch schadhafte Dämmschicht, b) durch offene Stoßfugen in der Dämmschicht, c) durch Rohrleitungen in der Dämmschicht (unzulässig!), d) durch fehlerhaften Wandanschluss

Anschluss Boden-Wand. Der Bodenbelag darf daher weder mit einer Platte noch mit dem Fugmörtel an die Wand stoßen. Das wird durch den Randstreifen verhindert. Aber auch der Sockel darf nicht zu einer Schallbrücke werden. Zwischen ihm und den Bodenfliesen wird deshalb eine elastische Fuge angeordnet. Der Fliesenleger darf weder den Sockel direkt auf den Boden aufsetzen noch die Fuge zum Sockel bzw. Wandfliesenbelag beim Ausgießen des Bodens starr verschließen. Sonst wäre nicht nur die Trittschalldämmung erheblich beeinträchtigt, sondern würde auch die Fuge aus Zementmörtel reißen, weil der Boden auf der federnden Dämmschicht nachgibt.

Den Anschluss keramischer Wandbeläge zu einem schwimmenden Estrich muss man auch dann dauerelastisch ausbilden, wenn keine Bodenplatten verlegt werden. Die unterste Wandfliesenschicht bzw. der Sockel wird in diesem Fall mit dem Mörtelbett vom Estrich getrennt (z. B. durch einen Streifen aus Kunststoffschaum). Die bleibende Fuge kann man entweder elastisch ausspritzen oder mit einem (schall-)-weichen Kunststoffsockel überkleben.

Dehnungsfugen in der Fläche sind nur bei größeren Böden anzuordnen, wenn der Flächeninhalt 40 m² übersteigt oder die größte Ausdehnung mehr als 8 m beträgt. Für Außenflächen gelten dagegen geringere Abstände von 2,5 m bis 5 m (s. Abschn. 12.2). Die Dehnungsfugen gehen durch den Fliesenbelag und Estrich bis auf die Abdeckung der Dämmschicht. Dehnungsfugen verhindern Risse im Estrich und Belag, können aber auch Nachteile haben. Sie teilen die Fläche in zwei Felder; wenn das eine Feld wesentlich größere Lasten (z. B. schwere Möbel) tragen muss, wird die Dämmschicht verschieden stark zusammengedrückt. Dann kann es zu einem Höhenversatz entlang der Dehnungsfuge kommen, so dass die beiden Felder des Bodens nicht mehr bündig zueinander liegen.

Fliesenverlegung auf Dämmschichten. Fehlt in Räumen, deren Boden plattiert werden soll, ein schwimmender Estrich, dann hat der Fliesenleger für eine fachgerechte Trittschalldämmung zu sorgen. Als Dämmstoff eignen sich dann am ehesten Platten aus Kunststoffschaum, die beim Aufziehen und Verdichten des Mörtels sowie beim Einklopfen der Platten weniger federn als Dämmatten. Sollen doch stärker federnde Dämmstoffe (z. B. Glasfasermatten) verwendet werden, zieht man das Mörtelbett streifenweise auf. Man vermeidet so, dass das Mörtelbett bzw. der frisch verlegte Belag betreten werden müssen, was bei der nachgebenden Dämmschicht zum Verkanten der Fliesen führt. Legt man über die Matten noch eine Holzwolle-Leichtbauplatte, bekommt man einen starreren Verlegegrund und eine zusätzliche Schall- und Wärmedämmschicht.

Der Verlegemörtel über Dämmschichten muss hohe Festigkeit erreichen, damit die schwimmende Mörtelplatte über der weichen, federnden Unterlage nicht bricht. Der Belag aus Platten und Mörtel wird nicht nur – wie bei Böden ohne Dämmschicht – auf Druck, sondern auch auf Biegung beansprucht. Das Mörtelbett muss genügend dick sein, überall mit wenigstens 4,5 cm Dicke aufgezogen und gut verdichtet werden.

Der sonst übliche magere Verlegemörtel genügt hier nicht. Es ist ein erdfeuchter *Zementmörtel* 1:4 zu verwenden. Der Sand muss scharf, gemischtkörnig und ohne lehmige Bestandteile sein. Geeignet ist nur guter Flusskiessand (z. B. Rheinkiessand) der Korngruppe 0 bis 8 mm (Estrichzuschlag). Bei besonderen Belastungen sollte das Mörtelbett mit einer Baustahlmatte bewehrt werden. Auch durch Zugabe von Fasern kann die Festigkeit des Estrichs erhöht und die Gefahr der Rissbildung verringert werden. Über dickeren Dämmschichten, die sich stärker zusammendrücken, muss man auch das Mörtelbett bzw. den Zementestrich dicker ausführen. Beim Einbringen des Mörtels dürfen die Dämmschicht und ihre Abdeckung nicht verschoben, beschädigt oder durch stärkere punktförmige Belastung zusammengepresst werden. Beim Transport mit Karren fährt man nicht direkt, sondern auf Bohlen über die Dämmung.

> Gegen Trittschall werden plattierte Fußböden durch einen schwimmenden Estrich bzw. schwimmenden Verlegemörtel gedämmt. Matten oder Platten aus federnden Dämmstoffen auf der Betondecke, Randstreifen an den Wänden und Ummantelungen an durchlaufenden Rohren verhindern eine starre Verbindung zum Bodenbelag. Durch elastische Fugen zwischen Sockel und Boden werden Schallbrücken zu den Wänden vermieden. Die Mörtelplatte über Dämmschichten muss hohe Festigkeit und genügende Dicke aufweisen.

8.3 Wärmedämmung

Wärme ist eine bestimmte Energieart, Bewegung der Moleküle eines festen, flüssigen oder gasförmigen Körpers. Die Temperatur, gemessen in Kelvin (K), gibt den Wärmezustand des Körpers an. Temperaturunterschiede eines Körpers zu seiner Umgebung oder auch innerhalb eines Körpers lassen Wärme zur kälteren Seite abfließen, bis sich der Temperaturunterschied ausgeglichen hat.

Der Wärmetransport geschieht durch
- **Strömung** (Konvektion) in Flüssigkeiten und Gasen. Dabei steigen die wärmeren Schichten auf. Sie sind leichter, weil sich durch die schnellere Bewegung der Moleküle ihr Volumen vergrößert hat.
- **Wärmeleitung** in festen Stoffen. Die schwingenden, an ihren Platz gebundenen Moleküle stoßen sich gegenseitig an und geben so die Wärme weiter, ohne dass der Stoff bewegt wird.
- **Wärmestrahlung.** Die Wärmequelle (Sonne, Heizung) sendet ihre Strahlen durch die Luft bzw. vollkommen ungehindert durch das Vakuum und erwärmt einen Körper beim Auftreffen der Strahlen.

Der Wärmeschutz von Bauwerken kann niemals den Abfluss von Wärme nach außen ganz verhindern. Wohl aber kann durch geeignete Dämmstoffe und -maßnahmen der Wärmeverlust erheblich eingedämmt werden.

Alle Dämmstoffe sind schlechte Wärmeleiter, auch die gegen Trittschall. Sie eignen sich daher zugleich zum Dämmen gegen Wärme und Kälte.

Ihre geringe Wärmeleitfähigkeit beruht auf ihrem hohen Anteil an ruhender Luft, denn ruhende Gase sind die schlechtesten Wärmeleiter. Feste, dichte, porenfreie Baustoffe leiten dagegen Wärme gut weiter. So fühlen sich die dichten Fliesen und Platten kalt an, weil sie der berührenden Hand bzw. dem Fuß die Wärme schnell entziehen. Wärmedämmstoffe haben dagegen einen großen Anteil an kleinen Hohlräumen, an Blasen, Poren und Kapillaren.

Die Wärmeleitfähigkeit λ (lambda) ist eine messbare Eigenschaft von Stoffen. Sie gibt an, welche Wärmemenge in Wattsekunden innerhalb 1 Stunde durch einen 1 m dicken Stoff auf einer Fläche von 1 m² fließt, wenn der Temperaturunterschied zwischen der wärmeren zur kälteren Oberfläche 1 Kelvin beträgt (8.6). Je kleiner der λ-Wert, desto besser ist die Dämmwirkung.

Der Wärmedurchlasswiderstand $\frac{1}{\Lambda}$ (1 durch groß Lambda) eines Bauteils berechnet sich aus seiner Dicke s und dem λ-Wert des Baustoffs:

$$\frac{1}{\Lambda} = \frac{s}{\lambda}$$

So gilt für eine Faserdämmplatte von 2 cm Dicke

mit dem λ-Wert 0,04 $\frac{W}{m \cdot K}$

der Wärmedurchlasswiderstand

$$\frac{1}{\Lambda} = 0{,}02 \text{ m} : 0{,}04 \, \frac{W}{m \cdot K} = 0{,}5 \, \frac{m^2 \cdot K}{W} \, .$$

Tabelle 8.6 Wärmeleitzahlen einiger Baustoffe

Baustoff	λ in $\frac{W}{m \cdot K}$	Dichte in g/cm^3
Stahl	60	7,85
Normalbeton	2,1	2,4
Zementestrich	1,4	2,0
Fliesen	1,0 bis 1,2	2,0
Ziegelmauerwerk	0,5 bis 1	1,2 bis 2,0
Porenbeton-Bauplatten	0,2 bis 0,3	0,5 bis 0,8
Holz (Tanne, Fichte)	0,13	0,6
Holzwolle-Leichtbauplatten	0,1 bis 0,14	0,4 bis 0,6
mineralische Faserdämmstoffe	0,03 bis 0,05	0,01 bis 0,05
Schaumstoffkunstplatten	0,025 bis 0,04	0,01

Durch **Wärmedämmschichten** oder porige Baustoffe verbessert man den Wärmeschutz von Wänden und Decken. Für alle beheizten Räume ist ein wärmegedämmter Fußbodenaufbau vorgeschrieben. Das gilt besonders für Fußböden auf Decken, die fremde Wohnungen oder Arbeitsbereiche trennen, aber auch für Böden, die zur umfassenden Hülle eines beheizten Gebäudes gehören (z. B. Fußböden auf Kellerdecken oder auf Decken gegen Erdreich bei nicht unterkellerten Wohnräumen). Durch die Wärmedämmschicht erhält man im Allgemeinen zugleich den erforderlichen Schallschutz. In Kühlräumen und -häusern dient die Dämmung dagegen als Schutz vor Wärme. Unmittelbar als Ansetzgrund eignen sich nur mit einem Spritzbewurf versehene Wände aus porigen Steinen (Bims, Porenbeton), Holzwolle-Leichtbauplatten oder harte Wärmedämmstoffe wie z. B. Styrodur. Weiche Dämmstoffe aus Wolle, Fasern, Filz, Kork oder Kunststoffschaum müssen aber mit einem starren Mörtelträger (z. B. Rippenstreckmetall) überspannt und vorgeputzt werden. An Fassaden sind Baustahlmatten im Mauerwerk zu verankern und genügend dick vorzuputzen, bevor die Platten angesetzt werden können (s. Abschn. 13.3).

8.4 Bodenbeläge über Fußbodenheizungen

Wärmetechnische Eigenschaften von Fliesen und Platten. Über Fußbodenheizungen sind keramische Fliesen und Platten der ideale Bodenbelag, weil sie neben ihren anderen Vorzügen zwei günstige wärmetechnische Eigenschaften aufweisen. Einmal leiten sie die Wärme gut weiter, so dass sich die Wärmemenge gleichmäßig im Bodenbelag verteilt. Zum anderen können Fliesen Wärme gut speichern (Beispiel: Kachelofen), haben eine hohe spezifische Wärmekapazität (s. Kohl/Bastian/Neizel, Baufachkunde Grundlagen Abschn. 2.3.6). Die Fähigkeit eines Bauteils, die Wärme zu speichern, hängt aber nicht nur vom Baustoff, sondern auch von seiner Dicke ab. Der Fliesenbelag soll daher im Verbund mit einem möglichst dicken Zementestrich (7,5 cm und mehr bei Warmwasserheizungen, mindestens 5,5 cm bei elektrischen Heizungen), in dem das Heizsystem eingebettet ist, als Wärmespeicher wirken. Der Raum bleibt auch nach Abschalten der Heizung noch viele Stunden warm, weil die aufgewärmte Schicht aus Platten und Estrich die Wärme nur langsam abstrahlt. Wegen der guten Speicherfähigkeit und der sehr großen Heizfläche werden Fußbodenheizungen energiesparend als Niedertemperatur-Heizungen betrieben.

Dämmung. Fußbodenheizungen werden als Warmwasserheizung mit den üblichen Öl-, Gas- oder Koksbrennern oder als Elektroheizung – meist mit billigem Nachtstrom – betrieben. Der Boden wird dabei auf etwa 28 °C, im Barfußbereich (Bad) bis zu 35 °C aufgeheizt. Die Oberflächentemperatur von Heizestrichen darf nach DIN 50 °C nicht überschreiten. Höhere Temperaturen (> 50 °C) könnten dazu führen, dass der Belag Risse bekommt oder sich hochwölbt. Die Wärme soll wenig nach unten in die Betondecke abfließen. Daher ist eine dicke Wärmedämmschicht ($\geq$ 40 mm) zu empfehlen, die oft aus zwei Lagen besteht. Die gesamte Dämmschicht darf sich jedoch unter der Belastung nicht zu sehr zusammendrücken. Daher verwendet man druckbelastbare Wärmedämmstoffe (Kurzzeichen WD).

Spannungen. Durch den häufigen Temperaturwechsel werden Estrich und Plattenbelag besonders beansprucht. Dazu kommen weitere Spannungen im Estrich, weil die Dämmschicht nachgibt und federt. Den Estrich bewehrt man daher mit einer nichtstatischen Betonstahlmatte (z. B. N 141 oder N 94) oder einem Baustahlgitter (50 x 50 x 2 mm), damit die Spannungen nicht zu Rissen führen. Bei größeren Bodenflächen muss der Estrich Dehnungsfugen erhalten.

Wegen der Längenänderung des Bodenbelags infolge Temperaturänderungen darf der Abstand der Dehnungsfugen nicht mehr als 5 bis 8 m betragen. Ein Estrich dehnt sich auf 5 m Länge schon bei einer Temperaturerhöhung von 20° um 1 mm aus (Wärmedehnzahl für Beton, Estrich, Zementmörtel = 0,01 mm je Meter und Grad, für Fliesen $0,008 \left(\frac{mm}{m \cdot °C} \right)$.

Die Dehnungsfugen teilen den Boden in Felder ein, die nicht größer als 40 m² sein dürfen. Die größte Seitenlänge darf höchstens 8 m betragen. Die Felder sind in ihren Abmessungen auf das Rastermaß von Fliese mit Fuge abzustellen.

Verlegung. Die Platten kann man sowohl im Dünnbett mit hydraulischem, kunststoffvergütetem Dünnbettmörtel (bei entsprechend sorgfältiger Estrichausführung) als auch im vorgezogenen Zementmörtelbett verlegen – frühestens jedoch nach 28 Tagen, damit der Estrich erhärtet und ausgetrocknet ist und nicht mehr schwindet (**8.7** und **8.8**).

Einige Tage vor dem Verlegen, frühestens aber 21 Tage nach seiner Herstellung, wird der Estrich langsam aufgeheizt, in Stufen von täglich jeweils 5 °C bis auf 25 °C. Bei kühler Witterung wird während der Fliesenverlegung der Estrich gleich bleibend auf ca. 15 °C gehalten. Frühestens 28 Tage nach der Plattenverlegung wird die Heizung stufenweise – täglich 5 °C mehr – auf Betriebstemperatur gebracht.

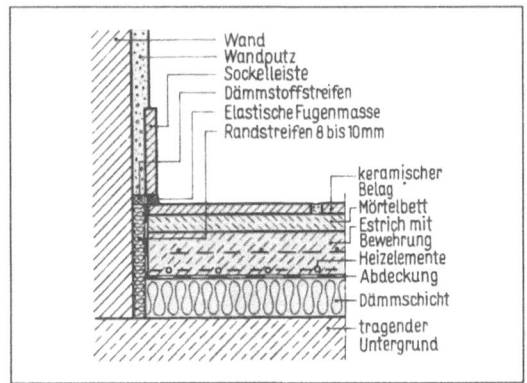

8.8 Wandanschluss eines Bodens mit Fußbodenheizung (Elektroheizung)

Bei allen Verlegeverfahren muss gewährleistet sein, dass die Dämmschicht unter dem Estrich nicht durchfeuchtet wird, weil sonst die Wärmedämmung stark beeinträchtigt wird (Wasser hat eine etwa 2,5-mal höhere Wärmeleitfähigkeit als Luft). Deshalb sollte in Nassräumen eine zusätzliche Feuchtigkeitsabdichtung angeordnet werden, die man oberhalb der Dämmschicht auf dem Heizestrich anbringt. Sonst genügt es, die Dämmschicht mit einer Folie oder Bitumenpappe abzudecken.

Schäden. Bei der Dünnbettverlegung von Platten auf Estrichen (nicht nur Heizestriche) hat es häufig Schäden gegeben. Zu frühes Verlegen kann zum Aufwölben des Plattenbelags führen, weil der Estrich beim Abbinden weiter schwindet, die keramischen Platten jedoch nicht. Andere Schadensursachen können sein: fehlende dauerelastische Rand- und Dehnungsfugen, zu große Zusammendrückbarkeit der Dämmschicht, zu geringe oder ungleichmäßige Estrichdicke, zu frühes oder zu starkes Aufheizen bei Fußbodenheizungen. Der Fliesenleger sollte entweder frisch in frisch mit selbst eingebrachtem Estrich = Verlegemörtel und Haftschlämme arbeiten oder erst nach 4 Wochen im Dünnbett auf dem erhärteten, fast völlig getrockneten Estrich.

Häufig reißen – auch schon nach kurzer Zeit – bei Belastung des schwimmenden Estrichs durch schwere Möbel die elastischen Randfugen zum Sockel oder Wandbelag, weil der Estrich über der Dämmung zu sehr nachgibt und die Flankenhaftung der Fugmasse nicht ausreicht. Es wäre sinnvoll, die Randfugen erst nach dem Bezug der Wohnung zu schließen.

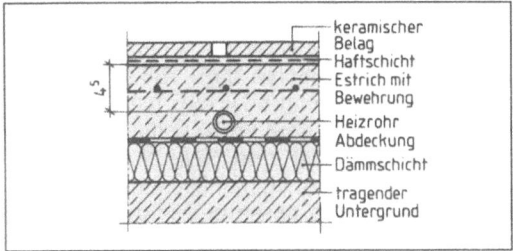

8.7 Keramischer Bodenbelag, im frischen Heizestrich (Warmwasser) verlegt

Aufgaben zu Abschnitt 8

Regeln für das Verlegen von Platten auf dem Estrich über Bodenheizungen

1. Mit dem Plattieren ist erst zu beginnen, wenn der Estrich trocken ist und nicht mehr schwindet (nach 28 Tagen).
2. An allen Wandanschlüssen müssen elastische Randfugen angeordnet werden.
3. Größere Räume erhalten in der Bodenfläche zusätzliche Dehnungsfugen, deren Lage im Estrich und Plattenbelag übereinstimmen muss.
4. Fußbodenheizungen dürfen frühestens 28 Tage nach Beendigung der Plattenarbeiten in Betrieb genommen werden.

Aufgaben zu Abschnitt 8

T

1. Nennen Sie Dämmstoffe für Trittschall- und Wärmeschutz.
2. Welche Eigenschaften der Dämmstoffe bewirken die Dämmung des Trittschalls, welche die Wärmedämmung?
3. In welcher Form werden Dämmstoffe geliefert?
4. Warum dürfen Dämmschichten nicht durchfeuchten?
5. a) Warum werden für schwimmenden Estrich Mindestdicken vorgeschrieben? Welche?
   b) Warum soll der Estrich bzw. das Mörtelbett für Fliesen und Platten über Dämmschichten mindestens 4,5 cm dick sein?
6. Erläutern Sie den Begriff „schwimmender Estrich".
7. Was versteht man unter einer Schallbrücke?
8. Schildern Sie das Verlegen der Dämmung.
9. Welche wärmetechnischen Eigenschaften haben Bodenplatten?
10. Welchen Zweck hat das Verlegen einer Baustahlmatte im Estrich bzw. Verlegemörtel über Dämmschichten?
11. In welchem Fall wird die Fuge zwischen Boden- und Wandbelag mit Zementmörtel, wann dauerelastisch verfugt?
12. Welche zusätzliche Aufgabe übernehmen Platten, Mörtel und Estrich als Belag über Fußbodenheizungen?
13. Warum müssen Estrich und Plattenbelag über Fußbodenheizungen zu den Wänden Dehnungsfugen erhalten?
14. Wann müssen auch in der Bodenfläche Dehnungsfugen angeordnet werden?
15. Wodurch kann es zu Schäden an Fliesenbelägen auf Estrichen kommen?
16. Warum soll man Estriche erst nach 28 Tagen mit Fliesen belegen? Wie lässt sich diese Wartezeit verkürzen?
17. Auf welche Weisen wird Wärme in Stoffen transportiert?
18. Geben Sie Bestandteile und Dicke der Lastverteilungsschicht über Dämmungen an!

M

1. Wie viel m² Dämmung sind in der Wohnung nach Bild **6.34** zu verlegen?
2. Wie viel m Randstreifen braucht man (**6.34**)?
3. Um welches Maß dehnt sich ein Estrichfeld von 8 m x 5 m aus, wenn mit einer Temperaturerhöhung von 35 °C gerechnet wird?

4. Welchen Wärmedurchlaßwiderstand hat ein schwimmender Estrich von 5 cm Dicke ($\lambda = 1,4$) auf einer 2,5 cm dicken Dämmschicht ($\lambda = 0,045$)?

Z

1. **Boden mit Trittschalldämmung, M 1:5** als senkrechter Schnitt (**8.9**). Bodenfliesen 10 x 10, 4,5 cm Verlegemörtel, 2,5 cm Dämmung auf einer Betondecke. Wandbelag aus STG 15 x 15 ohne Sockel auf Ziegelmauerwerk im 2-DF-Format.
2. **Bodenbelag über Fußbodenheizung, M 1:5 (DIN A4, quer)**. Zeichnen Sie einen senkrechten Schnitt durch den Bodenaufbau wie in **8.7**, Wandanschluss wie in **8.8**. Dicke der Dämmschicht 4 cm, des Estriches 7,5 cm. Fliesen 20 x 20 x 1,2 cm.

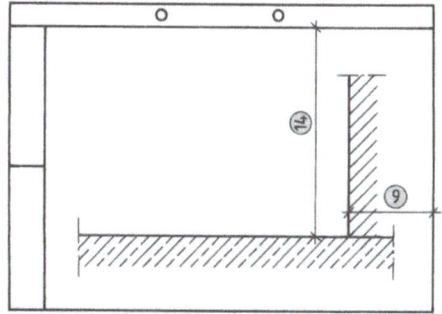

8.9 Boden mit Trittschalldämmung

9 Dünnbettverfahren

9.1 Verlegen im Dünnbett

Als Dünnbettverfahren bezeichnet man das Ansetzen und Verlegen von Platten mit nicht mehr als 6 mm Mörteldicke. Dabei kann ein hydraulisch erhärtender Dünnbettmörtel oder ein Klebstoff aus Kunststoff verwendet werden.

Der Untergrund für das Dünnbett muss eben, lotrecht bzw. waagerecht und genügend fest, tragfähig und biegesteif sein. Das ist vorher genau zu prüfen, denn im Gegensatz zum Dickbettverfahren lassen sich Unebenheiten im Untergrund nicht oder kaum durch das Dünnbett ausgleichen, sondern nur durch Vorarbeiten wie Beispachteln oder Vorputzen. Die Oberfläche darf nicht staubig oder verschmutzt sein, sie muss festen Verbund zum Untergrund haben, ohne lose Teile, abblätternde oder absandende Bereiche sein.

Liegen all diese Eigenschaften vor, ist das Dünnbettverfahren der Verlegung mit Zementmörtel in normaler Dicke vorzuziehen. Für Bodenbeläge trifft das besonders bei schwimmendem und Verbundestrich sowie bei alten Plattenbelägen zu. Für Wandbauteile aus glattem Beton, Leicht- und Porenbeton, Gips- und Gipskartonplatten, Holz und Holzwerkstoffplatten, Faserzement, Kunststoff und Metall sowie für geputzte oder plattierte Flächen ist die Dünnbettverlegung das geeignete, oft auch das einzig mögliche Verfahren.

Mosaik aller Art und andere kleinformatige Platten werden an Wänden auch dann im Dünnbett angesetzt, wenn der Ansetzgrund erst vorgeputzt werden muss. Bodenbeläge aus Mosaik kann man im Dünnbett oder im stramm aufgezogenen, gepuderten oder geschlämmten Mörtelbett verlegen.

Vorteile. Bei geeignetem Untergrund und richtiger Wahl des Klebers weist die Dünnbettverlegung einige Vorteile und wenige Nachteile gegenüber dem Dickbettverfahren auf.

– Das Verlegen ist einfacher und schneller.
– Ein vollsattes Mörtelbett ist leichter zu erzielen, Hohlräume mit größerem Volumen kommen nicht vor.
– Für Zementmörtel ungeeignete Untergründe (z. B. Gipsbauteile) können bekleidet werden.
– Durch die Wahl des Dünnbetts kann man sich auf besondere Beanspruchungen des Belags (Chemikalien, Spannungen, Wasser, Frost) besser einstellen.
– Das nachträgliche Ausrichten der Platten ist nach dem Ansetzen länger möglich, ohne die Haftfestigkeit zu verringern.
– Man kann Wände auch von oben nach unten plattieren.

Nachteilig ist die große Abhängigkeit von der Ebenheit und der lotrechten bzw. waagerechten Lage des Untergrunds.

Im Gegensatz zum Zementmörtel werden Klebstoffe nicht oder kaum in die Poren der Platten und des Untergrunds eingesaugt, so dass auch keine Verankerung erfolgt. Klebstoffe haften durch Adhäsion; die meisten haben eine deutlich höhere Klebkraft als der Zementmörtel. Dieser ist jedoch in der Endfestigkeit vielen Klebstoffen überlegen.

Die bessere Klebfähigkeit wirkt sich dann besonders günstig aus, wenn dichte Platten auf wenig saugfähigem Untergrund verlegt werden sollen. Dagegen werden Wandfliesen und Spaltplatten auf Mauerwerk besser im Dickbett angesetzt, wenn kleinere Hohlräume im Mörtelbett unbedenklich sind. Die Zeit, die Dünnbettmörtel und Klebstoffe zum Aushärten brauchen, ist wesentlich kürzer als die Abbindezeit des Zementmörtels. Während jedoch der Zementmörtel noch bei Temperaturen um den Gefrierpunkt verarbeitet werden kann, verlangen Klebstoffe i. Allg. Temperaturen über 4 °C.

9.2 Untergründe

Auf vielen Untergründen kann man unmittelbar das Dünnbett aufziehen, wie z. B. auf ebenem Estrich oder Zementputz. Dagegen kann eine Vorbehandlung erforderlich werden, wenn

– kein ebener Untergrund vorhanden ist (Rohbauflächen),
– kleinere Unebenheiten, Mulden oder Fehlstellen auszugleichen sind,

9.2 Untergründe

- die Haftfähigkeit der Oberfläche verbessert werden muss,
- der Untergrund nicht feuchtigkeitsbeständig ist,
- die Saugfähigkeit vermindert werden soll,
- dichte, glatte Flächen vorliegen.

Geeignete Maßnahmen zur Vorbehandlung können sein:

- Herstellen von Putz und Estrich für Rohbauflächen,
- Auftragen von Spachtelmassen auf Zementbasis, als Dispersion, seltener auch als Reaktionsharz,
- Vorstreichen mit Haftbrücken,
- Auftragen von Grundierungen.

Prüfungen. Manche Mängel des Untergrunds werden schon durch *genaues Hinsehen* entdeckt. Dazu zählen kleine Unebenheiten oder Löcher und Nester sowie Risse. Auch Öl- und Farbreste und andere Verschmutzungen sind leicht erkennbar.

Lose Teile, Staub, Auskreidungen lassen sich durch *Wischen* über die Oberfläche feststellen. Die Härte und Festigkeit der Oberfläche kann man durch *Kratzen* mit einem Messer oder Nagel beurteilen.

Das Benetzen mit Wasser wird nicht nur zum Prüfen des Saugverhaltens vorgenommen. Es lässt auch erkennen, wie gut der Untergrund für den Klebstoff bzw. Dünnbettmörtel benetzbar ist und mit ihm einen Haftverbund eingeht. Schlecht zu benetzende Oberflächen benötigen einen Voranstrich.

Das Messen der Feuchtigkeit, z. B. durch das CM-Gerät kann bei Bauteilen, die beim Austrocknen schwinden – wie Estrich, Beton, Zementputz –, allzu lange „Sicherheits"-Wartezeiten vermeiden helfen.

> Überlegen Sie, was passiert, wenn Sie einen unebenen Untergrund im Dünnbett bekleiden. Wie wirkt sich Unebenheit „im kleinen" (zu große Rauheit, Buckel, Löcher), wie „im großen" (windschiefe Fläche) aus? Welche Schä-

Tabelle 9.1 Ebenheitstoleranzen nach DIN 18202

Bauwerkteil	größtes zulässiges Stichmaß in mm bei einem Messpunktabstand von:				
	10 cm	1 m	4 m	10 m	15 m
Nicht flächenfertige Decken, Unterbeton und Unterböden	10	15	20	25	30
Nicht flächenfertige Decken, Unterbeton und Unterböden **mit erhöhten Anforderungen** für die Aufnahme von Estrichen, Fliesen- und Plattenbelägen	5	8	12	15	20
Flächenfertige Böden: Nutzestriche, Estriche zur Aufnahme von Bodenbelägen (z. B. für Fliesen im Dünnbett), Bodenbeläge (z. B. aus Fliesen)	2	4	10	12	15
Flächenfertige Böden mit erhöhten Anforderungen, z. B. mit selbstverlaufender Spachtelmasse	1	3	9	12	15
Nicht flächenfertige Wände (Rohbauwände), Unterseiten von Rohdecken	5	10	15	25	30
Flächenfertige Wände z. B. geputzte Wände und Decken, Wandbekleidungen	3	5	10	20	25
wie vorher, **mit erhöhten Anforderungen**	2	3	8	15	20

den ergeben sich, wenn man einen nicht feuchtigkeitsbeständigen Untergrund (z. B. Gipsbauplatten) ohne Vorbehandlung plattiert?

Ebenheit ist eine wichtige Voraussetzung für die Anwendung des Dünnbettverfahrens. In DIN 18202 sind die zulässigen Abweichungen von der Ebenheit für verschiedene Bauwerkteile festgelegt (Tab. 9.1). Dabei ist das Stichmaß in mm angegeben, welches eine Fläche höchstens von einer geraden Messlinie abweichen darf.

Wände aus Mauerwerk und rauem Beton erhalten zunächst einen deckenden Spritzbewurf und dann einen einlagigen, etwa 1,5 bis 2 cm dicken Putz aus Zementmörtel von 1:3 bis 1:3,5 oder aus einem Mörtel der Gruppe II. Die Oberfläche ist leicht anzurauen, z. B. indem man feine Rillen in den frischen Putz einkämmt. Angeworfene Mörtellehren und mit Putzhaken befestigte Latten an Außenecken helfen, einen ebenen, lotrechten Putz abzuziehen (vgl. Kohl/Bastian/Neizel, Baufachkunde Grundlagen, Abschn. 8.1.2).

Auf Betondecken wird ein erdfeuchter Zementmörtel 1:4 als Estrich eben und waagerecht aufgezogen und verdichtet. Seine Oberfläche soll rau bleiben, das Glätten entfällt. Der Arbeitsvorgang entspricht dem Aufziehen des Zementmörtelbetts (s. Abschn. 6.4 und 8.3).

Zementestrich und ebenflächiger Beton sind als Untergrund auch ohne Vorbehandlung gut geeignet. Allerdings darf der Beton nicht zu jung sein, weil sonst das Kriechen und Schwinden noch nicht abgeschlossen sind (Wartezeit bis 6 Monate). Zementestrich muss erhärtet und ausreichend ausgetrocknet sein (Wartezeit 28 Tage).

Putz aus Zementmörtel ist wegen seiner hohen Festigkeit für alle Dünnbettmörtel und -klebstoffe gut geeignet. Kalkzementputz ist ebenfalls noch geeignet, dagegen hat Kalkputz der Mörtelgruppe I zu geringe Festigkeit. Auch Gipsputz ist allenfalls für Dispersionsklebstoffe als Untergrund brauchbar und auch nur, wenn er wenigstens 2,5 N/mm² Festigkeit hat und vorher grundiert wurde.

Auf alten Fliesenbelägen (und anderen dichten, glatten Untergründen, wie z. B. wasserabweisender Putz oder Beton) lässt sich gut ein neuer Belag verlegen – vorausgesetzt, der alte Belag ist lotrecht, eben und hat festen Verbund zum Untergrund. Die alten Fliesen sind gründlich zu reinigen, vor allem auch von Fett. Auf Glas(uren) haften sowohl Dünnbettmörtel als auch Dispersionsklebstoffe auf Grund der Adhäsion in verfestigtem Zustand recht gut, eine Haftbrücke als Voranstrich verbessert die Haftung noch mehr. Doch bei Wänden besteht die Gefahr, dass die Fliesen im frischen Klebebett abrutschen. Deshalb ist für Rauheit zu sorgen; das geschieht am einfachsten einen Tag vorher durch einen dünnen, durchaus etwas lückenhaften gekämmten oder mit dem Quast getupften Auftrag des Dünnbettmörtels bzw. -klebstoffs.

Wird die neue Verfliesung höher als die alte ausgeführt, so sollte keinesfalls auf dem Kalkputzstreifen – der ja i. Allg. auch noch einen Farbanstrich trägt – im Dickbett plattiert oder ein Ausgleichpuz aufgebracht werden, weil der Kalkputz geringe Festigkeit hat und die Haftung auf dem Anstrich nicht gewährleistet ist. Entweder schlägt man den Putz ab, bringt einen Spritzbewurf auf und setzt die Fliesen im Dickbett an, oder man sorgt durch entsprechend dünne, angedübelte und verklebte Trägerplatten, z. B. aus Styrodur, für einen bündigen Anschluss an den alten Fliesenbelag, um dann im Dünnbett fliesen zu können.

Gipskarton-, Gipsbau- und Holzwerkstoffplatten sind wegen ihrer Ebenheit und leichten Verarbeitbarkeit vor allem bei Umbauten und Altbausanierungen häufig anzutreffende Untergründe für die Verfliesung mit Dispersionsklebstoffen. Sie müssen aber genügend starr, biegesteif und tragfähig sein; außerdem brauchen sie einen besonderen Voranstrich als Feuchtigkeitsschutz. Als Grundierungsmittel verwendet man Kunststofflösungen, die leicht zu verstreichen sind und gut auf dem Untergrund haften. Zudem werden sie vom Gips eingesaugt und verfestigen dadurch seine Oberfläche. Das Lösungsmittel verdunstet; es bleibt eine wasserdichte, jedoch dampfdurchlässige Grundierung. Für Nassräume (z. B. Duschbereiche) sind Gips- und Holzbaustoffe jedoch trotz Grundierung nicht geeignet, weil eine spätere Beschädigung des Schutzanstriches (z. B. durch Spannungsrisse oder durch Nägel, Schrauben, Dübellöcher) nicht auszuschließen ist.

9.3 Verlegeverfahren

Beim Dünnbettverfahren werden drei Arten unterschieden, wie der Mörtel bzw. Klebstoff aufgetragen wird: Floating, Buttering, Kombination.

Das Auftragen des Dünnbetts auf den Untergrund (Floating) ist das einfachste und schnellste Verfahren. Es wird für Bodenflächen immer,

9.3 Verlegeverfahren

 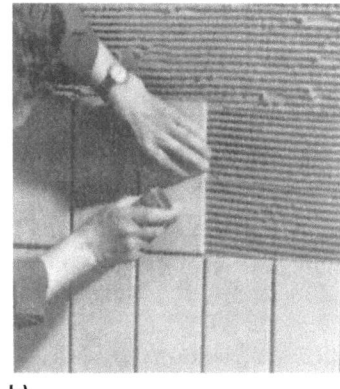 

a) b) c)

9.2 Ansetzen von Wandplatten im Dünnbett
a) Auftragen des Dünnbetts, b) Eindrücken der Platte ins Dünnbett, c) Verbund von Klebstoff und Platte

bei Wänden weitaus am häufigsten angewendet. Mit der Glättekelle wird der Kleber zunächst in dünner Schicht aufgezogen. Darauf trägt man das eigentliche Dünnbett auf und kämmt es waagerecht oder senkrecht mit dem Zahnspachtel oder der gezahnten Glättekelle (9.2 a). Die Tiefe der so entstehenden Rillen und Stege im Dünnbett wählt man je nach Kleberart und Plattengröße zwischen 2 und 5 mm. Sie wird durch die Zahntiefe des Werkzeugs und den Anstellwinkel beim Kämmen (meist zwischen 60° und 45°) erreicht. Die Zahntiefe des Werkzeugs sollte man nach der Fliesengröße wählen. Dazu gibt DIN 18157 eine Empfehlung (s. Tab. 9.3). Nach dem Kämmen werden die Platten kräftig angedrückt (9.2 b) oder schräg eingeschoben, nur bei dickerem Dünnbettauftrag auch angeklopft. Dabei sollen die Stege im Dünnbett flachgedrückt werden, damit ein möglichst vollständiger Verbund zur Platte entsteht (9.2 c). Dieser „Aufbruch" des Klebers muss für jede Platte wenigstens 65 % betragen; hin und wieder sollte der Fliesenleger eine frisch verlegte Platte aufnehmen, um das zu überprüfen.

Tabelle 9.3 Empfohlene Zahntiefen von Kammspachteln nach DIN 18157

Plattenkante	Zahntiefe
bis 50 mm	3 mm
50 bis 108 mm	4 mm
108 bis 200 mm	6 mm
über 200 mm	8 mm

Man darf nicht zuviel Fläche vorziehen, denn die Platten dürfen nur in der „offenen Zeit" des Klebers in das Dünnbett eingedrückt werden. Sobald sich eine Haut auf dem Dünnbett bildet, vermindert sich die Haftfähigkeit rasch. Nach DIN 18156 müssen die Hersteller dafür sorgen, dass die Hautbildung frühestens nach 10 Minuten erfolgt.

Wandflächen aus Porenbeton erhalten ebenfalls eine Haftbrücke, um das zu starke Saugen einzuschränken. Am einfachsten ist ein Anstrich mit dem verdünnten Klebstoff.

Das Auftragen des Dünnbettmörtels auf die Platte (Buttering) wird beim Auswechseln einzelner Fliesen, beim Ansetzen von Sockelleisten auf vorhandenem Putz und dann angewendet, wenn Platten mit ungleichmäßiger Dicke oder stärker profilierter Rückseite anzusetzen sind. Auch Spaltplatten mit schwalbenschwanzförmig ausgebildeter Rückseite lassen sich so im Dünnbett verlegen. (Eigens für das Dünnbett werden

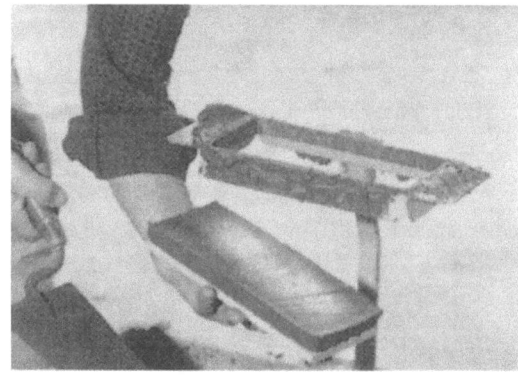

9.4 Aufziehen eines Mörtels auf die Platte (Buttering, hier im Dickbett)

auch Spaltplatten mit geringer Riffelung der Rückseite hergestellt.) Mit Hilfe eines Rahmens wird der Klebemörtel auf der Plattenrückseite vollflächig abgezogen, so dass die Platte mit Mörtel jeweils gleiche Dicke aufweist (9.4).

Dann wird die bemörtelte Platte angeklopft. Kleine Unebenheiten im Ansetzgrund gleicht man aus. Außer Klebern können bei diesem Verfahren auch Zementmörtel mit einem Quarzsand der Körnung 0 bis 1 mm im Mischungsverhältnis 1:3 verwendet werden. Durch Kunststoffzusätze lässt sich der Mörtel plastischer und klebfähiger machen. Bis zu den 60er-Jahren wurden Mosaiktafeln im Butteringverfahren angesetzt.

Beim kombinierten Verfahren (Floating-Buttering) trägt man den Klebemörtel sowohl auf den Untergrund als auch auf die Platte auf. Diese Verlegeweise wird angewendet, wenn überall eine vollflächige Einbettung der Platten im Dünnbett gewährleistet sein muss, d. h., wenn eine sehr hohe Haftfestigkeit und ein dicht geschlossenes Mörtelbett gefordert sind.

9.4 Klebstoffe und Klebemörtel

Heute steht eine Vielzahl verschiedener Kleber zur Verfügung. Wie bei anderen Kunststoffen kann man auch Fliesenkleber mit weitgehend vorherbestimmten, gewünschten Eigenschaften herstellen und so den Anforderungen der Praxis anpassen. Der Fliesenleger wählt jeweils den Kleber nach seiner Eignung für die Art des *Untergrunds* und die zu erwartenden Beanspruchungen des Belags. Dabei helfen ihm die Angaben der Hersteller. Wichtige Eigenschaften und Verwendungsbereiche sollten deutlich auf der Verpackung genannt werden, z. B. „für innen und außen", „für Nassräume", „starr" oder „dehnbar" (flexibel), „beständig gegen..." (9.5).

Hydraulisch erhärtende Klebemörtel bestehen aus dem Bindemittel Zement, feinkörnigen Zuschlägen bis etwa 0,5 mm Korngröße und Kunststoffzusätzen, die den Mörtel geschmeidiger und klebfähiger machen und das Wasser besser zurückhalten. Sie werden als Trockenmörtel in Pulverform geliefert. Das Pulver wird in Wasser eingestreut und zu einer gleichmäßigen, klumpenfreien, plastischen Masse aufgerührt. Manche Mörtel brauchen noch einige Minuten *Reifezeit*, bevor sie auf den Untergrund aufgetragen werden können. Die Platten müssen innerhalb der vom Hersteller angegebenen Verarbeitungszeit (*offene Zeit*) in das Mörtelbett

Tabelle 9.5 Dünnbettmörtel und Klebstoffe

Art	Eigenschaften	Verwendung
Hydraulischer Dünnbettmörtel (kunststoffvergüteter Zementkleber) DIN 18156-M	ähnlich wie Zementmörtel: wasserbeständig, frostbeständig, starr, wenig säurebeständig; längere Abbindezeit; mit Wasser anzurühren	innen und außen, auch in Nassräumen; auf Zementestrich, -putz, Beton und alten Fliesen. Nicht auf Holz, Kunststoff und Metall sowie feuchtigkeitsbeanspruchten Gipsbauteilen
Dispersionsklebestoffe DIN 18156-D	dehnbar (flexibel); im Allgemeinen nicht frostbeständig und nur bedingt wasserbeständig; sehr klebfähig; leicht zu verarbeiten, gebrauchsfertig	für innen, nicht im Nassbereich; auf Putz, Beton, alten Fliesen, grundierten Gips- und Gipskartonplatten sowie Porenbeton; meist nur an Wänden
Reaktionsharze (2-Komponenten-Klebstoff), besonders Epoxidharz-Klebstoff DIN 18156-E	wasserbeständig, wasserdicht, frostbeständig, sehr haftfest; weitgehend beständig gegen Chemikalien (Epoxid), flexibel (Polyurethan); erst nach Mischen beider Komponenten zu verarbeiten; teuer, zeitaufwendig beim Verarbeiten	innen und außen, in Nassräumen, Labors und Becken, für chemisch beanspruchte Flächen; auf allen oben genannten Untergründen, auch auf Holzwerkstoffen und Metall

9.4 Klebstoffe und Klebemörtel

eingeschoben werden, bevor sich eine Haut bildet. Sonst lassen sich zwar die Stege des Klebebetts noch flachdrücken, doch verhindert die Haut weitgehend einen Klebekontakt zur Fliese. Hat der Klebemörtel im Anmachgefäß mit dem Erstarren begonnen – ist also die *Topfzeit* überschritten -, darf man ihn nicht durch Umrühren unter Zugabe von Wasser wieder aufbereiten, sonst wird die Festigkeit herabgesetzt. Hydraulische Dünnbettmörtel verlangen einen festen, starren, schwindungsfreien Untergrund, weil sie Spannungen infolge von Formänderungen nicht aufnehmen können. Zum Verfliesen von Bauteilen aus Gips sind sie nicht geeignet.

Stark saugender Untergrund ist mit einer Grundierung abzudecken, damit dem hydraulischen Klebemörtel das zum Abbinden nötige Wasser nicht entzogen wird.

Dispersionsklebstoffe sind gebrauchsfertige Klebstoffe aus Kunststoff von pasten- bis sahneartiger Konsistenz. Sie bestehen aus sehr fein in Wasser verteilten Kunststoffteilchen und mineralischen Füllstoffen. Ihr dehnbarer Klebefilm kann Spannungen im Untergrund gut aufnehmen. Dispersionsklebstoffe haben hohe Anfangsklebkraft und haften auch auf glatten Flächen. Die Festigkeit des erhärteten Klebstoffs wird jedoch von der des Zementmörtels und der hydraulischen Klebmörtel übertroffen. Dispersionsklebstoffe erreichen dagegen höhere Haftfestigkeit zwischen Fliesen, Kleber und Untergrund bei Zug- und Scherspannungen sowie bei dynamischer Beanspruchung. Sie sind deshalb besonders gut geeignet für das Plattieren dünner Bauwerkteile, z. B. Wände aus Gipskarton- oder Holzwerkstoffplatten. Biegungen und Erschütterungen, wie sie durch das Zuschlagen von Türen, Verrücken von Möbeln usw. entstehen, halten die geklebten Fliesenbeläge ohne Schaden aus.

Im Allgemeinen sind Dispersionsklebstoffe nicht frostbeständig. Auch müssen sie in einem bestimmten Temperaturbereich verarbeitet werden, damit sich die Kunststoffteilchen zu einem geschlossenen Klebefilm verbinden. Die untere Temperatur liegt meist bei etwa 4 °C. Die Klebstoffe erhärten unter Abgabe von Wasser; bei späterer Wassereinwirkung können sie wieder aufquellen. Deshalb eignen sie sich nicht für Bauteile, die dauernd oder sehr oft befeuchtet werden. Die meisten Klebstoffe halten durchaus feuchte Luft und gelegentlichem Spritzwasser stand, manche können durch Zugabe von Zement wasserbeständiger gemacht werden. Daher kann man mit diesen Klebern auch Wände in Küchen, Toiletten und Privatbädern ohne Dusche verfliesen.

Klebstoffreste entfernt man sofort mit feuchtem Schwamm. Das Werkzeug wird nach Gebrauch gründlich mit Wasser gereinigt. Verfestigte Klebstoffe lassen sich nur mühsam abkratzen oder mit besonderen Chemikalien (z. B. azetonhaltigen Mischungen) lösen.

> Auch hier gilt der Grundsatz: Sparst du jetzt 10 Minuten, brauchst du später eine halbe Stunde!

Dichtkleber sind ziemlich dünnflüssige Dispersionen, die durch Zementzugabe (nach Angabe des Herstellers) wasserdicht und frostbeständig werden und doch flexibel bleiben. (Dispersionsklebstoffe dürfen dagegen, von Ausnahmen abgesehen, nicht mit Zement vermischt werden, weil dadurch der Klebstoff unbrauchbar wird oder sofort erstarrt.) Dichtkleber eignen sich im Gegensatz zu den Dispersionsklebstoffen gut für Nassräume und Fassaden.

Reaktionsharze Sind Klebstoffe aus zwei Komponenten. Sie bestehen aus einem Kunstharz (Epoxid oder Polyurethan) und dem Härter. Beide Komponenten werden maschinell (Bohrmaschine mit Rühreinsatz) nach Angabe des Herstellers gemischt und sind dann innerhalb der angegebenen offenen Zeit zu verarbeiten. Während dieses Zeitraums sollen auch Plattenbelag und Werkzeug gereinigt werden, denn nach dem Erhärten kann man den Klebstoff nur noch mechanisch entfernen. Die Hände sind durch Handschuhe zu schützen. Beim Erhärten reagieren Kunstharz und Härter miteinander und bilden ein räumlich verknüpftes dichtes Netz.

Reaktionsharze werden auf Grund ihrer günstigen Eigenschaften dort eingesetzt, wo hydraulische Klebemörtel und Dispersionsklebstoffe nicht oder wenig geeignet sind. Im Gegensatz zu Zementmörtel und hydraulischen Klebemörteln sind Reaktionsharze auf der Basis von *Epoxid* sehr widerstandsfähig gegen chemische Beanspruchung. Anders als die Dispersionsklebstoffe sind sie auch wasserbeständig und wasserdicht, auch haben sie eine sehr große Haftzugfestigkeit und Druckfestigkeit und schwinden beim Aushärten nicht, sind also in ihren technischen Eigenschaften den hydraulischen Dünnbettmörteln und den Dispersionsklebstoffen weit überlegen. Sie sind daher gut in Nassräumen und draußen sowie für alle Flächen zu verwenden, die aggressiven Wässern, Laugen, Säuren, Fetten, hohen Druck- und Spülbelastungen ausgesetzt sind. Die Klebeschicht kann gleichzeitig als Sperranstrich dienen, wenn sie deckend aufgetragen wird. Es empfiehlt sich dann, den Klebstoff vorzustreichen und das Dünnbett erst nach Erhärtung des Voranstrichs aufzuziehen und zu kämmen. Eine Abdichtung durch Sperrpappe oder Dichtungsbahnen darf allerdings durch die dünne Schicht aus dem Reaktionsharzkleber nicht ersetzt werden.

Klebstoffe auf der Basis von Polyurethan sind dehnfähig, so dass sie Formänderungen des Untergrunds aufnehmen.

Bei schnellerhärtenden Klebstoffen sind die Topfzeit und offene Zeit unverändert, so dass die Zeit zum Verarbeiten gleich bleibt. Dagegen erhärtet der Klebstoff in wenigen Stunden. So kann der Belag viel früher benutzt werden.

9.5 Verlegen im Mittelbett

Unter Mittelbett versteht man ein Mörtelbett für die Verlegung von Bodenplatten zwischen 5 und 15 mm. Der Mörtel besteht aus einem werkseitig hergestellten kunststoffvergüteten Zement-Trockenmörtel, der auf der Baustelle mit Wasser angerührt wird – so wie der hydraulische Dünnbettmörtel. Das Mittelbett wird wie das Dickbett auf Lehren aufgezogen und mit einer groben Zahnkelle gekämmt. Im Gegensatz zum Dickbett bringt man keine Haftschicht auf, denn der Mittelbettmörtel ist von seiner Zusammensetzung und Klebkraft her mit dem hydraulischen Dünnbettmörtel vergleichbar. Das Mittelbettverfahren ist dann zweckmäßig, wenn der Untergrund zu uneben für das Dünnbett ist, aber eine geringe Bodenhöhe gewünscht wird oder wenn die Platten wegen zu stark profilierter Rückseite für das Dünnbett ungeeignet sind.

Erhältlich sind auch schnell erhärtende Mittelbettmörtel, die das Begehen des Bodenbelags nach einigen Stunden erlauben.

Die Verlegung im Dünnbett ist günstig

- für alle Plattenarten und Formate, wenn ein tragfähiger, ebener, lot- oder waagerechter Untergrund vorliegt;
- für Mosaik und andere kleinformatige Platten, auch wenn erst ein ebener Unterputz herzustellen ist.

Man unterscheidet mit Wasser aufzurührende hydraulische Dünnbettmörtel (Zementkleber) und gebrauchsfertige, teigige Dispersionsklebstoffe sowie aus zwei Komponenten zu mischende Reaktionsharze.

Für das Verarbeiten sind die Herstellerangaben zu beachten: Verwendungsbereiche, Verarbeitungstemperatur, Anrühren bzw. Mischen, Reifezeit, offene Zeit und Topfzeit.

Das Mittelbett eignet sich für Bodenplattierungen, wenn Untergrund oder Plattenrückseite für das Dünnbett zu uneben sind.

Aufgaben zu Abschnitt 9

1. Was versteht man unter dem Dünnbettverfahren?
2. Welche Eigenschaften muss der Untergrund für das Dünnbettverfahren aufweisen?
3. Nennen Sie Untergründe, die man im Dünnbett verfliesen kann.
4. In welchen Fällen wird im Dünnbett gefliest?
5. Stellen Sie die beiden Verfahren Dünnbett und Dickbett mit ihren Vor- und Nachteilen einander gegenüber.
6. Unterscheiden Sie die Art der Haftung zwischen Kleber und Zementmörtel.
7. Wie wird Mauerwerk für das Verkleiden mit Mosaik vorbereitet?
8. Wie werden Gipsbaustoffe für das Dünnbett vorbehandelt?
9. Wie setzt man Wandplatten im Dünnbett nach dem üblichen Floating-Verfahren an?
10. Geben Sie die beiden anderen Dünnbettverlegeverfahren an.
11. Was kann der Zweck einer Grundierung sein?
12. Welche Eigenschaften bzw. Mängel des Untergrunds sind

    a) durch Hinsehen, b) durch Kratzen, c) durch Wischen, d) durch Benetzen erkennbar?
13. Was versteht man unter Topfzeit, was unter Reifezeit?

Aufgaben zu Abschnitt 9

14. Was versteht man unter der offenen Zeit eines Klebers?
15. Woran erkennt man, dass der Kleber seine offene Zeit überschreitet?
16. Welche Eigenschaften eines Klebers findet man oft auf der Verpackung angegeben? Nennen Sie Beispiele.
17. Welche drei Arten von Klebern lassen sich unterscheiden?
18. Woraus bestehen hydraulische Dünnbettmörtel?
19. Für welche Anwendungsbereiche sind hydraulische Dünnbettmörtel gut geeignet?
20. Für welche Anwendungsbereiche sind Dispersionskleber geeignet?
21. Woraus bestehen Reaktionsharzkleber?
22. Wo werden Reaktionsharzkleber vornehmlich angewendet?
23. Unterscheiden Sie Dispersions- und Reaktionsharzkleber nach ihren Eigenschaften.
24. Welche Kleber sind für Fassaden geeignet?
25. Welche Eigenschaften haben Dichtkleber?
26. Was versteht man unter Mittelbettverfahren?
27. Wann wird Mittelbettmörtel verwendet?

M

1. Berechnen Sie nach Tab. 4 im Tabellenanhang (S. 209) den Bedarf an hydraulischem Dünnbettmörtel
   a) für 62 m² Wandfliesen 15 x 15,
   b) für 24,50 m² Kleinmosaik.
   c) Wie viel Säcke sind insgesamt anzuliefern?

2. Für das Verkleiden mit Kleinmosaik werden 54,30 m² Wände mit Zementmörtel 1:3,5 2 cm dick vorgeputzt.
   a) Wie viel l Nassmörtel, b) wie viel l Sand, c) wie viel Sack Zement, d) wie viel kg hydraulischer Dünnbettmörtel, e) wie viel 5-kg-Beutel Fugmörtel braucht man?

10 Fugen

10.1 Verfugen mit Zementmörteln

Aufgaben der Fugen. Der Fliesenleger muss auf die richtige Gestaltung und Ausbildung der Fugen den gleichen Wert legen wie auf das fachgerechte Verlegen. Denn von der Verlegung *und* von den Fugen hängt es ab, wie zweckmäßig, beständig und schön der Fliesenbelag wird.

Der Zweck der Fugen wird deutlich, wenn man einen Belag mit offenen Fugen oder mit (verbotenerweise!) knirsch aneinander gesetzten Platten mit fachgerecht verfugten Plattenbelägen vergleicht: Erst durch die gefüllten Fugen werden die einzelnen Platten zu einem Belag miteinander verbunden. Die gefliese Fläche wird (fast) dicht; Mörtelbett und Untergrund sind gegen Durchfeuchtung, Schmutz und Ansiedlung von Bakterien, Pilzen und dgl. geschützt. Der Fugmörtel umklammert jede Platte an ihren vier Seiten und trägt so – besonders bei Mosaik – zur Haftfestigkeit des Belags bei. Durch eine angemessene Fugenbreite lassen sich Größenunterschiede in den Platten so weit vermitteln, dass sie nicht das Gesamtbild stören. Spannungen infolge von Formänderungen des Untergrunds, des Mörtels oder des Fliesenbelags sollen durch die Fugen aufgenommen werden. Selbst durch starre Fugen aus Zementmörtel wird der Belag vor Absprengungen und Absplitterungen bewahrt, die bei knirsch angesetzten Platten auftreten können. In manchen Bereichen müssen jedoch Fugen elastisch ausgebildet werden, um Schäden zu vermeiden.

Durch die Wahl der Anordnung, der Breite und besonders der Farbe lassen sich mit den Fugen gestalterische Wirkungen erzielen. Auch tragen die Fugen bei sauberer, fachgerechter Ausführung zum schönen Gesamtbild des Plattenbelags bei.

10.1.1 Fugenbreite und Fugmörtel

Fugmörtel. Fliesen und Platten aller Art fugt man in der Regel mit Zementmörtel. Auch Wandfliesen sollen nicht mit reinem Zementleim, sondern mit einem Zementmörtel gefugt werden. Denn ab etwa 2 mm Breite bekommen Fugen aus erhärtetem Zement ohne Zuschlag feine Schwindrisse. Der Fugmörtel besteht aus grauem oder weißem Portlandzement und Quarzsand (Quarzmehl) als Zuschlag. Zum Teil werden noch Farbkörper zugegeben. Auch die fertigen Fugenfüller sind im Wesentlichen aus diesen drei Bestandteilen zusammengemischt; sie können noch Zusätze enthalten, die den Mörtel geschmeidiger oder wasserdichter machen. Marmorgips als Bindemittel gibt zwar der Fuge eine schöne weiße Farbe, ist aber nicht beständig gegen Feuchtigkeit und sollte deshalb allenfalls in ständig trockenen Räumen verwendet werden. Auf keinen Fall darf Marmorgips mit Zement oder fertigen Fugmörteln gemischt werden.

Von der Fugenbreite hängen das günstigste Mischungsverhältnis und die geeignete Körnung des Sandes für den Fugmörtel ab. Als Grundregel gilt: Das Größtkorn in einer Fuge (in einem Mörtelbett) darf höchstens $1/3$ der Fugenbreite (der Mörteldicke) betragen. Bei größerer Körnung lässt sich nämlich der Mörtel dort kaum noch verdichten, wo drei große Sandkörner nebeneinander geraten. Die Folge ist eine lockere, z. T. hohle Füllung der Fugen. Deshalb darf beim Ausgießen von Bodenbelägen mit 3 mm Fuge ein Sand von 0 bis 1 mm Körnung verwendet werden, bei 2 mm Fugenbreite jedoch nur eine Körnung von 0 bis 0,5 mm.

Ein Sand dieser Korngruppe könnte auch zu dem Fugmörtel für Wandfliesenbeläge gewählt werden. Aber eine Oberfläche mit 0,5 mm dicker Körnung fühlt sich noch rau an. Außerdem könnten die scharfen Sandkörner auf empfindlichen Glasuren (z. B. schwarze Majolika) Kratzer hinterlassen. Erst bei einem Feinstsand mit einem Größtkorn von höchstens 0,25 mm spürt man beim Reiben zwischen den Fingerspitzen keine Körner mehr, sondern empfindet ihn als Pulver oder Mehl. Zuschläge aus Quarz mit solcher feinsten „Körnung" werden auch als Quarzmehl bezeichnet. Mit ihnen lässt sich ein Fugmörtel mischen, der glatte und doch rissefreie Fugen ermöglicht. Auch für glasierte Bodenfliesen, vor allem für Mosaik, ist dieser Fugmörtel der geeignetste, weil zu einer glatten Oberfläche der Fliesen auch eine glatte Fuge gehört.

Das günstigste Mischungsverhältnis hängt auch vom Kornaufbau des Zuschlags ab. Je feiner ein Sand, desto mehr Bindemittel wird für das Umhüllen aller Körner gebraucht. Zuviel Bindemittel aber kann zu Schwindrissen führen. Tabelle **10.1** stellt übliche Fugenbreiten und geeignete Fugmörtel in einer Übersicht zusammen.

10.1 Verfugen mit Zementmörtel

Tabelle 10.1 Fugenbreite und Fugmörtel

Plattenart	Fugenbreite in mm	Fugmörtel	
		Zement : Sand	Sandkörnung
Mosaik, geschnittene Natursteinplatten	2	fertiger Fugmörtel oder 1 : 1,5 bis 1 : 2	0 bis 0,25 (glasiert bzw. poliert); sonst 0 bis 0,5
STG- und IG-Fliesen glasiertes STZ, Feinsteinzeug	2 bis 3	fertiger Fugmörtel oder 1 : 1,5 bis 1 : 2	0 bis 0,25
STZ, unglasiert bis 15 x 15, Terrazzoplatten	2 bis 3	fertiger Fugmörtel oder 1 : 2	0 bis 0,5
großformatiges STZ, Feinklinker	3 bis 6	fertiger Fugmörtel oder 1 : 2,5 bis 1 : 3	0 bis 1
Klinker, Spaltplatten Spaltriemchen	7 bis 10	fertiger Fugmörtel oder 1 : 3	0 bis 2
großformatiges Grobkeramik	10 bis 12	fertiger Fugmörtel oder 1 : 3 bis 1 : 3,5	0 bis 2

Für die Fugenbreiten macht die Norm keine Vorschriften, DIN 18352 empfiehlt nur mit großer Bandbreite:

Fliesen mit Kantenlängen bis 10 cm:	1 bis 3 mm Fugenbreite
Fliesen über 10 cm Kantenlänge:	2 bis 8 mm Fugenbreite
Spaltplatten:	4 bis 10 mm Fugenbreite
Spaltplatten mit Kantenlänge über 30 cm:	mind. 10 mm Fugenbreite

Farbige Fugen sind ein wirksames Gestaltungsmittel. Heute kann man nahezu alle Farben durch Mischen einiger Grundfarbtöne herstellen. Fertige Fugmischungen sind sehr zweckmäßig. Einmal lässt sich der gewählte Farbton nachbestellen. Dann kann der Kunde „seine" Fugenfarbe ohne zeitaufwendige Fugproben anhand von Mustern wählen. Schließlich darf man aus den gelieferten Grundtönen beliebige Mischungen zusammenstellen.

Weiße Fugmörtel werden aus weißem Zement (Dyckerhoff-Weiß), Lithopone und Quarzmehl gemischt, wobei Wasser rückhaltender Kunststoff zugesetzt wird. Bei farbigen Fugmörteln ersetzt man Lithopone durch Mineralfarben (zementechte Oxidfarben). Diese Farbkörper vertragen sich im Gegensatz zu organischen Farben chemisch gut mit dem Zement. Sie sind aber so feinkörnig wie die abschlämmbaren Bestandteile im Sand, so dass sie nicht vom Zement ummantelt werden können. Sie dürfen daher nur in geringer Menge zugesetzt werden; ihr Anteil sollte stets weniger als 10 % betragen. Trotz sorgfältiger Mischung und Verarbeitung bleibt oft die einheitliche Färbung der Fugen später nicht erhalten.

Für scheckige und fleckige Fugen gibt es vielfältige Ursachen. Neben Mischfehlern auf der Baustelle können sich auch fertige Fugmörtel in Kunststoffbeuteln schon während des LKW-Transports entmischen, weil durch das Rütteln die feinstkörnigen Bestandteile aus der Mischung nach außen wandern. Gebrauch von unreinem Wasser oder Werkzeug sowie Auswaschen der Farbpigmente beim Säubern des frisch gefugten Belags mit zu reichlichem Einsatz von Wasser sind Arbeitsmängel.

Ungleichmäßig tief ausgekratzte Fugen oder teils hohler (Stoßfugen), teils aus Ansetzmörtel bestehender Fugengrund führen später zu einem unterschiedlichen Feuchtegehalt der Fugen und damit zu hellerem oder dunklerem Aussehen. Schon beim Ausfugen kann dem Fugmörtel unterschiedlich viel und schnell Wasser entzogen werden, je nachdem, ob die Fliesenkante saugt oder (teilweise oder ganz) überglasiert ist.

Steht durch saugende Fliesen weniger Wasser für die Hydration des Zementleims zur Verfügung, so färbt sich die Fuge heller, bei reichlich vorhandenem Wasser (hoher W/Z-Wert) dunkler. Auch Ausblühungen aus dem Ansetzmörtel oder dem Ansetzgrund (z. B. von freiem Kalk) können Flecken hervorrufen. Oft entfärben oder verblassen Fugen erst nach längeren Zeiträumen, weil mit jedem Abwaschen oder durch kräftiges Abreiben des Fliesenbelags Farbkörper ausgeschwemmt werden können.

10.1.2 Fugen

Beim Fugen ist der Mörtel in einer Tiefe einzubringen, die der Plattendicke entspricht. Entsprechend tief werden die Fugen kurz nach dem Ansetzen der Platten ausgekratzt. Der Fugmörtel soll an drei Seiten haften: am Grund der Fuge im Verbund zum Ansetz- bzw. Verlegemörtel und an beiden Seiten zu den Plattenkanten.

Diese Flankenhaftung ist besonders wichtig bei Fassadenverkleidungen. Deshalb sollen Spaltplatten mit überglasierten Kanten nicht in der Fläche angesetzt werden. Denn der Fugmörtel haftet schlechter an der Glasur als an dem Scherben, und die Fuge könnte dort schon bei geringen Spannungen abreißen.

Mit dem Fuggummi, dem Spachtel oder der Glättekelle werden Wandbeläge aller Art und viele Böden gefugt. Dabei rührt man die Mörtelbestandteile bzw. den fertigen Fugenfüller in Wasser ein, bis eine Schlämme von sahneartiger Konsistenz entsteht. Dieser Mörtelbrei wird unter leichtem Druck auf die plattierte Fläche aufgezogen und auf ihr verstrichen. Den Belag sollte man bei trockenem Wetter vorher anfeuchten, vor allem bei unglasierten Platten.

Auf die *Stoßfugen in Innenecken* muss man besonders achten. Schon beim Ansetzen sorgt man dafür, dass die Fuge an allen drei Seiten Untergrund zum Haften bekommt. Werden die Platten beim Verfliesen der 2. Wand wenig oder gar nicht hinter den Belag der fertigen 1. Wand geschoben (**10.2**), muss man die Rohbauecke mit Mörtel zuwerfen und die Fuge in Plattentiefe auskratzen.

Beim Fugen werden die Innenecken mit einem spitzen Holzspan nachbearbeitet. Dabei wird der überschüssige Fugmörtel weggekratzt, und es entsteht eine gleichmäßig breite, scharf abgegrenzte, volle und ebenflächige Eckfuge.

Das erste *Waschen* mit reichlich Wasser soll den Mörtel weiter verteilen und dabei die Fugen vollständig füllen und glätten. Erst danach wäscht man den Belag mehrmals mit feuchtem, aber nicht nassem Schwamm. Beim Waschen müssen klare, glatte, volle gleichmäßig breite Fugen erscheinen, vor allem sollen jedoch saubere und scharf abgegrenzte Fugenkreuzungen entstehen.

Nach dem Antrocknen des verbliebenen Mörtelschleiers wird die Glasur der Fliesen mit einem weichen Lappen blank geputzt. Auch kleinere Bodenbeläge aus glasiertem Mosaik lassen sich wegen der geringen Fugentiefe gut in gleicher Weise fugen.

Das Ausgießen ist ein Fugverfahren für Bodenbeläge. Nach dem Verlegen sollte man einige Tage mit dem Ausgießen warten, damit der Verlegemörtel wegen der offenen Fugen besser abbinden kann und die Platten nicht beim Laufen über den Boden losgetreten werden. Lockere Fliesen werden keinesfalls durch das Ausgießen wieder fest, sie müssen vielmehr aufgenommen und erneut verlegt (geklebt) werden.

Zunächst wird meist der Boden angenässt. Dabei darf nicht zuviel Wasser vergossen werden, damit es nicht in den Fugen stehen bleibt. Danach wird soviel dünnflüssige Schlämme aus Zement und Wasser oder aus fertigem Fugmörtel ausgegossen und verteilt, dass sie deutlich in den Fugen zu sehen ist.

Über den Boden fegt man einen trockenen oder wenig feuchten Mörtel aus Zement und feinkörnigem Sand (**10.1**), der sich mit der Zementschlämme in den Fugen und auf den Platten zu einem Mörtelbrei vereinigt. Dieser Mörtel wird mehrmals diagonal über den Boden gekehrt oder geschoben, bis alle Fugen gut gefüllt sind. Den überschüssigen Mörtel entfernt man, die Anschlüsse zum Sockel oder Wandbelag (vor allem in Raumecken) kratzt man sauber.

Der Belag muss anschließend sofort sauber abgewaschen werden. Das wiederholte Abwaschen mit dem Schwamm dauert zwar länger als eine Reinigung mit Sägemehl, doch werden die Fugen glatt und randvoll gefüllt.

Mit Sägemehl aus Weichholz (das zunächst feucht, dann trocken über den Boden gefegt

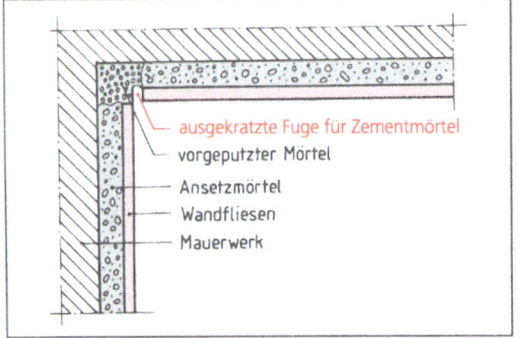

10.2 Stoßfuge in einer Innenecke

wird) lässt sich der Belag zwar auch gut reinigen, doch erhält man rauere Fugen, weil Sägemehl am Fugmörtel haften bleibt. Beim Abkehren kann mit dem Sägemehl Mörtel aus den Fugen herausgefegt werden. Grobes, Späne enthaltendes Sägemehl ist nicht geeignet, ebenso Hartholz-Sägemehl nicht, weil es weniger saugfähig ist und Gerbstoffe enthält, die die Fugen verfärben können. Am besten verwendet man Sägemehl nur zum Nachsäubern rauer Platten und zum schützenden Abdecken frisch verfugter Beläge. Nach dem Ausgießen ist der Boden mit Angabe einer Frist zu versperren.

Trittsichere Beläge aus Platten mit profilierter Oberfläche, besonders Spitzkornfliesen, sind beim Ausgießen schwieriger zu reinigen. Zunächst gießt man den Belag in üblicher Weise aus und entfernt den überschüssigen Fugmörtel so gut wie möglich. Dann ist es zweckmäßig, einen *Abbindeverzögerer* einzusetzen. Dieser wird mit Wasser im Verhältnis 1:8 gemischt und mit einer Gießkanne gleichmäßig auf den Boden aufgetragen. So wird das Erstarren des verbliebenen Mörtelrests auf der profilierten Oberfläche um mehrere Stunden verzögert.

Nach einigen Minuten Einwirkzeit des Abbindeverzögerers kann man den Mörtelbrei entfernen, indem man trockenen, scharfen Sand mit Gummischieber, Schrubber und Besen über den Belag kehrt. Zementschleier, die nach 2 bis 3 Stunden beim Trocknen des Belags auf seiner Oberfläche erscheinen, können ohne große Mühe abgekehrt werden, weil der Zement noch nicht mit dem Erstarren begonnen hat.

Für alle Bodenbeläge gibt es auch geeignete *fertige Fugenmörtel* (Sakret u. a.). Mit ihnen lassen sich gut gleichmäßige und dichte Fugen erzielen. Vor allem bei glasierten Platten ist es vorteilhaft, den Belag mit einem fertigen Fugenfüller einzuschlämmen und anschließend mit dem Schwamm abzuwaschen.

Mit dem Fugeisen werden Plattenbeläge nur auf besondere Anordnung gefugt. Dieses Verfahren kommt hauptsächlich für breitere und tiefere Fugen in grobkeramischen Belägen in Betracht. Der Fugmörtel soll mit dem Eisen kräftig in die Fugen eingedrückt und glatt gebügelt werden. Das Einfugen des Mörtels wird wiederholt, bis die Fuge in ihrer gesamten Tiefe gefüllt und der Mörtel gut verdichtet ist.

Als Mörtel wählt man eine Mischung aus Zement und gesiebtem Quarzsand von etwa 1:3, die weniger als erdfeucht (W/Z-Wert von etwa 0,3) angemacht wird. Gegenüber geschlämmten Fugen erhält man dichtere, festere und härtere Fugen, die auch größeren punktförmigen Belastungen standhalten. Ein weiterer Vorteil besteht darin, dass die (raue, unglasierte) Oberfläche der grobkeramischen Platten nicht durch Fugmörtel verschmutzt wird. Umfangreiche Fugarbeiten werden kostengünstiger durch spezialisierte Fuger ausgeführt.

10.1.3 Säubern durch Absäuern

Glasierte oder glatte Platten werden nach dem Fugen nur gewaschen, evtl. noch blank gerieben und sind dann sauber. Dagegen können Zementschleier auf Plattenbelägen zurückbleiben, wenn die Fugen nicht rechtzeitig oder gründlich genug gereinigt wurden. Bei unglasierten, rauen Bodenplatten lassen sie sich manchmal kaum vermeiden. Mit einem Zementschleier-Entferner (z. B. Fefix) kann man sie meist ziemlich mühelos beseitigen. Salzsäure darf man nur in starker Verdünnung mit Wasser (erst Wasser, dann Säure!) von etwa 1:10 verwenden. Der Belag ist anschließend sofort mit reichlich Wasser abzuwaschen, damit die Säure nicht auf den Fugmörtel einwirken und ihn zerstören kann. Natursteinplatten aus Kalkstein (Solnhofer, Marmor u. a.) dürfen überhaupt nicht abgesäuert werden.

Dagegen werden keramische Platten und Glasuren nicht von der Salzsäure angegriffen. Allerdings kann die Säure in porige Platten eingesaugt werden, was Ausblühungen hervorruft. Deshalb soll man Steingutfliesen und andere porige Platten nicht absäuern. Bei allen Platten sollte man vor Verwendung eines Reinigers eine Probe machen, um mögliche Verfärbungen festzustellen.

> Überlegen Sie, warum man Kalksteinplatten nicht mit Säure behandeln darf.

Bei Arbeiten mit stärkeren Säuren müssen Schutzbrille und Gummihandschuhe getragen werden, weil Säuren ätzend auf Schleimhäute und auch kleinste Hautverletzungen (z. B. an Fingernägeln) wirken. Säuren dürfen nur in besonderen Flaschen mit dem entsprechenden Giftetikett aufbewahrt werden.

Platten dürfen niemals knirsch, sondern müssen mit genügend breiten Fugen verlegt werden. Fugen tragen zum schönen Aussehen des Belags bei, vermitteln Größenunterschiede der Platten, nehmen Spannungen auf, machen den Belag dicht und hygienisch und erhöhen seine Haftfestigkeit. Sie müssen nach dem Fugen voll gefüllt, gleichmäßig, glatt und klar abgegrenzt sein.

Der Fugmörtel wird in Breiform mit dem Fuggummi in die Fugen von Wandbelägen eingestrichen, als Schlämme auf dem Boden ausgegossen oder als feuchte Mischung mit dem Fugeisen in die einzelnen Fugen eingedrückt.

10.2 Verfugung mit Kunststoffen

Fugen aus Zementmörtel sind starr, chemisch angreifbar und nicht völlig wasserdicht. Diese nachteiligen Eigenschaften lassen sich bei Fugmassen aus Kunststoff ausschalten. Dabei ist zu unterscheiden zwischen der Ausbildung einzelner Dehnungsfugen in einem sonst mit Zementmörtel gefugten Belag und der ausschließlichen Verfugung eines Belags mit einem Kunststoff.

Fugen mit Kunstharzen. Für manche Plattenbeläge wird eine Verfugung gefordert, die auch stärkeren Belastungen durch fließendes oder drückendes Wasser und angreifende Chemikalien standhält. Diese Anforderungen erfüllen Fugmassen auf der Basis von Epoxid. Sie sind wasserdicht und -beständig sowie weitgehend widerstandsfähig gegen Laugen, Säuren und Salzlösungen. Epoxid eignet sich daher gut für die Verfugung von Außenflächen, Becken, Kläranlagen, Labors, Brauereien, Molkereien, Großküchen usw., wo täglich angreifendes Wasser auf die Plattenbeläge einwirkt. Die Fugen bleiben glatt, farb- und formbeständig; sie halten auch höheren mechanischen Beanspruchungen stand und haften gut an den Plattenkanten. Auch Formänderungen im Belag können diese Fugen aufnehmen, so dass keine besonders ausgebildeten Dehnungsfugen erforderlich sind.

Die Fugmasse kann mit der Spritzpistole eingespritzt, mit dem Fugeisen (in einer besonderen Mischung) eingedrückt oder mit der Glättekelle, dem Spachtel oder Gummischieber eingestrichen werden. Allerdings braucht man bei allen Fugverfahren und beim Reinigen ein Vielfaches an Arbeitszeit gegenüber dem Ausgießen mit Zementmörtel. Für große Bodenflächen lohnt deshalb der Einsatz von Fugmaschinen, die mit einer rotierenden elastischen Scheibe das Kunstharz tief in die Fugen eindrücken.

10.3 Bewegungsfugen

Elastische Fugen aus Kunststoff werden dort angeordnet, wo mit Formänderungen oder Erschütterungen im Belag, an seinen Anschlüssen oder im Untergrund zu rechnen ist. Sie sollen die Spannungen aufnehmen und sich durch Dehnung oder Stauchung verformen, ohne wie starre Fugmörtel zu reißen.

Formänderungen von Bauteilen können verschiedene Ursachen haben.

- **Temperaturschwankungen.** Bei Erwärmung dehnen sich Bauteile aus, bei Abkühlung verkürzen sie sich. Das Maß der Verformung eines Stoffes gibt die Wärmedehnzahl (α_T an (s. Abschn. 8.4).
- **Belastungen.** Unter Nutzlasten und Eigengewicht verkürzen sich tragende Bauteile wie Wände, Pfeiler und Säulen. Stürze, Unterzüge und Decken biegen sich unter der Belastung durch.
- **Feuchtigkeitsschwankungen.** Bei zunehmender Durchfeuchtung quellen porige Bauteile, beim Austrocknen schwinden sie. Das trifft besonders auf Holz zu, in wesentlich geringerem Maße auch auf Mauerwerk aus porigen Steinen und auf Bekleidungen mit Fliesen und Platten mit hoher Wasseraufnahme.
- **Austrocknen junger Bauteile.** Beim Erhärten von Beton und Zementmörtel (z. B. beim Estrich) wird nur ein Teil des Anmachwassers chemisch gebunden (Hydration). Beim Austrocknen des übrigen Wassers schwindet der Beton bis zu 0,5 mm je m. Das Schwinden ist – ähnlich wie der Festigkeitszuwachs beim Erhärten – in den ersten Tagen und Wochen am stärksten und wird erst nach Monaten unbedeutend gering.
- **Setzen des Gebäudes.** Innerhalb von Jahren sinkt das Gebäude um etliche Zentimeter in den Baugrund. Gleichmäßiges Setzen über die gesamte Grundrissfläche führt zu keinen Formänderungen. Dagegen ruft ungleichmäßiges Setzen erhebliche Schub- und Zugspannungen hervor, die oft zu Rissen führen.

Anschluss- und Randfugen sind Fugen zwischen dem keramischen Belag und anderen Bauteilen oder Baustoffen. Sie müssen nicht immer (z. B. zu Putz, Winkelschienen, Terrazzoböden) jedoch in vielen Fällen elastisch ausgebildet werden. Ein Grund kann darin liegen, dass Zementmörtel schlechter als die Kunststoffmasse an dem anderen Stoff haftet (z. B. an Holz, Glas oder Kunststoff). Meist wird jedoch wegen der Bewegungen des angrenzenden Bauteils ein elastischer Anschluss erforderlich, z. B. wegen der Erschütterung beim Zuschlagen von Türen und Fenstern. So ordnet man an Fenster- und Türrahmen, an Maschinenfundamenten, zu Bade- und Brau-

10.3 Bewegungsfugen

sewannen oder zu tragenden Bauwerkteilen aus Stahlbeton oder Stahl dauerelastische Fugen an. Der Trittschallschutz ist ein dritter Grund für elastische Anschlussfugen zwischen schwimmendem Estrich und Wandbelag (s. Abschn. 8.1). Schließlich haben Bodenbeläge, die größeren Temperaturschwankungen unterliegen, keinen starren Anschluss zu den begrenzenden Wänden (s. Abschn. 8.2 und 12.1).

Auch innerhalb eines Wandfliesenbelags können elastische Randfugen erforderlich sein. Die senkrechte Eckfuge zwischen zwei gefliesten Wänden muss dann dauerelastisch ausgebildet werden, wenn die beiden Wände aus unterschiedlichen Baustoffen bestehen, was bei Umbauten und Altbausanierungen häufig vorkommt. Das gilt besonders auch für Eckfugen zwischen Dünnbett- und Dickbettbelägen. Dagegen sollten Eckfugen zwischen Wänden, die beide im Dickbett plattiert werden, nicht dauerelastisch ausgespritzt, sondern mit normalem Fugmörtel wie der gesamte Belag verfugt werden. Bei Fliesenarbeiten im Dünnbett hängt die Ausführung der Eckfuge von den Eigenschaften des Untergrundes ab: bei wenig biegesteifem Material, z. B. bei Gipskartonplatten, ist eine Bewegungsfuge anzuordnen, dagegen ist diese beim Plattieren auf Porenbeton-Bauplatten und auf alten Fliesenbelägen nicht erforderlich.

Anschlussfugen sollen mindestens 5 mm breit sein.

Flexfugmörtel sind **keine** Fugmassen für Bewegungsfugen, sondern mit ihnen wird der gesamte Fliesenbelag verfugt. Sie bestehen aus den selben Stoffen wie die sonstigen fertigen Zementfugmörtel, nur wurde ihnen ein besonderer Kunststoff zugesetzt. Dadurch werden sie nicht nur flexibler, sondern auch dichter und haben zu den Fliesen eine bessere Flankenhaftung. Flexfugmörtel werden für Wände und Böden im Außenbereich, in Duschen und Becken und für andere nassbelastete Fliesenbeläge eingesetzt.

Dehnungsfugen (Feldbegrenzungsfugen) unterteilen eine größere plattierte Fläche, die Formänderungen unterworfen ist. Die häufigste Ursache hierfür sind stärkere Temperaturunterschiede, wobei sich der Belag infolge Erwärmung ausdehnt und beim Abkühlen verkürzt. Das Maß der Längenänderung hängt vom Baustoff und vom Unterschied zwischen Höchst- und Tiefsttemperatur im Belag ab.

An Außenflächen wird die Plattentemperatur von der Glasurfarbe sowie von der Himmelsrichtung und damit von Dauer und Winkel der Sonneneinstrahlung beeinflußt. So kann sich die Oberfläche dunkel glasierter Platten an der Südseite eines Hauses auf etwa 80 °C aufheizen, womit ein Temperaturunterschied vom Tag zur Nacht von 70 °C, vom Sommer zum Winter bis 100 °C möglich ist. Bei der Temperaturausdehnung von 0,008 mm/m · °C für keramische Platten verändert der Belag dabei seine Ausdehnung um mehr als 0,5 mm je m. Deshalb sollen an Außenflächen alle 3 bis 6 m Dehnungsfugen angeordnet werden. In grobkeramischen Belägen werden Dehnungsfugen oft gleich breit ausgeführt wie die übrigen Fugen; sie dürfen aber nicht schmaler als 8 mm sein.

Arbeitsvorgang. Dauerelastische Anschluss- und Dehnungsfugen müssen bis zum Untergrund ausgespart bzw. ausgekratzt werden (10.3). Dabei ist der Ansetzmörtel bündig mit der Plattenkante abzustreichen.

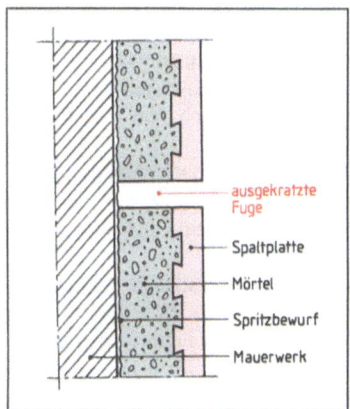

10.3 Dehnungsfuge vor dem Verfugen

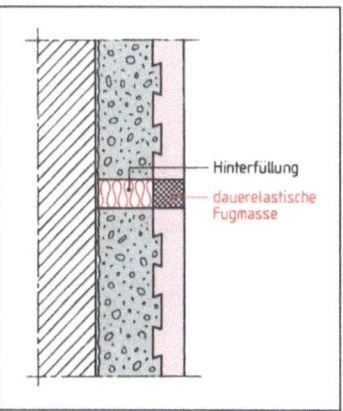

10.4 Fertige Dehnungsfuge

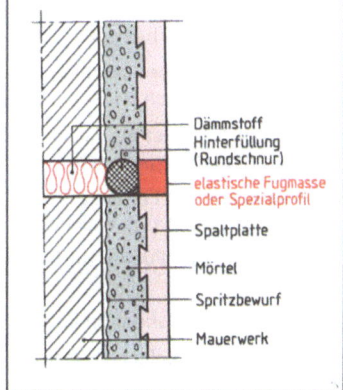

10.5 Gebäudetrennfuge

Wichtig ist eine gute Flankenhaftung der dauerelastischen Fugmasse an den Platten. Deshalb dürfen an Bewegungsfugen keine Platten mit überglasierten Kanten angesetzt werden. Auch muss die Fuge staubfrei, sauber und trocken sein. Die Flankenhaftung wird noch verbessert, wenn man die Plattenkanten mit einer Haftgrundierung (Primer) vorstreicht. Damit wird die Gefahr gemindert, dass die Fuge infolge der Dehnungen und Stauchungen an den Plattenflanken abreißt. Die elastische Fugmasse (z. B. Silikon-Kautschuk) wird so tief eingespritzt, wie die Platten dick sind. Den Raum dahinter, zwischen Untergrund und Plattenrückseite, hinterfüllt man mit einem elastischen, geschlossenporigen Streifen oder Rundprofil (z. B. aus Kunststoffschaum, **10**.4). So wird nicht nur Fugmaterial gespart, sondern auch die Haftung am Untergrund verhindert. Die dauerelastische Fuge soll ja nur an beiden Plattenflanken haften, damit sie sich bei Spannungen ungestört verformen kann. Wird sie vom Fugengrund festgehalten (3-Flanken-Haftung), können die Plattenkanten abreißen.

Vor dem Einspritzen der Fugmasse werden die Platten an der Dehnungsfuge mit einem Klebestreifen abgeklebt, damit sauber abgegrenzte Fugenränder entstehen. Zum Schluss wird die Fugmasse mit Hilfe von entspanntem Wasser geglättet.

Gebäudetrennfugen müssen auch im Plattenbelag an derselben Stelle und in gleicher Breite durchlaufen (**10**.5). Der Fliesenleger belässt diese Fugen meist offen. Sie werden später mit besonderen Profilen aus Kunststoff und Metall abgedichtet.

> Bewegungsfugen nehmen Spannungen auf und verhindern so Risse im Belag.
>
> Anschluss- und Dehnungsfugen gehen durch bis zum Untergrund. Sie bestehen aus dauerelastischer Fugmasse (meist Silikonkautschuk) und unverrottbarem, weichelastischem Hinterfüllmaterial. Die Fugmasse muss gute Flankenhaftung zu beiden Seiten haben, keinesfalls jedoch zum Fugengrund; sie soll in Plattendicke eingespritzt werden.
>
> Gebäudetrennfugen werden im Plattenbelag an gleicher Stelle und in gleicher Breite wie im Untergrund übernommen.

Aufgaben zu Abschnitt 10

T

1. Warum sind Knirschfugen zu vermeiden?
2. Welche Aufgaben erfüllen Fugen im Plattenbelag?
3. Warum soll dem Zementleim zum Fugen Quarzsand zugegeben werden?
4. Warum wird heute Marmorgips zum Fugen kaum noch verwendet?
5. Warum darf beim Ausgießen von Bodenfliesen die Körnung des Sandes im Fugenmörtel höchstens 0 bis 1 mm betragen?
6. Weshalb ist der Zuschlag im Fugenmörtel für Wandfliesen noch feiner als 0 bis 0,5 mm?
7. Welcher Sand ist als Zuschlag zum Fugenmörtel für Spaltplatten geeignet?
8. Welche Art von Farben dürfen dem Fugmörtel zugegeben werden? In welcher Menge?
9. Wie tief sind Fugen nach dem Ansetzen auszukratzen
    a) für die Verfugung mit Zementmörtel
    b) für dauerelastische Fugen?
10. Welche Fugverfahren unterscheidet man?
11. Warum soll man die trockene Fugmischung stets in Wasser eingeben und nicht umgekehrt?
12. Welches Aussehen und welche Eigenschaften sollen die Fugen nach dem Einschlämmen und Abwaschen haben?
13. Schildern Sie, wie Innenecken beim Fugen von Wandfliesen und Ausgießen von Bodenplatten bearbeitet werden.
14. Beschreiben Sie die Arbeitsgänge beim Ausgießen von Bodenbelägen.
15. Welchen Zweck hat das Fugen mit dem Fugeisen? Bei welchen Platten wird es angewendet?
16. Wie kann man noch längere Zeit nach dem Fugen einen hässlichen Zementhauch von den Platten entfernen?
17. In welchen Fällen fugt man Plattenbeläge besser mit Kunstharzen als mit Zementmörtel?
18. Auf welche Weise kann Epoxid-Fugmasse in die Fugen eingebracht werden?
19. Welchen Zweck erfüllen elastische Fugen aus Kunststoff?
20. Welche Eigenschaften haben Fugen aus Epoxidharz?
21. Geben Sie Beispiele für elastische Anschlussfugen.
22. In welchen plattierten Flächen sind Dehnungsfugen (Feldbegrenzungsfugen) anzuordnen?

Aufgaben zu Abschnitt 10

23. Wovon ist es abhängig, welchen Abstand Dehnungsfugen haben sollen?
24. Beschreiben Sie die fachgerechte Ausführung einer Dehnungsfuge.
25. Wie breit sollen Bewegungsfugen sein?
26. Wie tief soll die elastische Fugmasse gespritzt werden?
27. Wodurch können sich Bauteile verformen?
28. Erläutern Sie, wie es zum Schwinden von jungem Estrich kommt.
29. Bild **10.**6 zeigt den Grundriss eines Badezimmers in einem Altbau. Der Boden besteht aus schwimmendem Estrich, er soll mit Kleinmosaik belegt werden. Die dickeren Wände (eng schraffiert) sind aus KS-Steinen gemauert, die dünneren aus Porenbeton. Die Wände werden 1,53 m hoch mit blauen Majolikafliesen 15 x 15 gefliest.
    a) Wie sind die Wände jeweils vorzubehandeln?
    b) Welche waagerechten Fugen sollten dauerelastisch ausgebildet werden?
    c) Warum ist es zweckmäßig, an den Stellen A, B und C dauerelastische Stoßfugen anzuordnen?

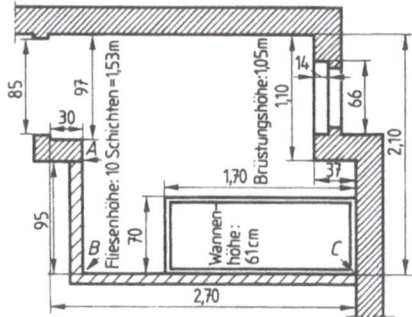

10.6   Grundriss eines Badezimmers

d) Geben Sie geeignete Kleber für die Dünnbettverlegung an!
30. Was versteht man unter Flexfugen?
31. Welche senkrechten Inneneckfugen in Wandbelägen werden normal verfugt, welche mit dauerelastischer Fugmasse?
32. Welcher Zweck hat bei Bewegungsfugen die Hinterfüllung? Welches Material ist dafür geeignet?

M

1. Wie viel m² Boden sind zu verlegen (**10.**6)?
2. Wie viel m² Wandfliesen werden mit Mörtel angesetzt?
3. Wie viel m² werden im Dünnbett angesetzt?
4. Wie viel lfm Fugen werden dauerelastisch ausgebildet?
5. Wie viel ml Fugmasse braucht man für die 5 mm breiten und 6 mm tiefen Bewegungsfugen (Tab. 4, S. 208)?
6. Wie viel kg Kleber braucht man für den Boden- und den Wandbelag, wenn für 1 m² mit 2,5 kg gerechnet wird?

Z

1. **Anschlüsse Wand-Boden, M 1 : 2 (10.**7).
   Zeichnen Sie 3 Beispiele:
   a) Verlegung im Verbund. Boden: 10 x 10 x 1 mit 3 cm Mörtel und Haftschicht; Wandbelag: 15 x 15 x 0,6 mit 1,5 cm Mörtel; Fuge zwischen Wand und Boden 2 mm.
   b) Schwimmende Verlegung mit waagerechter Anschlussfuge. Boden: 10 x 10 x 1, Mörtel = Estrich und Haftschicht 4,5 cm, Dämmung mit Abdeckung 2 cm; Wandbelag 15 x 15 x 0,6 mit 1,5 cm Mörtel; Randstreifen und Anschlussfuge je 5 mm.
   c) Schwimmende Verlegung mit senkrechter Anschlussfuge. Boden: 10 x 10 x 1, Mörtel = Estrich und Haftschicht 4,5 cm, Dämmung mit Abdeckung 2 cm; Wand: Hohlkehlsockel 12 mm dick (s. Bild **1.**12 b) mit 1,5 cm Mörtel; Randstreifen und Abschlussfuge je 5 mm.

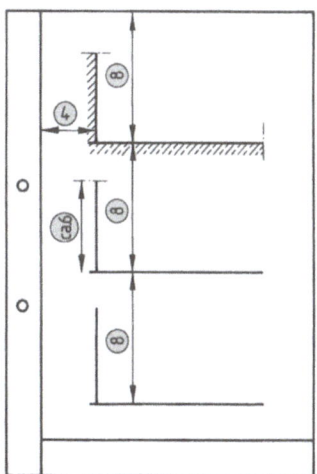

10.7   Anschlüsse Wand-Boden

2. Zeichnen Sie im Maßstab 1:1 den senkrechten Schnitt durch eine mit Spaltplatten verkleidete Wand mit je einer Mörtelfuge und einer Dehnungsfuge,
links: vor der Verfugung,
rechts: nach der Verfugung
(vgl. Bild **10**.3)

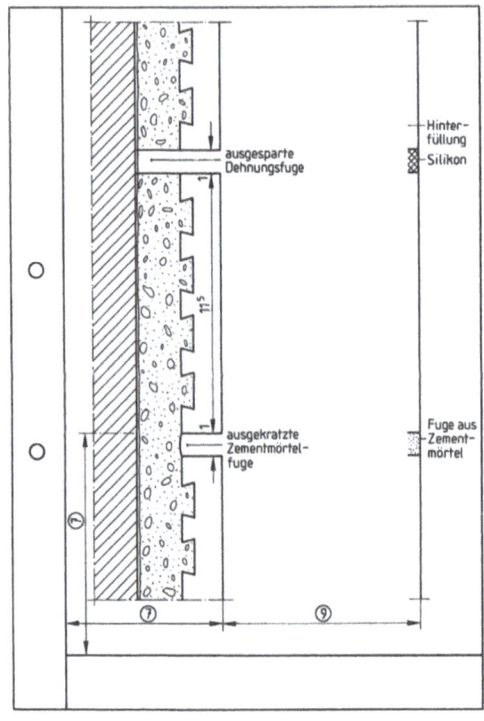

10.8 Mörtel- und Dehnungsfugen

11 Fliesenarbeiten in Bädern

11.1 Eignung und Auswahl der Fliesen

Schönheit, Zweckmäßigkeit, Dauerhaftigkeit. Das Verfliesen von Badezimmern ist eine der häufigsten und wichtigsten Arbeiten des Fliesenlegers. Hier bietet sich auch in besondere Weise keramisches Material als geeigneter Baustoff für den Wand- und Bodenbelag an. Fliesenbeläge sind beständig gegen feuchte Luft und Wasser, nehmen kaum Schmutz oder Flecken an und lassen sich mühelos und schnell reinigen. Bakterien und Ungeziefer finden hier keinen Nährboden. Dazu kommt trotz hoher Herstellungskosten ein wirtschaftlicher Gesichtspunkt: Bei fachgerechter Verlegung zeichnen sich Fliesenbeläge durch sehr lange Haltbarkeit bei gleichbleibendem Aussehen aus. Fliesen nutzen sich so gut wie gar nicht ab. Sie verändern ihre Farbe nicht, weder durch Licht noch durch Wasser noch durch Staub. Allenfalls dunkeln helle Fugen im Laufe der Zeit etwas nach.

Jedes Bad sollte rundherum gefliest werden, am besten bis etwa zur Türhöhe. So kommen die erwähnten günstigen Eigenschaften voll zur Geltung, und der verbleibende Putzstreifen kann die stark schwankende Luftfeuchte ausgleichen helfen. Nach dem Baden oder Duschen saugt der poröse Putz Feuchtigkeit aus der mit Wasserdampf gesättigten Luft und gibt sie allmählich wieder ab. Deshalb sollte man auch allenfalls in Brausenischen bis zur Decke plattieren.

> Wie wirken ein hell, bunt, dunkel gefliestes Bad? Welche Empfindungen haben Sie bei rosa, blau violett, weiß gefliesten Räumen? Welche Farben wird man bevorzugen? Warum?

Die Auswahl der Fliesen nach Art, Farbe oder Dekor, nach Format und Fugen hängt weitgehend vom Geschmack des Bestellers ab. Die Geschmacksrichtungen ändern sich jedoch mit der Zeit, mitunter recht rasch, so dass immer andere Formate und Farben sowie neue Dekore in Mode kommen. Auch Größe und Helligkeit des Raums sind bei der Auswahl der Fliesen zu bedenken. Für fensterlose Bäder eignen sich eher helle Glasurfarben, damit der Raum freundlicher und nicht zu dunkel wirkt. Dagegen lassen sich Bäder mit viel Tageslicht auch gut mit dunkleren Wandfliesen (wie dunkelblau, violett, dunkelgrün, tiefrot oder schwarz) verkleiden. Einfarbig gefliese Wände können auf vielfältige Art durch umlaufende Bordüren und durch Bilder oder Ornamente aus Dekorfliesen aufgelockert und verschönert werden. Eingestreute Dekore im Wandbelag werden oft nach Angaben des Kunden oder nach Verlegeplan angesetzt.

Farbwirkungen. Beim Auswählen sind die Wirkungen der Farben auf den Menschen zu berücksichtigen. So wirken rot, rosa, orange und braun *warm*, dagegen blau, grün, türkis und violett *kalt*, besonders in Verbindung mit weiß. *Helle Farben* geben das Gefühl von Leichtigkeit und lassen einen Raum weiter und höher erscheinen – eine erwünschte Wirkung bei oft engen Bädern.

Farbabstimmung. Wand- und Bodenbelag müssen farblich aufeinander abgestimmt sein; beides muss wiederum zur sanitären Einrichtung passen. Wird ein Sockel verwendet, sollte er in der Farbe des Wandbelags oder des Bodens gewählt werden, damit der Raum nicht durch zu viele Farben zu bunt erscheint. Zu Wandfliesen mit buntem Dekor oder mehrfarbiger Flammung gehört stets ein ruhiger einfarbiger Boden. Die Farben von Einrichtung, Wand- und Bodenbelag können Ton-in-Ton gehalten werden oder in Kontrast zueinander stehen. So bildet z. B. ein weißer Bodenbelag mit dem weißen Fugennetz der Wände, der weißen Wanne und der weißen Sanitärkeramik zu jeder kräftigen Glasurfarbe der Wandfliesen einen gut aussehenden Kontrast.

Fugenwirkung. Auch mit den Fugen lässt sich ein Kontrast oder eine Ton-in-Ton-Abstufung zu den Wandfliesen erreichen. Weiße Fugen bringen bei einem farbigen Wandbelag jede Fliese einzeln besonders deutlich zur Geltung; das Fugennetz prägt sehr stark das Bild des Raums. Bei Dekorfliesen ist diese Wirkung jedoch oft nicht erwünscht, denn nicht die einzelne Fliese soll getrennt für sich wirken, sondern das Dekor über die gesamte Fläche. Die zementgraue Fuge wird als Kontrast zu hellen Fliesen gewählt. Dagegen passt sie sich gut Dekoren mit grauer oder blauer Grundfarbe an. Zu jeder Glasurfarbe kann man mit zementechten Farben auch einen farbigen Fugmörtel herstellen, der sich weitgehend der Glasurfarbe angleicht. Diese Angleichung ist bei (auffälligen) Dekoren anzustreben, erst recht, wenn auch die glasierte oder emaillierte Einrichtung eine ähnliche Farbtönung wie der Fliesenbelag aufweist. Andererseits kann die farbige Fuge dazu dienen, einen (preiswerten) blass wirkenden Wandbelag (z. B. elfenbeinfarbenen Fliesen) etwas farbiger und froher zu gestalten. Doch sollte sich dann die Farbe der Fugen irgendwo im Raum, im Boden, in der Einrichtung oder im Anstrich wiederholen.

11.2 Einmauern und Verkleiden von Badewannen

Kontrolle der Einbauwanne. Die vom Installateur aufgestellte Wanne ist vom Fliesenleger in mehrfacher Hinsicht zu überprüfen. Zunächst untersucht er, ob die Wanne etwa beschädigt oder der Abfluss verstopft ist. Die Einbauwanne muss in Waage und mit ihren Rändern parallel (mit nicht zu großem Abstand) zu den Wänden aufgestellt sein. Sonst wäre ein unschönes Aussehen des Fliesenbelags über der Wanne die Folge: ungleiche, konische Fliesenstreifen, unregelmäßig oder zu breit verlaufende Anschlussfuge zwischen Fliesen und Wanne.

Erdung. Um elektrische Fehlströme abzuleiten, muss eine Wanne aus Metall geerdet sein. Der Fliesenleger hat zu prüfen, ob diese Arbeit vom Installateur vorgenommen wurde.

Wannenhöhe. Auch auf die Höhe der Wanne kommt es an. Über dem Wannenrand sollen möglichst ganze Fliesen angesetzt werden. Für die Wannenhöhe hat man meist einen gewissen Planungsspielraum zwischen ca. 50 und ca. 60 cm Höhe, so dass diese Forderung bei den meisten Formaten mit 2, 3 oder 4 Schichten zu erreichen ist. Für die letzte Schicht unter dem Wannenrand muss dagegen ein schmaler Streifen abgeschnitten werden. Für die Planung der Wannenhöhe sollte der Installateur über Fliesen-, Fugen- und evtl. Sockelmaße informiert sein oder die Wanne nach der Wandplattierung in die vom Fliesenleger gelassene Aussparung aufstellen. Bild **11.1** erläutert eine genaue Berechnung der Wanenhöhe. Bei Verwendung von 15er-Wandfliesen und 10er-Sockel wird die Wannenhöhe, gemessen ab OKFF, so ermittelt (**11.1**):

```
3 Wandfliesen (3 x 15 cm)   = 45,0 cm
1 Sockelfliese              = 10,0 cm
3 Fugen je 2 mm             =  0,6 cm
1 dauerelastische Fuge      =  0,5 cm
    erforderliche Höhe      = 56,1 cm
```

Arbeitsfolge. Aus vielen Gründen ist es zweckmäßig, die Einbauwanne nach der Wandverfliesung, aber vor der Bodenverlegung in die vom Fliesenleger gelassene Aussparung des Wandbelags aufzustellen. So lassen sich Fehler beim Aufstellen leicht vermeiden, weil sich der Installateur nach den Unterkanten der Fliesen in der Aussparung richtet – waagerechtes, fluchtrechtes und höhengemäßes Einbauen ist kein Problem. Für den Fliesenleger entfallen die Kontrollen und mitunter auch Ärger mit fehlerhaften Wannen. Er braucht die Wanne weder abzudecken noch nach dem Ansetzen und Fugen jeweils zu säubern. Außerdem bleibt mehr Bewegungsraum am Arbeitsplatz. Allerdings kann er das Bad nicht in einem Arbeitsgang fertig plattieren. Bei zeitlich gut abgestimmter Zusammenarbeit zwischen Fliesenleger und Installateur überwiegen jedoch die Vorteile, vor allem bei größeren Baustellen. Einfaches Arbeiten ermöglichen auch Wannenträger aus Kunststoffschaum, die im Dünnbett mit Fliesen verkleidet werden. Hier wird die Wanne erst nach Abschluss der Fliesenarbeiten eingesetzt.

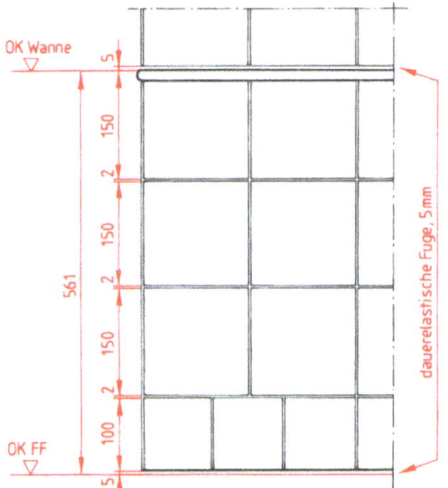

11.1 Höheneinteilung einer gefliesten Wand

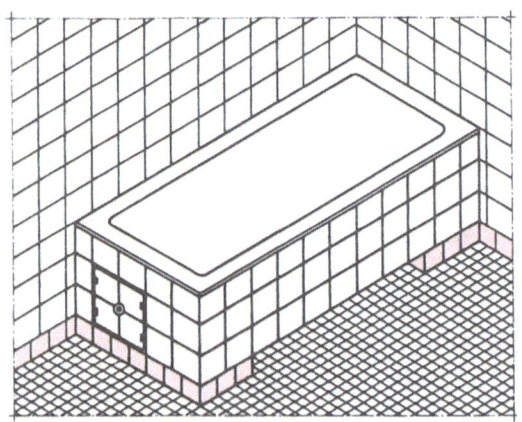

11.2 Verflieste Einbauwanne mit Untertritt

Oberhalb der Wanne (**11.3**) lässt man eine 5 mm breite Fuge, am einfachsten dadurch, dass man die Wandfliesen auf den dünnen Streifen einer Kunststoffschaumplatte setzt, der sich später leicht in Fliesendicke wieder aus der Fuge herauskratzen lässt. Diese Anschlussfuge muss dauerelastisch verfugt werden – eine starre Ze-

11.2 Einmauern und Verkleiden von Badewannen

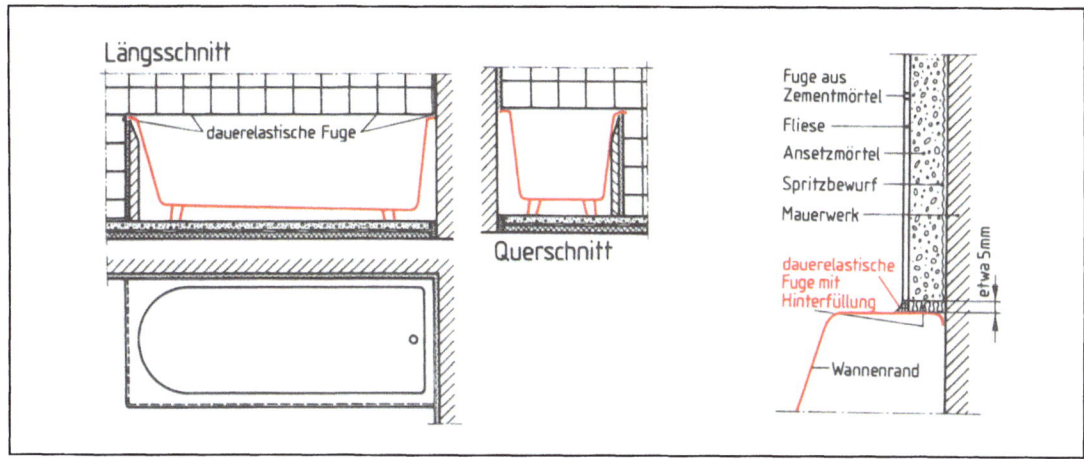

11.3 Gefliese Einbauwanne mit Längs- und Querschnitt und Detail (Wandanschluß der Wanne mit dauerelastischer Fuge)

mentfuge würde reißen, weil sich die Wanne infolge des Gewichts und der Temperaturunterschiede bewegt.

Unterhalb der Wanne soll der Fliesenbelag nicht bündig mit dem Wannenrand abschließen, sondern etwas zurückgesetzt werden. Sonst würde an der abgerundeten Ecke der Wanne der Fliesenbelag scharfkantig überstehen. Bei manchen Wannen lässt sich die geschnittene Fliese hinter den Wannenrand schieben, so dass ihre Schnittkante verdeckt wird. Auch hat der Badende einen griffigeren Halt beim Aussteigen aus der Wanne. Keinesfalls jedoch dürfen die Fliesen an die Wanne ohne Fuge anstoßen, weil sie sonst durch die Bewegungen der Wanne abplatzen könnten. Es ist zu empfehlen, die Fuge unter dem Wannenrand auch dauerelastisch auszubilden.

Abmauerung. Eingemauerte und gefliese Wannen sehen nicht nur gut aus, sie sind aufgrund ihrer Konstruktion auch besonders wärmedämmend. Das bewirkt die eingeschlossene ruhende Luft. Der Wärmeübergang von der erwärmten

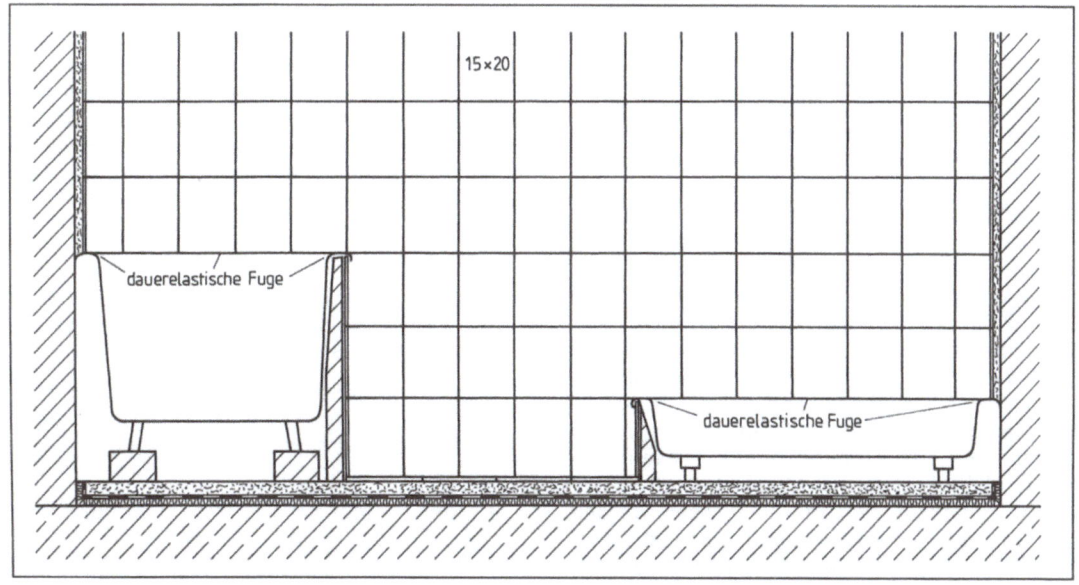

11.4 Badezimmer mit Schnitt durch Einbauwanne und Brausetasse

Wanne zur eingeschlossenen Luft erfolgt hauptsächlich durch Strahlung. Er ist sehr gering, viel geringer als die Wärmeübertragung zu jedem festen Stoff, selbst zu Dämmstoffen (vgl. Aufbau und Prinzip der Thermoskanne). Die Wanne soll daher möglichst dicht und so eingemauert werden, dass ein luftgefüllter Hohlraum entsteht. Auf keinen Fall sollen Steine, Dielen oder Leichtbauplatten mit dem Mörtel an die Wanne gesetzt werden, weil dann durch Wärmeleitung das Badewasser schneller abkühlen würde (Wärmebrücke). Der Luftraum zwischen Wanne und Abmauerung ist allerdings so groß, dass es auch zu einer Wärmeweitergabe durch strömende Luft kommt.

Beim Einmauern und Verfliesen der Wanne muss man auf parallele Lage zur gegenüberliegenden Wand achten, damit im Bodenbelag kein konischer Streifen entsteht.

Zum Einmauern eignen sich besonders Bauplatten aus Porenbeton und Styrodur, weil sie leicht zu verarbeiten sind und im Dünnbett verkleidet werden können.

Untertritt und schräge Abmauerung. Vielfach wird bei der Abmauerung in Sockelhöhe ein Untertritt gelassen (**11.2**), damit man besser an die Wanne herantreten kann. Er sollte wenigstens 1 m lang und 10 cm tief und hoch sein. Untertritte sind an ihren 3 Seiten und auf dem Boden zu fliesen; der Sturz muss gefliest oder wenigstens mit Zementmörtel glatt geputzt werden. Untertritte erschweren die Reinigung des Badezimmerbodens. Ihr Zweck wird auch erfüllt, wenn die Wanne schräg abgemauert ist. Diese Schräge sollte deutlich ausfallen, mit etwa 8 cm Abweichung von der Senkrechten. Ein Nachteil besteht darin, dass der Fugenschnitt von der Wannenverfliesung zur Nachbarwand nur mit deutlich dickeren Lagerfugen in der schrägen Fläche einzuhalten ist.

Kontrollrahmen. Um ohne Beschädigung des Fliesenbelags spätere Reparaturen am Wannenabfluss zu ermöglichen, wird manchmal in der Abmauerung eine Aussparung gelassen und beim Verfliesen mit einem Kontrollrahmen (Revisionsrahmen) geschlossen. Dieser Rahmen aus Leichtmetall oder Kunststoff ist in seinen Abmessungen den Fliesenmaßen angepasst, z. B. 30 x 30 cm. Man mörtelt ihn mit seinen Ankern an den Wandungen der Öffnung. Zum Fliesenbelag muss er bündig und nach Möglichkeit im Fugenschnitt eingebaut werden. Die Fliesen werden stramm und mit Knirschfugen eingesetzt und festgeklemmt, evtl. in der Mitte verschraubt. Im Rahmen werden sie nicht gefugt, wohl aber die Fugen zwischen Rahmen und anschließendem

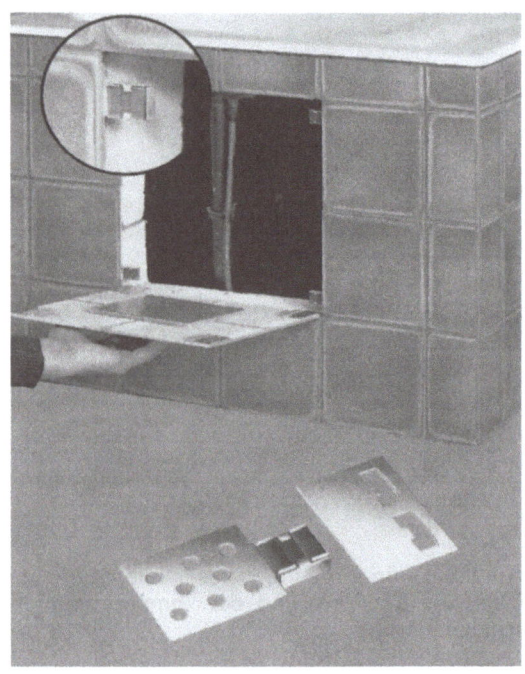

11.5 Verschluss einer Kontrollöffnung mit Hilfe von Fliesenmagneten

Wandbelag. Im Gegensatz zu solchen Rahmen kann eine Kontrollöffnung durch Einbau einer magnetischen Halterung (Schlüter-Fliesenmagnete **11.5**) ganz unauffällig mit Fliesen geschlossen werden, ohne dass das Fugenbild verändert oder unterbrochen wird. Noch problemloser ist es, wenn bei einer Wannenverkleidung aus Porenbetonsteinen oder Styrodur an geeigneter Stelle je nach Fliesenformat um eine, zwei oder vier Fliesen herum die Fuge dauerelastisch ausgespritzt wird. Bei Bedarf können dann später diese Fugen herausgezogen und eine Arbeitsöffnung herausgesägt werden, ohne dass der Fliesenbelag beschädigt wird.

> Einbauwannen müssen in Waage, auf richtiger Höhe und in gleichmäßigem Abstand zur Wand stehen.
>
> Über den Wannenrand gehören ganze Fliesen, die Fuge ist dauerelastisch auszubilden. Unter dem Wannenrand springt der Belag etwas zurück.
>
> Untertritte oder schräge Abmauerungen erleichtern das Reinigen der Wanne, ein Kontrollrahmen erspart spätere aufwendige Reparaturen.

11.3 Fliesenbelag und Installation

Installationsrohre jeder Art sind durch den Fliesenbelag zu überdecken.

Senkrechte Abflussrohre sind mit einem Mörtelträger zu überspannen und dann mit Zementmörtel vorzuputzen. Als Schallschutz gehört zwischen Mörtelträger und Rohr ein Dämmstoff, der entweder vor dem Mörtelträger eingebracht oder nachträglich als dämmender Schaum eingespritzt wird.

Rohrkasten. Liegt das Abflussrohr nicht in einem Wandschlitz, sondern in einer Raumecke (**11.**15), so entsteht durch die Vorarbeiten ein Rohrkasten. Der muss ausreichend steif und fest sein; daher ist als Mörtelträger Rippenstreckmetall besonders geeignet. Der Rohrkasten ist lotrecht und rechtwinklig vorzuputzen und soll in seinen Abmessungen möglichst dem Fliesenmaß entsprechen. Führt der Fliesenleger die Vorarbeiten selbst aus, empfiehlt sich ein genaues Vorputzen, so dass er die Fliesen an den Rohrkasten im Dünnbett ansetzen kann. Rohrkästen mit Fliesenverkleidung im Dünnbett lassen sich auch mit Trägerplatten aus Gipskarton aufbauen, für die aber erst ein tragender Rahmen hergestellt und am Mauerwerk befestigt werden muss. Am einfachsten ist ein Rohrkasten mit Hartschaum (Styrodur) herzustellen, der in vorgefertigten Winkelstücken für diesen Zweck erhältlich ist. Auch mit Bauplatten aus Porenbeton, die in beiden angrenzenden Wänden verankert werden, lässt sich ein Rohrkasten für die Dünnbettverlegung erstellen. Doch braucht diese Konstruktion mehr Platz und kann daher klobig wirken.

Aufkantung. Oft haben mehrere sanitäre Einrichtungen des Badezimmers (z. B. die Wanne und das Klosett) ein gemeinsames Abflussrohr, das (fast) waagerecht über dem Rohfußboden an einer Wand entlang verläuft. Hier wird eine Aufkantung hergestellt, auch eine Art Rohrkasten, jedoch nicht aus Mörtelträger und Vorputz. Die Aufkantung muss nämlich genügend Festigkeit bekommen, damit sie nicht bricht, wenn sich jemand darauf stellt. Deshalb betoniert man das Rohr ein. Das lässt sich auch mit Zementmörtel ausführen, der durch Stochern und Stampfen von oben und von vorn verdichtet wird. Die Aufkantung stellt man mit möglichst geringen Abmessungen her, damit sie nicht zu klobig wirkt. Sie kann in den Wandbelag oder in den Bodenbelag einbezogen werden, d. h., man kann sie mit den Wandfliesen oder den Bodenfliesen des Badezimmers verkleiden. Wird jedoch ein Sockel verwendet, ist mit diesem auch die Vorderseite der Aufkantung zu plattieren. Die Verfliesung muss rechtwinklig und im Fugenschnitt zur Wand oder zum Boden ausgeführt werden.

Rohre mit geringem Durchmesser liegen im Mauerwerk in entsprechend schmalen Schlitzen. Führen sie heißes Wasser (Heizungsrohre), sind sie zu dämmen und mit Mörtelträgern zu überbrücken. Sonst wird der schmale Schlitz in der Wand mit Zementmörtel zugeworfen und in üblicher Weise überplattiert.

Rohrdurchbrüche. Manchmal wird verlangt, dass der Fliesenbelag von den Rohrstutzen nur in den Fugen oder sogar nur in Fugenkreuzungen durchbrochen werden darf. Die Anordnung der Armaturen soll auf das Fugenraster des Fliesenbelags abgestimmt werden, damit ein schönes, harmonisches Gesamtbild der Wand entsteht. Dazu gehört auch, dass der Fliesenbelag symmetrisch eingeteilt wird.

Um spätere kostspielige Nacharbeiten und Arbeitsunterbrechungen zu vermeiden, müssen Architekt, Fliesenleger und Installateur rechtzeitig zusammenarbeiten. Beide Handwerker müssen nach einem vom Architekten zu erstellenden Verlegeplan arbeiten, in dem alle Rohrdurchbrüche eingezeichnet und ihre Lage bemaßt sind (**11.**6).

Die Maße beziehen sich zweckmäßig in ihrer Höhe auf die Oberkante des fertigen Fußbodens und in ihrer Längsrichtung auf die Mittelachse der (fertig gefliesten) Wand. Diese Bezugsachse sollte nicht anhand von Bauzeichnungen und auf rechnerischem Weg ermittelt werden, sondern auf der Baustelle. Vor Beginn der Installationsarbeiten hängt der Fliesenleger an beiden Enden der Wand Lote auf. So stellt er die lichte Länge der Wand und ihre Mittelachse genau fest. Die Achse wird an der Rohbauwand deutlich und unverwischbar eingezeichnet. Von dieser Bezugsachse aus wird die Lage aller Armaturen festgelegt und im Plan bemaßt. Dazu muss der Architekt das genaue Maß von Fliese mit Fuge kennen. Es lässt sich leicht durch Auslegen mehrerer Fliesen ermitteln. Dann muss noch festgestellt werden, ob in der Mittelachse der Wand eine Stoßfuge liegt oder die Mitte einer Platte.

Eine symmetrische Anordnung der Armaturen bezüglich des Fugenrasters lässt sich auch erzielen, wenn die Rohre die Fliesen in der Mitte durchbrechen (**11.**6). Zwar ist diese Anordnung arbeitsaufwendiger beim Lochen der Fliesen,

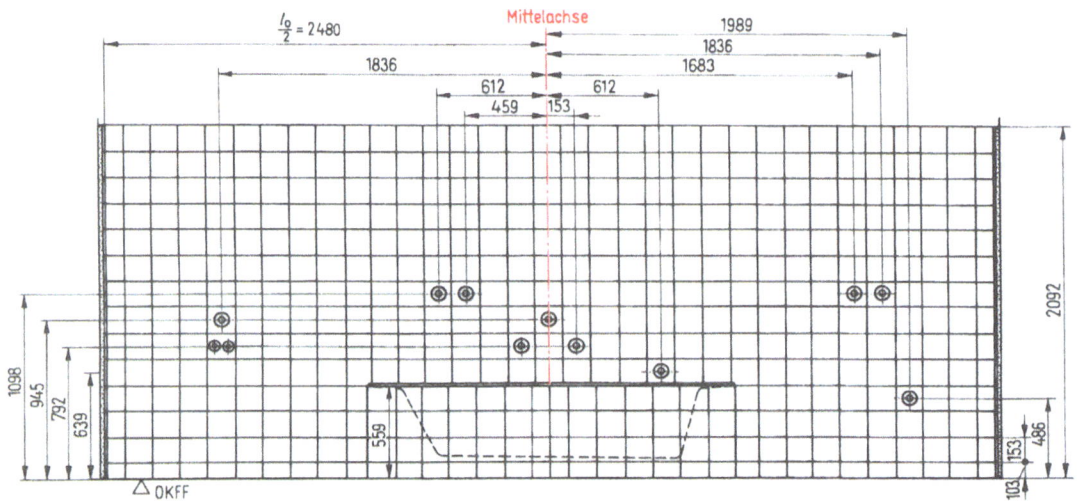

11.6 Verlege- und Installationsplan für das Rastermaß 153 x 153 mm; Rohrdurchbrüche liegen nur in Fliesenmitten

doch kann man dafür beim Ansetzen jeder Schicht die Schnur durchspannen, weil keine Rohrstutzen die Flucht unterbrechen. Vor allem aber liegt so die Rosette auf der Fliese dicht an. Im anderen Fall schließt sie an den zurückliegenden Fugen nicht dicht ab, besonders bei Fliesen mit verlaufenden Kanten (Kissenfliesen). Es entsteht eine Öffnung, in die Schmutz und sogar Ungeziefer eindringen können (**11.7**). Gerade in medizinischen Bädern und Behandlungsräumen, in denen ja oft Installation und Fugennetz aufeinander abgestimmt werden, muss aber auf Hygiene größter Wert gelegt werden. Deshalb ist die Anordnung der Rohrdurchbrüche in den Fliesenmitten die bessere Lösung.

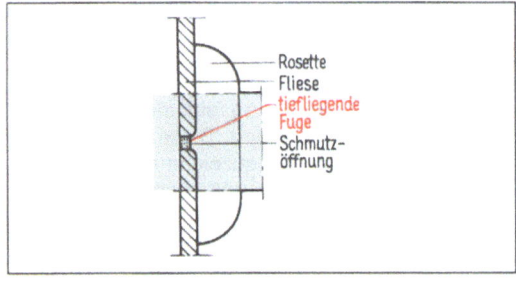

11.7 Rohrdurchbruch in einer Fuge

> Rohre in oder vor Wänden sind stets zu verkleiden. Enge Schlitze für „kalte" Rohre dürfen mit Zementmörtel zugeworfen werden, andere sind zu dämmen und mit Mörtelträgern zu überspannen.
>
> Sollen Rohrdurchbrüche nur in Fugenkreuzungen oder in Fliesenmitten liegen, müssen die Installation und der Fliesenbelag nach einem Verlegeplan ausgeführt werden.

11.4 Verfliesen einer Brausenische

Abdichten. Beim Duschen wird Wasser gegen den Wandbelag gespritzt und fließt an ihm entlang nach unten. Deshalb ist ein wasserdichter Belag erforderlich. Zwar sind Wandfliesen infolge ihrer Glasur dicht, nicht aber der Fliesenbelag (wegen der Fugen). Auch ein Dichtungsmittel im Fugenmörtel kann allein den Belag nicht abdichten – schon deshalb nicht, weil Fugen reißen können. Der Ansetzgrund muss abgedichtet werden. Gegen das gelegentliche Spritzwasser in Brausen von Wohnungen reicht dafür ein Sperrputz ohne zusätzlichen Sperranstrich aus. Dieser Putz aus Zementmörtel 1:3 und einem Dichtungsmittel lässt sich vorweg aufbringen oder nass-in-nass mit dem Ansetzmörtel verarbeiten. Hierbei wird abwechselnd ein Streifen vorgeputzt und auf dem frischen Sperrputz gefliest. Putzt man erst alle Wände vor, muss man

11.4 Bodenbelag im Bad

beim Dickbettverfahren den Sperrputz aufrauen, z. B. mit Hilfe der gezahnten Glättekelle. Die Abdichtung mit einem Sperrputz ist zwar wegen möglicher Rissebildung, die man nie ausschließen kann, weniger sicher als eine Abdichtung durch Sperranstrich oder gar mit Bitumenbahnen. Im Gegensatz zu diesen Verfahren gibt es aber beim Sperrputz keine Probleme mit der Haftung des Mörtels zum Fliesenbelag und zur Wand. Beim Dünnbettverfahren werden in den Innenecken der Dusche Dichtungsbänder verklebt; die Rohrdurchbrüche bekommen Dichtmanschetten. Dann wird eine Dichtschlämme (-emulsion, Flüssigfolie) aufgetragen. Diese Art der Abdichtung hat sich gerade für Wandabdichtungen in Duschen gut bewährt.

Hat ein Badezimmer keine Duschecke, kann die Badewanne auch als Brausewanne dienen. Deshalb sind in solchen Bädern die Wände über der Einbauwanne abzudichten und mindestens 1,80 m hoch zu verfliesen.

Brausetassen gibt es in vielen Größen, in quadratischer oder rechteckiger Form, mit normaler Tiefe von etwa 15 cm und 25 cm als tiefe Ausführung. Häufig verwendet werden Duschwannen von 80 x 80 cm und 90 x 90 cm. Brausetassen sind wie Einbauwannen mit Hohlraum abzumauern und am Anschluss zum Fliesenbelag dauerelastisch zu fugen. Die Wannentiefe lässt sich vergrößern, der Duschvorhang schließt dichter ab, wenn die Brausetasse wie in Bild **11.8** abgemauert wird. Außerdem kann man die verfliese Abmauerung als Fußstütze und Sitzbank verwenden, oder auf ihr kann eine fertige Duschtrennwand bzw. -tür montiert werden.

Plattierte Fußgrube. Die Duschwanne kann auch aus Fliesen hergestellt werden. Man nennt das eine plattierte Fußgrube. Dabei wird die Nische an der Einstiegseite etwa 10 bis 30 cm hoch gemauert. Der Bodenbelag sollte rutschsicher sein. Geeignet sind unglasiertes Mosaik und vor allem Bodenfliesen mit rutschhemmender Glasur (s. Abschn. 16.4). Die Fußgrube muss auf dem Boden und mindestens in Sockelhöhe mit einer Sperrschicht abgedichtet werden (z. B. mit zwei Lagen heiß verklebter Bitumenpappe auf einem Vorputz bzw. Estrich). Das Gefälle zum Bodeneinlauf sollte nicht unter 2 % betragen. Bei gleichem Format von Wand- und Bodenbelag ist der Fugenschnitt einzuhalten.

In den Brausenischen mit ihren kurzen Wänden soll der Wandfliesenbelag stets symmetrisch eingeteilt werden, besonders an der Kopfwand. Das gleiche gilt für den Bodenbelag in Fußgruben. Zum übrigen Raum hin, meist dem Badezimmer, soll die Brausenische abzutrennen sein, sei es durch eine Falttür oder einen Vorhang, damit nicht nach jedem Duschen das Spritzwasser vom Boden aufgewischt werden muss.

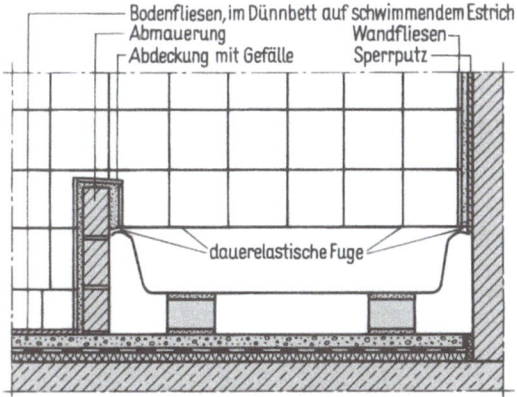

11.8 Schnitt durch verfliese Brausetasse

> Die Wände in Duschen sind durch einen Sperrputz beim Dickbett bzw. eine Dichtschlämme o.ä. beim Dünnbett abzudichten. Der Fliesenbelag wird symmetrisch eingeteilt. Bei fertigen Brausetassen geschieht das Abmauern, Fliesen und Fugen wie bei Einbauwannen. Fußgruben werden mit einer Sperrschicht abgedichtet und mit Mosaik oder rutschhemmenden Fliesen mit Gefälle plattiert.

11.5 Bodenbelag im Bad

Nicht geeignet sind als Bodenbeläge poröse Platten wie Ton- und Cottoplatten, Solnhofener Platten und andere poröse Natursteine. Die Glasur von Bodenfliesen soll mindestens zur Beanspruchungsgruppe II gehören – es sei denn, das Bad wird vornehmlich in Hausschuhen oder barfuß betreten. Das Abdichten des Bodens und ein Bodeneinlauf wären zwar wünschenswert, um Schäden durch Überschwemmungen zu vermeiden. Meist wird jedoch wegen erheblicher Nachteile darauf verzichtet. Denn der Boden wird durch das erforderliche Gefälle uneben, und aus dem Senkkasten können vom länger stehenden Wasser unangenehme Gerüche aufsteigen. Vor

allem aber wird zwischen der Rohdecke und OKFF mehr Konstruktionshöhe erforderlich, weil ja der Gefälleestrich mit der Abdichtung zusätzlich über dem schwimmenden Estrich anzuordnen ist.
Der Boden muss immer gegen Trittschall gedämmt werden; die Fuge zwischen Wand- und Bodenbelag ist dabei dauerelastisch zu schließen. Die Dämmung sollte auch die Badewanne einbeziehen, damit der Körperschall durch das einfließende Wasser nicht weitergeleitet wird. Am einfachsten erreicht man dies, wenn man den schwimmenden Estrich unter der Wanne weiterführt (**11.2**).

11.6 Aufmaß, Lohnabrechnung und Baustoffbedarf

Das Aufmaß dient als Grundlage für die Ermittlung von Fliesen und anderen Baustoffen oder für die Akkordlohnabrechnung. Gemessen werden die Rohbaumaße. Abzüge unter 0,10 m² bleiben unberücksichtigt. Aufgemessen werden Sockel, Winkelschienen und dauerelastische Fugen nach m; Wand- und Bodenplatten, Spritzbewurf, Sperrputz, Verlegung der Dämmung nach m²; Wannenverkleidung, -abmauerung, Kontrollrahmen, Untertritt, Seifenschalen, Rollenhalter, Bodeneinlauf, evtl. auch Löcher nach Stück.

Das fachgerechte Aufmaß erfolgt nach diesem Schema:

a) **Wandbelag** [(Länge + Breite) · 2 – Tür] · Höhe
   + zusätzliche Flächen – Abzüge

b) **Sockel** (Länge + Breite) · 2 – Tür
   + zusätzliche Längen – Abzüge

c) **Bodenbelag** Länge · Breite
   + zusätzliche Flächen – Abzüge

d) **Besondere Arbeiten**

Beispiel 1 Wandfliesen 15 x 15, 1,83 m hoch
(11.9) Sperrputz im Wannenbereich
Boden aus 5 x 5 Mittelmosaik
Sockel aus 5 x 20 Steinzeug
Brüstungshöhe 91 cm ab OKFF

Wandbelag:
[(2,51 m + 1,82 m) · 2 – 0,76 m] · 1,83 m = 14,46 m²
+ 0,70 m · 0,12 m (Wannenabdeckung) = 0,08 m²
+ 1,51 m · 0,15 m (Fensterbank) = 0,23 m²
+ 0,92 m · 0,15 m · 2 (Fensterleibungen) = 0,28 m²
                                         15,05 m²
– 1,51 m · 0,92 m (Fenster)   –1,39 m²
– 0,70 m · 0,46 m · 2 (Wannenköpfe)   –0,64 m²
                                         13,02 m²

Sockel:
(2,51 m + 1,82 m) · 2 – 0,76 m = 7,90 m
+ 0,10 m · 2 (Untertritt)   = 0,20 m
– 0,70 m · 2   = –1,40 m
                                  6,70 m

Boden:
1,82 m · 1,81 m   = 3,29 m²
+ 1,00 m · 0,10 m (Untertritt) = 0,10 m²
                                3,39 m²

11.9 Grundriss eines Badezimmers

Sperrputz:
(1,82 m + 2 · 0,70 m) · 1,37 m = 4,41 m²

elastische Fuge:
1,82 m · 2 + 0,70 m · 2 (Wanne) = 5,04 m
(1,81 + 1,82 m + 0,10 m) · 2 – 0,76 m = 6,70 m
                                        11,74 m

Winkelschiene: 0,76 m

1 Einbauwanne, 1 Kontrollrahmen, 1 Untertritt, 2 Formfliesen, Dämmung

Rechnen mit dem Taschenrechner. Die Ausrechnung des Aufmaßes mit dem ETR lässt sich schnell und leicht ausführen, wenn man statt der Klammerrechnung Zwischenergebnisse abruft und mit ihnen weiterrechnet. Für den Wandbelag **11.9** ergibt sich dieser Ablauf:

11.6 Aufmaß, Lohnabrechnung und Baustoffbedarf

Akkordlohnabrechnung. Fliesenleger, die im Akkord arbeiten, reichen dem Arbeitgeber nach Fertigstellung einer Baustelle eine Akkordlohnabrechnung ein. Die jeweiligen Akkordsätze für die ausgeführten Arbeiten werden dem zuständigen Tarifvertrag entnommen. (Hier sind sie willkürlich gewählt, s. Tabellenanhang, Tabelle 1, S. 208) Diese Abrechnung wird übersichtlich und dreifach ausgefertigt, z. B. auf firmeneigenen Vordrucken. Zwei Ausfertigungen bekommt der Arbeitgeber, eine davon erhält man korrigiert zurück (**11.9** und **11.10**). Die Abrechnung kann mit dem Akkordsatz in DM (**11.10**) oder in Arbeitsstunden erfolgen (**14.13**).

Das Aufmaß für die Baustoffermittlung entspricht weitgehend dem für die Lohnabrechnung. Es fehlen nur die besonderen Arbeiten, die keine zusätzlichen Baustoffe erfordern.

Nachdem das Aufmaß ausgerechnet ist, müssen die Fliesen noch nach Stückzahl (s. Tabellenanhang) mit Berücksichtigung von 2 % bis 5 % Verschnitt und die Mörtelbaustoffe nach Volumen oder Gewicht errechnet oder geschätzt werden. Für die Anlieferung zur Baustelle werden die Baustoffe übersichtlich auf einen Lieferschein notiert.

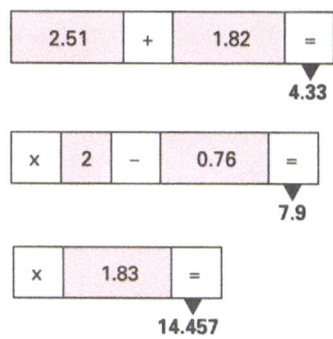

Beispiel 2 (**11.9** und **11.11**)
a) Wandfliesen 15 x 15,
   nach Tabelle 44 Stück je m²
   13,02 · 44 = 573 ohne Verschnitt
   mit 3 % Verschnitt: 573 · 1,03 = **590 Stück**
b) Sockel 5 · 20,   5 Stück je m
   6,70 · 5 · 1,03 = **35 Stück**
c) Mittelmosaik: 3,49 m² · 1,03 = **3,60 m²**
d) Zement und Sand (s. Abschn. 2.4). Mörteldicken: 2 cm für Wand-, 6 cm für Bodenbelag, 1,5 cm für Sperrputz
   13,02 m² · 0,02 m + 3,39 m² · 0,06 m + 4,44 m² · 0,015 m = 0,53 m³
   530 l · 1,4 = 742 l. 742 l : 6 = 124 l (Zement)
   742 l − 124 l = **618 l (Sand)**
   124 l Zement : 20 l/Sack = 6,2 Sack Zement
   6,2 Sack Zement + 0,8 Sack Zement
   (für Pudern und Reserve) = **7 Sack Zement**

```
Baustelle: Dr. Kunde, Bachstraße 20, 45699 Herten
Fliesenleger: W. Plattner
Arbeitszeit: 28.8. bis 31.8.1998
```

Menge	ausgeführte Arbeiten	Akkordsatz	Betrag
13,02 m²	15er-Wandfliesen	51,10	665,32
6,70 m²	Sockel 5 x 20	8,13	54,47
3,39 m²	Mimo-Boden auf Dämmung	47,62	161,43
3,39 m²	Dämmung verlegt	2,79	9,46
4,41 m²	Sperrputz	17,42	76,82
0,76 m²	Winkelschiene	4,18	3,18
5,04 m²	dauerelastische Fuge	3,48	17,54
1 St.	Wannenzuschlag	41,81	41,81
1 St.	Wanne eingemauert	69,69	69,69
1 St.	Kontrollrahmen	20,90	20,90
1 St.	Untertritt	10,45	10,45
2 Std.	Formfliesen	10,45	20,90
2 Std.	bescheinigter Tageslohn	23,23	46,46
2 Std.	25 % Akkordlohnausgleich	5,81	11,62
			1210,05

11.10 Akkordlohnabrechnung

```
                            LIEFERSCHEIN

Baustelle: Dr. Kunde, Bachstraße 20, 45699 Herten

590 Wandfliesen 15 x 15, blau geflammt, Nr. 6148, 1. Sorte
35 Steinzeugriemchen 5 x 20, weiß glasiert
3,60 m² Mittelmosaik 5 x 5, weiß glasiert
0,76 m² Messingwinkel
650 l Sand 0 bis 4
7 Sack Portlandzement 32,5 R
2 Beutel Fugenweiß
1 Tube Fugendichtungsmasse
1 Kontrollrahmen
1 Seifenschale 6148, 1 Rollenhalter 6148
4 m² Styropor
7 m Randstreifen
Ölpapier
Gerät und Latten für Fliesenleger W. Plattner
```

11.11 Lieferschein

Aufgaben zu Abschnitt 11

T

1. Begründen Sie, warum keramische Fliesen als Wand- und Bodenbelag in Badezimmern besonders geeignet sind.
2. Geben Sie Beispiele an für die gefühlsmäßige Wirkung einiger Farben.
3. Stellen Sie für ein Bad nach Farben zusammen: Wandbelag, Bodenbelag, Fugen und sanitäre Einrichtung nach den gestalterischen Gesichtspunkten
   a) Ton-in-Ton,
   b) Kontrastwirkung.
4. Worauf sind die Einbauwannen vor dem Verfliesen zu prüfen?
5. Einbauwannen können vor oder nach der Wandplattierung aufgestellt werden. Stellen Sie Vor- und Nachteile gegenüber.
6. Wie ist die Fuge über dem Wannenrand auszubilden? Begründung.
7. Warum soll der Fliesenbelag an der Wanne nicht bündig mit dem Wannenrand abschließen?
8. Warum soll die Abmauerung mit Abstand von der Wanne ausgeführt werden und diese möglichst nicht berühren?
9. Geben Sie Zweck und fachgerechte Ausführung eines Untertritts an.
10. Beschreiben Sie, wie Kontrollöffnungen in Einbauwannen geschlossen werden können.
11. Wie wird ein Rohrkasten fachgerecht hergestellt?
    a) aus Rippenstreckmetall,
    b) aus Trägerplatten,
    c) durch Abmauern?
12. Was versteht man unter einer Aufkantung?
13. Schildern Sie das Vorgehen und die Zusammenarbeit von Architekt, Installateur und Fliesenleger, wenn die Rohrdurchbrüche nur in Fugenkreuzungen liegen sollen.
14. Warum haben Badezimmerböden meist kein Gefälle und keinen Senkkasten?
15. Welcher Bodenbelag eignet sich für plattierte Fußgruben?
16. Wie wird der Ansetzgrund in Brausenischen vorbehandelt? Begründung.
17. Was versteht man unter der Arbeitsweise nass-in-nass?
18. Skizzieren und beschreiben Sie mögliche Ausführungen von Duschecken im Fußbereich.
19. Wie kann man die Einbauwanne gegen Körperschall (durch einfließendes Wasser) dämmen?
20. Womit können einfarbige Wandfliesenbeläge abwechslungsreicher und schöner gestaltet werden?
21. Warum ist es so wichtig, die Fuge zwischen Wandfliesen und Brausetasse dauerelastisch auszubilden?

Aufgaben zu Abschnitt 11

Z

1. **Geflieste Einbauwanne, M 1:10,** dreiseitig freistehend

   Abmessungen: 170 x 70 x 56 cm; Rand: 7 cm breit, 2,5 cm hoch

   Verkleidung: Sockel 10 x 10, Wandfliesen 15 x 15 (symmetrisch), Kontrollrahmen 30 x 30, 3 Ansichten auf DIN A4, quer

2. wie Z 1, jedoch Draufsicht, Längsschnitt und Querschnitt.

3. **Bad mit Einbauwanne, M 1:10.** Längsschnitt durch die Wanne (11.12), DIN A4, quer. Boden 10 x 10 mit Schalldämmung, 7 cm Konstruktionshöhe Wandfliesen 15 x 15, 11 Schichten hoch. Wannenhöhe: 4 Fliesenschichten

4. **Bad mit Brausenische, M 1:10.** Senkrechter Schnitt durch Wanne und Brausetasse (11.14) DIN

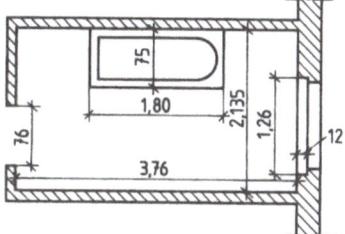

11.12   Grundriss eines Badezimmers

A4, quer. Bodenaufbau: Beton – schwimmender Estrich – geklebtes Mittelmosaik 5 x 5, insgesamt 7 cm Konstruktionshöhe, Wände: Wandfliesen 11 x 11 (mit Fuge). Zu zeichnen sind 14 Schichten. Höhe der Wanne: 55 cm, der Brausetasse 22 cm ab OKFF.

M

1. Nach dem Grundriss (11.12) sind zu erstellen:
   a) Aufmaß für Wand- und Bodenbelag und besondere Arbeiten (Fliesenhöhe h = 1,98 m, Brüstungshöhe h_b = 88 cm, Wannenhöhe = 60 cm),
   b) Akkordlohnabrechnung,
   c) Baustoffermittlung und Lieferschein für 15er-Wandfliesen, Florentiner-Mosaik, kein Sockel.

2. wie M 1, jedoch nach Grundriss 11.13 und mit h = 1,68 m, h_b = 95 cm; sonst wie in Z 3 angegeben.

3. wie M 1, jedoch nach Grundriss 11.14 mit h = 1,87 m, Brausenische: + 33 cm; sonst wie in Z 4 angegeben.

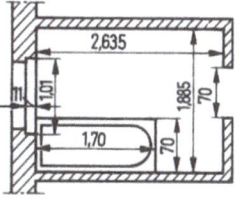 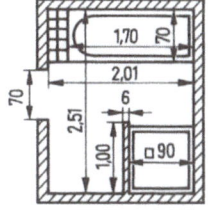

11.13   Grundriss eines Badezimmers

11.14   Grundriss eines Badezimmers mit Brausenische

Gesamtaufgabe

Bad (11.15)

a) Grundrissskizze
b) Beschreibungen des Rohbaus (Was finde ich vor?) und der Vorarbeiten
c) Auswahl der Fliesen (Format, Fabrikat, Farbe, Fugen, Höhe)
d) Aufmaß
e) Akkordlohnabrechnung (s. Tabelle 1 im Anhang)
f) Schnittzeichnung M. 1:10

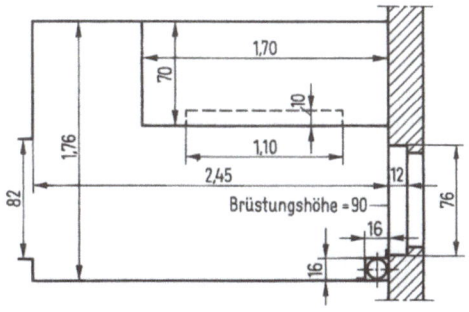

11.15   Grundriss eines Badezimmers mit Rohrkasten

12 Fliesenarbeiten auf Balkonen und Terrassen

Für Bodenflächen, die als Bauwerkteil an, auf oder vor Gebäuden liegen, werden die Fachbezeichnungen Balkon, Loggia und Terrasse gebraucht.

Balkone sind auskragende, *vorgebaute* Bauwerkteile. Ihr kragender Teil ist meist die über die Außenwand weitergeführte Geschossdecke, eine *Kragplatte* aus Stahlbeton.

Die Loggia unterscheidet sich vom Balkon dadurch, dass sie in das Gebäude eingebaut ist; die Brüstung liegt also nicht vor dem Bauwerk, sondern in einer Flucht mit seiner Außenwand. Zwischen Balkon und Loggia gibt es vielfältige Übergänge, z. B. halb eingebaute, halb vorgebaute Bauwerkteile.

Terrassen sind Freiplätze auf oder vor dem Gebäude.

12.1 Anforderungen an den Balkon und seinen Belag

Durch die Witterung werden Balkone, Loggien und Terrassen viel stärker als Böden in Innenräumen beansprucht. Außerdem können – abhängig von der Bauart – statisch bedingte Spannungen auftreten.

Starke Temperaturunterschiede durch Sonneneinstrahlung und nächtliche Abkühlung sowie zwischen Sommer und Winter führen zu erheblichen Spannungen im Belag, an seinen Rändern sowie zwischen Belag und Verlegegrund. Die Dehnung des Belags beim Erwärmen und seine Stauchung beim Abkühlen verursachen abwechselnd Zug- und Druckspannungen in den Platten, im Fugennetz und an den Rändern des Belags. Um Risse zu vermeiden, sind die Anschlussfugen zur Hauswand und zur Brüstung dauerelastisch auszubilden. Bei größeren Bodenflächen werden auch im Belag im Abstand von 3 bis 5 m Dehnungsfugen angeordnet.

Schubspannungen. Zwischen dem Belag und seinem Verlegegrund entstehen Schubspannungen, weil sich beide Bereiche unterschiedlich stark dehnen und zusammenziehen: Die Platten an der sonnenbeschienenen Oberfläche des Balkons erwärmen sich rascher und stärker als der Untergrund; außerdem weisen beide Baustoffe unterschiedliche Wärmedehnzahlen auf. Die Schubspannungen können bewirken, dass sich der Verlegemörtel vom Untergrund löst, wenn keine gute Haftung vorhanden ist. Auf keinen Fall darf das „Abreißen" in der Abdichtung geschehen, weil diese sonst beschädigt werden könnte. Deshalb verzichtet man besser auf einen Verbund des Mörtels zur Dichtungsschicht und ordnet auf der Abdichtung eine Gleitschicht an.

Wasser ist für viele Bauschäden verantwortlich. Das Regenwasser, das häufig und in großer Menge, dazu noch oft mit Winddruck auf den Belag fällt, soll möglichst rasch von der Oberfläche abfließen. Deshalb muss der Belag bei glatter Oberfläche mindestens 1%, bei Spaltplatten, Klinkern, bruchrauen und profilierten Platten mindestens 2% Gefälle zum Bodeneinlauf bzw. zur Rinne erhalten. Das durch das Fugennetz sickernde Wasser darf den Verlegegrund nicht durchfeuchten. Daher müssen Böden auf Balkonen, Loggien und Dachterrassen fachgerecht abgedichtet werden (s. Abschn. 7.4.2). Die Abdichtung wird auf einem ebenen Gefälleestrich angeordnet, so dass das durchgesickerte Wasser abfließen kann und nicht in Pfützen stehen bleibt.

Frost kann durchfeuchtete Bauteile zersprengen. Bodenflächen im Außenbereich dürfen nur mit frostbeständigen Platten verkleidet werden, *nicht* mit Ziegelplatten oder porigen Natursteinplatten (z. B. Solnhofener). Für die Verlegung im Dickbett ist Trasszementmörtel ohne jeden Kalkzusatz zu wählen. Für die Dünnbettverlegung eignen sich mit Kunststoff vergütete hydraulische Dünnbettmörtel oder der zweikomponentige Epoxidharzkleber. Unebener Verlegegrund mit Mulden kann Frostschäden verursachen. Das Wasser sammelt sich dort in Pfützen, die bei Frost zu Eislinsen werden und den Belag hochdrücken können.

Statisch bedingte Zugspannungen im Plattenbelag treten bei Balkonen auf, die als Kragplatte ausgebildet sind. Bei Biegung (infolge von Eigengewicht) entsteht am oberen Rand der Kragplatte – das ist im Belag – Zug und am Rand Druck (**12.1**). Der Biegezug ist unmittelbar über

12.2 Aufbau des Bodenbelags

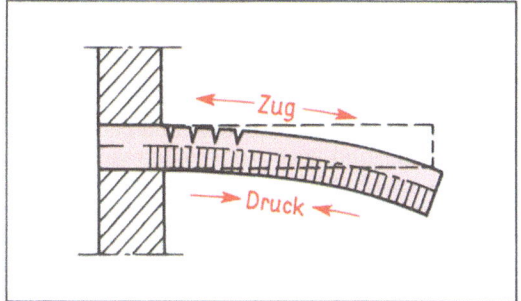

12.1 Kragplatte

dem Auflager, also an der Hauswand, am größten. Dieser Sachverhalt ist ein weiterer Grund, die Anschlussfugen zum Gebäude dauerelastisch auszubilden.

Größere Terrassen werden manchmal auf Decken von Garagen, Kellerräumen oder auf Flachdächern angelegt, die auf Stahl- oder Betonträgern ruhen. Über solchen Trägern treten im Belag Biegezugspannungen auf, deren Ausmaß u. a. vom Abstand der Träger abhängt. Neben der erforderlichen Bewehrung des Mörtelbetts ist es zweckmäßig, Dehnungsfugen über den Trägern anzuordnen.

Schmutz, Staub und Abgase lagern sich teils unmittelbar aus der Luft auf Bodenbeläge im Außenbereich ab, teils werden sie vom Regen, Tau und Nebel mitgeführt. Für den Belag sollten leicht zu reinigende, schmutzunempfindliche Platten verwendet werden. Diese Eigenschaften treffen zwar vor allem auf glasierte Platten zu, doch sind diese gewöhnlich bei Nässe und Schnee besonders glatt. Trittsicherer sind da unglasierte, dichtgesinterte Bodenfliesen, die sich auch verhältnismäßig leicht sauber halten lassen. Am besten eignen sich Bodenplatten mit rutschhemmender Glasur (s. Abschn. 16.4), die stets gut zu säubern sind und selbst bei Nässe gefahrlos begangen werden können.

Der Regen wirkt – besonders in Industriegebieten – infolge der in ihm gelösten Abgase wie eine schwache Säure. Das durch die Fugen gesickerte Regenwasser durchfeuchtet das Mörtelbett um so mehr, je schwächer das Gefälle der Abdichtung ist. Fehlen zudem noch beim Senkkasten die seitlichen Einlaufschlitze, steht das Wasser im Mörtelbett wie in einer Wanne. Zwar ist Zementmörtel porenfrei genug, um Frostschäden auszuschließen, aber das aggressive Wasser wirkt chemisch auf den Kalkanteil im Zement ein. Beim Erhärten des Portlandzements wird nicht der gesamte Kalk chemisch an die Hydraulefaktoren gebunden, so dass etwas freier Kalk übrig bleibt. Dieser Kalk wird in dem schwach sauren Wasser gelöst. Bei Erwärmung durch Sonnenstrahlung verdunstet Wasser und hinterlässt hässliche Karbonatausblühungen an den Fugen und Rändern des Belags. Zu vermeiden sind diese Ausblühungen durch fachgerechtes Ausführen der Abdichtung, genügendes Gefälle, dichtes Mörtelbett und vor allem durch Verwendung von *kalkarmem Zement* wie Hochofen- oder Trasszement.

Der kalkreiche Portlandzement ist für den Verlege- und Fugmörtel im Außenbereich nicht geeignet, ebenfalls nicht für die Schlämme als Haftschicht.

Eine zusätzliche Dränage über der Abdichtung vermindert ebenfalls die Gefahr von Ausblühungen, weil durch die bessere Ableitung des Sickerwassers das Mörtelbett nicht so lange und nicht so stark durchnässt ist.

> Das Einwirken von Regen und Schnee, Frost, Staub und Schmutz sowie häufige und starke Temperaturunterschiede stellen besondere Anforderungen an den Belag und seinen Untergrund.
>
> Frostbeständige Platten werden mit Gefälle auf abgedichtetem Untergrund verlegt. Anschlussfugen werden dauerelastisch ausgebildet; in größeren Flächen werden Dehnungsfugen angeordnet. Trasszement und Hochofenzement sind geeignete Bindemittel für den Verlege- und Fugmörtel.

12.2 Aufbau des Bodenbelags

Der Aufbau eines Bodenbelags im Freien ist unterschiedlich: Terrassen über beheizten Räumen erhalten eine Dämmschicht und Abdichtung, Balkone eine Abdichtung, Böden auf Erdreich werden dagegen weder abgedichtet noch gedämmt. Bild **12.2** zeigt den fachgerechten Aufbau eines Balkons vom Beton bis zum Plattenbelag.

Das Gefälle (1 bis 2 %) bewirkt ein rasches Abfließen des Regenwassers. Es soll schon in der Stahlbetonplatte vorhanden sein und von den

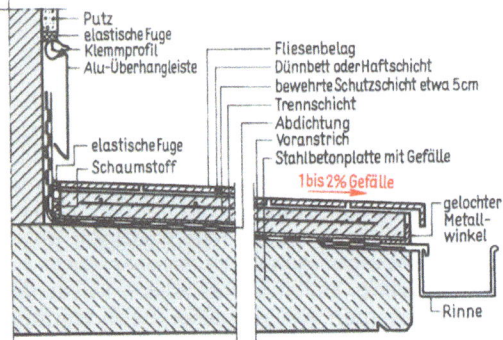

12.2 Schnitt durch plattierten Balkon

folgenden Schichten übernommen werden. Ein *Gefälleestrich* ist bei fehlendem Gefälle im Beton aufzubringen.

Die Abdichtung muss fachgerecht ausgeführt (vgl. Abschn. 7.1) und an allen angrenzenden Bauwerkteilen mindestens 15 cm hochgeführt sein, auch unter der Balkontür. Die Schwelle der Tür sollte etwa um dieses Maß höher liegen als der Gefälleestrich.

Die Trennschicht (Gleitschicht) aus Ölpapier, Glasvlies, Natronkraftpapier oder Kunststoff-Folie verhindert einen festen Verbund zwischen der Abdichtung und dem Schutzestrich bzw. Verlegemörtel. So kann sich der Belag auf der Gleitschicht bewegen, ohne dass Spannungen auf die Abdichtung übertragen werden.

Der Schutzestrich übernimmt das Gefälle der Abdichtung. Er schützt die Abdichtung und kann als Untergrund für die Verlegung im Dünnbett dienen. Geeignet ist ein bewehrter Beton aus Kiessand 0 bis 8 und Trasszement im Mischungsverhältnis von 1:4 oder 1:5 (Raumteile). Dieser wird etwa 5 cm dick aufgetragen und gut verdichtet. Beim Dickbettverfahren dient der frisch eingebrachte, erdfeuchte Estrich als *vorgezogenes Mörtelbett*. Das Mörtelbett bzw. der Estrich wird mit nicht statischen Baustahlmatten (z. B. N 141 oder N 94) oder mit etwa 2 mm starkem Drahtgewebe bewehrt.

Randstreifen (z. B. Kunststoffschaum) verhindern einen Verbund des Mörtels bzw. Estrich zu angrenzenden Wänden und schaffen Platz für dauerelastische Anschlussfugen.

Als Haftschicht zwischen Mörtelbett und Platten soll man – statt mit reinem, trockenem Zement zu pudern – eine Schlämme aus Zement (TrZ oder HOZ) und Feinsand von 1:1 bis 1:2

(Raumteile) einbringen. Gerade zu dichtgesinterten Fliesen und Platten hat die Schlämme besonders gute Klebkraft, die auch höheren Schubbeanspruchungen standhält.

Der Belag besteht aus frostbeständigen Platten, die trittsicher und leicht zu reinigen sein sollen. Geeignet sind Steinzeugfliesen, Spaltboden- und Klinkerplatten, Terrazzo und andere Betonwerksteinplatten sowie manche Natursteinplatten. Helle Platten erwärmen sich durch Sonneneinstrahlung weniger stark als dunkle und sind deshalb zu bevorzugen.

Zusätzliche Flächendränage leitet das Sickerwasser zügiger ab, so dass das Mörtelbett weniger durchnässt. Geeignet sind druckstabile Dränagematten (Troba-Matten, **12.3**), die zwischen Abdichtung und Mörtelbett angeordnet werden. Sie übernehmen gleichfalls die Aufgaben einer Trennschicht.

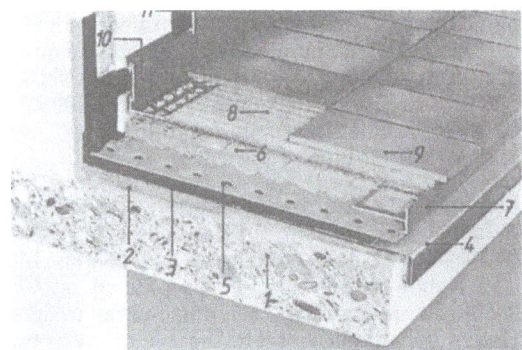

12.3 Balkon mit Dränage und besonderen Rand- und Sockelprofilen
 1 Stahlbeton-Kragplatte
 2 Gefälleestrich
 3 Abdichtung
 4 Tropfkante (oder Rinne)
 5 Troba-Matte
 6 Bewehrtes Mörtelbett
 7 Randprofil
 8 Haftschicht
 9 Keramische Platten, frostfest
 10 Metallsockel
 11 Sockelerhöhung

Die freien Ränder des Balkonbelags sollen so ausgebildet werden, dass kein Wasser dort herunterlaufen kann. Sonst bilden sich auf dem (meistens hellen) Putz bzw. Anstrich des Balkonrands unschöne Schmutzstreifen ab. Zu manchen grobkeramischen Bodenplatten gibt es passende Balkonabdeckplatten, deren Schenkel das Mörtelbett seitlich abdeckt und als Wassernase dienen soll (**12.4 a**). Daher soll auch der

12.2 Aufbau des Bodenbelags

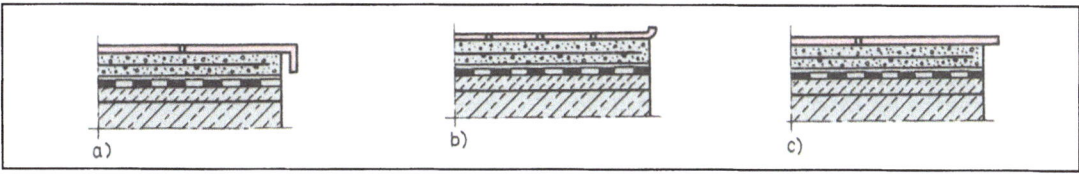

12.4 Randausbildung an Balkonen a) mit Schenkenplatten, b) mit flach verlegtem Kehlsockel, c) durch überstehende Platten

Schenkel weder voll vermörtelt noch nachträglich eingeputzt werden, sondern etwas über dem Putz vorstehen. Die gleichen Platten sind auch als Randsteine an der Rinne geeignet (**12.2**).

Bei Belägen aus unglasiertem Steinzeug kann man einen Randabschluss aus flach gelegten Kehlsockeln herstellen (**12.4 b**). Großformatige Platten kann man am Rand mit Überstand verlegen. Dabei werden Platten mit Rillen in der Rückseite so verlegt, dass diese parallel zum Balkonrand liegen und als Tropfnase dienen (**12.4 c**). In allen Fällen kann durch den Einbau von Metallwinkeln das Mörtelbett sauber eingefasst und abgegrenzt werden (**12.2** und **12.3**).

An der Türschwelle sind die Platten unter das Metallblech zu schieben, aber nicht so weit, dass sie anstoßen. Zwischen Blech und Belag wird eine dauerelastische Fuge angeordnet.

Der Sockel muss Bewegungen des Bodenbelags zulassen. Deshalb ist eine starre Fuge zum Bodenbelag zu vermeiden. Nach dem Ausgießen des Bodens und der dauerelastischen Ausbildung der Anschlussfugen zwischen Boden und Wänden kann man den Sockel ohne Fuge auf den Boden setzen, so dass sich der Belag unter ihm bewegen kann. Noch besser setzt man den Sockel auf einen Streifen aus Kunststoffschaum und schließt die Fuge zum Boden dauerelastisch.

Beim Kehlsockel wird die senkrechte Fuge zwischen Kehle und Boden dauerelastisch ausgebildet. Der Ansetzmörtel des Sockels haftet schlecht auf der senkrecht hochgezogenen Abdichtung; deshalb überspannt man am besten die Sperrschicht mit einem Mörtelträger. Um Probleme mit der Haftung des Sockels zu vermeiden, wird oft ein Wandanschluss aus Metallblech gewählt. Meist baut man das Blech vor den Fliesenarbeiten als Bestandteil der Abdichtung ein. Bei der Fliesenverlegung kann man mit besonderen Balkon-Sockelprofilen an den Wänden hochgezogene bituminöse Abdichtungen verkleiden (**12.3**).

Dauerelastische Fugen sollen mindestens 1 cm breit sein. Sie sind an allen Anschlüssen, bei größeren Flächen auch im Belag als Dehnungsfugen erforderlich. Ihr Abstand voneinander ist abhängig von den zu erwartenden Spannungen infolge von Temperaturunterschieden; er beträgt 2,5 bis 5 m.

Dauerelastische Fugen gehen bis zur Trennschicht durch (**12.2**). Ohne dauerelastische Anschlussfugen wäre der Fliesenbelag mit dem Mörtelbett als starre Scheibe fest eingespannt; der Belag könnte sich bei stärkerer Wärmedehnung hochwölben. Ragen Außenecken des Gebäudes in den Belag hinein, sind von dort aus Dehnungsfugen als Verlängerung der Anschlussfugen anzuordnen (**12.5**).

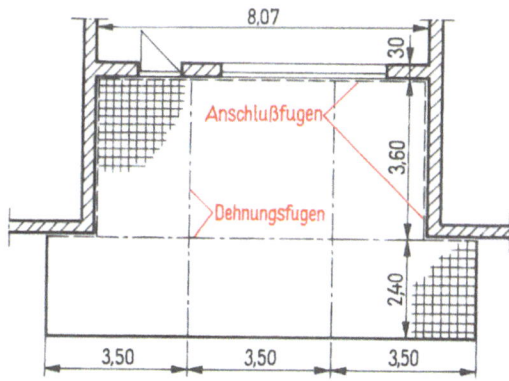

12.5 Dehnungs- und Anschlussfugen im Terrassenbelag

Beläge auf Balkonen sind aus folgenden Schichten aufgebaut:

Betondecke mit Gefälle oder Gefälleestrich – Voranstrich – mehrlagige Abdichtung – Trennschicht – bewehrter Verlegemörtel mit Trasszement oder mit Dünnbettmörtel auf bewehrtem Schutzestrich – Haftschicht als Schlämme – frostbeständige Platten.

12.3 Bodenbeläge auf gewachsenem Boden

Anforderungen an den Untergrund. Ein dauerhafter Plattenbelag kann nur auf einem genügend tragfähigen und frostbeständigen Untergrund hergestellt werden. Aufgeschütteter Boden ist ungeeignet, weil mit größerem und vor allem ungleichmäßigem Setzen zu rechnen ist. Auch auf gewachsenem Boden kann man nicht unmittelbar das Mörtelbett aufziehen, weil sonst leicht Frostschäden entstehen können.

Das Regenwasser soll zügig von der Oberfläche des Belags abfließen, das Gefälle daher wenigstens 2% betragen. Fehlt eine Bodenentwässerung, muss das Gefälle stets vom Haus wegführen. Das durch die Fugen einsickernde Wasser soll nicht unter dem Belag oder dem Mörtelbett stehen bleiben können, sondern soll weiter nach unten versickern.

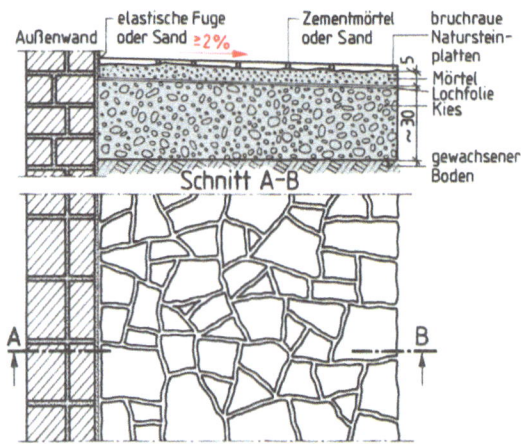

12.6 Plattierter Weg auf gewachsenem Boden

Deshalb wird unter dem Bodenbelag keine Abdichtung angeordnet, sondern eine wasserdurchlässige, tragfähige Schicht aus Kies. Gefrierendes Wasser in und unter der Kiesschicht kann sich in dessen Hohlräume ausdehnen, wenn ihre Dicke ausreicht. Sonst kann es im Winter bei mehrmaligem Wechsel zwischen Frost und Regen zu Schäden kommen. Zunächst gefriert der Boden unter der Kiesschicht bei längerem, strengen Frost. Setzt danach Dauerregen ein, nimmt der noch gefrorene Boden das Wasser nicht auf, so dass die Kiesschicht voll läuft. Bei abermaligem Frost kann das entstehende Eis den Belag hochdrücken.

Als stets sicher frostfrei gilt ein Boden im deutschen Flachland erst ab 80 cm Tiefe. Ein so tiefer Bodenaushub ist aber nur im Straßenbau erforderlich, wo starke Beanspruchungen durch Gewicht und Erschütterungen der Fahrzeuge entstehen.

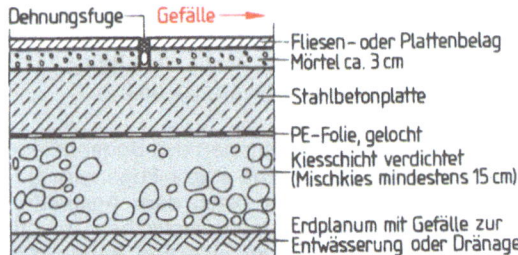

12.7 Terrassenbelag in Mörtel auf Stahlbeton und Kiesschicht

Aufbau des Belags (12.6 und 12.7). Für Bodenbeläge, die nicht befahren werden, reicht es aus, wenn das Erdreich 35 bis 40 cm tief ausgehoben wird. Als tragender Verlegegrund dient entweder eine etwa 30 cm dicke Kiesschicht (12.6, Schnitt) oder eine etwa 15 cm dicke Stahlbetonplatte aus B 15 oder B 25, die auf eine gleich dicke Schicht aus Kies aufgebracht wird. In beiden Fällen verwendet man gemischten Kies, z. B. 8-32.

Kies- und Betonschicht werden maschinell verdichtet und mit Gefälle eingebracht. Hierauf zieht man mindestens 5 cm dick den Verlegemörtel eben und mit Gefälle auf. Geeignet ist erdfeuchter Mörtel aus Trasszement und gemischtkörnigem Kiessand 0 bis 8 im Mischungsverhältnis von 1:5 (Raumteile). Als Trennschicht kann man unter dem Mörtelbett eine wasserdurchlässige Folie (z. B. Lochglasvlies) anordnen.

Als Belag sind dichte, frostbeständige Fliesen oder Platten zu wählen. Unter den keramischen Platten sind unglasierte Steinzeug-, Klinker- und Spaltbodenplatten besonders unempfindlich und haltbar.

Platten mit größerem Format sind dicker als kleinformatige und daher auch bruchfester. Mosaik ist als Terrassenbelag weniger geeignet, weil an den dünnen Plättchen eher Schäden auftreten.

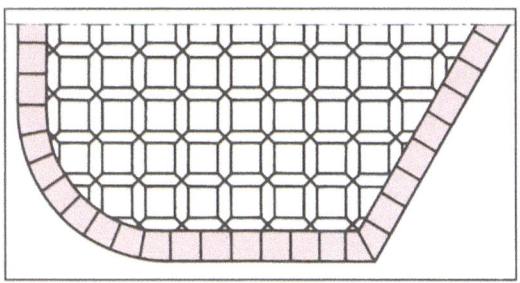

12.8 Terrasse mit rundem und schrägem Rand

Die freien Ränder von Terrassen werden mit ganzen – quadratischen oder rechteckigen Platten eingefasst, auch wenn der übrige Belag aus anderen Formaten besteht (12.8). Beim Polygon-Verband wählt man besonders große Natursteinplatten für die Ränder. Der Belag wird stets von den freien Rändern aus angelegt. An schiefwinkligen Ecken schneidet man zwei Platten auf Gehrung. Rundungen werden mit gleichen, konisch geschnittenen Platten plattiert; die Fugen müssen zum Kreismittelpunkt verlaufen (vgl. Abschn. 5.2).

12.4 Unterlüftete Bodenbeläge

Auf Terrassen werden manchmal großformatige Platten, insbesondere schwere Betonwerksteinplatten, ohne geschlossenes Mörtelbett auf Stelzen verlegt (12.9).

Jede Platte wird dabei nur an ihren vier Ecken unterstützt. Als Auflager können Zementmörtelballen dienen, die in Kunststoffbeutel gefüllt sind. So lässt sich an den Fugenkreuzungen für jeweils vier Platten ein angepasstes Auflagerbett schaffen, ohne dass der Mörtel auseinander fließt. Der weiche Mörtel soll sich etwas in die Fugen hochdrücken, damit die Platten gegen seitliche Verschiebung gesichert sind. Man kann aber auch zwischen Mörtelballen und Platten Auflager aus Gummi- oder Kunststoffscheiben legen. Da auch die Fugen offen bleiben, kann man den Belag später leicht wieder aufnehmen. Im Gegensatz zur Verlegung in Mörtel werden die Platten ohne Gefälle, also genau waagerecht verlegt. Das Regenwasser fließt durch die offenen Fugen auf den Untergrund.

Dieser muss das erforderliche Gefälle aufweisen und fachgerecht abgedichtet sein. Bei großen Flächen kann man dem Mörtel einen Erstarrungsverzögerer beigeben, damit die frisch verlegten Auflager auch beim Verlegen der nächsten Reihe noch weich und verformbar bleiben.

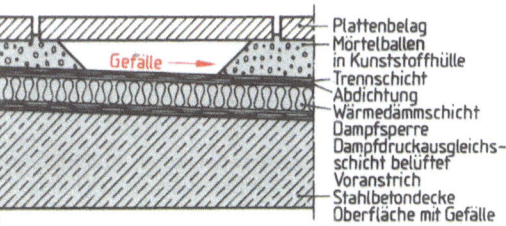

12.9 Unterlüfteter Terrassenbelag

12.5 Terrassen über beheizten Räumen

Über Wohnräumen müssen Terrassen zusätzlich eine ausreichend dicke Wärmedämmschicht erhalten. Der Aufbau eines gedämmten unterlüfteten Belags geht aus Bild 12.9 hervor.

Werden die Platten in Mörtel verlegt, muss der Verlegemörtel bzw. beim Dünnbett der Estrich mindestens 5 cm dick mit Bewehrung ausgeführt werden, um als Schutz- und Lastverteilungsschicht über der Dämmung zu dienen. Die Dämmschicht darunter darf nicht durchfeuchten, weder von oben durch Regenwasser noch von unten durch Wasserdampf. Die Dämmung, die z. B. aus 2 Lagen Polyurethan-Hartschaum bestehen kann, wird durch eine normgerechte Abdichtung geschützt (beispielsweise durch 2 Lagen Bitumenbahnen). Unter der Dämmung verhindert eine Dampfsperre aus Kunststoff- oder Metallfolien oder aus Bitumenpappe das Eindringen von Wasserdampf. Der Dampfdruck braucht einen Ausgleich; deshalb wird bitumierte Loch-, Steg- oder Wellpappe als belüftete Schicht auf den Gefällebeton gelegt. Bild 12.10 zeigt den Aufbau aus 10 Schichten.

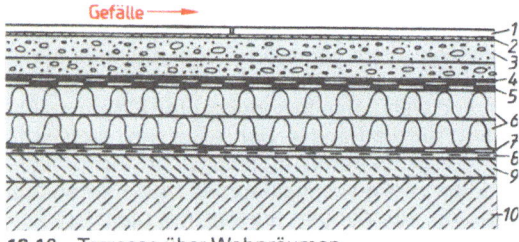

12.10 Terrasse über Wohnräumen
1 Fliesen oder Platten
2 Haftschicht
3 Bewehrter Mörtel bzw. Estrich
4 Gleitschicht aus 2 Folien oder Dränagematte
5 Mehrlagige Abdichtung
6 Wärmedämmschicht
7 Dampfsperre
8 Dampfdruckausgleichsschicht
9 Gefälleestrich
10 Stahlbetondecke über Wohnraum

Terrassen werden von ihren freien Rändern aus angelegt.

Auf gewachsenem Erdreich wird als tragfähiger, wasserdurchlässiger und frostbeständiger Unterbau eine Schicht aus gemischtem Kies angeordnet. Darauf bringt man Stahlbeton oder das bewehrte Mörtelbett auf.

Auf Betondecken kann der Terrassenbelag in Mörtel verlegt oder (bei großformatigen Platten) auch unterlüftet sein.

Über beheizten Räumen ist unter dem Terrassenbelag eine Dämmschicht anzuordnen, die von oben und unten gegen Durchfeuchtung zu schützen ist.

Aufgaben zu Abschnitt 12

T

1. Unterscheiden Sie die Begriffe Balkon, Loggia, Terrasse.
2. Erläutern Sie die Bewegungen im Plattenbelag beim Erwärmen und Abkühlen.
3. Welche Spannungen treten bei Temperaturänderungen auf a) im Belag, b) zwischen Belag und Verlegegrund?
4. Wo werden bei plattierten Balkonen und Terrassen dauerelastische Fugen angeordnet?
5. Wie viel Gefälle sollen Balkon- und Terrassenbeläge erhalten?
6. Wodurch können Frostschäden an Balkonbelägen entstehen?
7. Erläutern Sie, wie Karbonatausblühungen entstehen können.
8. Warum soll man bei Balkonen für den Verlegemörtel keinen Portlandzement verwenden?
9. Welche Aufgaben soll der Estrich zwischen Abdichtung und Stahlbetonplatte des Balkons erfüllen?
10. a) Welchen Zweck hat die Trennschicht?
    b) Woraus kann sie bestehen?

11. Aus welchen Baustoffen und in welchem Verhältnis wird der Verlegemörtel bzw. Schutzestrich für Balkonbeläge gemischt?
12. Nennen Sie geeignete Platten für Balkonbeläge.
13. Wie kann man den Belag an freien Balkonrändern ausbilden, um das Herunterfließen des Wassers zu verhindern?
14. Beschreiben Sie den fachgerechten Aufbau eines plattierten Balkons vom Beton bis zu den Platten.
15. Beschreiben Sie den fachgerechten Aufbau einer plattierten Terrasse auf gewachsenem Boden.
16. Wozu dient die Kiesschicht unter dem Verlegemörtel?
17. Was versteht man unter unterlüfteten Bodenbelägen?
18. Für welche Flächen und welche Platten kommen unterlüftete Bodenbeläge in Frage?
19. Beschreiben Sie den Ablauf des Regenwassers bei unterlüfteten Belägen.
20. Wo beginnt man auf Terrassen mit dem Verlegen?
21. Wie wird die Durchfeuchtung der Dämmschicht bei Terrassen über Wohnräumen verhindert?

M

1. Die Terrasse nach Bild **12.5** wird mit STZ-Fliesen 20 x 20 cm verkleidet.
   a) Wie viel m² sind zu verlegen?
   b) Wie viel Stück Fliesen braucht man bei 3 % Verhau?
   c) Wie viel m sind dauerelastisch zu fugen?

Aufgaben zu Abschnitt 12

2. In Bild **12**.11 ist ein Eckbalkon im Maßstab 1 : 200 dargestellt.
   a) Messen Sie die Bodenfläche aus.
   b) Berechnen Sie die Fläche.

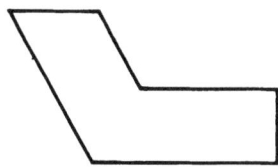

12.11 Eckbalkon

3. Tankstelleninsel (**12**.12)
   a) Wie viel m² genockte Steinzeugfliesen wurden verlegt?
   b) Wie viel m Fahrbahnbegrenzungssteine wurden angesetzt?

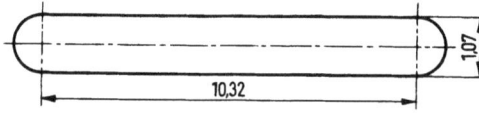

12.12 Tankstelleninsel

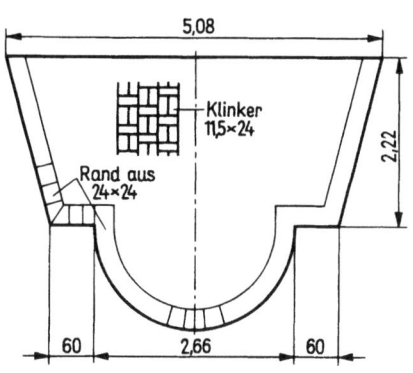

12.13 Gartenterrasse, M 1 : 20

4. Die Gartenterrasse (**12**.13) erhält einen Belag aus Klinkern 11,5 x 24 cm. Der Rand wird mit Klinkerplatten 24 x 24 cm eingefasst. Fugenbreite = 1 cm.
   a) Wie viel m² werden insgesamt verlegt?
   b) Wie groß ist die innere Fläche ohne den Rand?
   c) Wie viel Klinkerplatten 11,5 x 24 cm werden bei 6 % Verhau gebraucht?
   d) Wie viel Platten braucht man für den Rand bei 6 % Verhau)?
   e) Berechnen Sie die Baustoffe für den 5 cm dicken Mörtel (TrZ: Kiessand 0 bis 8 = 1 : 5, Einmischungsfaktor 1,35).

Z

1. **Plattierte Gartenterrasse, M 1 : 20 (12.13).**
   Am Rand: Klinkerplatten 24 x 24 cm mit 1 cm Fuge
   In der Mitte: Klinkerplatten 11,5 x 24 cm mit 1 cm Fuge
   Zeichnen sie die Draufsicht mit einem typischen Klinkerverband.

2. **Plattierter Balkon, M 1 : 5 (12.14)**
   Zeichnen Sie den Schnitt durch den Balkon mit Gefälle, Abdichtung und Plattierung.
   Belag aus Steinzeugfliesen 15 x 15, Kehlsockel 10 x 15, 1,5 % Gefälle zur Rinne, Mindestdicke des Gefälleestrichs 2 cm.

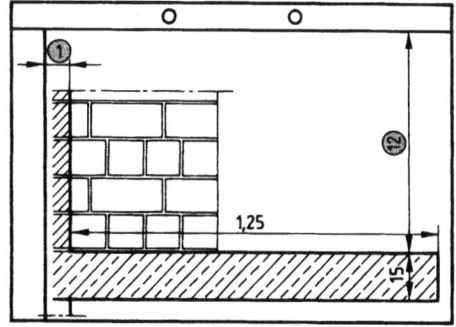

12.14 Halb vorgebauter Balkon, M 1 : 5

13 Verkleiden von Fassaden

Vergleichen Sie Aussehen und Erhaltung von älteren plattierten und verputzten, gestrichenen Fassaden in Ihrer Stadt. Was fällt Ihnen auf? Haben Sie in Ihrem Ausbildungsbetrieb schon am Verkleiden von Fassaden mitgewirkt? Sprechen Sie über diese Arbeit und ihre Besonderheiten.

Das Plattieren von Außenwänden ist ein wichtiges und umfangreiches Arbeitsgebiet des Fliesenlegers. Beläge aus keramischen Platten geben dem Gebäude eine verschleißfeste und witterungsbeständige Außenhaut, die auch nach Jahrzehnten ihr schönes Aussehen in Farbe und Form behält. Voraussetzungen hierfür sind allerdings eine fehlerfreie Planung und fachgerechte Ausführung der Verkleidung. Fassaden lassen sich nicht so problemlos wie Innenwände plattieren, wie viele Schadensfälle beweisen. Außenwände werden durch Einflüsse der Witterung sowie durch Bewegungen und Formänderungen des Bauwerks und seiner Teile viel stärker beansprucht. Außerdem handelt es sich meist um sehr große Flächen. Besonders wichtig sind eine gute Haftung zwischen Belag und Ansetzgrund, das Anordnen von Dehnungsfugen zur Aufnahme von Spannungen sowie die Verwendung frost- und witterungsbeständiger Platten und Baustoffe. Für das schöne Aussehen eines Gebäudes sind zunächst die Gliederung der Fassade und ihre Gestaltung durch Art, Format und Farbe der Platten im Zusammenwirken mit den anderen Bauteilen entscheidend – eine planerische Aufgabe. Doch auch der Fliesenleger trägt durch eine sinnvolle Einteilung der Plattenbeläge zum harmonischen Gesamtbild bei.

13.1 Die Außenwand und ihre Verkleidung

Aufgaben. Die Außenwand hat statische, bauphysikalische und gestalterische Aufgaben: Sie soll tragen, gegen Wetter, Wärmeverlust und Lärm schützen, dauerhaft sein sowie zum schönen Aussehen des Gebäudes beitragen. Zum Teil werden diese Aufgaben von der Rohbauwand, zum großen Teil aber auch von ihrer Verkleidung übernommen. Die Plattierung schützt das Gebäude vor den Einflüssen des Wetters, besonders vor Durchfeuchtung. Sie trägt auch zur besseren Luftschalldämmung und zum Brandschutz bei; für die Wärmedämmung dagegen ist sie fast belanglos. Der geforderte hohe Wärmeschutz (Wärmeschutzverordnung vom Jan. 95) von Außenwänden muss bereits durch den Untergrund, z. B. durch Mauerwerk aus Porensteinen oder zusätzlichen Wärmedämmschichten erreicht werden.

Zwischen Rohbauwand und ihrer Verblendung erzeugen Bewegungen und Formänderungen Spannungen, die auf verschiedenen Ursachen beruhen. Durch entsprechende Planung und Ausführung der Plattierung müssen diese Spannungen ohne Schaden aufgenommen werden.

Formänderungen durch Temperaturwechsel. Wechselnde Erwärmung und Abkühlung bewirken, dass sich der Belag in kurzen Zeitabständen ausdehnt und zusammenzieht. Wegen des Temperaturgefälles von der Plattenoberfläche über das Mörtelbett bis zur Rohbauwand und wegen verschiedener Wärmedehnzahlen der Baustoffe dehnen sich Plattenbelag und Untergrund unterschiedlich aus. Das führt zu Schubspannungen zwischen diesen Schichten. Durch die Haftfestigkeit des Ansetzmörtels werden die Spannungen aufgenommen (Voraussetzung ist ein geeigneter, rauer Ansetzgrund). Innerhalb der Plattenschale werden geringfügige Dehnungen in den üblichen (*nicht knirschen!*) Fugen aufgefangen; größere Flächen erhalten Dehnungsfugen. Die Plattierung schließt auch an angrenzende Bauteile aus anderen Baustoffen mit einer dauerelastischen Fuge an (z. B. an Fensterbänke, Tür- oder Fenstergewände, Gesimse), damit keine Spannungen auf den Plattenbelag übertragen werden und umgekehrt.

Statisch bedingte Spannungen können zu Rissen im Belag und zum Abfallen von Platten führen. Ungleichmäßiges Setzen des Baukörpers kann eine Ursache sein. Dann treten trotz sorgfältiger, fachgerechter Ausführung der Plattierung Setzrisse in Belag und Untergrund auf.

Überlegen Sie: Warum ist gleichmäßiges Setzen ungefährlich?

Tragende Bauwerkteile verändern durch Belastung ihre Form. Die tragende Außenwand verkürzt sich infolge der dauernden *Druckbelastung* – sie kriecht. Die daraus entstehende Schubspannung zum Belag wird durch die Haftfestig-

13.2 Die Außenwand und ihre Verkleidung

13.1 Fassadenverkleidung mit Spaltplatten an einem Verwaltungsgebäude in Skelettbauweise

keit des Ansetzmörtels verkraftet. Erheblich höhere Druckspannungen ergeben sich in Stützen mit geringerem Querschnitt, z. B. in Pfeilern zwischen zwei Fenstern. Die Verkleidung solcher Bauwerkteile muss mit Dehnungsfugen zum angrenzenden Belag anschließen.

Stürze, Träger und Tragplatten werden auf *Biegung* beansprucht. Besonders bei der Skelettbauweise muss man zwischen den auf Druck beanspruchten Stützen und den auf Biegung beanspruchten Trägern als den tragenden Bauwerkteilen (meist aus Stahlbeton) einerseits sowie der Ausfachung (meist Mauerwerk) andererseits unterscheiden. Der Plattenbelag darf diese unterschiedlichen Bauwerkteile nicht geschlossen überdecken. Entweder plattiert man nur die Ausfachung und lässt das Stahlbetonskelett sichtbar (das lässt die Bauart des Gebäudes in einer klaren, harmonischen Gliederung erkennen) (**13.1**) oder trennt durch umlaufende Dehnungsfugen (und eine andere Verkleidung) die tragenden von den nichttragenden Bauwerkteilen. Zwischen dem Belag an waagerechten Trägern und den senkrechten Stützen muss dann ebenfalls eine dauerelastische Fuge angeordnet werden.

Wetter- und Feuchtigkeitseinwirkung. Auf die Bekleidung von Fassaden wirkt das wechselnde Wetter mit Sonneneinstrahlung, Regen, Wind und Frost ein. Hinzu kommt ein chemischer Angriff auf Platten und Fugen durch Abgase, Staub und Schmutz, die zum Teil durch den Wind, zum Teil mit dem Regen herangeführt werden. Trotz dieser Beanspruchungen darf der Belag weder

Tabelle **13.2** Beanspruchungen und Gefahren bei plattierten Außenwänden

Ursache	Beanspruchung, Gefahr	Maßnahmen, Folgerung
Sonne, Kälte: Temperaturschwankungen	Spannungen durch Wärmedehnung	keine Knirschfugen, Dehnungsfugen, Schutz des Frischmörtels vor rascher Austrocknung
Regen, Wind	Wasserdruck, Durchfeuchtung	dichter Belag durch sattes Ansetzen, Vorputz mit Dichtungsmittel
Staub, Schmutz, Abgase mit Regen	chemischer Angriff, Verschmutzung	keramisches Material mit glatter, glasierter Oberfläche
Frost	Zersprengung	frostbeständige Platten, keine Mörtelnester
Frost beim Plattieren	Abfallen von Platten	Arbeiten einstellen, Frischmörtel vor Nachtfrost schützen
Setzen des Bauwerks, Kriechen durch Druckbelastung, Biegung bei Trägern und Stürzen	Spannungen zwischen Ansetzgrund und Belag, Risse	Bewegungsfugen Gute Haftung durch Spritzbewurf, sattes Ansetzen, geeigneter Mörtel
glatter oder verschmutzer Ansetzgrund	geringe Mörtelhaftung Abfallen von Platten	Aufrauen bzw. Reinigen durch Sandstrahl oder bewehrter Unterputz
Unterschiedliche Baustoffe als Ansetzgrund	Spannungen Risse, Abfallen von Platten	Überspannen mit bewehrtem Unterputz

seine Form noch seine Farbe verändern; er muss die Außenwand dauerhaft vor Durchfeuchtung und Zerstörung schützen. Es dürfen daher nur frostbeständige Platten mit Zementmörtel oder im Dünnbett angesetzt werden. Die Oberfläche soll glatt und glasiert sein. Sie darf weder durch Abgase und Regen, noch durch Spritzwasser und Tausalz angegriffen werden. Schmutz soll sich nicht ablagern, sondern weitgehend vom Regen wieder abgewaschen werden. Gut geeignet sind Spaltriemchen und -platten mit glatter, heller Glasur. Helle Farben wirken freundlicher und erwärmen sich weniger stark als dunkle. Die Sonnenstrahlung wird nämlich nur zum Teil als Wärmemenge aufgenommen. Helle und glänzende Oberflächen strahlen einen großen Teil der Energie wieder zurück.

Das Mörtelbett soll keine größeren Hohlräume aufweisen, in denen sich Wasser ansammeln könnte. Solche Wassernester können bei Frost dazu führen, dass Teile des Belags abgesprengt werden. Ein völlig geschlossenes Mörtelbett ist bei der Dickbettmethode jedoch nicht zu erreichen. Als Schutz vor Durchfeuchtung erhalten Fassaden daher einen Unterputz. Außerdem empfiehlt es sich, mit einem wasserabweisenden Fertigfugmörtel zu fugen.

Von innen nach außen wandert mit dem Temperaturgefälle Wasserdampf durch die Außenwand. Diese Feuchtigkeit kann und soll durch die Fugen der Plattierung an die Außenluft abgegeben werden. Bei einer Dampfsperre (z. B. durch eine Abdichtung) würde sich in der Wand Wasser ansammeln. Das hätte ein ungesundes Raumklima, eine Beeinträchtigung der Wärmedämmung und eventuell Bauschäden zur Folge. Deshalb sollen Fassaden oberhalb des Erdreichs keine Abdichtung und keinen Sperranstrich erhalten (**13.2**). Auch darf der Fugenanteil in der plattierten Fläche nicht zu gering sein, er sollte wenigstens 5 % betragen.

> Außenwände werden durch Einflüsse der Witterung und durch statische Belastung stark beansprucht.
>
> Fachgerecht ausgeführte Verkleidungen mit frostbeständigen Platten geben dem Gebäude eine schützende, dauerhafte, schmutzabweisende Außenhaut und tragen wesentlich zu seiner Gestaltung bei.

13.2 Ausführung der Plattierung

13.2.1 Prüfen und Vorbereiten des Ansetzgrunds

Der Ansetzgrund muss eine gute Haftung des Mörtels ermöglichen. Vor dem Plattieren prüft der Fliesenleger durch Augenschein, ob der Untergrund als Ansetzfläche geeignet ist oder ob Vorarbeiten nötig sind. In DIN 18352 werden dazu besonders herausgestellt: „größere Unebenheiten, nicht gefüllte Mauerwerksfugen, größere Putzüberstände, Ausblühungen, Spannungs- und Setzrisse, zu glatte Flächen, zu feuchte Flächen, zu stark saugende Flächen, gefrorene Flächen, Flächen mit erkennbaren oder vermuteten schädigenden Bestandteilen, z. B. veröhlte Flächen, Gipsbatzen".

Spritzbewurf. Geeigneter Untergrund wird von Staub und Schmutz gereinigt und erhält in jedem Fall einen Spritzbewurf, um die Haftung des Ansetzmörtels zu erhöhen. Dieser wird aus Normenzement und scharfem, gewaschenem, natürlichem Sand der Körnung 0 bis 4 im Verhältnis 1:2 bis 1:3 gemischt. Stärker saugender Untergrund wird vorher gründlich angefeuchtet.

Unterputz. Auf den Spritzbewurf bringt man meist einen Unterputz aus Zementmörtel 1:3 auf (**13.3**). Dieser soll in erster Linie den Schutz gegen Durchfeuchtung verbessern, außerdem Unebenheiten der Rohbauwand ausgleichen.

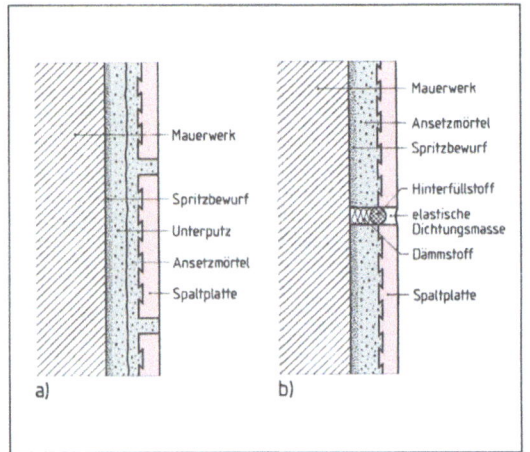

13.3 Schnitt durch eine Fassadenbekleidung
a) mit Unterputz, b) mit Dehnungsfuge

13.2 Ausführung der Plattierung

Bei der Dünnbettverlegung dient er in lotrechter und ebener Ausführung als Klebegrund. Sonst wird seine Oberfläche aufgeraut, damit der Verlegemörtel gut haftet. Ein Unterputz muss stets an den Wetterseiten eines Gebäudes mit häufiger auftretendem Schlagregen angebracht werden. Hier empfiehlt sich die Zugabe eines Dichtungsmittels. An den anderen Seiten kann man auf ihn nur verzichten, wenn die Rohbauwand so lotrecht und eben ist, dass die Platten überall mit etwa 1,5 cm dickem Mörtel angesetzt werden können. Die Mörteldicke soll dabei 1 cm nicht unter- und 2,5 cm nicht überschreiten.

Bewehrter Unterputz. Mancher Ansetzgrund muss vor der Plattierung erst einen bewehrten Unterputz erhalten, damit eine sichere Haftung des Belags gewährleistet ist. Bei unterschiedlichen Baustoffen im Ansetzgrund (z. B. Mischmauerwerk oder Skelettbauweise) ist diese Maßnahme erforderlich, weil mit erhöhten Spannungen zu rechnen ist. Untergründe mit geringer Festigkeit (z. B. Wärmedämmstoffe) und zu glatte Flächen (z. B. von Betonfertigteilen) werden ebenfalls mit einem bewehrten Putz überbrückt. Ältere geputzte Fassaden oder jahrzehntealtes unverputztes Mauerwerk weisen eine von Schmutz, Staub, Ruß und Abgasen überzogene Oberfläche auf. Sie können ebenso wie glatter Beton auch durch Sandstrahlgebläse gereinigt bzw. aufgeraut werden. Schließlich muss auch ein Vorputz zum Ausgleich von unebenen oder nicht lotrechten Rohbauwänden bewehrt werden, wenn mehr als 2,5 cm Dicke erforderlich sind.

In den Unterputz bettet man als Bewehrung Betonstahlmatten N 94 (75 × 75 × 3 mm) oder N 141 (50 × 50 × 3 mm) ein. Im Bereich einer Dehnungsfuge wird die Bewehrung zu beiden Seiten etwa 3 bis 4 cm ausgespart. Um den Rostschutz zu gewährleisten, soll der Putz wenigstens 35 mm dick angebracht werden – eine Arbeit für den Stuckateur mit maschineller Spritzputztechnik. Die Bewehrung wird in der Rohbauwand mit Ankern aus nichtrostendem Stahl befestigt. Bei druckfestem Untergrund (Beton, Mischmauerwerk) genügen je m² fünf zugfeste Anker mit 3 mm Durchmesser (13.4), bei weichem Untergrund braucht man biegesteife Traganker (13.5). Die Anker werden in Bohrlöchern mit Zementmörtel befestigt.

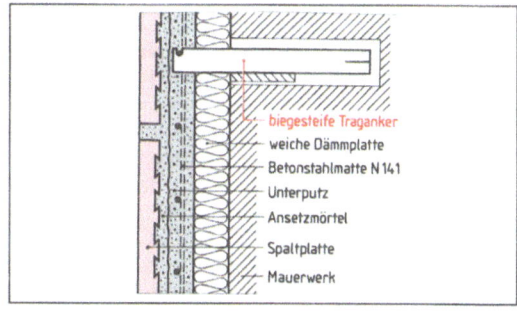

13.5 Verankerung des Unterputzes mit biegesteifen Tragankern

An kleineren Fassadenflächen im Erdgeschossbereich (z. B. bei einem Haussockel) kann ein älterer verstaubter, aber fest haftender Putz auch weniger aufwendig vorbehandelt werden. Man überzieht die ganze Fläche mit Streckmetall und putzt sie danach mit Zementmörtel vor.

Verankerung. Großformatige Natur- oder Betonwerksteinplatten über 0,12 m² sowie keramisch verkleidete Fertigbauteile werden ohne Mörtel mit Hilfe von Trage- und Halteankern mit Abstand zum Untergrund angebracht (hinterlüftete

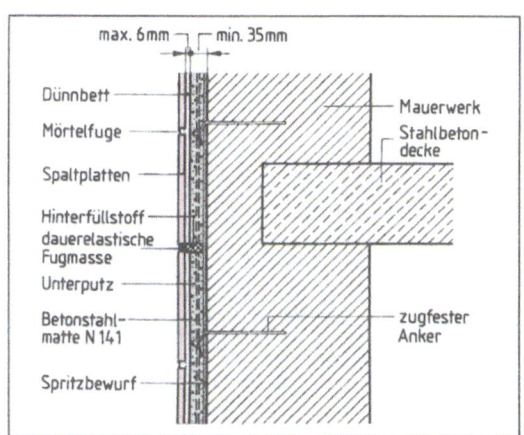

13.4 Fassadenbekleidung mit bewehrtem Unterputz im Dünnbett

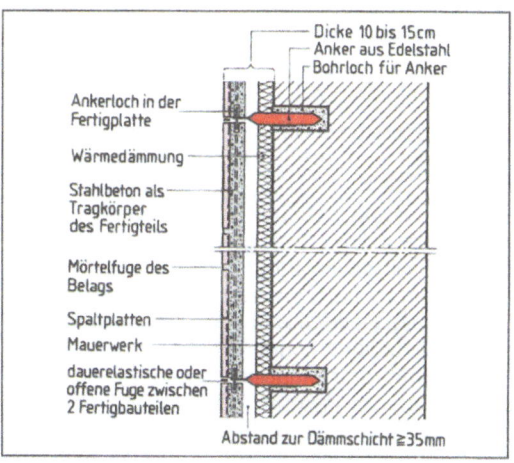

13.6 Hinterlüftete Fassadenbekleidung aus Fertigbauteilen

Fassaden **13**.6, s. Abschn. 13.4). Aber auch angemörtelte Platten müssen dann zusätzlich verankert werden, wenn sie größer als 0,12 m² sind.

13.2.2 Ansetzen

Ansetzmörtel. Keramische Platten im Dickbett werden mit Zementmörtel angesetzt; bei Spaltplatten und -riemchen beträgt das Mischungsverhältnis 1 : 4 bis 1 : 4,5. Kalkarmer Zement, vor allem Trasszement, ist zu bevorzugen. Besonders wichtig ist die Verwendung eines geeigneten Sandes. Der Sand bestimmt weitgehend die Haft- und Eigenfestigkeit sowie die Dichte des Mörtels. Ungeeigneter Sand hat sich häufig als Ursache von Schäden an Fassaden erwiesen. Man verwendet einen gemischtkörnigen, scharfen, sauberen natürlichen Sand der Körnung 0 bis 4, frei von schädlichen Bestandteilen. Der Feinstsandanteil 0 bis 0,25 soll etwa 15 bis 30 Gewichts-% betragen, Lehm und Torf dürfen höchstens mit 4% enthalten sein (abschlämmbare Bestandteile, s. Kohl/Bastian/Neizel, Baufachkunde Grundlagen, Abschn. 6.4.1). Künstlich gebrochene Sande sind nicht geeignet. Ob ein örtlicher Sand einen brauchbaren oder günstigen Aufbau hat, entscheidet man im Zweifel durch den Siebversuch. Danach lässt sich auch der Zuschlag ggf. durch Beigabe bestimmter Korngrößen verbessern. Es ist jeweils nur soviel Mörtel anzumachen, wie man vor dem Erstarrungsbeginn verarbeiten kann.

Ansetzmörtelzusätze können zweckmäßig sein, um seinen Wasseranteil zu verringern (plastifizierende Zusätze) oder um seine Dichteit zu erhöhen (Dichtungsmittel). Auf keinen Fall dürfen Zusätze verwendet werden, die Ausblühungen hervorrufen können. Deshalb darf man dem Ansetzmörtel auch kein Frostschutzmittel zugeben.

Beim Ansetzen muss man auf ein volles, gut verdichtetes Mörtelbett achten. Die Platten werden kräftig angeklopft, so dass sich der Mörtel gut verteilt und verdichtet. Nach jeder Schicht füllt man Mörtel in die von oben sichtbaren Hohlräume und streicht ihn dann schräg ab. Die schwalbenschwanzförmig ausgebildete Rückseite von Spaltplatten sorgt für eine gute Verzahnung. Pudern mit Zement soll bei saugfähigen Platten unterbleiben, weil sonst Karbonatausblühungen entstehen können (s. Abschn. 12.1). Die Platten entnimmt man am besten abwechselnd aus mehreren Paketen. Dann zeichnen sich durch die feinen Unterschiede in den Farbtönungen nicht unschöne Teilbereiche in der Belagfläche ab. Vielmehr wird so die Fläche durch das Farbspiel der Baukeramik wirkungsvoll belebt.

Leibungen von Fenster- und Türöffnungen können plattiert oder verputzt werden. Sie lassen sich wirksam mit farblich abgesetzten, etwa 3 bis 5 cm breiten Faschen aus Putz (oder Mosaik) hervorheben. Man bleibt beim Plattieren 1 bis 2 cm von den Rohbauecken der Öffnung zurück, auch am Sturz.

Stürze lassen sich in der Ansicht durch hochkant angesetzte Riemchen als „scheitrechter Bogen" verkleiden und so besonders betonen. Dann müssen Ober- und Unterkante der Sturzplattierung in den Lagerfugen des angrenzenden Belags weiterlaufen.

Außenecken des Gebäudes und der Leibungen kann man mit besonderen Schenkelplatten verkleiden. Setzt man die Schenkel abwechselnd von beiden Seiten aus an, kann der Eindruck einer Fassadenverkleidung aus gemauerten Verblendsteinen entstehen (**13**.7). Diese Verlegeart ist jedoch nur bei kürzeren Wänden möglich, bei denen keine Dehnungsfuge an der Ecke anzuordnen ist. Sonst wird wie in Bild **13**.8 verfahren.

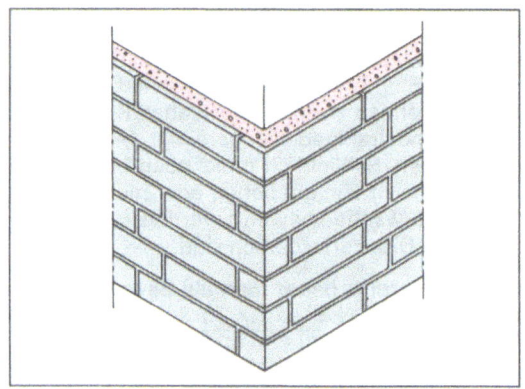

13.7 Plattierte Außenecke mit im Verband angesetzten Schenkelplatten

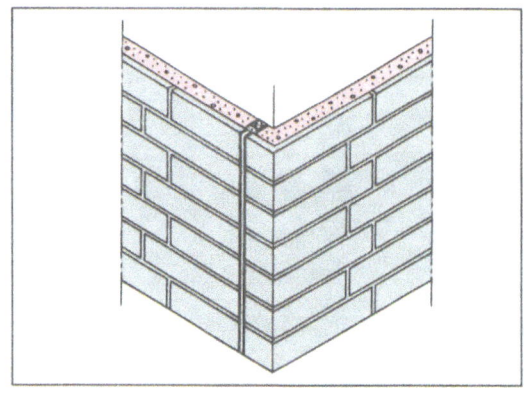

13.8 Plattierte Außenecke mit Schenkelplatten und Dehnungsfuge

Nachbehandlung. Nach dem Ansetzen werden die Fugen ausgekratzt und die Platten abgewaschen. Bei warmem und windigem Wetter sowie bei sonnenbeschienenen Flächen deckt man den Belag ab, um den Mörtel vor einem zu schnellen Wasserentzug zu schützen. Frosteinwirkung auf den Frischmörtel führt zu Schäden. Deshalb dürfen Außenflächen bei Temperaturen unter 5 °C nur mit besonderer Genehmigung der Bauaufsichtsbehörde plattiert werden. Gefrorenen Sand darf man nicht verwenden und auf gefrorene Flächen nicht plattieren. Bei Nachtfrostgefahr schützt man den frisch angesetzten Belag vorsorglich durch Abdecken. So wird die beim Abbinden des Zements auftretende Wärme besser im Mörtel gehalten.

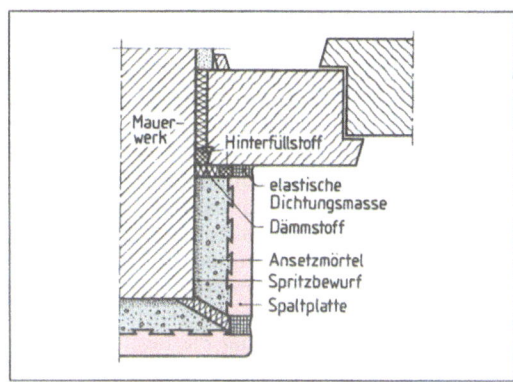

13.9 Dauerelastische Eckfuge und Anschlussfuge

13.2.3 Fugen

Der Belag wird in üblicher Weise durch Einschlämmen eines Fugmörtels aus Zement und gemischtkörnigem Sand im Verhältnis 1:3 (am besten aus Fertigmörtel) gefugt. Das Größtkorn des Zuschlags richtet sich nach der Fugbreite: für die 8 bis 10 mm dicken Spaltplattenfugen beträgt es 2 mm (s. Tab. 10.1). Raue oder dickere Platten mit tieferen Fugen (z. B. unglasierte Klinkerriemchen) werden zweckmäßig mit dem Fugeisen gefugt.

Bewegungsfugen (s. a. Abschn. 10.3). Anschluss- und Dehnungsfugen füllt man erst nach der Mörtelverfugung. Sie müssen bis zum Untergrund durchgehen und frei sein von Resten des Ansetz- und Fugmörtels. Die dauerelastische Masse wird in Plattendicke eingespritzt, als Fugengrund dient ein weicher, unverrottbarer Stoff zum Hinterfüllen (**13.3** b). Dehnungsfugen sollen waagerecht und senkrecht in Abständen von 3 bis 6 m und mit mindestens 1 cm Breite angeordnet werden. Der Abstand richtet sich nach der Himmelsrichtung, der Farbe und dem Format der Platten.

Die Lage wird durch statische und gestalterische Gesichtspunkte bestimmt. So soll der Belag jeweils in Höhe der Unterkante einer Geschossdecke eine waagerechte Dehnungsfuge erhalten. Senkrechte Dehnungsfugen sieht man an allen Gebäudeecken vor (**13.9**). Für ihre Lage in der Fläche dienen oft Kanten von Fensterleibungen als Bezugslinien.

Reinigung. Der Belag wird beim Fugen durch Waschen mit reichlich Wasser gesäubert. Zurückbleibender Zementschleier auf rauen, unglasierten Platten kann man durch Absäuern entfernen, aber erst, wenn der Fugmörtel einige Tage abgebunden hat (s. a. Abschn. 10.1.3). Angrenzende Bauteile aus Metall (z. B. Schaufensterrahmen) müssen vor dem Säuern sorgfältig abgeklebt werden.

Außenwände werden vor dem Plattieren vorbehandelt. Sie erhalten stets einen Spritzbewurf, um die Haftung zu verbessern. Darauf wird meist als Schutz gegen Feuchtigkeit oder als Ausgleich von Unebenheiten ein Unterputz aufgebracht. Ungeeigneter Ansetzgrund wird durch bewehrten Unterputz überbrückt; dabei verankert man Betonstahlmatten in der tragfähigen Rohbauwand.

Guter Ansetzmörtel besteht aus Trasszement und sauberem, lehmfreiem, gemischtkörnigem Natursand der Körnung 0 bis 4. Er darf keine größeren Hohlräume aufweisen.

In Abständen von 3 bis 6 m ordnet man in der Belagfläche Dehnungsfugen an. Fugen zu anderen Bauteilen (Anschlussfugen) und die Stoßfugen an den Gebäudeecken sollen ebenfalls dauerelastisch ausgebildet werden.

13.3 Einteilen des Belags

Das Aussehen einer Fassade und ihre Wirkung auf den Betrachter werden auch durch den Verlegeverband und die Einteilung des Belags bestimmt. Zu einer fachgerechten Arbeit gehört auch eine sinnvolle Anordnung des Fugenbilds, die die Gliederung des Gebäudes noch betont und nicht etwa stört. Dabei kommt es darauf an, den Belag von den bestimmenden Bezugslinien der Fassade aus einzuteilen und Ausgleichsstreifen (möglichst) zu vermeiden. Die Bezugslinien setzen sich in den Fugen der Plattierung geradlinig fort (**13**.10).

Höheneinteilung. Unabhängig vom Plattenformat und Verband teilt man die Belagshöhe stets so ein, dass die Plattierung zwischen den waagerechten Bezugslinien ohne Teilplatten aufgeht. Bei mehrgeschossigen Gebäuden sind die Fensterstürze die wichtigsten Bezugslinien, an zweiter Stelle die Fensterunterkanten (-bänke) und der obere Abschluss der Außenwand. Bei Ladenlokalen teilt man den Belag von den Schaufensterrändern und dem Sturz über dem Eingang aus ein. Über Fenster, Türen und Schaufenster dürfen keine Ausgleichsstreifen angeordnet werden. Dagegen ist die Oberkante des Gehwegs keine Bezugslinie; Unterkanten von Kragplatten und Gesimsen über Schaufenstern, Kellerfenster sowie die OKFF in Eingängen haben als Bezugslinien geringeren Rang.

Spaltplatten und -riemchen sowie Klinkerplatten entsprechen mit ihren Abmessungen der Maßordnung im Hochbau. Auch Geschosshöhen, Brüstungshöhen, Öffnungsmaße der Fenster und Türen und andere Abmessungen von Bauteilen haben als Baurichtmaß ein Vielfaches von 12,5 cm. Dadurch ist grundsätzlich eine Einteilung von Bauhöhen mit nur ganzen Platten möglich. Geringfügige Abweichungen vom Baurichtmaß lassen sich durch eine entsprechend gewählte Fugenbreite ausgleichen. Der Abstand zwischen den Unterkanten der Stürze übereinander angeordneter Fenster – das ist meist die Geschosshöhe (oft 2,75 m) – kann und muss mit ganzen Platten eingeteilt werden. Durch die Dicke von Mörtelbett und Vorputz am Fenstersturz und das Anbringen von Fensterbänken lässt sich allerdings oft ein Streifen unter den Fenstern nicht vermeiden.

Längeneinteilung. Senkrechte Bezugslinien sind alle Außenecken des Gebäudes sowie der Leibungen von Fenstern und Türen, außerdem die lotrechten Kanten von Schaufensterrahmen, Fenster- und Türgewänden und -zargen. Das Einteilen von Längen ist besonders wichtig, wenn die Platten Fuge auf Fuge angesetzt werden, weil dann die Ausgleichsstreifen deutlich ins Auge fallen. Sind Teilplatten erforderlich, werden sie symmetrisch in der Mitte über den Öffnungen angeordnet (**13**.10). Wird der Rand einer

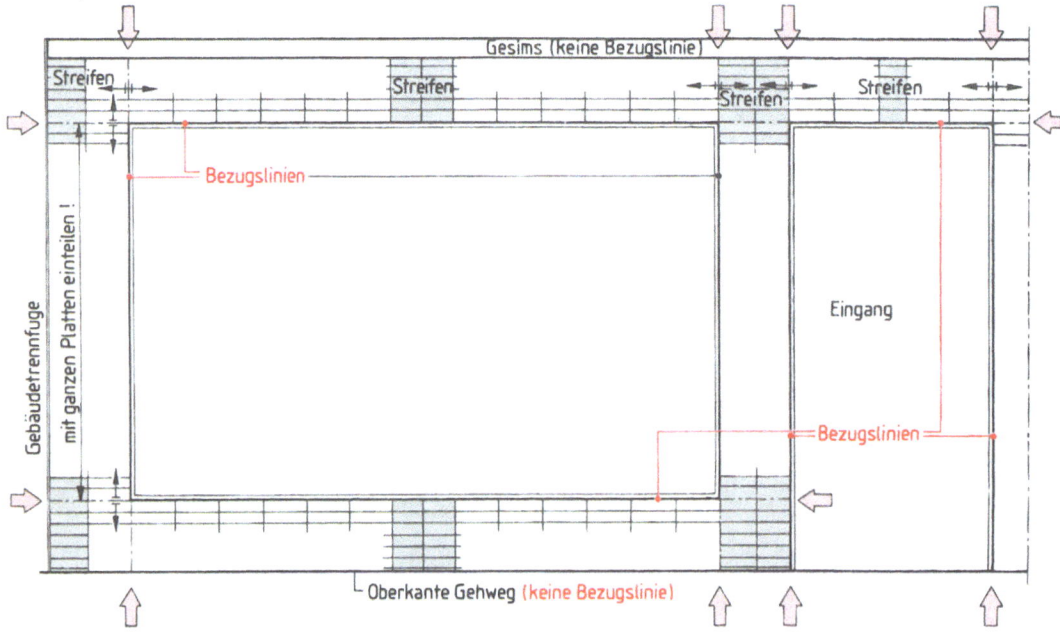

13.10 Bezugslinien für die Einteilung an Fassaden

13.3 Einteilen des Belags

Fassade nicht durch eine Außenecke, sondern durch eine Trennfuge zum Nachbargebäude gebildet, kann der Belag dort auch mit einer breiten Teilplatte ohne Symmetrie abschließen.

Anlegen. Zunächst stellt man die bestimmenden waagerechten Bezugslinien fest. Sind es Fensteröffnungen, spannt man über ihre Sturzunterkanten hinweg eine waagerechte Schnur in Höhe der späteren Plattierung. Für die Höheneinteilung fertigt man Schichtmaßlatten an mit genauer Markierung der Schichthöhen und Fugendicken. Diese beiden Maße ermittelt man aus dem Abstand zwischen zwei waagerechten Bezugslinien durch Rechnung oder durch Auslegen.

Beispiel 1 Zwischen zwei waagerechten Schnüren über den Fenstern zweier Geschosse wird als Abstand 273,5 cm gemessen (statt der Geschosshöhe von 2,75 m in der Bauzeichnung). Zu berechnen sind Schichthöhe und Fugendicke bei flach anzusetzenden Spaltplatten.

Lösung
a) 273,5 cm : 12,5 cm ≈ **22**
b) 2735 mm : 22 = **124,3 mm**
c) 124,3 mm – 115,0 mm = **9,3 mm**

Die Schichthöhe beträgt 124,3 mm, die Lagerfuge wird im Mittel 9,3 mm dick.

An den Außenecken oder Rändern der Fassade kann man statt der Lote auch jeweils eine Richtlatte mit Schichtmaßeinteilung mittels Putzhaken befestigen. Die Eckkante der Latte dient zugleich als Begrenzung der Plattierung und als Schichtmaßlehre. Sie muss daher lot- und höhenrecht angebracht werden und den richtigen Abstand von beiden Rohbauwänden haben, die die Außenecken bilden. Beim Anlegen der ersten Schicht prüft man die Fluchtschnur bzw. die Unterleglatte auf Waage und Höhe. Dazu nimmt man zweimal das Stichmaß zur nächsten waagerechten Bezugslinie, z. B. zum Schaufensterrahmen oder zur Schnur. Für die Längeneinteilung lotet man die senkrechten Bezugskanten herunter und legt zwischen diesen Platten zunächst trocken aus (s. Abschn. 3.4.1).

Beim Aufhängen von Loten kann schon ein schwacher Wind sehr stören. Um das Auspendeln zeitlich zu verkürzen, kann man die Lote in einen Eimer mit Wasser hängen und der Lotschnur Windschutz durch ein vorgehaltenes Schalbrett geben.

Ist die unterste waagerechte Bezugslinie erreicht, muss man unter Umständen eine neue Höheneinteilung bis zur nächsten vornehmen. Dabei können sich geringfügige Unterschiede in den Dicken der Lagerfugen ergeben.

Verbände. Spaltplatten werden auch an Fassaden meist Fuge auf Fuge angesetzt; bei flach ver-

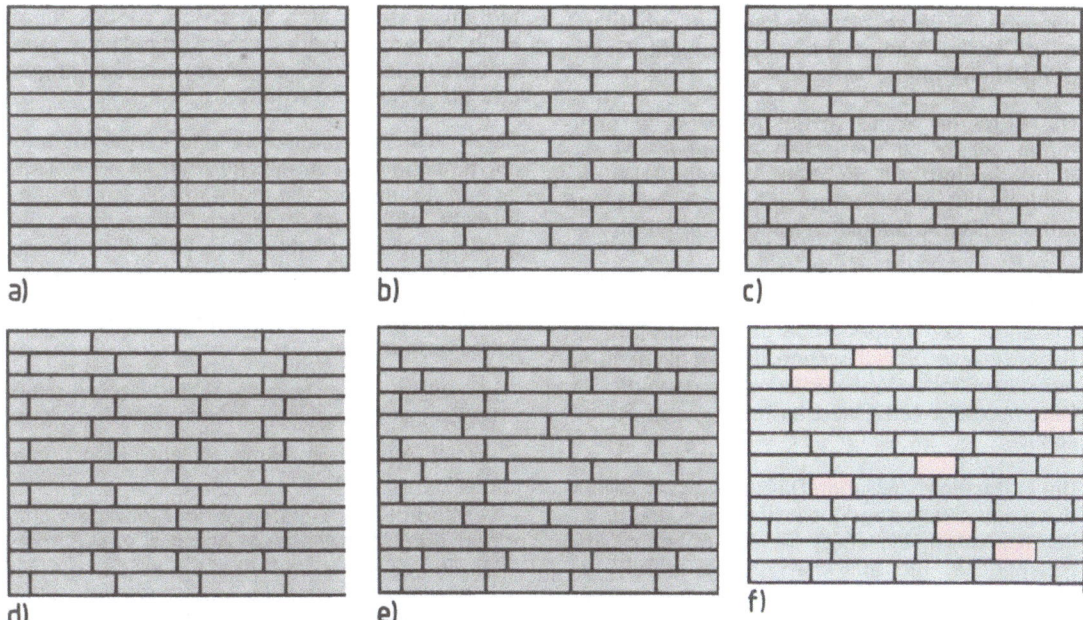

13.11 Verblendverbände für Riemchen
a) Fuge auf Fuge, b) Halbverband, c) Viertelverband, abgetreppt, d) Viertelverband, gezahnt, e) unregelmäßiger Viertelverband, f) wilder Verband

legten Platten kommt auch mittiger Läuferverband (Halbverband) vor. Für Riemchen lassen sich die Läufer- und Zierverbände des Mauerwerksbaus anwenden. Eine Auswahl zeigt Bild 13.11. Halb- und Viertelverbände gehören zu den Läuferverbänden; hier werden – abgesehen vom Rand – nur ganze Platten angesetzt. Bei den Zierverbänden ordnet man in regelmäßigen Abständen halbe Platten („Binder") an. Der beliebte „wilde Verband" besteht zum größten Teil aus ganzen, im Viertelverband angesetzten Platten, zwischen die hin und wieder in unregelmäßigen Abständen halbe Platten (Binder) eingefügt werden. Keineswegs dürfen Teilplatten beliebiger Größe verwendet werden, sondern das Raster eines Viertelverbands mit seinen typischen Verzahnungen und Abtreppungen soll erhalten bleiben.

> Beläge an Fassaden bedürfen sorgfältiger Maßplanung und Einteilung. Bezugslinien für das Einteilen sind die Flucht der Sturzunterkanten von Öffnungen, Ränder von Schaufensterrahmen, Ränder von Brüstungsfeldern beim Skelettbau sowie die Außenecken des Gebäudes und der Leibungen. Durch genaues Messen, Rechnen oder Auslegen und mit Hilfe der Schichtmaßlatte werden Teilplatten vermieden.

13.4 Hinterlüftete Fassadenbekleidungen

Es gibt vier Arten der Fassadenbekleidung:

- **angemörtelte Platten** (im Dickbett oder Dünnbett),
- **tafelgroße Platten auf Ankern**, später *hintermörtelt*,
- **vorgemauerte Verblender**,
- **hinterlüftete Bekleidungen**.

Der Aufbau einer Fassade mit hinterlüfteter Bekleidung besteht aus 4 Schichten, die jeweils besondere Aufgaben zu übernehmen haben: tragende Wand, Dämmschicht, Luftschicht, Fassadenbekleidung.

Die tragende Wand (meist Mauerwerk) übernimmt allein alle statischen Aufgaben. Außerdem speichert sie die Wärme, trägt entscheidend zur Luftschalldämmung bei und lässt einen Luft- und Dampfausgleich mit der Außenluft zu.

Die Dämmschicht aus mineralischen Fasermatten oder -platten sorgt für einen erhöhten Wärmeschutz. Die Konstruktion einer hinterlüfteten Fassade wird oft nur wegen der Möglichkeit einer vorzüglichen Wärmedämmung gewählt. Die Dämmschicht verbessert außerdem den Schallschutz.

Die Luftschicht zwischen Dämmung und Bekleidung soll mindestens 2 cm breit sein und zirkulieren können. Sie sorgt für die Ableitung der Feuchtigkeit, die aus dem Innern durch das Mauerwerk gewandert ist. Auch von außen durch die Fugen eingedrungene Feuchtigkeit wird von der zirkulierenden Luft aufgenommen. So bleibt die Dämmschicht trocken und daher wirksam.

Die Fassadenbekleidung deckt die Dämmschicht ab, schützt und verschönt die Außenwand. Sie muss dauerhaft sein und sichere Befestigung haben. Schwere, tafelgroße Elemente (z. B. Fertigbauteile wie in Bild 13.6) werden mit Trage- und Halteankern montiert. Sonst befestigt man die Bekleidung (z. B. Platten, Schindeln oder Tafeln aus Faserzement, Kunststoff, Metall, Naturstein, Betonsteinwerk sowie Keramik) auf einer Unterkonstruktion, die vorweg auf der tragenden Wand montiert wurde.

Besser als Leisten aus Holz sind – besonders für die Befestigung keramischer Platten – Profilstäbe aus Aluminium, die meist mit 60 cm Abstand lotrecht angebracht werden. Hierauf werden großkeramische Platten (z. B. 60 x 60) mit speziellen Clips aus nichtrostendem Stahl montiert.

Drei Vorzüge zeichnen die hinterlüftete keramische Fassade aus:

- sie bietet alle Vorteile einer keramischen Wandbekleidung;
- erreicht durch die Dämmschicht einen hohen Wärmeschutz und
- verhindert bei fachgerechter Montage Schäden durch Frost, Risse, Abfallen von Platten, Durchfeuchtung und Ausblühungen, die bei angemörtelten Platten an Fassaden leider nicht selten sind.

13.5 Aufmaß, Baustoffermittlung, Akkordlohnberechnung

Aufmaß und Baustoffermittlung. Der Plattenbelag wird nach m² aufgemessen, dabei werden Öffnungen unter 0,10 m² nicht abgezogen. Spritzbewurf, Vorputz und Fugen mit dem Eisen rechnet man ebenfalls nach m² ab, Dehnungsfugen nach m. Für die Akkordlohnabrechnung können – je nach Tarifvertrag – noch als Zuschläge in Frage kommen: Fassadenzuschlag (z. B. 25 %), Arbeiten auf Gerüsten über Erdgeschosshöhe, Anarbeiten an die Dachschräge (nach lfm), Ansetzen von Steinzeugfliesen u. a.

Beispiel 2 Die Giebelwand 13.12 wird mit Spaltklinkerriemchen 5,2 × 24 cm verkleidet, Leibungen und Stürze 15 cm breit plattiert (Gebäudesockel und Fensterbänke erhalten einen anderen Belag). Zu ermitteln sind:

a) Flächeninhalt, b) Plattenbedarf bei 4 % Verhau, c) Sand und Zement bei 3 cm dickem Mörtel (einschl. Vorputz), d) Akkordlohnaufstellung, e) Akkordlohnverteilung.

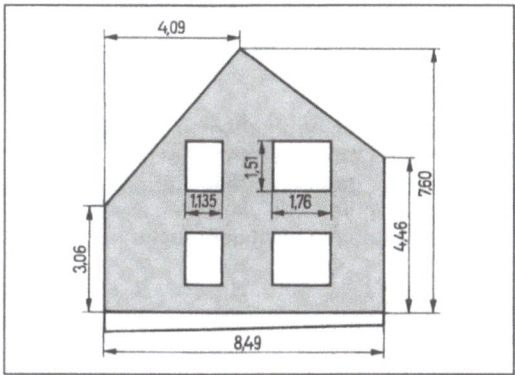

13.12   Giebelwand

a) **Flächeninhalt**

$A_1 = (7,60\text{ m} + 4,46\text{ m}) : 2 \cdot 4,40\text{ m}$ = 26,53 m²
$+ A_2 = (7,60\text{ m} + 3,06\text{ m}) : 2 \cdot 4,09\text{ m}$ = 21,80 m²
   48,33 m²
$- 2 A_3 = 1,76\text{ m} \cdot 1,51\text{ m} \cdot 2$ = − 5,32 m²
$- 2 A_4 = 1,135\text{ m} \cdot 1,51\text{ m} \cdot 2$ = − 3,43 m²

Gesamtfläche ohne Leibungen: 39,58 m²

$+ A_5 = (8 \cdot 1,51\text{ m} + 2 \cdot 1,76\text{ m}$
$\quad + 2 \cdot 1,135\text{ m}) \cdot 0,15\text{ m}$ = + 2,68 m²

zu plattieren: **42,26 m²**

b) **Anzahl Platten** mit 4 % Verhau
42,26 m² · 67 Stck/m² · 1,04 = **2945 Stück**

c) Nassmörtel = 42,26 m² · 0,03 m = 1,268 m³ =
1268 l lose Masse = 1268 l · 1,4 = 1775 l
Zement in l (Mischung 1 : 4) = 1775 l : 5 = 355 l
Zement in Sack = 355 l : 20 l/Sack = 18 Sack
Zementbedarf einschl. Fugmörtel und Reserve:
20 Sack
Sand = 1775 l − 355 l = 1420 l **1,5 m³**

Es werden 2945 Stück Klinkerriemchen, 1,5 m³ Sand 0 bis 4 und 20 Sack Trasszement gebraucht.

d) Für die Akkordlohnabrechnung sind noch die Arbeiten über Erdgeschosshöhe (> 3,00 m) und die lfm Schräge zu ermitteln.
Höhenzulage: 42,26 m² − (8,49 m · 3,00 m − 2 Fensterflächen)
= 42,26 m² − 25,47 m² + 4,04 m² = **20,83 m²**

(Schräge meist nach Aufmaß, hier nach Pythagoras)
Schräge = $\sqrt{4,09^2 + 4,54^2} + \sqrt{4,40^2 + 3,14^2}$
= **11,52 m**

Baustelle: U. Winter, Goethestraße 15, 72076 Ulm

Fliesenleger: Läufer, Renner, Springer vom 23.10. bis 30.10.1995

Menge	ausgeführte Arbeiten	Akkordsatz	Betrag
42,26 m²	Spaltklinkerriemchen	67,37	2847,06
42,26 m²	Vorputz mit Spritzbewurf	17,42	736,17
20,83 m²	20 % Höhenzulage an Fassaden	13,47	280,58
11,52 m²	Schräge	6,97	80,29
5 Std.	bescheinigter Tageslohn	23,23	116,15
5 Std.	25 % Akkordlohnausgleich	5,81	29,05
			4089,30

Beispiel, Fortsetzung

e) **Akkordlohnverteilung.** Der erarbeitete Lohn wird nach dem Anteil der Arbeitstage oder Stunden auf die Fliesenleger verteilt. Fliesenleger im 1. und 2. Gesellenjahr erhalten beim Gruppenakkord meist zwischen 75 und 100 % eines Anteils. Zuerst werden die Anteile jedes Fliesenlegers als Produkt Arbeitszeit x Prozentsatz errechnet. Danach teilt man den Akkordverdienst durch die Summe der Anteile (im Beispiel 3324,62 DM : 1272) und erhält den Wert je Anteil (2,6137 DM). Anteile x Wert je Anteil = Verdienst. Die Summe der Löhne muss die Akkordsumme ergeben; evtl. übrig bleibende Pfennigbeträge (infolge Aufrundens beim Rechnen) werden nachträglich verteilt.

Fliesenleger	Arbeitszeit	Prozentsatz	Anteile	Wert	Verdienst
Läufer	48 Std.	100 %	480	2,6137	1254,57
Renner	48 Std.	90 %	432	2,6137	1129,12
Springer	36 Std.	100 %	360	2,6137	940,93
3324,62 : 1272 = 2,6137			1272		3324,62

13.6 Arbeiten auf Gerüsten

Gerüste müssen standsicher, ausreichend tragfest und unfallsicher nach den Vorschriften der DIN 4420 aufgebaut werden. Unsachgemäß aufgestellte Gerüste oder die Verwendung fehlerhafter Gerüstbauteile bedeuten eine große Gefahrenquelle. Die Bauberufsgenossenschaft prüft deshalb den vorschriftsmäßigen Aufbau. Mängel müssen sofort behoben werden. In schwerwiegenden Fällen können Geldbußen verhängt oder sogar Baustellen stillgelegt werden. Die höchsten Sicherheitsanforderungen und genauen Vorschriften, die Vielfalt der Gerüstarten sowie der Aufbau größerer und schwierigerer Gerüste nach statischer Berechnung und Zeichnung verlangen entsprechende fachliche Kenntnisse und Fertigkeiten. Deshalb wurde der neue Lehrberuf „Gerüstbauer" eingeführt. Immer häufiger werden Gerüste von Gerüstbaufirmen aufgestellt. Fliesenleger brauchen nur Bockgerüste sachgemäß aufstellen zu können. Auf allen Gerüsten müssen sie sich sicher bewegen und deren unfallsicheren Aufbau beurteilen können.

13.6.1 Gerüstarten und -gruppen

Gerüste werden ihrer Verwendung nach durch DIN 4420 in Arbeits- und Schutzgerüste unterteilt. Traggerüste (z. B. für das Einschalen einer Stahlbetondecke) sind in DIN 4421 genormt.

Schutzgerüste sichern entweder als Fanggerüste Personen gegen tieferen Absturz oder als Schutzdächer gegen Unfälle durch herabfallende Gegenstände. Sie werden in der Regel für Plattierungsarbeiten nicht gebraucht.

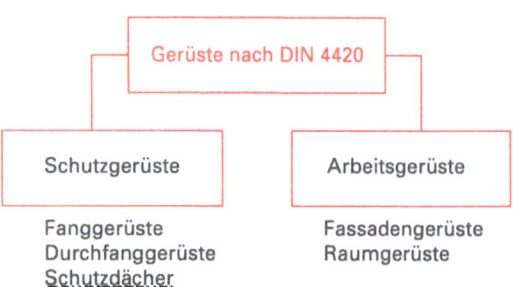

Fanggerüste
Durchfanggerüste
Schutzdächer

Fassadengerüste
Raumgerüste

Arbeitsgerüste tragen die Arbeitskräfte und die erforderlichen Baustoffe. DIN 4420 teilt sie nach ihrer zulässigen Belastung in sechs Gruppen ein (13.13).

Sie können für das Einrüsten von Fassaden (Gerüste mit längenorientierten Gerüstlagen) oder von Räumen (flächenorientierte Gerüstlagen) dienen.

Welche Gerüstgruppe zweckmäßig als Arbeitsgerüst für die jeweiligen Aufgaben gewählt werden sollte, zeigt Tabelle **13.14**.

13.6 Arbeiten auf Gerüsten

Tabelle **13.13** Mindestbelagbreite und Tragfähigkeit von Gerüsten

Gerüstgruppe Nr.	Mindestbelagsbreite in m	Nutzgewicht in kg/m²	maximale Flächenpressung[1] in kg/m²
1	0,50	–	–
2	0,60	150	–
3	0,60	200	–
4	0,90	300	500
5	0,90	450	750
6	0,90	600	1000

[1] Das ist Nutzgewicht geteilt durch dessen tatsächliche Grundrissfläche

Tabelle **13.14** Gruppeneinteilung der Arbeitsgerüste

Gerüstgruppe	Anwendungsbeispiele
1	Inspektionen, Arbeiten mit leichten Werkzeugen, keine Materiallagerung
2 und 3	Inspektionsarbeiten, Lagern von Baustoffen und Bauteilen zum sofortigen Verbrauch (Anstreichen, Verputzen, Plattieren, Verfugen)
4 und 5	Maurerarbeiten, Versetzen von Betonfertigteilen, Plattierungsarbeiten, Putzarbeiten
6	Maurerarbeiten, Werksteinarbeiten, Lagern größerer Mengen von Baustoffen und Bauteilen

Für Plattierungen von Fassaden kommen – abhängig von der Belastung des Gerüsts durch lagerndes Material und der Stützweite des Gerüsts – Gerüste der Gruppen 3 oder 4 in Frage. Die zulässige Stützweite hängt wiederum von der Dicke und Breite der Bohlen ab (**13.15**).

Tabelle **13.15** Zulässige Stützweite in m für Gerüstbeläge aus Holzbrettern und Holzbohlen nach DIN 4420-1

Gerüstgruppe	Brett-/Bohlenbreite in cm	Brett-/Bohlendicke in cm				
		3,0	3,5	4,0	4,5	5,0
1 2 3	20	1,25	1,50	1,75	2,25	2,50
	24 und 28	1,25	1,75	2,25	2,50	2,75
4	20	1,25	1,50	1,75	2,25	2,50
	24 und 28	1,25	1,75	2,00	2,25	2,50
5	20, 24, 28	1,25	1,25	1,50	1,75	2,00
6	20, 24, 28	1,00	1,25	1,25	1,50	1,75

Beispiel 3 Für eine Fassadenverkleidung soll die erforderliche Gerüstgruppe bestimmt werden. Dabei gehen wir davon aus, dass in jedem Gerüstfeld nur 1 Fliesenleger arbeitet und 1 Mörtelkübel sowie höchstens 1 m² Spaltplatten lagern.

Lösung

a) **Belastung je Gerüstfeld**
   1 Fliesenleger mit Werkzeug = 100 kg
   1 Mörtelkübel 70 l · 2,1 kg/l = 147 kg
   1 m² Spaltplatten 24 x 11,5 x 1,2
   1 m² · 21 kg = 21 kg
   268 kg

b) **flächenbezogene Belastung**
   Gerüstbelag aus Bohlen 28 cm · 4 cm
   Rüstfläche = 2,25 m · 0,60 m = 1,35 m²
   Belastung = 268 kg : 1,35 m² = **198,5 kg/m²**

Die flächenbezogene Belastung ist kleiner als 200 kg/m², also darf ein Gerüst der Gruppe 3 gewählt werden.

13.6.2 Bauliche Durchbildung der Gerüste

DIN 4420 legt die Benennung der Gerüstbauteile (13.16) und die bauliche Durchbildung unabhängig von der jeweiligen Bauart fest.

Nach DIN 4420-1 sind Gerüste baulich so durchzubilden, dass alle einwirkenden Lasten (Eigen-, Verkehrs-, Wind-, Schneelasten) sicher auf den tragfähigen Untergrund abgetragen werden können. Dabei sind folgende Gesichtspunkte zu beachten:

– **Aussteifungen** durch Diagonalen, Rahmen und Verankerungen, Verbindung der Diagonalen mit den vertikalen und horizontalen Haupttraggliedern (13.16).
– **Verankerung** mit dem Bauwerk, Abstände der Verankerungspunkte nach Berechnung oder Regelausführung (13.16).
– **Belagteile** dicht verlegen, dass sie weder wippen noch ausweichen können (13.17).
– **Seitenschutz** aus Geländerholm, Zwischenholm und Bordbrett (13.18).
– **Ständerstöße** mit ausreichender Überdeckungslänge.

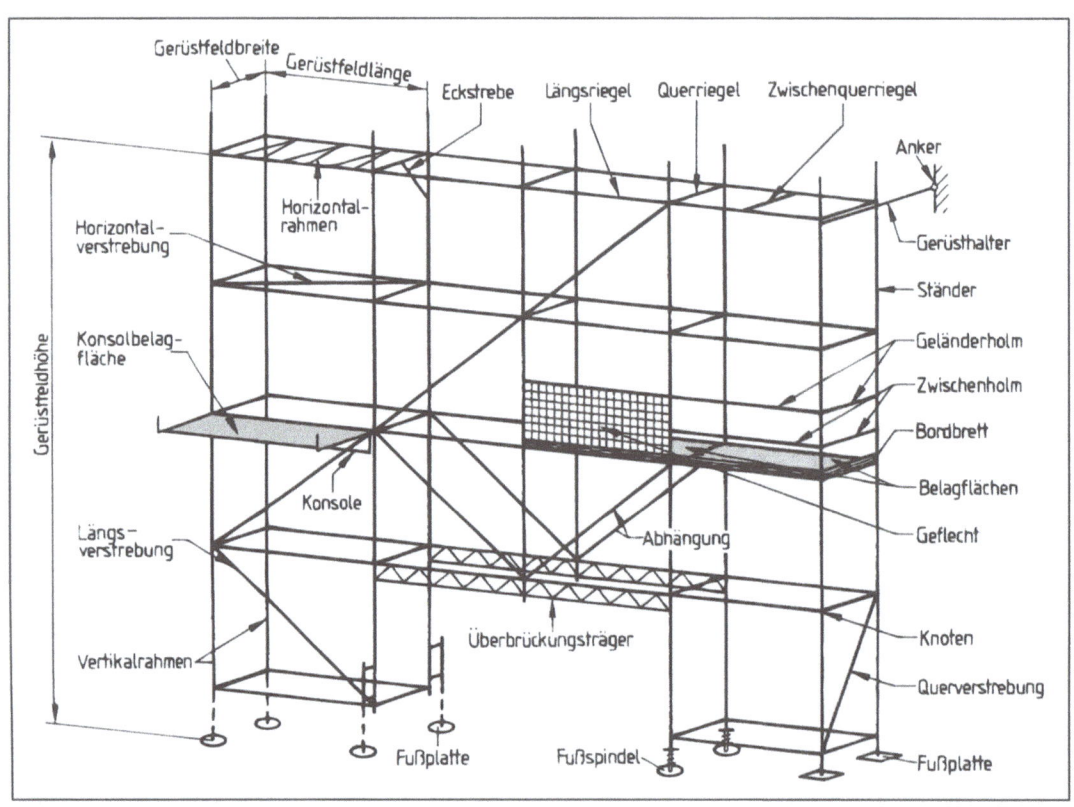

13.16 Bezeichnung der Gerüstbauteile nach DIN 4420-1

13.6 Arbeiten auf Gerüsten

- **Zugang** zu den Arbeitsplätzen sicher über Treppen, Leitern und Laufstege.
- **Eckausbildung** um die Bauwerksecken in ganzer Belagbreite (**13.19**).
- **Ständer** immer mit Fußplatten oder Fußspindeln (**13.26**).

Verankerungen am Gebäude sind für alle Gerüste nötig, die freistehend nicht standsicher sind. Die zug- und druckfesten Anker müssen an ausreichend festen Bauwerkteilen, am Gerüst in der Nähe eines Knotenpunkts befestigt werden.

Stützweite. Der Gerüstbelag aus Gerüstbrettern oder -bohlen muss dicht verlegt werden und darf weder ausweichen noch wippen (**13.17**). Von der Dicke der Bretter oder Bohlen (3 bis 5 cm) und ihrer Breite (20 bis 28 cm) hängt die zulässige Stützweite bei den verschiedenen Gerüstgruppen ab (**13.15**). An den Enden sollen die Bohlen und Bretter gegen Aufreißen gesichert sein.

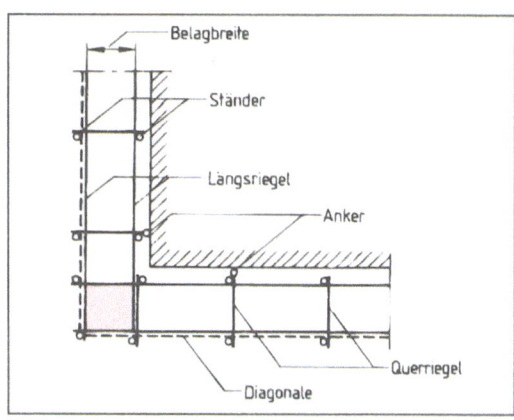

13.19 Eckenausbildung mit voller Belagbreite (Stahlrohr-Kupplungsgerüst als Standgerüst)

Der Seitenschutz ist notwendig, wenn der Gerüstbelag mehr als 2 m über dem Boden liegt. Ein Bordbrett soll verhindern, dass Platten oder Werkzeug herunterfallen. Ein Geländerholm (in mindestens 1 m Höhe vom Gerüstbelag) und ein Zwischenholm sollen vor Stürzen vom Gerüst bewahren.

Leitern sind standsicher aufzustellen und gegen Rutschen, Kippen, Schwanken und Durchbiegen zu sichern. Am Austritt müssen sie wenigstens 1 m überstehen. Die Sprossen haben nur 15 bis 18 cm Abstand, weil auf Bauleitern größere Lasten getragen werden. Sie müssen in Einkerbungen der Holme angenagelt sein (**13.20**).

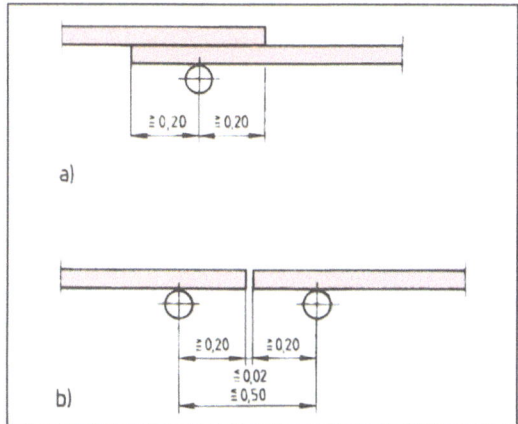

13.17 Auflagerung von Gerüstbohlen

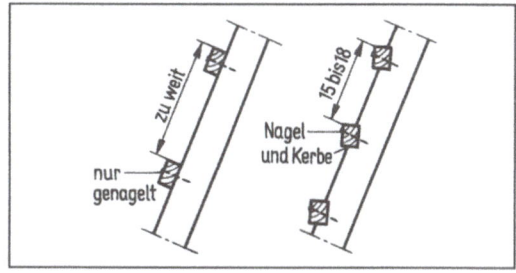

13.20 a) Falsche und b) richtige Leitersprossenbefestigung

13.6.3 Bockgerüste

Das Gerüst besteht aus den Böcken und dem Gerüstbelag sowie evtl. erforderlichen Schutzvorrichtungen.

Gerüstböcke gibt es in verschiedenen Höhen aus Holz und Stahl. Fertige hölzerne Böcke sind sehr sperrig. Dagegen lassen sich Gerüstböcke

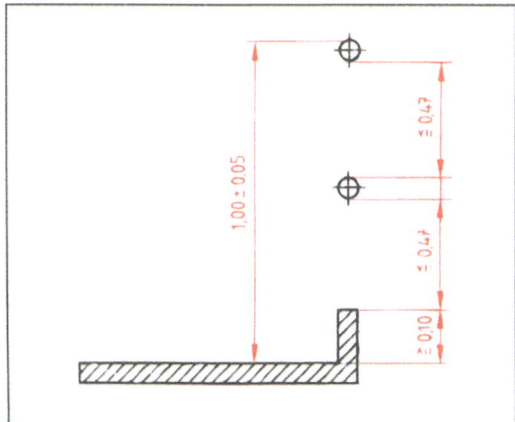

13.18 Maße für den Seitenschutz

aus Stahlständern und eingelegten Kantholzholmen leicht transportieren, schnell auf- und abbauen sowie ohne großen Platzbedarf aufbewahren. In der Höhe verstellbare Böcke können aus einem Stück bestehen oder aus ausziehbaren Ständern (**13**.21) und mit Kanthölzern aufgebaut werden. Der ausziehbare Teil darf nie ganz aus der Führung kommen, damit seitliches Ausbiegen vermieden wird.

13.21 Bock aus verstellbaren Stahlständern und eingelegtem Kantholz als Holm

Beim Aufstellen der Böcke ist auf gute Standsicherheit zu achten. Bei losem, nachgiebigem Boden stellt man die Böcke auf Gerüstbretter, nicht auf Steinstapel. Der seitliche Abstand richtet sich nach dem Gerüstbelag, wenn die Bohlen unmittelbar auf den Böcken liegen (**13**.15); er darf dann höchstens 2,75 m betragen.

Um größere Höhe zu erreichen, darf man die Böcke auf keinen Fall auf Kisten, Fässer, Steinstapel oder dergleichen stellen. Dagegen ist es zulässig, zwei Bockrüstungen bis zu 4 m Gesamthöhe übereinander zu stellen. Dabei muss auch das untere Gestell einen geschlossenen Gerüstbelag erhalten. Die Böcke müssen genau übereinander stehen, verschwertet werden (**13**.22) und Seitenschutz haben.

Der Gerüstbelag ist so auszulegen, dass keine gefährliche Wippen entstehen (**13**.23).

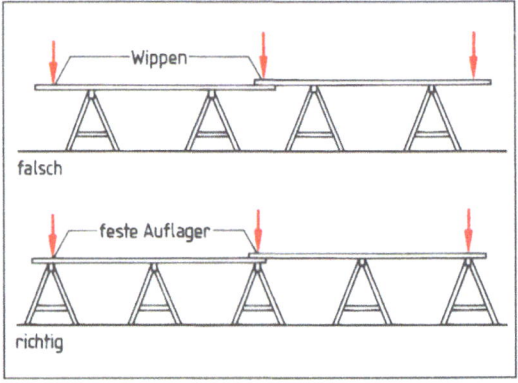

13.23 Verlegen des Gerüstbelags auf Gerüstböcken

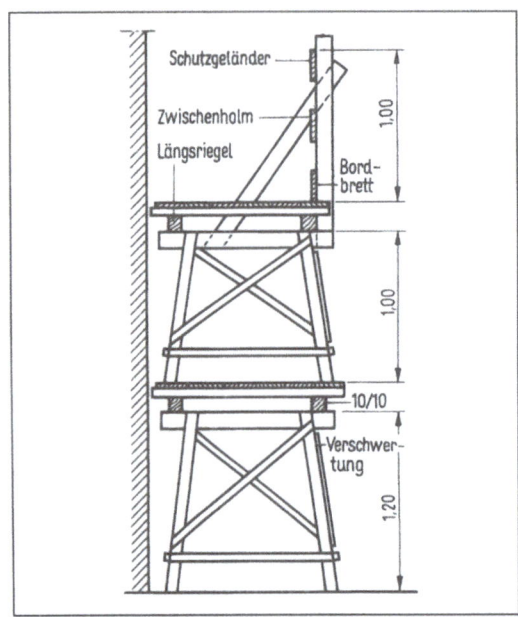

13.22 Bockgerüst aus zwei Bockreihen übereinander, in jeder Reihe verschwertet, Gerüstbelag auf Längsriegeln.

13.6.4 Weitere Gerüstbauarten

Die Bauarten der Gerüste lassen sich nach dem Tragsystem und nach der Ausführungsart unterscheiden:

Tragsysteme Standgerüst, Hängegerüst, Auslegergerüst, Konsolgerüst.

Ausführung als Stahlrohrgerüst, Leitergerüst, Rahmengerüst, Systemgerüst.

Daneben gibt es noch fahrbare Gerüste nach DIN 4422.

Stahlrohr-Kupplungsgerüste sind die meistverwendeten Gerüste. Stahlrohre unterschiedlicher Länge mit einem Außendurchmesser von 48,3 mm werden durch Normal-, Dreh-, Druck-, Zug- und Stoßkupplungen miteinander verbunden (**13**.24). Rohrstöße (Rohrverlängerungen)

13.6 Arbeiten auf Gerüsten

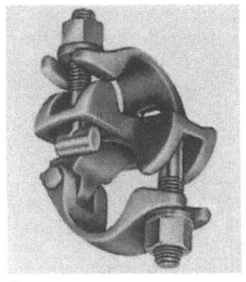
a)

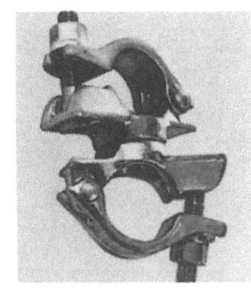
b)

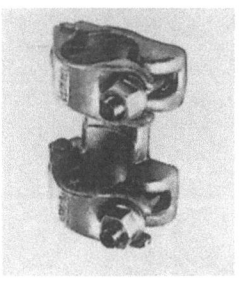
c)

d)

13.24 Kupplungen für Stahlrohr-Kupplungsgerüste
a) Normalkupplung, b) Drehkupplung,
c) Zugkupplung, d) Knotenpunkt

werden mit besonderen Rohrverbindern hergestellt (**13.25**). Die Vielseitigkeit und Flexibilität dieses Verfahrens ermöglicht die Herstellung von Arbeits- und Schutzgerüsten als Stand-, Hänge-, Ausleger- und Konsolgerüst. Die Abstände von Ständern, Längs-, Quer- und Zwischenriegeln, die Anordnung der Diagonalen sowie die zusätzlichen Vorschriften für Hänge-, Ausleger- und Konsolgerüste sind der Norm zu entnehmen.

Auslegergerüste nach DIN 4420-3 werden aus Stahlprofilen hergestellt, die durch mindestens 2 Verankerungsbügel in einer Stahlbetondecke verankert sind. Die Verankerungsbügel müssen dabei unter die Bewehrung greifen, und der Ausleger muss mindestens 20 cm über den inneren Verankerungsbügel reichen (**13.27**).

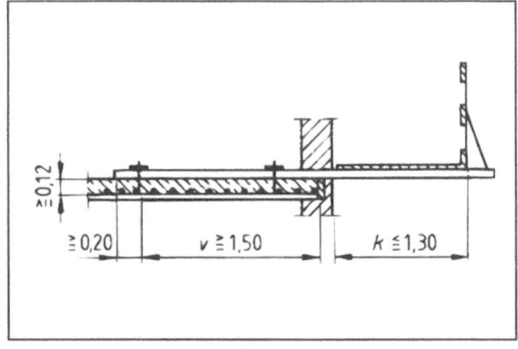

13.27 Auslegergerüst auf einer Stahlbetondecke
a Verankerungslänge
k Kraglänge

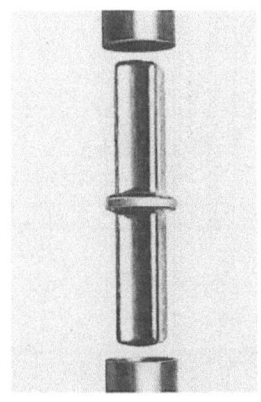

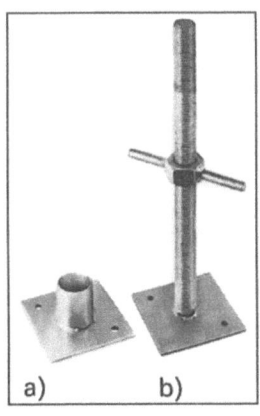
a)   b)

13.25 Rohrverbinder für druckfeste Stöße

13.26 Fußplatten für Stahlrohr- Kupplungsgerüste
a) feste Fußplatte
b) Gewindefußplatte

Für Leitergerüste enthält die DIN 4420-2 Sicherheitsvorschriften und Regelausführungen.

Als Arbeitsgerüste sind sie nur zugelassen für die Gerüstgruppen 1, 2 und 3. Ohne weiteres können sie für alle Inspektions-, Anstrich- und Reparaturarbeiten verwendet werden.

Bei Plattierungsarbeiten muss man darauf achten, dass Gerüstfelder und einzelne Bohlen nicht zu stark belastet werden. Die Norm enthält eine Vielzahl von Gerüstleitern und Gerüstbauteilen, Vorschriften, Maßen und Ausführungsbeispielen.

Leitergerüste werden fast immer von Gerüstbaufirmen aufgestellt. Ein Beispiel zeigt Bild **13.28** aus DIN 4420-2.

Systemgerüste (oder vorgefertigte/teilvorgefertigte Gerüste) nach DIN 4420-4 bestehen aus biegesteifen, festen Rahmen mit stabilen Eckaussteifungen. Die Rahmen liegen in ihren Abmessungen unveränderlich fest. Man unterscheidet Horizontalrahmen und Vertikalrahmen (**13.29**).

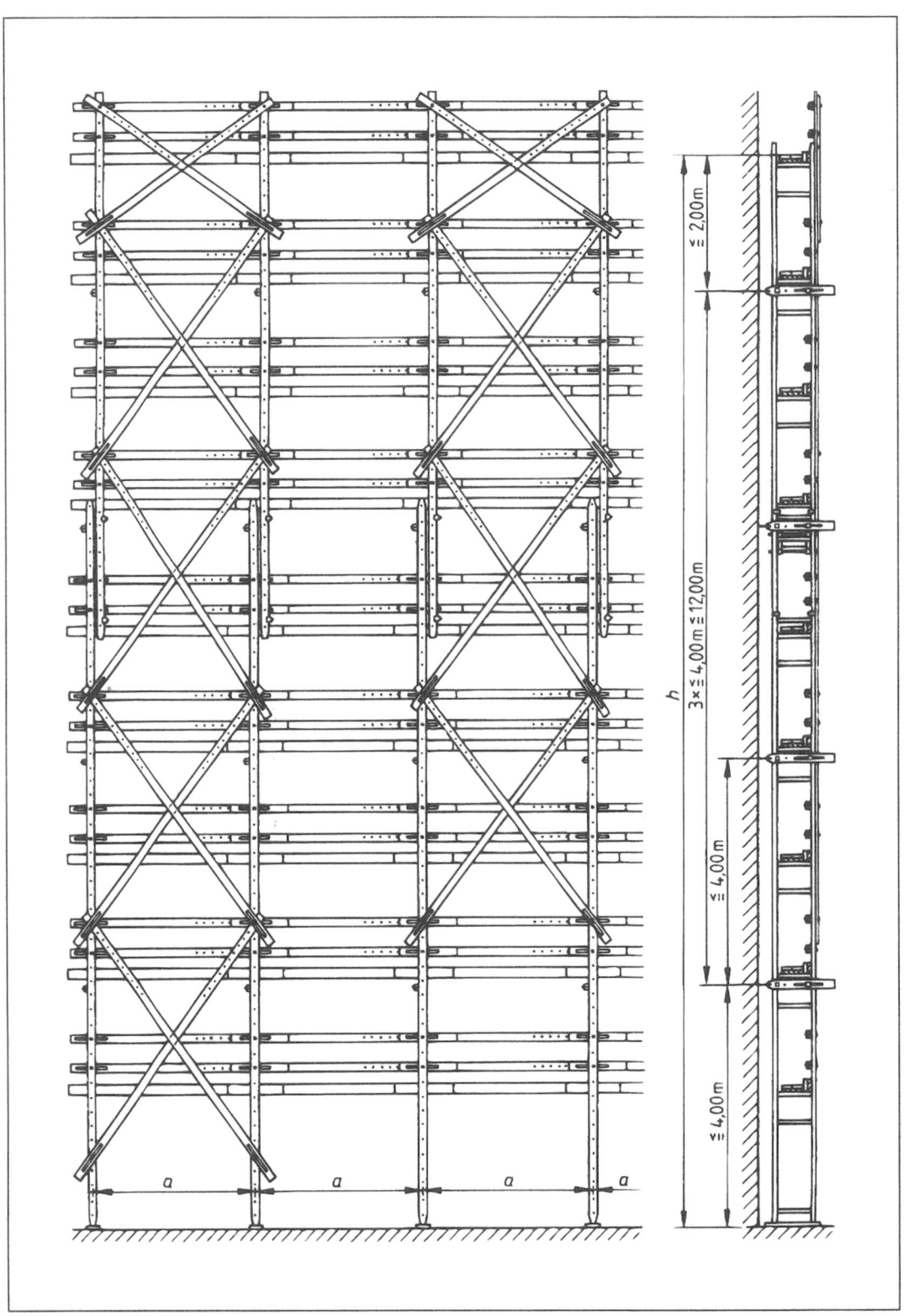

13.28 Vorder- und Seitenansicht eines Leitergerüstes nach DIN 4420-2

13.6 Arbeiten auf Gerüsten

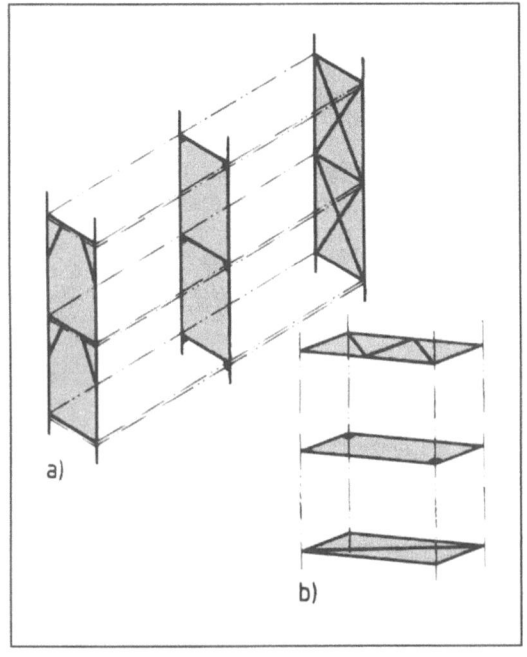

13.29 a) Horizontalrahmen und b) Vertikalrahmen von Systemgerüsten

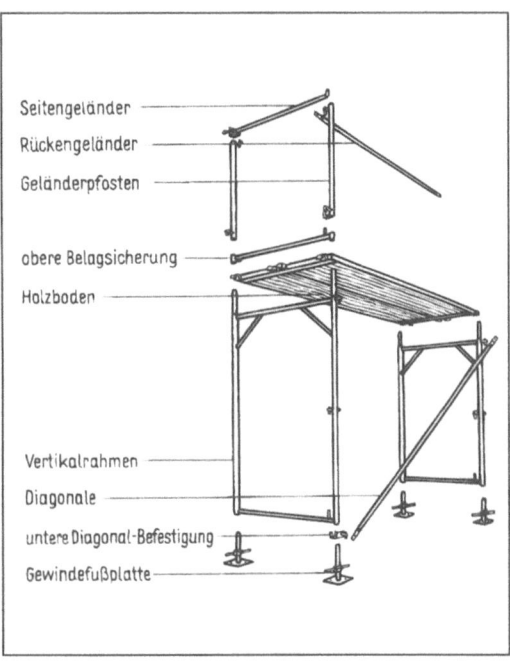

13.30 Schnellbaugerüst mit Vertikalrahmen

Auslegergerüste aus Kanthölzern sind nicht genormt, können aber nach Handwerksregeln ausgeführt werden (**13.31**). Sie eignen sich besonders für kurzfristige, kleinere Arbeiten in größerer Höhe bei vorhandenen Fensteröffnungen, wenn ein Fassadengerüst zu teuer ist.

Fahrgerüste sind in DIN 4222-1 und -2 „Fahrbare Arbeitsbühnen (Fahrgerüste)" genormt. Die Norm legt Begriffe, Maße, Werkstoffe und Bauteile fest. Besondere sicherheitstechnische Anforderungen werden an Seitenschutz, Aufstiege (Leitern), Kippsicherheit, Sturmsicherung und Tragkraft der Fahrrollen gestellt. Die Fahrrollen müssen feststellbar sein (**13.32**).

Fahrgerüste eignen sich für kurzzeitige Arbeiten, Montagen und Reparaturen an hochgelegenen Arbeitsplätzen. Auf den Fahrrollen unter den

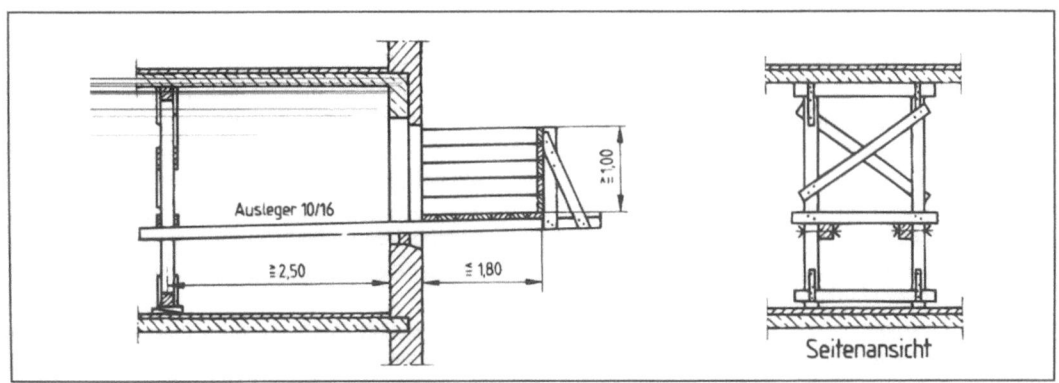

13.31 Auslegergerüst aus Kanthölzern in einer Fensteröffnung

13 Verkleiden von Fassaden

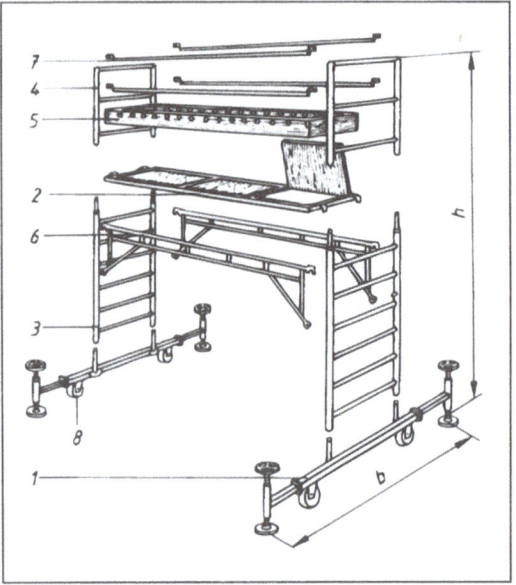

13.32 Fahrgerüst aus Stahlrohren
1 Fahrbalken (starr oder ausfahrbar)
2 Arbeitsbühne mit Einstiegklappe
3 Grundleiter
4 Quergeländerahmen
5 Bordbrettrahmen
6 Seitenteil
7 Geländer
8 Fahrrolle

Ständern können die Fahrgerüste auf ebenem Untergrund schnell umgesetzt werden. Bei Einsatz im Freien muss die Kippsicherheit größer sein als in geschlossenen Räumen. Obwohl man Fahrgerüste als Stahlrohr-Kupplungsgerüste bauen kann, sind es meist Systemgerüste mit festliegenden Abmessungen, die sich auf der Baustelle schnell montieren lassen.

Arbeitsgerüste müssen standsicher, tragfähig und unfallsicher sein und dürfen nicht übermäßig belastet werden. Je nach zulässiger Belastung je m² Rüstbelag werden die Gerüste in sechs Gruppen eingeteilt.

Bockgerüste stellt der Fliesenleger auf. Über 2 m Höhe müssen sie als Seitenschutz Schutzgeländer und Bordbrett haben. 2 Bockgerüste dürfen bis zu einer Gesamthöhe von 4 m übereinander stehen. Wippen im Gerüstbelag, unsicherer Stand und zu großer Bockabstand sind häufige Unfallursachen.

Stahlrohr- und Leitergerüste sind weitere Bauarten für Arbeitsgerüste. Sie müssen verstrebt und am Gebäude verankert sein. DIN 4420 enthält Vorschriften für die Gerüste.

Aufgaben zu Abschnitt 13

1. Welche Aufgaben haben die Außenwände eines Gebäudes zu erfüllen?
2. Welche Aufgaben der Außenwand übernimmt der Plattenbelag a) ganz oder überwiegend, b) teilweise, c) gar nicht?
3. Durch welche Einflüsse des Wetters werden Fassaden besonders beansprucht?
4. Nennen Sie geeignete Platten für Fassadenverkleidungen.
5. Erläutern Sie, wie durch statische Belastung Spannungen zwischen Rohbauwand und Belag entstehen können.
6. Warum soll eine zu plattierende Fassade vorgeputzt werden?
7. Welche Gefahr besteht, wenn hinter den Platten Mörtelnester vorhanden sind?
8. In welchen Abständen sind Dehnungsfugen an Fassaden anzuordnen? Wovon hängt der Abstand ab?
9. Geben Sie Beispiele für die Anordnung von dauerelastischen Fugen aus statischen Gründen.
10. Skizzieren Sie die Ausführung von Dehnungsfugen a) inmitten des Belags, b) an Außenecken.
11. Warum soll eine dauerelastische Fuge nur an den Plattenflanken, nicht am Untergrund haften?
12. Wie kann man die Flankenhaftung verbessern?
13. Wie wird ein gut geeigneter Ansetzgrund an Fassaden vorbehandelt?
14. Erläutern Sie die Vorbehandlung einer Außenwand aus Mischmauerwerk.
15. Woraus besteht bewehrter Unterputz? Nennen Sie Beispiele für seine Anwendung.
16. Was versteht man unter „hinterlüfteten Fassadenbekleidungen"?
17. Welche Eigenschaften hat gut geeigneter Mörtelsand?
18. Mit welchen Zusätzen kann man Eigenschaften des Ansetzmörtels verbessern?
19. Warum darf man dem Ansetzmörtel kein Frostschutzmittel zugeben?

Aufgaben zu Abschnitt 13

20. Bei welchem Wetter wird eine Nachbehandlung der frisch plattierten Fassade erforderlich? Wie?
21. Welche Plattenbeläge werden zweckmäßig mit dem Eisen gefugt?
22. Welches sind die wichtigsten Bezugslinien für das Einteilen von Fassadenbelägen?
23. Schildern Sie das Einteilen der Fassade eines mehrgeschossigen Hauses.
24. An welchen Stellen sind Teilplatten unbedingt zu vermeiden?
25. Geben Sie verschiedene Möglichkeiten der Verkleidung von a) Außenecken, b) Leibungen und Stürzen an.
26. Nennen Sie gebräuchliche Verblendverbände mit der Fachbezeichnung.
27. Gebräuchliche Formate für Riemchen sind 5,2 x 24 und 7,3 x 24 cm, für Spaltplatten 11,5 x 24 und 9,4 x 19,4 cm.

    a) Wie viel Platten gehen jeweils auf 1 m Höhe?
    b) Welche Fugendicke ist dabei zu wählen?
    c) Welches Format passt nicht in die Maßordnung im Hochbau?

28. Bis zu welcher Temperatur darf man Außenflächen plattieren?
29. Welche Maßnahme ist bei der Gefahr von Nachtfrost zu empfehlen?
30. Welche Arten von Fassadenbekleidung lassen sich unterscheiden?
31. Beschreiben Sie den Aufbau einer hinterlüfteten Fassadenbekleidung.
32. Nennen Sie Bekleidungsstoffe für hinterlüftete Fassaden.
33. Welchen Zweck hat die Luftschicht?
34. Nennen Sie Bauarten von Arbeitsgerüsten.
35. Nach welchem Merkmal sind die Gerüste in die Gruppen 1 bis 6 eingeteilt?
36. Welche Gerüstgruppen sind in der Regel für Plattierungsarbeiten geeignet?
37. Ab welcher Höhe müssen Gerüste einen Seitenschutz haben?
38. Woraus besteht der Seitenschutz?
39. Wie werden Gerüste gegen Umkippen gesichert?
40. Bis zu welcher Höhe darf man Bockgerüste aufbauen? Wie?
41. Auf welcher Unterlage können Gerüste sicher stehen?
42. Wodurch können Unfälle bei Arbeiten auf Gerüsten verursacht sein?
43. Für ein Gerüst sind 4 Böcke und 12 Bohlen 4 x 24 cm vorhanden.

    a) Wie viel m lang darf das Bockgerüst werden, wenn die Bohlen direkt auf den Böcken liegen? (**13**.15, Gruppe 1 bis 3)

1. Ober- und Unterkante eines Schaufensterrahmens haben einen Abstand von 198,5 cm. Berechnen Sie Schichthöhe und Fugendicke a) für Riemchen 5,2 x 24, b) für Riemchen 7,3 x 24 (flach).
2. Zwei waagerechte Bezugslinien haben einen Abstand von 2,95 m. Berechnen Sie Schichthöhe und Fugendicke für hochkant angesetzte Spaltplatten a) 11,5 x 24, b) 9,4 x 19,4.
3. Ermitteln Sie nach Bild **13**.33 für flach angesetzte Riemchen

    a) Schichtzahl, Schichthöhe und Fugendicke zwischen den waagerechten Bezugslinien Dachgeschoss – Obergeschoss, Obergeschoss – Erdgeschoss und Oberkante- Unterkante des Schaufensters;
    b) Plattenzahl, Fugendicke und Breite der Teilplatten über den Öffnungen und an den Pfeilern des Erdgeschosses.

4. 3412,50 DM Akkordlohn sind auf drei Fliesenleger A (64 Std.), B (104 Std.) und C (80 Std.) zu verteilen.

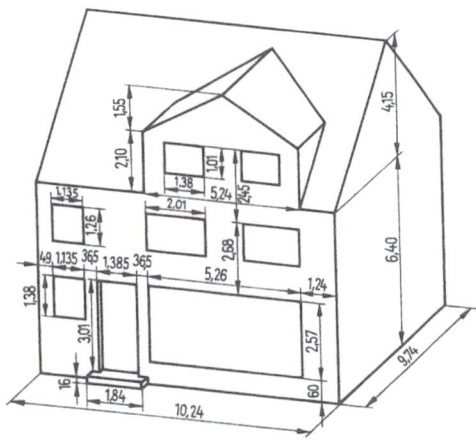

13.33 Fassade eines Wohn- und Geschäftshauses

5. 6233,20 DM wurden im Gruppenakkord verdient. Wie viel erhält jeder, wenn A (100 %) 9,5 Tage, B (100 %) 11 Tage, C (90 %) 8 Tage und D (80 %) 10 Tage gearbeitet haben?

13 Verkleiden von Fassaden

6. Berechnen Sie nach Bild **13.34**
   a) die Giebelfläche (ohne Leibungen),
   b) die Anzahl der Spaltklinker 11,5 x 24 bei 3 % Verhau,
   c) den Akkordlohn.

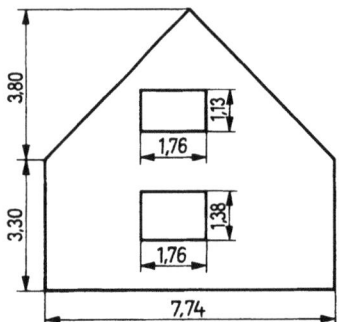

13.34 Giebelwand

7. Die Giebelwand (**13.35**) ist vorzuputzen und zu plattieren.
   a) Wie groß ist die Fläche?
   b) Wie viel Sand und Zement braucht man bei 3,5 cm Dicke vor Mörtel mit Vorputz (Mischungsverhältnis 1 : 4 und Einmischungsfaktor 1,4)?
   c) Wie viel Spaltplatten 11,5 x 24 werden gebraucht (2 % Verhau)?

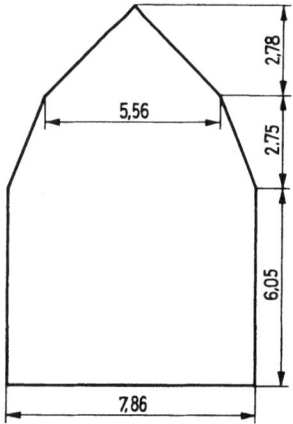

13.35 Giebelwand

8. Die Giebelwand (**13.36**) wird einschließlich 12 cm tiefer Leibungen und Stürze mit Spaltriemchen 7,3 x 24 verkleidet. Zu berechnen sind:
   a) die Gesamtfläche,
   b) die Anzahl der Platten bei 5 % Verhau,
   c) Sand und Zement für 3 cm dicken Mörtel mit Vorputz (M. V. 1 : 4),
   d) der Akkordlohn (je m² 54,99 DM).

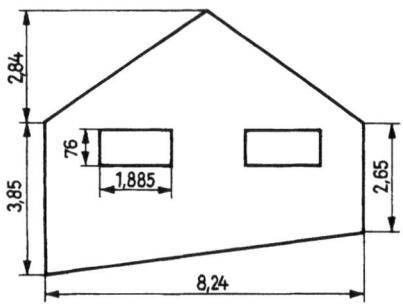

13.36 Giebelwand

9. Die Giebelwand (**13.37**) wird mit Spaltriemchen 5,2 x 24 verkleidet (ohne Leibungen). Die Fensterpfeiler mit den anschließenden 14 cm tiefen Leibungen erhalten einen Belag aus Mittelmosaik.
   a) Wie viel m² Riemchen werden angesetzt?
   b) Wie viel m² Fläche werden mit Mosaik verkleidet?

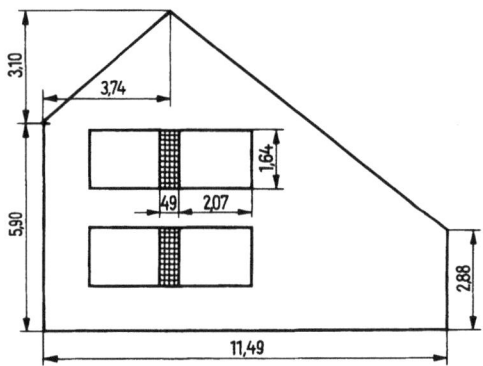

13.37 Giebelwand

10. Berechnen Sie nach Bild **13.33** für beide Fassadenwände
    a) die Gesamtfläche ohne Leibungen,
    b) den Bedarf an Spaltplatten 9,4 x 19,4,
    c) den Akkordlohn (38,50 DM je m²).

11. Ein Mörtelkübel hat die Maße: oberer $\varnothing$ = 47 cm, unterer $\varnothing$ = 41 cm, H = 40 cm. Berechnen Sie
    a) Das Volumen des Kübels,
    b) die Belastung eines Gerüsts in kN, wenn der Kübel randvoll mit Zementmörtel (γ = 21 kN/m³) gefüllt wird.

12. Eine 8,40 m lange Wand soll mit Böcken und 3 Reihen Bohlen 4 x 20 cm eingerüstet werden. Berechnen Sie Anzahl und Abstand der Böcke.

Aufgaben zu Abschnitt 13

1. **Viertelverbände für Riemchen, M. 1:12,5** (13.38).
   Zeichnen Sie 4 Arten von Viertelverbänden, jeweils 10 Schichten.

2. **Zierverbände für Riemchen, M. 1:12,5** (13.38).
   Zeichnen Sie folgende 4 Beispiele:

   a) 2 Läufer, dann 1 Binder in jeder Schicht (Märkischer Verband),

   b) wie a), jedoch anders angeordnet,

   c) 1. Schicht: nur Läufer, 2. Schicht: 1 Läufer 1 Binder (Tannenberg-Verband),

   d) wie c), jedoch anders angeordnet.

3. **Plattierte Fassade, M. 1:25** (13.39). Der Haussockel wird mit Riemchen 5,2 x 24 mit ca. 1 cm Fuge im Viertelverband plattiert (flach angesetzt), die übrige Fläche mit hochkant angesetzten Spaltplatten 11,5 x 24. Der Belag ist fachgerecht einzuteilen.

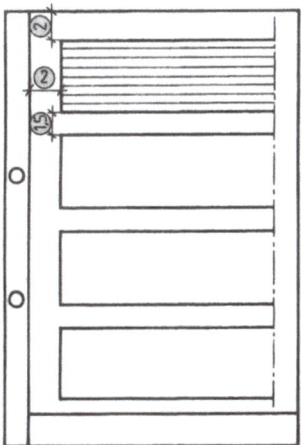

13.38 Viertelverbände für Riemchen

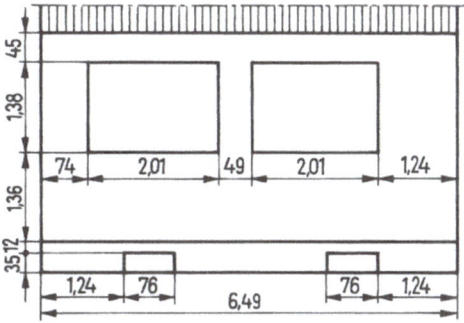

13.39 Fassade eines Wohnhauses

Gesamtaufgabe

Plattierte Fassade (13.40).

a) Plattenauswahl: Art, Format, Farbe, Fuge, Verband,

b) Arbeitsablauf: Ansetzgrund, Vorarbeiten, Gerüst, Einteilen und Anlegen,

c) Berechnungen: Flächeninhalt, Baustoffbedarf, Höheneinteilung, Akkordlohn (s. Tabellen im Anhang),

d) Zeichnung: Ansicht, M. 1:20.

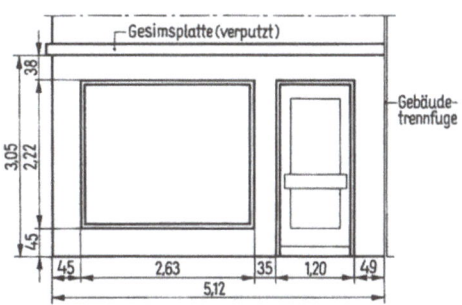

13.40 Fassade eines Ladenlokals

14 Fliesenarbeiten in Treppenhäusern

14.1 Die Treppe als Bauwerkteil

> Fast überall im täglichen Leben begegnen uns Treppen, drinnen und draußen. Über welche Treppen sind Sie in den letzten Tagen gegangen? Waren sie alle bequem und sicher zu begehen?

Treppen verbinden verschieden hoch gelegene Geschosse im Gebäude oder überwinden Höhenunterschiede im Gelände. Sie müssen sicher und bequem zu begehen sein.

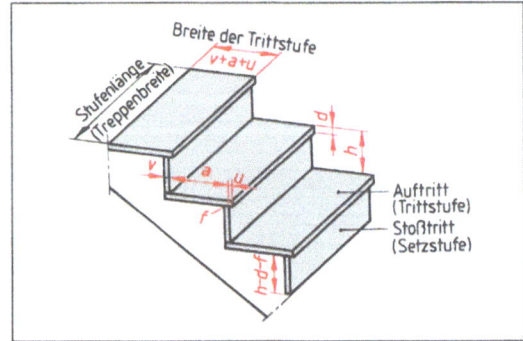

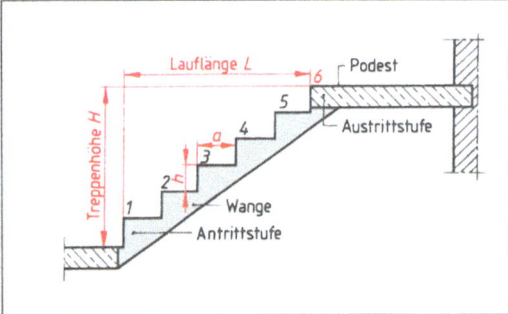

14.1 Treppenlauf mit 6 Stufen
a = Auftrittbreite
h = Stufenhöhe ($\triangleq$ Steigung s)

14.2 Maße und Bezeichnungen an Stufen
v = Verbreiterung als Auflager für Setzstufe
= Dicke der Setzstufe
a = Auftrittbreite
u = Unterschneidung (Überstand)
$v + a + u$ = Breite der Trittstufe
h = Stufenhöhe (= Steigung s)
d = Dicke der Trittstufe
f = Fuge(ndicke)
h-d-f = Höhe der Setzstufe

Bezeichnungen (14.1). Treppen haben einen Treppenlauf oder mehrere Läufe mit Zwischenpodesten. Ein Treppenlauf besteht aus Stufen; die erste heißt Antrittstufe, die letzte Austrittstufe, alle anderen sind Zwischenstufen. Die Aussparung in der Geschossdecke über der Treppe (meist rechteckig) nennt man Treppenloch. Als Treppenauge wird der seitliche Zwischenraum zwischen den Treppenläufen bezeichnet. Durch das Treppenauge kann man im Treppenhaus vom obersten Geschoss bis zum Kellerfußboden sehen. Die beiden seitlichen Bereiche eines Treppenlaufs sind die Treppenwangen. Bei Treppen in Wohngebäuden liegt meist eine Wange in der Treppenhauswand, während die freie, sichtbare Wange das Treppenauge begrenzt.

Stufen bestehen aus dem waagerechten Auftritt und dem senkrechten oder leicht schrägen Stoßtritt. Die Verkleidung des Auftritts mit einer Platte aus Natur- oder Kunststein heißt auch Trittstufe, die Stoßtrittplatte auch Setzstufe **(14.2).**

Die Lauflinie (Gehlinie) ist im Grundriss einer Treppe durch eine dünne Linie mit Pfeil eingezeichnet **(14.3 auf S. 173)**. Der Pfeil weist stets aufwärts. Die Lauflinie wird im Abstand von 45 bis 50 cm von der inneren Treppenwange angenommen.

Die Abmessungen einer Treppe und ihrer Stufen sind voneinander abhängig. Die *Treppenhöhe H* ist der senkrechte Abstand von der Oberkante der fertigen Austrittstufe bis zu OKFF von der Antrittstufe **(14.1)**. Verbindet die Treppe zwei Geschosse, nennt man H auch Geschosshöhe.

Die *Stufenhöhe h* – auch Steigung s genannt[1] – ergibt sich aus der Treppenhöhe (Geschosshöhe), geteilt durch die Zahl der Stufen. Die Höhen aller Stufen einer Treppe müssen millimetergenau gleich sein. Ungleich hohe Stufen bedeuten eine Unfallgefahr.

Unter der *Lauflänge L* versteht man den waagerechten Abstand von der Vorderkante Antrittstufe bis Vorderkante Austrittstufe. In der Lauflänge

---

[1] Die mathematisch richtige Definition: Steigung = $\frac{h}{a}$ wird dann Steigungsverhältnis genannt.

14.1 Die Treppe als Bauwerkteil

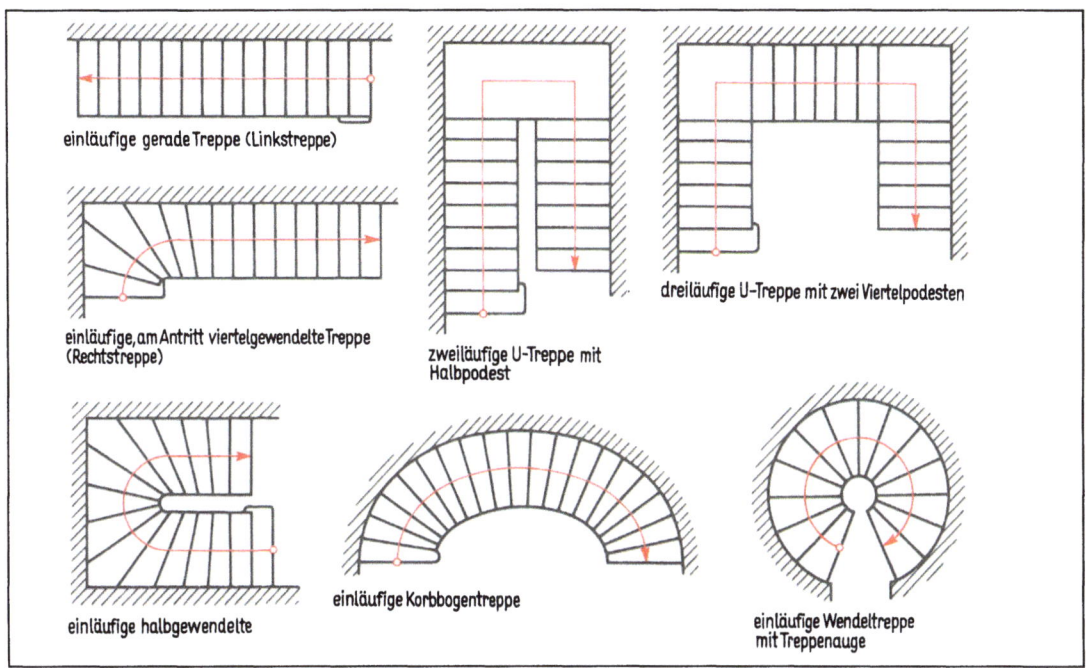

14.3 Treppenformen

ist also ein Auftritt weniger enthalten, als die Treppe Stufen hat.

Die *Auftrittbreite a* ist der waagerechte Abstand zwischen zwei Stufenvorderkanten oder zwei Stoßtritten. Dieses Maß ist bei Stufen mit Überstand um das Maß *u* kleiner als die Tiefe der Trittfläche für den Fuß. Bei geraden Treppen sind die Auftritte stets gleiche (kongruente) Rechtecke; gewendelte (gezogen) Stufen einer Treppe müssen auf der Lauflinie gleiche Auftrittbreiten aufweisen. Bequem zu begehen sind Treppen, bei denen zwei Stufenhöhen und eine Auftrittbreite zusammen die durchschnittliche Schrittlänge eines Erwachsenen ergeben, nämlich etwa 63 cm. Gebräuchliche Stufenhöhe sind für Geschosstreppen in Wohnhäusern 16 bis 18,5 cm und für Kellertreppen 18 bis 20,5 cm. Dazu passen gut Auftrittbreiten von 29 bis 26 cm bzw. 25 bis 22 cm. In Mehrfamilienhäuser darf die Stufenhöhe *h* höchstens 19 cm und muss die Auftrittbreite *a* mindestens 26 cm betragen.

> Treppenformel: $2 \cdot h + a = 63$ cm
>
> Stufenhöhe: $h = H$: Stufenzahl
> Auftrittbreite: $a = L$: (Stufenzahl − 1)

Treppenarten unterscheidet man nach der Laufrichtung (Rechts-, Linkstreppe), der Lage, dem Baustoff, der Bauart und der Grundrissform. Nach der Lage gibt es Außentreppen (z. B. Freitreppen im Gelände, Treppen vor dem Hauseingang und Kelleraußentreppen) und Innentreppen wie Geschoss-, Keller- und Dachbodentreppen sowie Treppen im Hauseingang (*„Differenzstufen"*). Nach dem *Baustoff* kennen wir Massivtreppen aus Beton, Stahlbeton und Mauerwerk sowie Holz- und Stahltreppen. Für den Fliesenleger weniger bedeutsam ist die *Bauart* einer Treppe in statischer Hinsicht (freitragend, aus vorgefertigten Balken, Platten usw.). Nach der *Grundrissform* werden gerade Treppen (mit rechteckigem Stufengrundriss) und gewendelte Treppen unterschieden (**14.3**). Außerdem teilt man die Treppen nach der Anzahl ihrer Läufe in einläufige (einarmige), zweiläufige usw. ein.

Für die Planung von Treppen und Stufen sind viele Vorschriften zu beachten. So muss nach DIN 18065 die lichte Treppendurchgangshöhe (Kopfhöhe) überall mindestens 2 m betragen. Nach höchstens 18 Stufen soll ein Zwischenpodest angeordnet werden. Je nach Gebäude- und Treppenart sind die Abmessungen für die Treppenlaufbreite, Geländer, Stufenhöhe und Auftrittbreite festgelegt.

14.2 Stufenbeläge

Bei Treppen ist zwischen dem tragenden Kern (der Rohtreppe) und der Verkleidung ihrer Oberfläche (dem Stufenbelag) zu unterscheiden. Beide Teile können auch aus demselben Baustoff (z. B. Holz) bestehen oder in einem Arbeitsgang hergestellt sein (Treppen aus Fertigbauteilen oder aus Blockstufen). In das Arbeitsgebiet des Fliesenlegers gehören jedoch nur solche Treppen, deren tragender Kern bereits vorhanden ist, aber noch verkleidet werden muss. Meist handelt es sich dabei um Rohtreppen aus Beton oder Stahlbeton. Das Mörtelbett für den Belag wird üblicherweise im Verbund zum Beton der Rohtreppe aufgebracht, doch können auch bei Treppen schalldämmende Maßnahmen verlangt werden.

14.2.1 Aufgaben, Arten und Formen des Stufenbelags

Aufgaben. Der Belag der Stufen soll dauerhaft, stoß- und kratzfest und leicht zu reinigen sein. Er soll der Treppe ein schönes Aussehen geben. Die Verkleidung muss die Sollmaße der Treppe und jeder Stufe einhalten. So erreicht man erst durch den Belag, dass die Treppe sicher und bequem zu begehen ist.

Arten und Formen. Stufenbeläge aus Stein können aus einem Stück (Winkelstufen), aus zwei Platten (Trittstufe und Setzstufe) oder aus mehreren Platten (z. B. Treppenfliesen) bestehen. Dabei gibt es eine Vielzahl verschiedener Stufenprofile. Einige gebräuchliche sind in Bild 14.6 zusammengestellt. Als Baustoffe werden vornehmlich Terrazzo, Natursteinplatten sowie keramische Fliesen und Platten verwendet. Für Einfamilienhäuser und anspruchsvoll ausgestattete Gebäude bevorzugt man Treppenbeläge aus Marmor, Solnhofer- und anderen Natursteinplatten wegen der natürlichen Schönheit und Vielfalt der gestalterischen Möglichkeiten. Preiswerter und mindestens ebenso zweckmäßig sind Stufen aus Terrazzo. Sie werden meist maßgenau nach den Abmessungen der jeweiligen Treppe und farblich nach den Wünschen des Bestellers hergestellt.

Keramische Treppenplatten, vor allem aus unglasiertem Steinzeug, sind aufgrund ihrer Härte, Festigkeit und dichten Oberfläche ein besonders haltbarer, unempfindlicher und pflegeleichter Treppenbelag, der sich selbst in Jahrzehnten so gut wie gar nicht abnutzt. Auch hohe punktförmige Belastungen (z. B. durch Absätze aus Stahlstiften) hinterlassen keine Spuren. Treppenfliesen können als der zweckmäßigste Belag der Auftritte sowohl für Innen- als auch für Außentreppen angesehen werden. Die Stoßtritte werden häufig aus Platten derselben Art plattiert, müssen aber dann meist passend auf Höhe geschnitten werden. Vorteilhaft ist eine Kombination aus Terrazzo-Setzstufen, die für die Stoßtritte der Treppe maßgerecht angefertigt werden, und Auftritten aus Steinzeug oder Klinker. Diese stellt man vornehmlich in 30 cm Länge und verschiedenen Breiten zwischen 10 und 30 cm mit oder ohne Nase her. Im Bereich der Vorderkante sorgt eine Riffelung für einen trittsicheren Auftritt (**14.6** c und d). Stufen werden manchmal auch mit normalen Bodenplatten oder Mosaik verkleidet, besonders wenn an die Treppe ein solcher Bodenbelag anschließt. Trittsichere Bodenfliesen eignen sich als Stufenbeläge in Hallenbädern und gewerblichen Nassräumen.

14.2.2 Berechnen und Bestellen von Stufenplatten

Bei geraden, einläufigen Treppen werden auf der Baustelle Lauflänge L, Geschoßhöhe H und Treppenbreite B mit ihren Rohbaumaßen gemessen und die Stufen gezählt. Auch wenn eine Bauzeichnung vorliegt, müssen die Maße am Bau überprüft werden. Aus den Abmessungen berechnet man die Sollmaße der Rohstufe und vergleicht sie mit den vorhandenen Maßen. Größere Abweichungen können so der Bauleitung rechtzeitig mitgeteilt und vor dem Plattieren beseitigt werden.

Bei *Treppenfliesen* oder Bodenplatten kann man sofort mit dem Aufreißen der Treppe beginnen (s. Abschn. 14.3.1). Mit den 30 cm langen Treppenplatten lassen sich die Auftritte jeder Treppe mit üblichen Stufenabmessungen ohne Verhau verkleiden, weil man für den Überstand der Trittstufe und das Auflager der Setzstufe einigen Spielraum hat.

Stufen aus *Naturstein- oder Kunststeinplatten* werden maßgerecht für die Treppe beim Werk bestellt. Dabei muss man für die Breite der Trittstufe die Unterschneidung u und das Auflager v für die Setzstufe zu der Auftrittbreite a hinzurechnen (**14.2**). Die Länge der Trittstufe ergibt sich aus der Breite der Rohtreppe zuzüglich des seitlichen Überstands. Die Auftritte sollen an der Wange um dasselbe Maß überstehen wie an den Stufenvorderkanten; dagegen schließen die Stoßtritte am besten mit dem Putz der Wange bündig ab. Die Höhe der Setzstufe erhält man, indem man von der Stufenhöhe h die Dicke der Trittstufe d und eine 2 mm breite Fuge abzieht.

14.2 Stufenbeläge

Beispiel 1 An der Baustelle wurden an einer Rohtreppe gemessen: Lauflänge L = 357 cm, Geschosshöhe H = 275 cm, Treppenbreite B = 102 cm. Die Treppe hat 15 Stufen. Sie soll mit Marmorplatten verkleidet werden, Auftritte 2,5 cm dick und mit 2 cm Überstand, Stoßtritte 1,5 cm dick. Tritt und Setzstufen sind zu bestellen.

Lösung a) Maße der Rohstufe
Auftrittbreite a = Lauflänge : (Stufenzahl – 1)
a = 357 cm : 14 = 25,5 cm
Stufenhöhe h = Geschoßhöhe H : Stufenzahl
h = 275 cm : 15 = 18,33 cm

b) Maße der Tritt- und Setzstufen (11.2)
Breite der Trittstufen
= $a + u + v$
= 25,5 cm + 2 cm + 1,5 cm
= **29 cm**
Länge der Trittstufen
= $B + u$ = 102 cm + 2 cm = **104 cm**
Höhe der Setzstufen = $h - d - f$
= 18,33 cm – 2,5 cm – 0,23 cm
= **15,6 cm**
Länge der Setzstufen = **102 cm**
Es werden 15 Auftritte 104 x 29 x 2,5 cm und 15 Stoßtritte 102 x 15,6 x 1,5 cm bestellt.

Bei geraden Treppen mit *mehreren* Läufen ermittelt man die Stufenhöhe aus der gesamten Geschosshöhe H, also nicht von Podest zu Podest nach Läufen getrennt. Dagegen sind die Lauflängen von jedem Treppenlauf einzeln zu messen und daraus die Auftrittbreite zu ermitteln. Geringfügige Unterschiede bei den Auftrittbreiten der verschiedenen Läufe sind auszumitteln, so dass alle Stufen der Treppe dieselben Abmessungen erhalten.

Bei gewendelten Treppen schickt man am besten den vom Architekten erstellten Grundriss mit den Rohbaumaßen an das Lieferwerk. Alle Maße müssen sorgfältig auf der Baustelle gemessen bzw. überprüft werden. Die Zeichnung muss wenigstens folgende (Rohbau-)Maße enthalten (14.4):

– die Breiten jeder (nummerierten) Rohstufe an der Innen- und Außenwange,
– die Umrisse der gesamten Treppe,
– die Treppen-(Geschoss-)Höhe H.

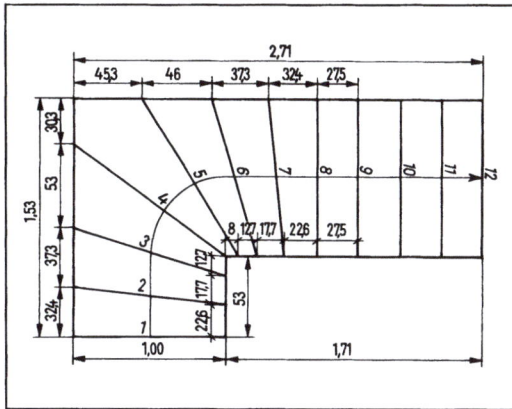

14.4 Viertelgewendelte Treppe

Lauflänge $L = 53 \text{ cm} + \dfrac{1{,}0 \text{ m} \times \pi}{4} + 1{,}71 \text{ m}$
  = 3,03 m
Geschosshöhe H = 210 cm
12 Stufen

Zur Kontrolle können außerdem die Längen der schrägen Stufenvorderkanten angegeben werden. Aus diesen Maßen lassen sich die Stufenhöhe h und im Bereich der Gehlinie die Lauflänge L sowie die Auftrittbreite a ermitteln. Wenn man die Plattendicke und den Überstand berücksichtigt, kann jede Stufe in Auftritt und Stoßtritt formgerecht angefertigt werden. In schwierigen Fällen kann man auch an der Baustelle die Form der Auftritte aus festem Papier ausschneiden.

Der Stufenbelag soll der Treppe eine maßgenaue Form geben und sie dauerhaft, trittsicher und schön verkleiden.

Tritt- und Setzstufen aus Natur- und Kunststein werden nach den Rohbaumaßen der Treppe berechnet und nach Maß bestellt. Gewendelte Stufen fertigt man nach Zeichnung oder Schablonen an.

Treppenfliesen sind ein besonders zweckmäßiger Belag. Sie passen in ihrer Länge (30 cm) für fast alle üblichen Auftrittbreiten.

14.3 Verkleiden der Stufen

14.3.1 Anreißen der Stufen

Die richtige Lage der Stoß- und Auftritte jeder Stufe lässt sich am leichtesten erreichen und prüfen, wenn man vor Beginn der Plattierung das Profil der fertigen Treppenstufen an der Treppenhauswand anreißt. Zu diesem Zweck werden mit dem Bleistift und mit Hilfe von Richtscheit und Wasserwaage ein *Waageriss* und ein *Lotriss* angezeichnet (**14.**5). Oben und unten stellt man die Höhe der Oberkante des fertigen Fußbodens fest und markiert sie über der Austrittstufe bzw. vor der Antrittstufe.

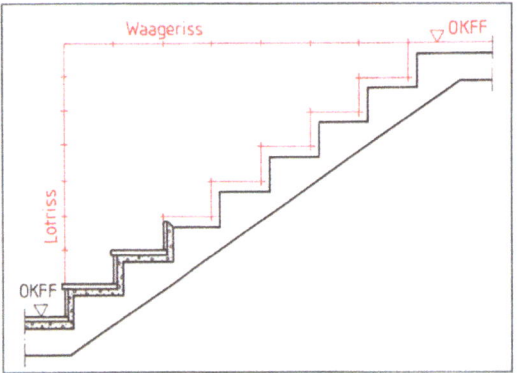

14.5 Anreißen und Anlegen einer Treppe

Der Waageriss ist eine waagerechte, gerade Linie in Höhe der oberen OKFF. Er kann nur bei Zwischentreppen mit ihrer geringeren Anzahl von Stufen (z. B. im Hauseingang) bis zur Antrittstufe durchgezogen werden. Bei zweiläufigen Treppen zeichnet man den Waageriss zunächst bis zum Zwischenpodest und dann – um entsprechend viele Stufenhöhen nach unten versetzt – von dort bis zur Antrittstufe. Bei einläufigen Geschosstreppen lässt man den Waageriss etwa in der Mitte des Treppenlaufs verspringen.

Der Lotriss ist eine lotrechte, gerade Linie, die vor der Antrittstufe beginnt. Es ist zweckmäßig, für den Lotriss die Vorderkante der ersten Setzstufe anzunehmen (**14.**5). Auch der Lotriss wird, außer bei kurzen Treppen, am Zwischenpodest bzw. etwa in Treppenmitte seitlich versetzt.

Lotriss und Waageriss schneiden sich in einem Punkt. Vor hier aus trägt man auf dem Lotriss die Stufenhöhen (Steigungen) nach unten ab und auf dem Waageriss die Auftrittbreiten. Holt man sich auf der Wand die Abschnitte des Lotrisses waagerecht herüber und die des Waagerisses senkrecht herunter, entsteht das *Treppenprofil*. Jetzt lässt sich leicht prüfen, ob für das Mörtelbett der Setz- und Trittstufen überall genügend Platz bleibt. Gegebenenfalls muss man die Einteilung des Waagerisses verschieben oder einige Rohstufen durch Vorputzen, Aufbetonieren oder Abstemmen anpassen.

Bei gewendelten Treppen kann man sich beim Anreißen auf den Lotriss beschränken. Der Waageriss nämlich wäre ungleichmäßig eingeteilt, seine einzelnen Auftrittbreiten müssten der Bauzeichnung entnommen werden. Einfacher ist es, von oben angefangen alle Trittstufen trocken auf „ihre" Rohstufe zu legen, und zwar mit etwas mehr Abstand, als der spätere Verlegemörtel dick ist. Das lässt sich z. B. gut mit jeweils zwei Steinen im DF als Abstandhalter erreichen. Durch Messen, Fluchten und Augenmaß lässt sich dann schon die spätere Lage der vorderen und seitlichen Trittstufenkanten festlegen. So bleibt für das Ansetzen der Stoßtritte überall genügend Platz, so dass ein gleichmäßiger Überstand der Auftritte eingehalten werden kann.

14.3.2 Plattieren

Setz- und Trittstufen aus Natursteinplatten oder Terrazzo werden in Kalk-Zement- oder Trasszementmörtel verlegt. Für die Auftritte ist meist eine Untermischung aus wenig feuchtem Zementmörtel erforderlich. Die Stufen plattiert man von unten nach oben, so dass die frisch verlegten Auftritte betreten werden müssen. Deshalb klopft man vor allem die Trittstufen kräftig in das Mörtelbett ein. Ein volles Mörtelbett lässt sich jedoch nur schwer erreichen. Es ist durchaus fachgerecht, wenn Stoß- und Auftritte mit (mind.) vier Mörtelbahnen verlegt werden. Die entstehenden Zwischenräume dürfen aber keinesfalls so breit wie die verdichteten Mörtelstreifen werden. Auch müssen die Stufenplatten an beiden Wangen satt im Mörtel liegen.

Stufenbeläge aus einzelnen keramischen Platten verlegt man in Zementmörtel. Dabei wird das Mörtelbett für die Auftritte in üblicher Weise vorgezogen, verdichtet und gepudert. Die fertig verlegten Stufen dürfen auch auf ebenen Unterlagen höchstens etwa 3 bis 4 Stunden betreten werden, um den abbindenden Zement nicht zu stören. Daher kann es zweckmäßig sein, mit dem Plattieren in der Mitte der Treppe bzw. am Zwischenpodest zu beginnen und/oder dem Mörtel Abbindeverzögerer beizugeben.

Die richtige Lage jeder Setz- und Trittstufe wird anhand des aufgerissenen Profils bzw. des Lotrisses, mit Hilfe von Wasserwaage, 2-m-Stock, Richtscheit und Winkel geprüft. Die unterste Setzstufe setzt man in richtiger Höhe und richtigem Abstand zur Rohstufe (→ Lotriss), rechtwinklig zur Treppenhauswand (→ Winkel), lotrecht und mit waagerechter Oberkante (→ Wasserwaage) an. Der Auftritt muss gleichmäßigen Überstand zum Stoßtritt (→ Stichmaße) und richtige Höhe (→ Lotriss) haben; er soll der Länge nach in Waage sein und nach vorn bis zu 1 mm Gefälle bekommen, damit beim Wischen das Wasser nicht auf der Stufe stehen bleibt. Beim Plattieren weiterer Stufen prüft man außerdem mit der Richtlatte, ob die Flucht der Stufenvorder- und seitlichen Kanten an der Wange stimmt.

> Die fertigen Stufen einer Treppe sollen jeweils genau gleiche Höhe, gleiche Auftrittbreiten und gleichmäßigen Überstand haben; ihre vorderen und seitlichen Kanten sollen fluchtrecht sein. Lot- und Waageriss helfen, die Sollform der Treppe zu erreichen.

14.4 Ansetzen von Treppensockeln

Zu Treppenbelägen aus Stein gehört auch ein passender Treppensockel. Vor allem Treppenhauswände bedürfen des Schutzes gegen Beschädigungen und Verschmutzungen.

Im Fußbereich, wo häufig geputzt und gewischt wird, übernimmt der Sockel diese Aufgabe. Auch bei plattierten Treppenhauswänden sollte zuunterst ein stoßfester Sockel (z. B. aus Steinzeug) angesetzt werden. Art und Farbe des Sockels richten sich nach dem Treppenbelag. Unter Wandfliesen wird auch bei Terrazzostufen gern Steinzeugsockel verwendet, weil sich der dickere Terrazzosockel schlecht bündig mit dem Wandbelag anbringen lässt.

Abgestufter Sockel wird um die einzelnen Stufen herumgeführt (**14.6** und **14.**10). Dabei müssen Tritt- und Setzstufe in gleicher Breite vom Sockel umrandet werden. Bei Treppenbelägen aus Natur- oder Kunststein besteht er meist aus zwei Fertigstücken, die das Werk passend zu den

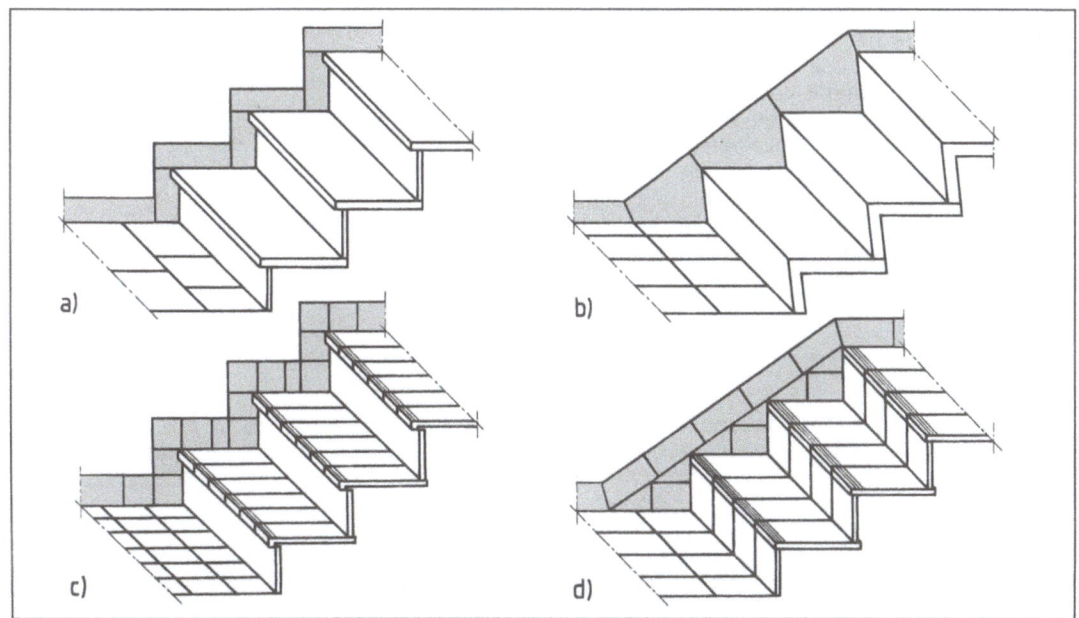

14.6 Treppensockel und Stufenprofile
a) abgestufter Sockel aus Fertigstücken, Setz- und Trittstufe aus Naturstein
b) schräg geführter Sockel aus Fertigstücken, Kunststein-Winkelstufen
c) abgestufter Sockel, Auftritte aus Treppenfliesen mit Nase, Stoßtritte aus Terrazzo
d) schräg geführter Sockel aus Sockelplatten, Treppenplatten aus Klinker 30 x 30

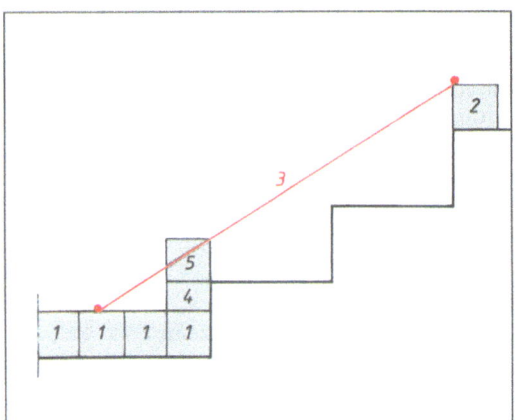

14.7 Ansetzen von abgestuftem Treppensockel

Werden die Treppenhauswände gefliest, wird der Treppensockel besser nicht vorweg, sondern nach und nach mit den jeweiligen Wandfliesenschichten angesetzt.

Schräg geführter Sockel kann aus vorgefertigten Stücken in Natur- oder Kunststein bestehen (**14.6** b) oder mit normalen Sockelplatten angesetzt werden. Beim Sockel aus Fertigstücken kommt es hauptsächlich darauf an, dass jede Platte lotrecht und mit der Oberkante fluchtrecht nach der schräg gespannten Schnur angesetzt wird.

Bei Sockelverkleidungen aus einzelnen Fliesen (**14.6** d) spannt man zunächst die schräge Fluchtschnur unmittelbar über die Stufenvorderkanten. Die dreieckigen Bereiche zwischen Schnur und Stufen, *Treppenzwickel* genannt, werden zuerst plattiert. Dazu braucht man Teilfliesen mit sauberem Schrägschnitt, die genau nach der Schnur angesetzt werden, damit sich eine gleichmäßige und gerade Fuge ergibt. Auf die plattierten Zwickel streicht man Ansetzmörtel schräg auf, worauf eine Reihe ganzer Sockelfliesen nach schräger Schnur angesetzt wird. Am Anfangs- und Endpunkt der Schräge müssen je zwei Platten auf Gehrung geschnitten werden (s. Abschn. 14.5).

Setz- und Trittstufen mitliefert (**14.6** a). Sonst setzt man die üblichen Sockelplatten (**14.6** c) an. Dabei wird zunächst das untere Podest mit dem Sockel fertig plattiert. Dann setzt man an der Vorderkante der Austrittstufe eine Sockelplatte als Punktfliese an und spannt von ihrer Ecke aus die schräge Fluchtschnur nach unten (**14.7**). Diese soll etwa 1 mm vor den Platten liegen, damit sich die Flucht der Eckfliesen auf jeder Stufe (Nr. 5 in **14.7**) nach ihr ausrichten lässt.

Beim Ansetzen ist nicht nur auf die lot- und fluchtrechte Lage der Sockelplatten zu achten, sondern auch darauf, dass die Kanten des Treppensockels genau gerade und waage- bzw. lotrecht verlaufen. Dann ergibt sich ein genau rechtwinklig abgestufter Sockelbelag parallel zu den Stoß- und Auftritten der Stufen. Bild **14.8** zeigt verschiedene Anordnungen des Ausgleichstreifens bei abgestuftem Sockel. In jedem Fall muss sich die waagerechte Trittstufe auch in einer waagerechten Fuge fortsetzen.

> Ein Treppensockel kann abgestuft oder schräg geführt sein; er kann aus normalen Sockelplatten oder aus Fertigstücken bestehen. Stets muss er flucht- und lotrecht angesetzt werden. Bei abgestuftem Sockel ist auf waagerechte und lotrechte Kanten zu achten, bei schräg geführtem auf gradlinigen Verlauf der schrägen Fuge und Oberkanten.

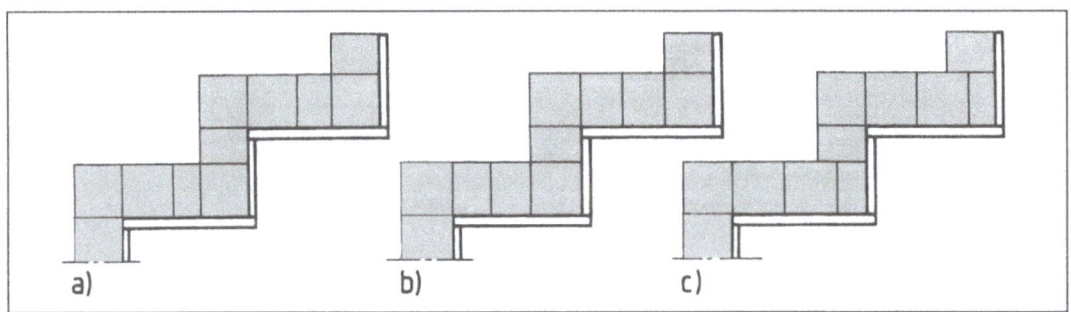

14.8 Anordnen des Ausgleichstreifens bei abgestuftem Treppensockel
a) lotrechte Sockelkante setzt sich in der Stoßfuge fort; unsymmetrische Aufteilung, b) wie a), jedoch symmetrisch aufgeteilt, c) Streifen an der Setzstufe; keine Symmetrie

14.5 Verfliesen von Treppenhauswänden

Wandbeläge aus keramischen Platten in Hauseingängen und Treppenhäusern bieten dem Besitzer, den Bewohnern und Besuchern schon beim Betreten des Hauses einen gepflegten, sauberen und freundlichen Anblick. Daran ändert sich auch in Jahrzehnten nichts, so dass trotz hoher Herstellkosten die keramische Verkleidung auch wirtschaftlich vernünftig ist. Mit Naturstein-Wandplatten (z. B. mit bruchrauen oder halbgeschliffenen Solnhofer Platten) können Wände in Hauseingängen besonders schön und dekorativ gestaltet werden. Für Mehrfamilienhäuser eignen sich dagegen glasierte Fliesen und Platten besser, weil sie unempfindlich gegen Verschmutzung und leichter zu reinigen sind. Kritzeleien und Schmierereien sind kaum möglich und lassen sich jedenfalls leicht wieder entfernen.

Das Verfliesen der Wand an einem Treppenlauf erfordert vom Fliesenleger in dreifacher Hinsicht besondere Kenntnisse und Überlegungen. Einmal ist es schwieriger, einen ebenen Belag mit genau waagerechten Lagerfugen zu erstellen, weil eine waagerechte Schnur (zumindest für die unteren Schichten) nicht von Lot zu Lot durchgespannt werden kann. Dann braucht man meist einen waagerechten Ausgleichsstreifen am unteren oder oberen Podest, weil nur selten die Treppenhöhe H durch das Rastermaß des Fliesenbelags teilbar ist. Schließlich muss der obere Abschluss des Belags zum Teil schräg gefliest werden, damit die Oberkante der Fliesenverkleidung annähernd parallel zur Treppenschräge verläuft, ähnlich wie beim schräg geführten Sockel.

Der waagerechte Ausgleichsstreifen soll dort angesetzt werden, wo er am wenigsten auffällt. In Hauseingängen mit Differenzstufen beginnt man deshalb unten mit den Teilfliesen, so dass man im Erdgeschoß mit ganzen Platten über dem Sockel bzw. der OKFF auskommt. Beim Betreten des Hauses liegt ja dieser Bereich besonders im Blickfeld. Von dieser Regel sollte man nur abweichen, wenn unten wesentlich größere Flächen gefliest werden als oben und/oder wenn ein sehr schmaler Streifen entstünde. Ergäben sich z. B. unten schmale Teilfliesen von x cm aus einer 15er-Wandfliese, kann man statt dessen oben einen breiten Ausgleichsstreifen von $15 - x$ cm anordnen und unten mit ganzen Fliesen beginnen. Wie alle Wandbeläge werden natürlich auch Treppenhauswände von unten nach oben gefliest; der untere Ausgleichsstreifen lässt sich durch Messen und Berechnen oder durch Auslegen bestimmen. Wird das ganze Treppenhaus gefliest, beginnt man am besten auch im Erdgeschoss mit ganzen Platten.

Einrichten und Anlegen der Wand (14.9 für Hauseingänge). Zunächst hängt man unten und oben ein Lot auf und spannt zwischen beiden straff eine Schnur (*1*). Bei Treppenläufen mit wenigen Stufen (z. B. in Hauseingängen) verläuft diese Fluchtschnur genau waagerecht in Höhe des oberen Sockels (*2*) bzw. der ersten Plattenschicht. Sie dient dann gleichermaßen als Richtschnur für die Flucht sowie für die Höhe und waagerechte Lage der Lagerfugen. Von der waagerechten Schnur aus (*3*) stellt man durch Messen und Auslegen die erforderliche Breite der Teilfliesen für die erste Schicht fest, nachdem man den Sockel (*4*) bis zur Antrittstufe angesetzt hat. Beim Verfliesen des unteren Bereichs (*5, 6* usw.) muss man bei jeder neuen

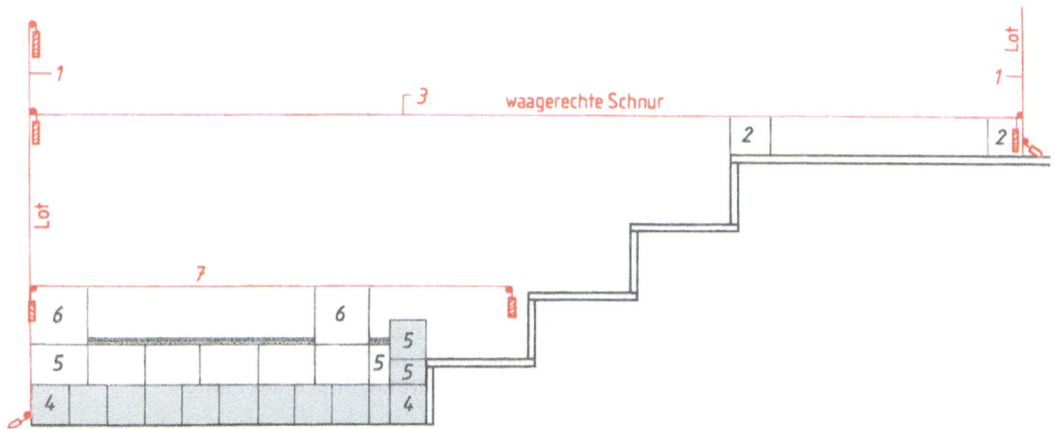

14.9 Anlegen einer Treppenhauswand

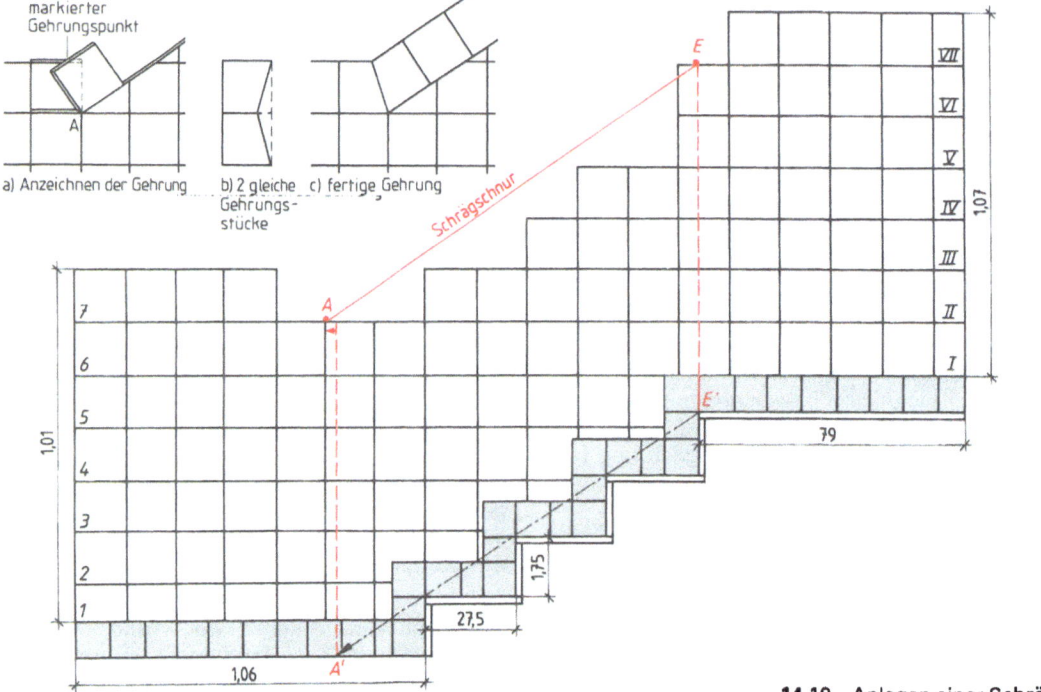

14.10 Anlegen einer Schräge

Schicht zur anfangs gespannten Schnur hochloten, um die Flucht einzuhalten. Außerdem prüft man den waage- und höhengerechten Verlauf der Lagerfugen durch Stichmaße zur Schnur oder durch Auslegen. Der Treppensockel wird stets mitgeführt. Für jede Schicht spannt man erneut eine Schnur so weit wie möglich durch (7). An den Treppensockel müssen stets geradlinig und sauber geteilte oder ausgeklinkte Fliesen anschließen.

Bis zur vorletzten Schicht werden die Fliesen von Lot zu Lot durchgesetzt. Danach führt man den Fliesenbelag zunächst abgetreppt weiter, bis auf dem oberen Podest dieselbe Anzahl Schichten wie unten angesetzt sind. Dabei wird die Reihe mit den Teilfliesen nur mitgezählt, wenn diese breiter als eine halbe Platte sind. Es ist zwar möglich, eine zweite Reihe Teilfliesen aus dem abgeschnittenen Rest der unteren Ausgleichsstreifen als vorletzte Schicht anzuordnen, damit der Belag oben und unten die gleiche Höhe bekommt. Das schöne Aussehen des Belags wird aber dadurch doch stark beeinträchtigt. Deshalb sollte man lieber ungleiche Höhen oben und unten in Kauf nehmen.

Die Schräge wird nach der vorletzten Schicht in der letzten Lagerfuge angelegt (**14**.10). Man spannt eine Schnur (etwa) parallel zur Flucht der Stufenvorderkanten. Der *Anfangspunkt A* der Schräge liegt (zunächst) senkrecht über dem Punkt A', an dem die Flucht der Stufenvorderkanten auf den unteren fertigen Fußboden stößt. A' liegt also eine Auftrittbreite vor der Antrittstufe. Der *Endpunkt E* der Schräge liegt (zunächst) senkrecht über der Vorderkante der Austrittstufe. A und E können jedoch noch etwas verschoben werden – aus zwei Gründen: Einmal kann man dadurch eine genauere parallele Lage zur Stufenschräge erreichen, denn bei unterschiedlichen Höhen des Belags oben und unten wäre die Strecke AE nicht genau parallel zur Treppenschräge. Sie würde zu steil, wenn unten weniger hoch als oben gefliest wird; das ließe sich verhindern, indem man den Abstand zwischen A und E vergrößert. Noch wichtiger aber ist eine günstige Lage des Anfangs- und Endpunkts, damit der Anschluss der Schräge zum übrigen Fliesenbelag schön aussieht.

Bild **14**.11 zeigt, dass die Schräge in einem Fugenkreuz beginnen soll. Der Endpunkt E dagegen darf nicht in einer Stoßfuge liegen, sondern im mittleren Drittel einer Platte.

Von A nach E wird eine Schnur straff gespannt. Die Fliesen sind mit genauem, sauberem Schnitt

14.5 Verfliesen von Treppenhauswänden

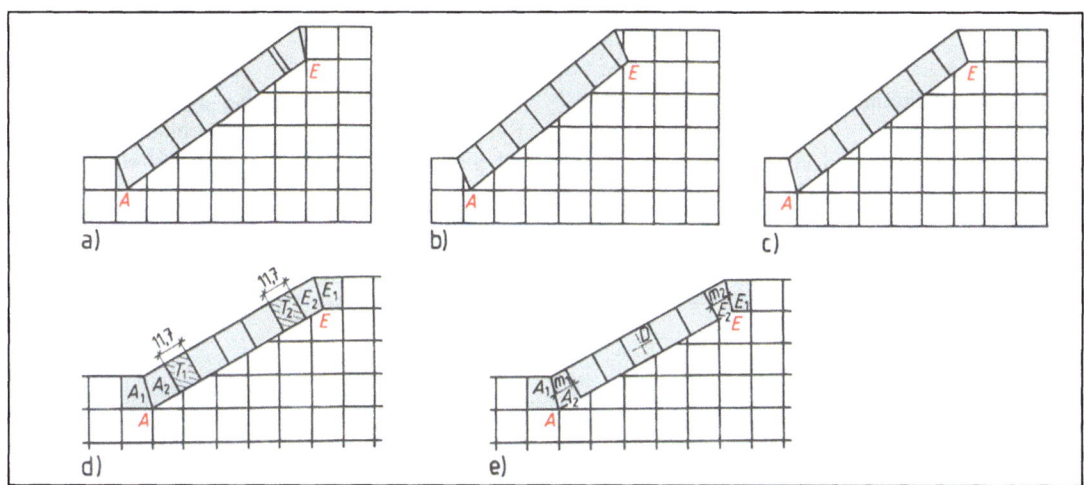

14.11 Ausführung der Schräge
a) A liegt nicht in einer Stoßfuge: unschöner Anfang der Schräge; E liegt im Fugenkreuz: fehlerhafte Ausführung am Ende der Schräge
b) A und E liegen nahe beim Fugenkreuz; fehlerhafte Ausführung am Anfang und Ende der Schräge
c) A liegt im Fugenkreuz, E im mittleren Drittel der Platte: fachgerechte, gut aussehende Ausführung der Schräge; wegen günstiger Abmessung keine Teilfliesen nötig
d) A liegt im Fugenkreuz, E im mittleren Drittel der Platte, die Gehrungsfliesen bei A und E sind jeweils gleich: $A_1 = A_2, E_1 = E_2$. Die Fläche zwischen A_2 und E_2 ist symmetrisch aufgeteilt: $T_1 = T_2$
e) A liegt im Fugenkreuz, E im mittleren Drittel der Platte, die Gehrungsfliesen sind ungleich, die Schräge punktsymmetrisch eingeteilt (Drehpunkt D, Drehwinkel = 180°) $A_1 \neq A_2, E_1 \neq E_2$, jedoch $A_2 = E_2$ mit $m_1 = m_2$

(*Schnittkanten schleifen!*) an die schräge Schnur anzuarbeiten.

In der *letzten Schicht* werden an den Punkten A und E je zwei Platten auf Gehrung geschnitten. Zu diesem Zweck hält man beide Fliesen gleichzeitig in ihrer späteren Lage an die Wand und markiert auf ihnen den gemeinsamen Punkt, an dem sich ihre Kanten schneiden (Ausschnitt 14.10a). Von beiden Platten muss ein gleich großes, dreieckiges Stück abgeschnitten werden 14.10b. Dann erreicht man eine gemeinsame Fuge, die genau den Winkel zwischen der waagerechten und schrägen Oberkante des Fliesenbelags halbiert 14.10c. Die Schräge wird nach der Schnur von unten nach oben gefliest. Ergibt sich dabei am Ende ein schmaler Streifen (**14.**11a), ist für die Gehrung eine breite Teilfliese zu nehmen und die Nachbarplatte ebenfalls zu schneiden. Noch besser sieht eine symmetrische Aufteilung der Schräge aus. Dabei kann man wie in Bild **14.11** d oder e vorgehen. Nach dem Plattieren ist auch der Stufenbelag gründlich von Mörtelresten zu reinigen und abzuwaschen.

Für das Verfliesen von Wänden über längeren Treppenläufen wird von Lot zu Lot eine *schräge Schnur* gespannt, die dem Belag die Flucht angibt. Beim Anlegen jeder neuen Schicht wird dann zu dieser Fluchtschnur hochgelotet, bevor man die waagerechte Schnur für die Fliesenreihe spannt. Die Lagerfugen bzw. die jeweilige Schnur sind öfter auf ihre waagerechte Lage zu prüfen. An langen Treppenläufen kann es sonst leicht geschehen, dass die Lagerfugen immer mehr ansteigen und so beträchtlich aus der Waage geraten.

Durch Schweißarbeiten an Treppengeländern können auf der Glasur der Fliesen punktartige Flecken durch Funkenflug eingebrannt werden, die nicht wieder zu entfernen sind. Der Fliesenleger sollte die Bauleitung bzw. nachfolgende Handwerker darauf hinweisen.

An gefliesten Treppenhauswänden kommen waagerechte Ausgleichsstreifen vor; mit ihnen soll man auf dem unteren Podest beginnen. Die Schräge ist nach der vorletzten Schicht parallel zur Flucht der Stufenvorderkanten anzulegen. Ihr Anfangspunkt A liegt am besten in einer Stoßfuge etwa um Auftrittbreite vor der Antrittstufe, der Endpunkt E dagegen im mittleren Drittel einer Platte über der Vorderkante der Austrittstufe. In der letzten Schicht sind bei A und E je zwei Platten auf Gehrung zu schneiden.

14.6 Aufmaß und Lohnabrechnung

Für die Akkordlohnabrechnung werden aufgemessen:

a) Stufenbeläge nach m Vorderkante, unabhängig von den anderen Abmessungen der Stufe;
b) abgestufter Stufensockel nach m der Außenkanten. Sein Aufmaß beträgt Stufenzahl · (Stufenhöhe + Auftrittbreite); c) schräg geführter Sockel nach m Schräge; d) Wandbeläge nach m². An Treppenhauswänden sind das meist zwei Rechtecke und ein Trapez (Parallelogramm nur bei gleicher unterer und oberer Höhe). Wird kein Sockel verwendet, rechnet man die Fläche der Zwickel (Dreiecke) hinzu; e) die Schräge oben und über den Stufen bzw. dem Sockel als Zulage.

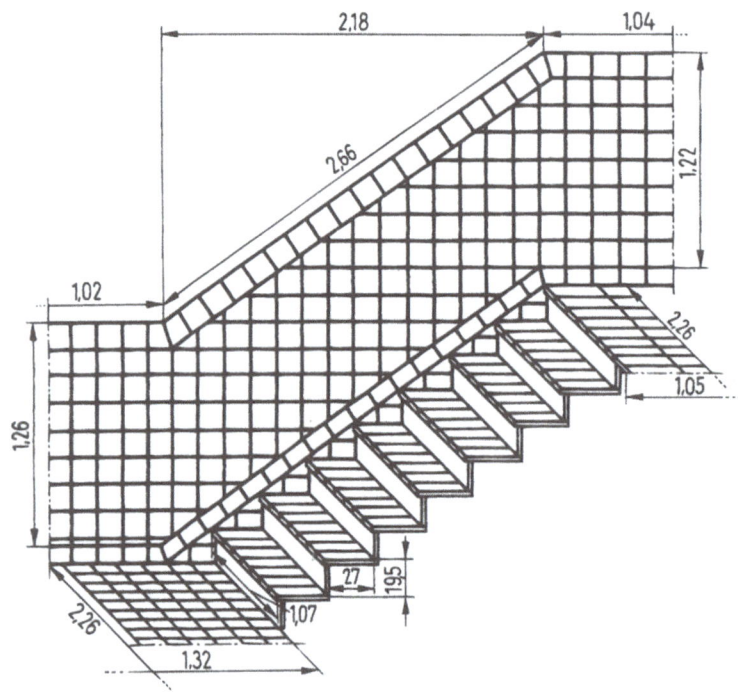

14.12 Gefliestes Treppenhaus

Beispiel 2 **Bodenbelag 15 x 15:** 2,26 m · 1,32 m
(14.12) + 2,26 m · 1,05 m – 1,07 m · 0,30 m = **5,03 m²**
Stufenbelag: 1,07 m · 8 = **8,56 m**
Sockel 10 x 15: 1,32 m – 0,27 m + 1,05 m = **2,10 m**
Treppensockel, schräg = **2,64 m**
Wandfliesen 15 x 15: 1,02 m · 1,26 m
+ 1,04 m · 1,22 m + 2,18 m · $\frac{1,26 + 1,22}{2}$ m = **5,26 m²**

Schräge als Zulage: 2,66 m · 2 = **5,32 m**

Beispiel 3 Wird abgestufter Sockel verwendet, ergibt sich
(14.10) als Aufmaß:
Sockel 10 x 10: 1,06 m + 0,79 m – 0,275 m = **1,58 m**
Treppensockel: (0,275 m + 0,175 m) · 4 = **1,80 m**
Wandbelag: 0,76 m · 1,01 m + 0,79 m
· 1,07 m + $\frac{1,01 \text{ m} + 1,07 \text{ m}}{2}$ · 1,12 m = **2,78 m²**
Schräge: 1,35 m · 2 = **2,70 m**

Aufgaben zu Abschnitt 14

Baustelle: W. Schöne, Börster Weg 49, 45657 Recklinghausen
Fliesenleger: U. Steiner   Arbeitszeit: 21. bis 23.6.1999

Menge	ausgeführte Arbeiten	Arbeitsstunden je Einheit	Gesamtstunden
5,03 m²	Bodenfliesen 15 x 15	1,35	6,79
8,56 m²	Stufen aus Treppenfliesen	1,83	15,66
2,10 m²	Sockel 10 x 15	0,35	0,74
2,64 m²	Treppensockel, schräg	1,28	3,38
5,26 m²	Wandfliesen 15 x 15	2,20	11,57
5,32 m²	Schräge, Zulage	0,37	1,97
	geleistete Stunden		40,11
	Stundenlohn in DM		26,30
	Akkordlohn in DM		1054,89

14.13 Akkordlohnabrechnung

Aufgaben zu Abschnitt 14

1. Tragen Sie die Fachbezeichnungen Antrittstufe, Austrittstufe, Wange, Auftritt, Stoßtritt in die Skizze einer Treppe ein.
2. Bemaßen Sie in Ihrer Skizze H, L, h und a.
3. Wie viel Stufenhöhen h sind in H, wie viel Auftrittbreiten a in L enthalten?
4. Wie lautet die Treppenformel für bequem zu begehende Treppen?
5. Unterscheiden Sie Treppenarten nach der Grundrissform.
6. Geben Sie die verschiedenen Arten von Stufenbelägen an.
7. Welchen Vorzug haben Treppenfliesen als Belag der Auftritte?
8. Welchen Zweck hat ein Überstand der Trittstufen?
9. Schildern Sie das Anreißen der Treppenstufen an der Treppenhauswand.
10. Welchen Zweck hat das Anreißen des Treppenprofils?
11. Wie geht man bei gewendelten Treppen am besten vor, bevor man mit dem Verlegen der Stufenplatten beginnt?
12. In welchem Mörtelbett werden Naturstein-Stufenplatten verlegt?
13. In welchem Mörtelbett werden keramische Stufenplatten verlegt?
14. Geben Sie an, welche Lage a) jede Trittstufe, b) jede Setzstufe einer fachgerecht plattierten Treppe haben soll.
15. Worauf kann man eine fertig plattierte Treppe a) mit dem 2-m-Stock, b) mit der Wasserwaage und c) mit dem Richtscheit prüfen?
16. Welchen Zweck erfüllt der Treppensockel?
17. Unterscheiden Sie die beiden Formen des Treppensockels durch Fachbezeichnung und Skizze.
18. Was versteht man unter einem Treppenzwickel?
19. Schildern Sie, wie man beim Ansetzen von abgestuftem Sockel vorgeht, um die richtige Form und Lage zu erreichen.
20. Warum sind an gefliesten Treppenhauswänden meist waagerechte Teilfliesen nötig?
21. Wo ordnet man die waagerechten Ausgleichsstreifen an? Ausnahmen?
22. Schildern Sie, wie man eine Treppenhauswand in einem Hauseingang (wenige Stufen) einrichtet.
23. Wie findet man den Anfangspunkt der Schräge?
24. Wo soll der Anfangspunkt im Plattenbelag liegen?
25. Wie findet man den Endpunkt der Schräge? Wo soll er liegen?
26. Erläutern Sie durch eine Skizze, was man unter Gehrung versteht.
27. Schildern Sie, wie man beim Anzeichnen der auf Gehrung zu schneidenden Fliesen vorgeht.

M

1. Eine Freitreppe soll mit 6 (5) Stufen 99 cm (82 cm) Höhenunterschied überwinden. Welche Auftrittbreite sollte man wählen?

2. Eine Kellertreppe mit 12 (13) Stufen hat folgende Rohbaumaße: H = 225 cm (240,5 cm), L = 280,5 cm (312 cm). Berechnen Sie die Stufenhöhe h und Auftrittbreite a.

3. Gegeben: Stufenzahl n, Treppenhöhe H, Lauflänge L, Treppenbreite B.
   I n = 8 B = 110 cm H = 146 cm L = 182 cm
   II n = 15 B = 105 cm H = 274 cm L = 364 cm
   III n = 17 B = 113 cm H = 309,4 cm L = 428 cm
   IV n = 13 B = 120 cm H = 232,7 cm L = 328,2 cm
   a) Berechnen sie die Maße der Rohstufe.
   b) Bestellen Sie die Trittstufen bei 3 cm Überstand und 3,5 cm Dicke.
   c) Bestellen Sie die Setzstufen bei 2 cm Dicke.

4. Für die Plattierung eines Treppenhauses in Marmor werden 15 Auftritte 105 cm · 30 cm · 2,5 cm und 15 Stoßtritte 105 cm · 15 cm · 1,5 cm, 13,88 m Sockel von 8 cm Höhe und 1,5 cm Dicke sowie 6,25 m² Bodenplatten von 1,5 cm Dicke angeliefert. Was wiegt die Ladung (Dichte ϱ = 2,8 kg/dm³)?

5. Berechnen Sie den Stufensockel in m
   a) nach Bild **14.**6a (h = 18 cm, a = 27 cm),
   b) nach Bild **14.**6d (h = 18,5 cm, a = 26,5 cm),
   c) für 15 Stufen mit h = 18,5 cm und a = 26,5 cm (abgestuft)
   d) für die Treppe nach Aufgabe 3 b (abgestuft),
   e) für 14 Stufen 19,2/25,6 (schräg geführt).

6. a) Wie viel m² Wandfliesen wurden an der Treppenhauswand nach Bild **14.14** angesetzt?
   b) Berechnen Sie die untere Schräge in m (Pythagoras).

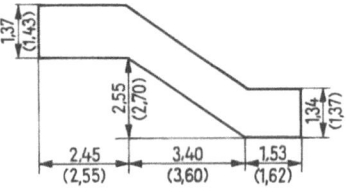

14.14 Treppenhauswand

7. Stellen Sie das Aufmaß aller Plattierungsarbeiten nach Bild **14.15** zusammen. Treppenbreite B = 1,05 m, Podestbreite = 2,20 m, Zwischenpodest 1,05 m.

8. Führen Sie die Akkordlohnberechnung nach Aufgabe 7 durch.

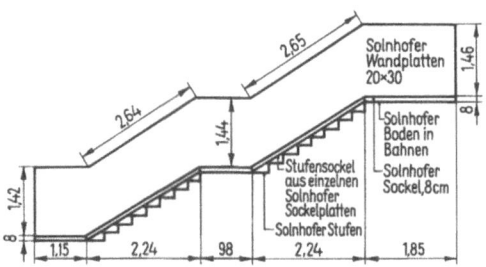

14.15 Plattierungen in einem Treppenhaus

Z

1. **Plattierte Stufen, M 1 : 10 (14.16)**

   Auftritte: Marmorplatten, 3 cm dick, 2 cm Überstand, 3 cm Mörtel
   Stoßtritte: Marmorplatten, 2 cm dick, 1,5 cm Mörtelbett
   Bodenbelag: Marmorplatten, 2 cm dick. Betondicken: 14 cm an den Podesten, 9 cm am Treppenlauf
   Zu zeichnen ist der senkrechte Schnitt durch den Treppenlauf mit der Ansicht des Lot- und Waagerisses.

2. **Stufenprofile und Treppensockel, M 1 : 10 (14.17)**

   Die Rohstufen 18/26,5 sind zu verkleiden:
   a) mit Schenkelplatten aus Klinker 20 × 20 × 1,1 (Schenkeltiefe 5,2 cm) und Klinkerplatten 20 × 20 × 1,1, kein Überstand; abgestufter Sockel 10 × 15;

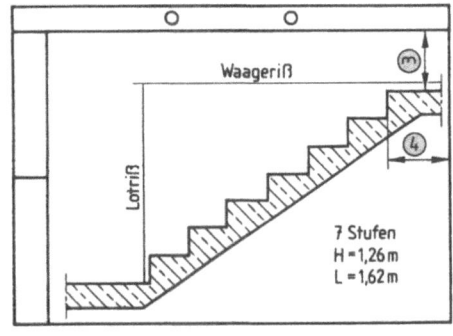

14.16 Plattierte Stufen, M 1 : 10

   b) mit Solnhofer Platten 3 cm dick und 2,5 cm Überstand für die Auftritte, 2 cm dick für die Stöße; schräg geführter Sockel aus Fertigstücken;
   c) mit Steinzeug-Treppenfliesen mit Nase, 15 × 30 × 2, mit 2 cm Überstand, Stoßtritte 12 mm dick; schräg geführter Sockel aus 10 × 10.

Aufgaben zu Abschnitt 14

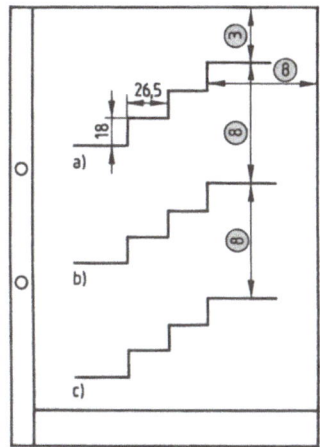

14.17 Stufenprofile und Treppensockel, M 1:10

3. **Geflieste Treppenhauswand, M 1:10 (14.18 a)**
   Wandfliesen 15 x 15, 7 Schichten; abgestufter Sockel 10 x 10.
4. wie Aufgabe 3, jedoch Wandplatten 10 x 20, 10 Schichten, flach verlegt; schräg geführter Sockel aus 7,5 x 15 (14.18 b).

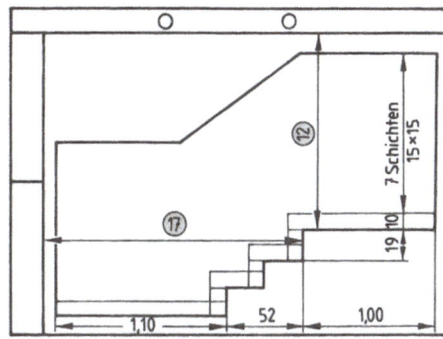

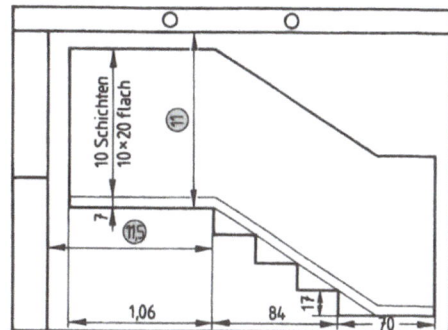

14.18 Geflieste Treppenhauswand, M 1:10
   a) Wandfliesen 15 x 15, abgestufter Sockel 10 x 10
   b) Wandplatten 10 x 20, schräg geführter Sockel 7,5 x 15

Gesamtaufgabe 1
Gerade, zweiläufige Treppe (14.19)

a) Materialauswahl: Stoßtritte, Auftritte, Sockel und Treppensockel, Bodenbelag der Podeste;
b) Berechnung der Tritt- und Setzstufen; H = 288 cm;
c) Aufmaß, Baustoffermittlung und Lieferschein;
d) Ansicht eines Treppenlaufs mit senkrechtem Schnitt durch die Podeste (Ausschnitt), M 1:10;
e) Lohnabrechnung.

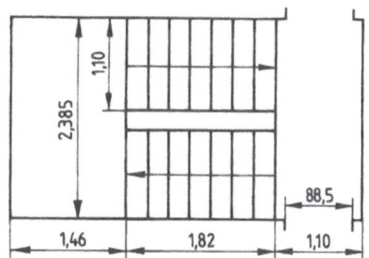

14.19 Gerade zweiläufige Treppe

Gesamtaufgabe 2
Gefliese Hauseingänge für 5 Siedlungshäuser (14.20)

a) Materialauswahl: Wandbelag und Sockel von Punkt A bis B, Belag und Treppensockel für die 4 Differenzstufen (h = 18,25);
b) Berechnung der Breite des waagerechten Ausgleichsstreifens. Fall 1: Streifen unten im Hauseingang, Fall 2: Streifen auf dem Erdgeschosspodest;
c) Ansicht der Treppenhauswand, M 1:10 von der Haustür bis zur Wohnungstür;
d) Verkleiden der Wand mit Sockel und Wandfliesen – Arbeitsvorgang in Stichworten;
e) Aufmaß und Lohnabrechnung.

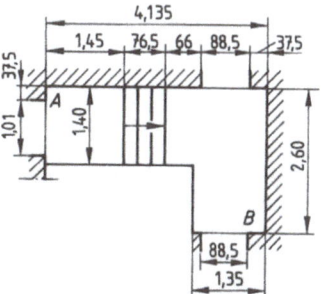

14.20 Gefliese Hauseingänge

15 Keramische Trennwände und Reihenanlagen

a)   b)

15.1 Reihenanlagen aus Kerapid-Trennwänden
    a) Umkleidekabinen, hängend an freistehender Stahlkonstruktion (etwa 30 cm Fußfreiheit),
    b) Brausezellen auf Fußstützen (10 bis 15 cm Fußfreiheit)

Keramische Trennwände sind nichttragende, freistehende, dünne Wände, die entweder ganz aus glasierter (Grob-)Keramik bestehen oder beidseitig mit Fliesen bekleidet sind. Sie werden vornehmlich als platzsparende Bauteile für Reihenanlagen in Feucht- und Nassräumen verwendet. In Hallen- und Freibädern, Krankenhäusern und Kurzentren, Schulen, Sportanlagen, Hotels und betrieblichen Sozialgebäuden gibt es keramische Trennwandanlagen als Brausezellen, Umkleidekabinen (15.1), Garderobenschränke und Reihentoiletten. Einzelne Trennwände werden als spritz- und Schamwände in Bädern und Duschen eingebaut oder dienen als Raumteiler, vor allem im medizinischen, sanitären und sportlichen Bereich.

Eignung. Keramische Trennwände weisen alle Vorzüge einer gefliesten Wand auf. Gerade in öffentlichen Reihenanlagen kommt es auf hygienische, pflegeleichte und gegen Feuchtigkeit und Wasserdampf unempfindliche Wandverkleidungen an. Trotz ihrer geringen platzsparenden Wanddicke von nur 34 bis etwa 50 mm sind Trennwandanlagen bei fachgerechter Ausführung standsicher, schlag- und bruchfest. Sie halten sowohl häufiger mechanischer Beanspruchung durch Stöße, Fußtritte usw. als auch dauernder Feuchtigkeit stand. Ihre glasierte Oberfläche lässt keine Kritzeleien und Schmierereien zu. Schmutz oder Krankheitserreger können sich nicht festsetzen. Die allseitig aus Keramik bestehenden Zellen lassen sich schnell und mühelos mit kräftigem Wasserstrahl reinigen.

15.2 Freistehende Trennwand als Spritzwand

Anforderungen an Standsicherheit und Festigkeit. Besonders an Reihenanlagen aus dünnen Trennwandscheiben werden hohe Anforderungen bezüglich Standsicherheit, Biegesteife und Bruchfestigkeit gestellt. Dazu trägt die Trennwand selbst bei durch hohe Eigenfestigkeit ihres Kerns (Beton) und ihrer Schale, gute Haftung zwischen beiden Teilen sowie die Bewehrung, die die Biegezugspannung aufnehmen soll. Außerdem kommt es auf Anordnung und Verbindung der Trennwände an, damit die Reihenanlage ausgesteift und ihre Wandelemente untereinander verankert sind. Da der Anschluss zur Decke fehlt, ist im Gegensatz zu gemauerten Trennwänden höchstens eine dreiseitige Verankerung möglich: zur massiven Rückwand des Raums, zum Boden und zur Stirnwand (Türenwand) der Trennwandanlage. Die rechtwinklige Anordnung und Verankerung von Zwischenwänden zu der Stirnwand sowie die eingebauten Stahltürzargen steifen die Anlage aus. Günstig wirkt es sich aus, wenn über den Türen noch jeweils eine Schicht als Sturz angeordnet ist. Fehlen Stirnwände und Türen (z. B. offene Reihendusche), sollen Reihenanlagen im oberen Bereich durch ein Stahlprofil oder einen durchgehenden Sturz ausgesteift werden. Einzelne Trennwandscheiben mit kürzeren Abmessungen (z. B. Spritzwände) werden häufig nur mit zweiseitiger Verankerung aufgestellt (15.2).

15.1 Bauarten

Nach dem Aufbau kann man keramische Trennwände in drei Gruppen einteilen:

- Trennwände mit *vorgegebenem Kern*, der von beiden Seiten gefliest wird (plattierte leichte Trennwände);
- aufzustellende Trennwände in Sandwich-Bauweise mit beidseitiger Fliesenschale und *gegossenem Kern* aus Beton (Kerapid, Waprotect);
- vollkeramische Trennwände, die aus beidseitig glasierten grobkeramischen Trennwandsteinen gemauert werden.

15.1.1 Plattierte leichte Trennwände

Der Kern dieser Trennwände wird vorweg erstellt und dann von beiden Seiten (meist im Dünnbett) gefliest. Der Kern kann gemauert sein; hierfür verwendet man vornehmlich Wandbauplatten aus Gips, Leichtbeton (z. B. Bimsdielen) und Porenbeton. Damit sie genügend Standfestigkeit aufweisen, müssen sie wenigstens 5 cm dick sein und an den angrenzenden Mauern befestigt werden. Entweder werden sie in Schlitze der Anschlusswände eingebunden oder mit diesen durch Stahlbolzen oder ⨆-Profilen verankert. Eingebaute Türzargen tragen zur Aussteifung der Trennwand bei. Um im platz- und zeitsparenden Dünnbettverfahren fliesen zu können, müssen die Wandbauplatten genau eben und lotrecht gemauert sein. Dabei helfen im Abstand von etwa 1,50 bis 2 m aufgestellte, lotrecht ausgerichtete Kantholzlehren.

Häufig bestehen leichte Trennwände aus einem tragenden Ständerwerk aus Holz, auf dem von beiden Seiten tafelgroße Bauplatten aus Gipskarton, oberflächengehärtetem Schaumstoff (Styrodur) oder Holzwolle-Leichtbauplatten befestigt werden.

Für Reihenanlagen sind diese plattierten leichten Trennwände weniger geeignet. Man braucht immerhin eine Wanddicke von 7 cm und mehr, ohne eine größere Standfestigkeit und Haltbarkeit als bei anderen Bauweisen zu erzielen.

Eine Drahtputzwand (Rabitzkernwand) ist eine bewehrte, dünne Mörtelwand, die auch als Kern einer Plattentrennwand dienen kann. Auf einem Gitternetz aus Rundstählen mit ca. 50 cm Abstand oder auf einem Baustahlgewebe wird ein Mörtelträger befestigt. Darauf bringt man beidseitig einen Zementputz auf, der als Ansetz- bzw. Klebegrund dient. Die Rundstähle bzw. das Baustahlgewebe müssen an den Seiten sowie am Boden und der Decke befestigt werden. Am besten lässt man das Gewebe in Schlitze der Plättierung des Bodens und beider Nachbarwände einbinden und befestigt die Rundstähle dort zusätzlich mit Mauerhaken in den Fugen des Mauerwerks. Für freistehende Spritzwände braucht man einen Rahmen aus verzinktem Profilstahl, der mit dem Baustahlgewebe oder den Rundstählen ausgefacht wird. Die Wand wird einseitig eingeschalt und von der anderen Seite verputzt und gefliest. Nach frühestens 3 Tagen (bei Z 52,5 rund 24 Stunden) kann man die Schalung entfernen und die andere Seite verfliesen. Erschütterungen sind dabei zu vermeiden; deshalb werden die Fliesen auf sorgfältig vorgeputzter Fläche im Dünnbett angesetzt.

Diese Bauweise wird nur noch selten angewendet, weil sie zeitaufwendige, dem Fliesenleger wenig vertraute Vorarbeiten erfordert.

Fliesentrennwände mit Hartschaumkern. Bei dieser Bauart werden tafelgroße, 3,5 cm dicke Platten aus Polystyrol-Hartschaum verwendet, die werkseitig auf Maß nach Bestellung zugeschnitten wurden. Für die Montage von Reihenanlagen liefert der Hersteller Türzargen, Profile für den Wand- und Bodenanschluss, Fußstützen, Befestigungsmittel und anderes Zubehör mit.

Nach dem Aufstellen und Ausrichten der gesamten Anlage verfliest man die Hartschaumelemente mit Hilfe von hydraulischem Dünnbettmörtel. Man bezeichnet diese Fliesentrennwände mit dem Markennamen des Herstellers, z. B. Lux oder Wedi. In Prospekten der Hersteller werden an Hand von Fotos und Zeichnungen Trennwände und Zubehör dargestellt sowie der Aufbau von Trennwandanlagen mit den Verbindungen der Trennwände untereinander, zu den Rückwänden zum Boden und zu den Türzargen erläutert.

15.1.2 Fliesentrennwände zum Aufstellen

Bei dieser Bauart wird nicht zuerst der Kern erstellt, sondern auf oder in die fertige Fliesenschale der Frischbeton als Kern gegossen. Sämtliches Zubehör für Trennwandanlagen (Türzargen, Fußstützen, tragende Stahl- und abschließende Kunststoffprofile u. a.) liefert der Hersteller mit.

Kerapid-Trennwände sind Fertigbauteile aus einem Stahlbetonkern und beidseitiger Fliesenschale. Sie werden auf Bestellung maßgenau für eine bestimmte Bauaufgabe in großen Tafeln hergestellt. Dabei fertigt man die Elemente in waagerechter Lage aus einem Guß, so dass im Kern keine Hohlräume entstehen. Als Bindemittel wird PZ 52,5, als Bewehrung Baustahlgewebe verwendet. In den Kern jeder Fliesentafel sind Schraubverbindungen aus Messing eingegossen, so dass sich die fertigen Wandelemente in kurzer Zeit ohne Mörtel zu Trennwandanlagen oder Raumteilern zusammenbauen lassen. Bei Umbauten kann man sie leicht wieder abbauen und erneut verwenden. Die gebräuchliche Wanddicke beträgt 35 mm. Es werden aber auch 47 mm dicke Trennwände hergestellt, in die Installationen für Wasser oder Elektrizität eingebaut sein können. Die Anlieferung der Trennwände zur Baustelle und ihre Montage führt der Hersteller mit eigenen Fachleuten durch (**15.3**).

Waprotect-Trennwände werden als tafelgroße Fliesenschalen ohne Kern geliefert, auf der Baustelle aufgestellt und mit Beton vergossen (**15.5**). Die Fliesen sind auf Abstandhalter aus Kunststoff aufgeklebt. Als Wanddicke sind 48 mm gebräuchlich; Länge und Höhe der Tafeln richten sich nach dem Bauauftrag. Meist stellt man zwei Elemente aufeinander. Die Trennwände müssen sorgfältig verpackt und in senkrechter Lage transportiert werden, weil sie sonst infolge Biegung durch ihr Eigengewicht brechen können. Früher wurden Waprotect-Wände von den Fliesenwerken hergestellt, heute haben einige Fachbetriebe die Fertigung übernommen.

15.1.3 Gemauerte Plattentrennwände

Diese Trennwände bestehen aus grobkeramischen, beidseitig glasierten Trennwandsteinen, die Schicht für Schicht auf Kreuzfuge gemauert werden. Zum Mauern und Fugen darf nur Zementmörtel verwendet werden. Die Lagerfugen bewehrt man mit verzinktem, ca. 3 mm dickem Draht. Reihenanlagen aus Trennwandsteinen mauert man stets nach Verlegeplan. Die Steine entsprechen in ihren Abmessungen der Maßordnung im Hochbau. So wird vorzugsweise das Format 24 x 11,5 x 5 cm verwendet. Die grobkeramischen Trennwände sind besonders widerstandsfähig gegen Schlag und Stoß; die scharffeuerglasierte Oberfläche weist große Ritzhärte auf. So lassen sich mit den Trennwandsteinen sehr robuste, nahezu unbegrenzt haltbare Anlagen erstellen.

> Keramische Trennwände sind zweckmäßige und platzsparende Bauteile für Zwischenwände und Reihenanlagen in Feucht- und Nassräumen. Zu unterscheiden sind
>
> - plattierte leichte Trennwände mit einem Kern aus Wandbauplatten, Drahtputz oder Hartschaumelementen,
> - aufgestellte, mit Beton vergossene Fliesentrennwände der Bauarten Kerapid und Waprotect,
> - gemauerte Wände aus grobkeramischen Trennwandsteinen.

15.3 Aufstellen von Kerapid-Trennwänden

15.2 Planung und Vorarbeiten

Vor dem Aufstellen der Trennwände verfliest man in der Regel Boden und Wände des Raums. Während Kerapid-Trennwände von eigens geschulten Fachkräften aufgebaut werden, gehört das Aufstellen und Vergießen von Waprotect-, Lux- und anderen Trennwänden zur Berufsarbeit des Fliesenlegers. Dabei sind manche Arbeitsvorgänge und Vorarbeiten ähnlich oder gleich.

Anschluss an die Rückwände. Ohne besondere Vorarbeiten kann man auf die fertige Rückwand ein Metallprofil oder Halterungen mit Schrauben und Dübeln befestigen, worin die Trennwand einrastet. Bei Lux-Wänden werden solche Profile mitgeliefert. Bessere Verankerung erreicht man, wenn man die Trennwand in einen senkrechten Schlitz der Plattierung der Rückwand einschiebt. Der Sockel wird bei fußfreien Anlagen an den Rückwänden durchgesetzt. Vor dem Verfliesen der Rückwände hängt man in den Raumecken Lote auf und legt von dort aus nach den Maßen in der Bauzeichnung die Lage der Schlitze fest. Diese müssen 5 mm breiter sein als die Dicke der Trennwand, damit eine normal breite Stoßfuge zwischen Rückwand und Trennwand entsteht. Beide Ränder eines Schlitzes müssen genau lotrecht sein – das lässt sich durch aufgehängte Lote leicht einhalten. Die Lagerfugen sollen eine bestimmte, stets gleiche Breite haben. Das erreicht man mit einer Maßlatte, auf der die Schichten gleichmäßig aufgetragen werden. Vorher ermittelt man die Belaghöhe durch Auslegen und Rechnung.

Beispiel Es ist eine Schichtmaßlatte für 13 Wandfliesen 15 x 15 cm anzufertigen, die über einem Sockel angesetzt werden.

Lösung
a) 13 Wandfliesen werden ohne Fugen aneinander gelegt. Als Länge wird 1955 mm gemessen.
b) 13 Fugen zu 2,5 mm werden hinzugerechnet: 1955 mm + 13 · 2,5 mm = 1988 mm
c) Schichthöhe = 1988 mm/13 = 152,9 mm
d) Die 1. Marke liegt bei 152,9 mm, die 2. bei 305,8 mm, die 3. bei 458,7 mm usw.

Günstig sind Maßlatten in der Breite der Wandschlitze mit geraden, parallelen Kanten. Man nagelt sie an den Stellen der Schlitze lotrecht an die Rohbauwand und lässt die Wandfliesen gegen ihre Kanten stoßen. So lassen sich leicht sauber ausgesparte Schlitze ohne Mörtelreste mit lotrechten Kanten sowie gleichmäßige Lagerfugen erzielen. Die Latten sollten nicht zu dick sein, damit man die Fluchtschnur über sie hinweg spannen kann.

Bei der Maßplanung ist zu beachten, dass die Trennwände 6 bis 12 mm tief in die Schlitze eingeschoben werden. Bei Reihenanlagen rasten die Zwischentrennwände der Zellen ebenfalls um dieses Maß in die kurzen Türentrennwände ein. Um Teilfliesen zu vermeiden, soll daher die lichte Länge der Zeile um 1,5 bis 2,5 cm kürzer sein, als es dem Fliesenraster entspricht (z. B. bei 12 Fliesen 181 cm statt 183 cm). Die Breite der Zellen und der kurzen Trennwände zwischen den Türzargen sollte auch auf das Rastermaß des Fliesenbelags abgestimmt sein. Teilfliesen werden dann nur über dem Türsturz erforderlich; dieser Bereich ist symmetrisch zu verfliesen.

Der Bodenanschluss soll zur Standsicherheit der Anlage beitragen und außerdem das Reinigen des Bodens erleichtern. Deshalb wird meist eine *fußfreie Montage* gewählt. Dabei stehen die Wände auf T-Profilen, deren Stützen in den Boden eingelassen oder auf den fertigen Fliesenboden in spezielle aufgedübelte Führungsringe eingesetzt werden.

Nach Fertigstellung der Anlage werden ggf. die Löcher im Boden mit Zementmörtel vergossen und mit einer Rosette abgedeckt, wie in Bild 15.3. Am besten spart man bei der Bodenverlegung in der Umgebung der späteren Fußstützen eine Platte samt Mörtelbett aus. Sonst sind die Löcher in den fertigen Boden zu stemmen. Man kann auch die Trennwände vor der Bodenplattierung aufstellen. Dabei darf auf keinen Fall die Abdichtung beschädigt werden. Die Stützen sollten auf flache Stahlteller gesetzt werden.

Trennwände können auf verschiedene Weise auch ohne Fußfreiheit, also *bodenbündig* aufgestellt werden. Auch bei dieser Bauweise sind die Wände besser gegen seitliche Verschiebung gesichert, wenn sie nicht einfach auf den fertigen Boden aufgesetzt, sondern in ihn eingelassen werden. Vor der Bodenplattierung stellt man die unteren T-Profile auf kurzen Stützen etwa 2 mm höher als OKFF auf, so dass nach Fertigstellung der Trennwandanlage der Boden unter den Trennwänden durchplattiert wird. Bei vorhandenem fertigen Boden kann man die Trennwände in üblicher Weise fußfrei aufstellen und nachträglich untersockeln. Als Ansetzgrund dient dabei ein Mörtelträger, der an und zwischen den Fußstützen befestigt wird. Bei Hohlkehlsockel ist eine Verankerung im Boden bereits gegeben. Deshalb kann eine Reihe aus doppelt freistehenden Hohlkehlsockeln mit waagerechtem oberen

Rand gut als tragende Unterlage für eine Trennwand dienen.

Auch eine **einzelne Trennwand** im Wohnungsbau, z. B. im Badezimmer, sollte nicht einfach auf den schwimmenden Estrich gestellt werden, sondern in ihn eingelassen werden. Bei bereits vorhandenem Estrich ist mit der Trennscheibe ein entsprechend breiter Schlitz einzuschneiden, um die Trennwand bis auf die Stahlbetondecke einzulassen. Neben der höheren Standsicherheit wird so erreicht, dass sich der schwimmende Estrich nicht unter der Last der Trennwand absenkt. Allerdings ist darauf zu achten, dass keine Schallbrücke entsteht: zwischen Estrich und Trennwand gehört beidseitig ein Randstreifen und die Abschlussfuge von Trennwand zum Boden ist dauerelastisch auszubilden.

Bild **15.4** verdeutlicht den zweckmäßigen Arbeitsablauf beim Aufstellen von Trennwänden auf doppelt freistehenden Hohlkehlsockeln. 1. Mörtelbett geschlossen aufziehen; 2. Schlitze in Bodenplattierung festlegen. Zu beachten sind Lage, Rechtwinkligkeit zu den Schlitzen der Rückwand, genaue Breite (Trennwanddicke + 2 x Kehle + 2 Fugen), Flucht beider Ränder; 3. Boden plattieren, Schlitze aussparen; 4. Lehren aus Richtlatten für den Sockel aufbauen; 5. Sockel zwischen beide Lehren stellen und Feinbeton bis 1 cm unter Sockeloberkante einbringen; 6. Mörtelbett mit Rundstahl bewehren; 7. Trennwand aufsetzen.

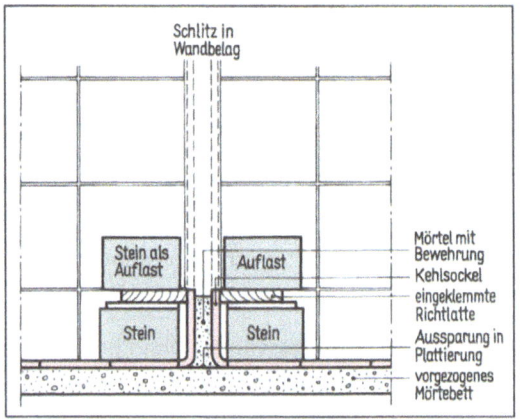

15.4 Aufstellen von doppelt freistehenden Hohlkehlsockeln

Fliesentrennwände werden meist fußfrei auf T-Profilen aufgestellt, deren Stützen auf den Boden gesetzt oder im Boden eingelassen sind. An den Rückwänden des Raums schiebt man sie in angedübelte Winkelprofile oder 6 bis 12 mm tief in Schlitze des Fliesenbelags. Lage und Breite der Schlitze werden gemäß Bauzeichnung angelegt. Maßlatten helfen, gleichmäßige Lagerfugen einzuhalten. Die Abmessungen von Reihenanlagen sollten so geplant sein, dass Trennwände und Rückwände der Zellen keine Teilfliesen aufweisen.

15.3 Aufstellen und Vergießen

Aufstellen von Waprotect-Anlagen (15.5). Zunächst stellt man den Unterbau für die Trennwände maßgerecht auf. Die Fußstützen der T-Stahl-Schienen müssen in richtiger Lage und Tiefe in die Aussparungen des Bodens eingelassen werden. Die T-Profile werden waagerecht, in richtiger Höhe, parallel zueinander und rechtwinklig zur Rückwand aufgebaut und mit Steinen unterstützt. Darauf setzt man die unteren Waprotect-Tafeln und schiebt sie in die Schlitze der Rückwand. Anschließend werden Stirnwände und Türzargen aufgebaut. Für die Flucht der Türzargen spannt man am besten eine Schnur von den beiden Schlitzen der Seitenwände aus. Flucht und lotrechte Lage der Zargen sowie der Abstand der Zwischenwände untereinander müssen sorgfältig geprüft werden. Ein Verspannen mit Latten und Schalholz sichert die gesamte Reihenanlage gegen Verschieben. Außerdem werden in den Türen Latten als Abstandhalter angeordnet. Auf die unteren Tafeln setzt man mit normaler Fuge die Oberteile auf und verbindet beide Teile durch Latten und Rödeldraht. Schließlich werden die Stürze über den Türen aufgesetzt. Nach nochmaliger Prüfung der Maßgenauigkeit und Standsicherheit kann die Anlage ausgegossen werden.

Vergießen mit Beton. Die Festigkeit und Knicksicherheit der Trennwände hängt weitgehend von der richtigen Zusammensetzung des Vergussbetons ab.

Der Zuschlag. Auf die Wahl des Zuschlags ist besonderer Wert zu legen. Keineswegs darf man einfach den üblichen Sand des Ansetzmörtels auch für den Vergussbeton übernehmen! Gut geeignet ist gemischtkörniger, scharfer Kiessand der Korngruppe 0 bis 8 mit günstigem oder zumindest brauchbarem Kornaufbau (Sieblinie

15.3 Aufstellen und Vergießen

a)

b)

c)

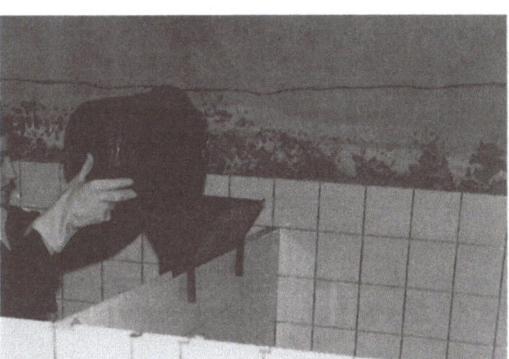
d)

15.5 Aufstellen einer Waprotect-Anlage
a) Fertigen einer Wand, b) Einrichten des Unterbaus für die Trennwände aus T-Profilen, c) Aufstellen der Fliesentafeln, d) Vergießen

s. Kohl/Bastian/Neizel, Baufachkunde Grundlagen Abschn. 11.2.1). Dieser Zuschlag wird auch für schwimmende Estriche verwendet. Man kann ihn aus getrennt geliefertem Flußsand 0 bis 4 und Feinkies 4 bis 8 im Verhältnis 2 : 1 mischen.

Als Bindemittel nimmt man zweckmäßig 2 Raumteile Trasszement und 1 Anteil Portlandzement (PZ 32,5 oder höherwertiger). So kann man einen gießfähigen Beton mit geringerem Wasseranteil herstellen als bei ausschließlicher Verwendung von Portlandzement. Der Betonmischung soll nur so viel Wasser zugegeben werden, dass die Fliesenschale von einem weichen bis flüssigen Brei vollständig gefüllt werden kann.

Das Mischungsverhältnis soll hohe Festigkeit des Betonkerns, aber auch gute Haftung zwischen Fliesen und Beton gewährleisten. Für beide Aufgaben ist eine Mischung 1:4 (Raumteile) am ehesten geeignet, bei günstiger Sieblinie des Zuschlags auch 1:4,5.

Bewehrung. Der Betonkern wird mit waagerecht eingelegten Stäben aus Rundstahl mit 3 bis 8 mm Durchmesser bewehrt. Hierdurch erhöhen sich Biegesteife und Bruchsicherheit der Trennwand. Außerdem soll der Rundstahl die Trenn-

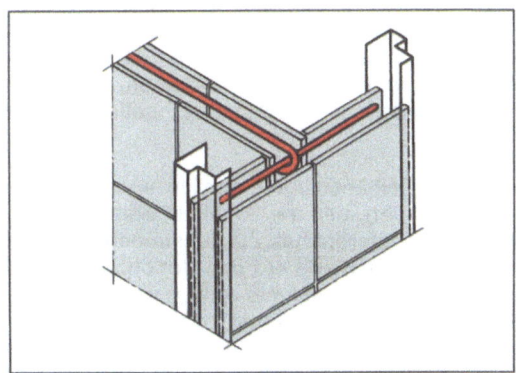

15.6 Verankerung von Zwischenwand und Stirnwand

wände an Ecken, Stößen und Kreuzungen miteinander verankern. Deshalb werden die Stäbe an diesen Stellen um die Bewehrung der angrenzenden Trennwand gebogen (**15.6**). Bei Kerapidwänden sind die Bewehrung und Verankerung mit eingegossen. In Waprotectwände werden eingelegte Rundstähle durch Distanzringe aus Kunststoff so gehalten, dass sie sich beim Vergießen nicht verschieben.

Vergießen und Säubern. Vor dem Eingießen des Betons werden die Fugen abgeklebt. Dann nässt man die Fliesenscherben kräftig mit Wasser an. So erzielt man eine gute Haftung zwischen Fliesen und Beton und verhindert einen zu schnellen Wasserentzug aus dem Frischbeton. Trockene Fliesen würden zudem den Betonbrei sofort stark ansaugen und dadurch seinen Durchfluss bis unten gefährden. Auf die Waprotectwände setzt man zum Vergießen einen Spezialtrichter auf und schüttet eimerweise den flüssigen Beton ein (**15.5 d**).

Als oberen Abschluss der Trennwand kann man ein Kunststoffprofil in den frischen Beton eindrücken oder Fliesenstreifen einlegen. Die Klebestreifen werden von den Fugen abgezogen, die Fugen ausgekratzt. Damit der Vergussbeton ungestört abbinden kann, muss die Trennwandanlage unbedingt vor jeder Erschütterung bewahrt werden. Mit dem Fugen sollte man mindestens zwei bis drei Tage warten.

> Waprotectwände werden mit weichem bis flüssigem Beton 1:4 (Raumteile) vergossen. Vorher sind die Fliesen kräftig anzunässen. Der Betonzuschlag soll aus scharfem, gemischtkörnigem Kiessand 0 bis 8 bestehen. Die Wände werden mit Rundstahl bewehrt und gegenseitig verankert.
>
> Vor dem Vergießen werden Solllage und Standfestigkeit der Anlage geprüft und durch Verspannen mit Latten und Schalholz gesichert.

15.4 Mauern mit Trennwandsteinen

Trennwandanlagen aus grobkeramischen Trennwandsteinen sind sehr widerstandsfähig gegen hohe mechanische Beanspruchung. Sie halten auch mutwilligen Zerstörungsversuchen stand. Format und Glasur der Steine sind bestimmten Spaltplatten angeglichen, so dass sich die plattierten Wände und die gemauerten Trennwände eines Raums im Aussehen nicht zu unterscheiden brauchen. Reihenanlagen werden heute nur noch selten mit den vielen unterschiedlichen Kehlsteinen für Boden- und Wandanschlüsse, Stöße, Kreuzungen, Ecken, Enden, Türzargen usw. gemauert (**15.7**). Aus wirtschaftlichen Gründen beschränken sich die Hersteller meist auf ein Format ohne Formsteine (nämlich 24 x 11,5 x 5 cm), das mit Normalsteinen, glasierten Kopf-, Läufer- und Ecksteinen geliefert wird (**15.8**).

Anlegen. Reihenanlagen werden nach Verlegeplan gemauert, den der Architekt oder das Plattenwerk angefertigt hat. Zunächst überträgt man die Zeichnungsmaße auf den Boden, misst und winkelt dabei die gesamte Anlage genau ein. Die Steine können unmittelbar mit einer Fuge auf den Boden gemauert werden. Wegen der Standfestigkeit lässt man dann die Trennwände um die Dicke der Bodenplatte in den Fußboden einbinden, wie bei Fußsteinen mit Kehle schon immer verfahren wurde (**15.9**). Für die Reinigung ist ein bodenfreier Aufbau auf T-Stahl mit im Boden verankerten Fußstützen vorteilhafter. Diese Profile und die Türzargen werden zuerst aufgestellt, in genaue Lage gebracht und mit Latten und Kanthölzern verspannt. Die Türzargen dienen zugleich als lotrechte Lehren, wobei die Steine etwa 2 bis 2,5 cm tief eingeschoben werden. Bei größeren Anlagen stellt man außerdem gerade Latten- oder Kantholz-Lehren mit Schichteinteilung lotrecht an Ecken und Mauerenden auf. An angrenzenden Wänden binden die Trennwände in einen Schlitz des Spaltplattenbelags ein. Zu Beginn legt man die gesamte Anlage mit der untersten Schicht an.

Mörtel und Bewehrung sind entscheidend für die Standsicherheit und Festigkeit der Anlage. Es wird mit reinem Zementmörtel 1:4 (Raumteile) ohne jeden Kalkzusatz gemauert. Als Zuschlag ist gemischtkörniger, scharfer, sauberer Flusssand mit höchstens 4 mm Größtkorn geeignet. Auf jeweils 25 cm Schichthöhe wird ein verzinkter Draht bzw. Rundstahl mit 3 bis 6 mm Durchmesser in die Lagerfuge eingelegt. An Ecken, Stößen und Kreuzungen wird die Bewehrung im rechten Winkel umgebogen und in der angrenzenden Trennwand weitergeführt

15.4 Mauern mit Trennwandsteinen

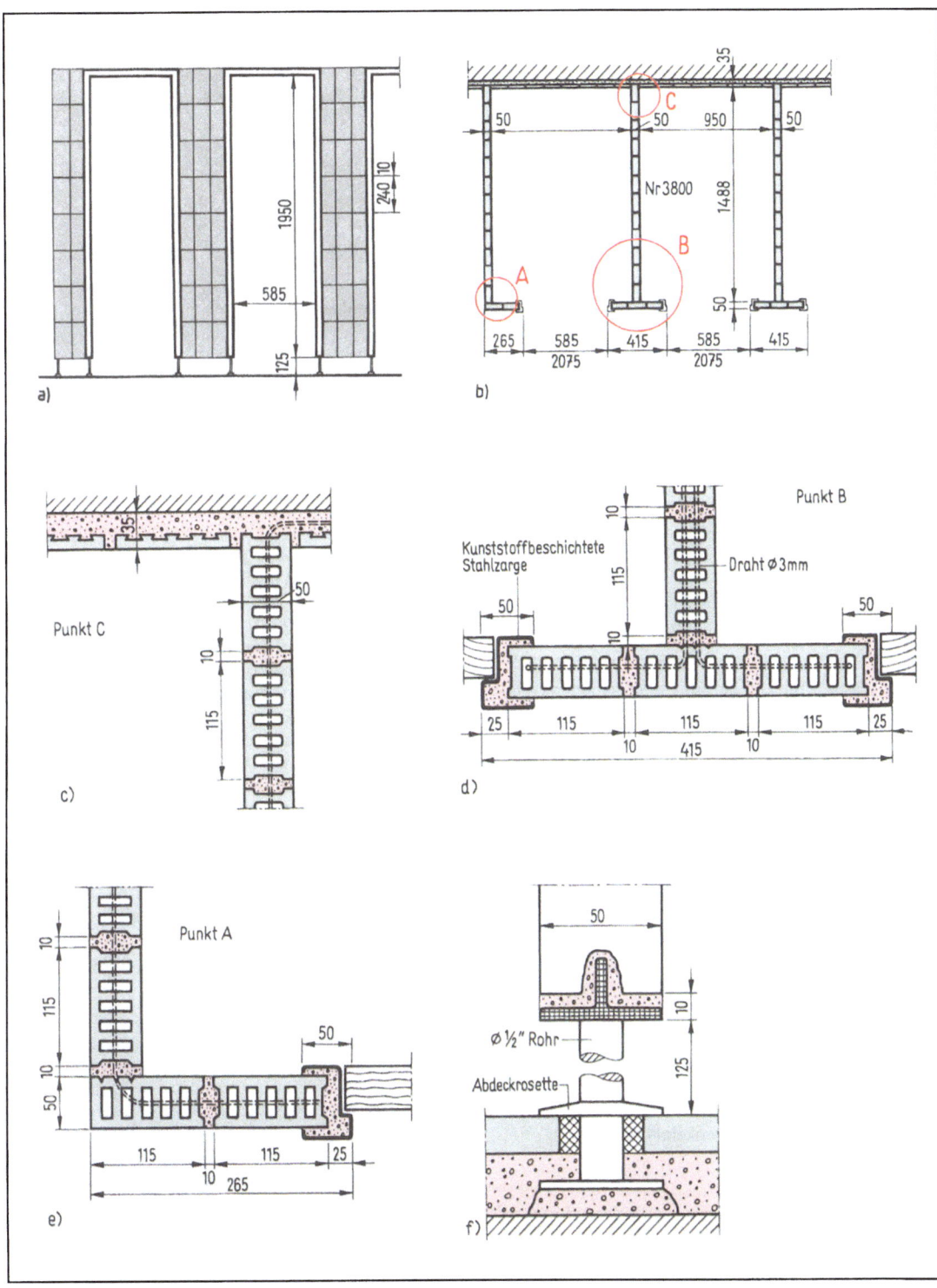

15.7 Reihenanlage aus vertikal gemauerten Trennwandsteinen
a) Teilansicht, b) Teilgrundriss, c) Anschluss an die Rückwand, d) Stoßverbindung, e) Eckverbindung, f) Bodenanschluss

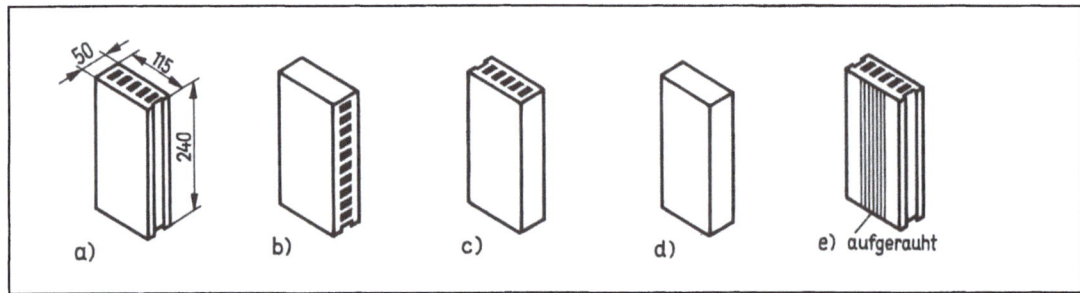

15.8 Grobkeramische Trennwandsteine
a) Normalstein, b) Kopfstein, c) Läuferstein, d) Eckstein, e) Anschlussstein

(**15.11** d). An diesen Stellen ordnet man auch eine lotrechte Bewehrung in den Stoßfugen an, wenn – wie in Bild **15.**10 – Schenkelplatten als Außenecken verwendet werden.

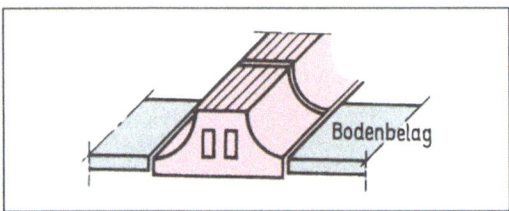

15.9 Fußstein mit Kehlen (nur noch selten verwendet)

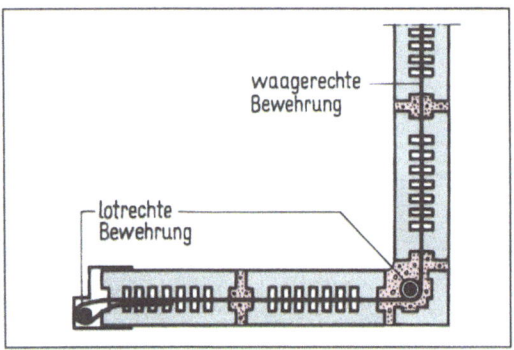

15.10 Außenecke mit Schenkelplatten

Mauern. Die Steine werden auf Kreuzfuge mit 1 cm dicken Fugen vermauert. Dabei können sie hochkant oder flach gesetzt werden. Die unterste Schicht muss für das Aufsetzen auf ein T-Profil entsprechend ausgeklinkt werden. Für gleichmäßige Fugenbreite und maßgenaues Anlegen sorgt eine Schichtmaßlatte, für das Einhalten der Flucht eine stets straff gespannte Schnur. Man mauert immer nur wenige Schichten an derselben Wand, um den noch frischen Mörtel nicht mit zuviel Gewicht zu belasten. (Was könnte sonst die Folge sein?) Glasierte Kopf- und Läufersteine dürfen nur am Rand, nicht in der Mitte vermauert werden. An Stößen und Kreuzungen soll die Glasur wegen besserer Mörtelhaftung zur Stoßfuge an entsprechender Stelle aufgeraut sein (**15.**8e). Alle Lager- und Stoßfugen müssen voll vermörtelt sein. Auch der verbleibende Hohlraum zwischen Zargen und Trennwänden wird bei jeder Schicht mit Mörtel gefüllt. Bei höhengleichem Abschluss von Trennwand und Türzarge verbindet man die letzte Schicht links und rechts der Tür mit bewehrtem Mörtel, der die Zarge von oben füllt. Er wird bündig mit der Oberkante der Zarge glatt gestrichen und dient als aussteifender Sturz. Zwischen Erstarrungsbeginn und -ende des Mörtels kratzt man die Fugen etwa 1 cm tief aus.

Fugen. Die Trennwände werden mit Zementmörtel mit einem Größtkorn des Sandes von 2 mm durch Einschlämmen gefugt. Dabei wird der Fugmörtel kräftig eingedrückt, damit überall ein guter Verbund zum Mauermörtel entsteht.

Grobkeramische Trennwandsteine werden mit reinem Zementmörtel 1 : 4 auf Kreuzfuge nach Verlegeplan gemauert. Die Lagerfugen werden mit verzinktem Stahl bewehrt. In Ecken, Stößen und Kreuzungen muss die Bewehrung in der Nachbarwand weiterlaufen. Die Hohlräume beim Anschluss der Trennwand zu den Zargen und der plattierten Rückwand füllt man mit Mörtel.

Gebräuchlich sind rechteckige Trennwandsteine 24 x 11,5 x 5 cm, für die überglasierte Köpfe, Längskanten und Ecken mitgeliefert werden.

15.5 Toilettenanlagen

Für Reihentoiletten sind keramische Trennwände die geeignetsten Bauteile. Je nach zu erwartender Beanspruchung, Größe der Anlage und des zur Verfügung stehenden Raums sowie finanzieller Mittel werden verflieste Trennwände, Fliesentrennwände oder Trennwände aus gemauerten Trennwandsteinen verwendet (**15.11**). Neben dem Aufstellen oder Mauern von Trennwänden kommen in Herrentoiletten besondere Arbeiten an der Urinalwand und -rinne vor.

Urinalwand. Für Urinalanlagen werden meist einzeln angebrachte Urinalbecken (**15.16**) oder Standurinale aus glasiertem Feuerton verwendet. Die Wand hinter den Becken kann in üblicher Weise gefliest werden, jedoch sollte man vorher einen Sperrputz anbringen. Manchmal wird auf Urinalbecken und -stände verzichtet und statt dessen eine plattierte Urinalwand angeordnet (**15.13**). Dann muss der Fliesenleger einen säurebeständigen und wasserdichten Belag erstellen. Zwar ist die Harnsäure des Urins nur eine schwache Säure, doch besteht durch häufiges Einwirken die Gefahr, dass der Mörtel angegriffen wird, Ausblühungen entstehen oder unangenehme Gerüche auftreten, wenn sich Urin in Hohlräumen ansammelt. Einen Mindestschutz gegen Durchfeuchtung und Angriff der

12.12 Urinalbecken und Waprotect-Schamwände

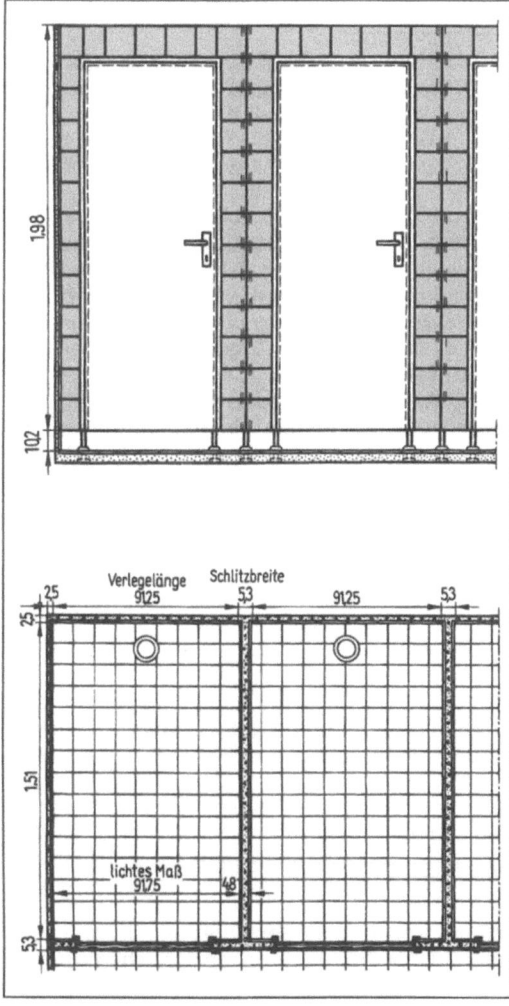

15.11 Toiletten-Reihenanlage Vorderansicht und waagerechter Schnitt

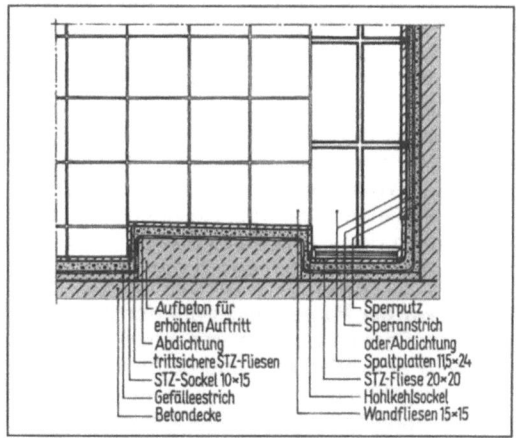

15.13 Schnitt durch Urinalwand und -rinne mit erhöhtem Auftritt

Harnsäure bietet ein Sperrputz. Noch sicherer sind ein mehrmaliger Sperranstrich oder eine Abdichtung aus Sperrpappe oder Dichtungsbahnen. Dann muss man allerdings zur besseren Mörtelhaftung einen Mörtelträger anbringen (s. Abschn. 7.3.3). Ebenfalls fachgerecht ist eine Dünnbettverlegung mit Epoxidharz auf einem ebenen, lotrechten Vorputz.

Als *Belag* kommen nur säurefeste, glasierte Platten in Betracht wie Spaltplatten, Steinzeug- und frostbeständige Wandfliesen, nicht jedoch Steingutfliesen. Die Platten müssen vollsatt angesetzt werden, damit keine Mörtelnester entstehen, in denen sich Urin ansammeln könnte. Zum Ansetzen sollte man Trasszementmörtel nehmen mit einem Dichtungsmittel als Zusatz.

Die *Fugen* sind die schwächste Stelle im Belag. Sie dürfen auf keinen Fall Risse bekommen und müssen ausreichend widerstandsfähig gegen Harnsäure und rieselndes Wasser sein. Auch bei engen Fugen muss der Fugmörtel mit Quarzsand bzw. -mehl abgemagert sein. Außerdem sollte ein Dichtungsmittel zugesetzt werden. Der kalkreiche Portlandzement ist ungeeignet, Trasszement oder ein besonderer Säurezement sind vorzuziehen. Noch besser ist eine Verfugung mit Epoxidharz.

Urinalrinne. Auch unter Urinalbecken wird zweckmäßig eine Bodenrinne angeordnet, zu der der Toilettenboden Gefälle aufweist. So lassen sich Urinreste oder -pfützen schnell mit einem Wasserstrahl ableiten. Für die Rinne unter Urinalbecken genügt eine Breite von 15 cm und ein Gefälle von etwa 2 %. Sie kann in einfacher Weise aus Rinnenfliesen plattiert werden, die nur wenig tiefer als der Boden verlegt werden.

Zu plattierten Urinalwänden gehört immer eine wenigstens 20 cm breite, 5 bis 10 cm tiefe Rinne mit stärkerem Gefälle (2 bis 5 %). Man kann sie aus Hohlkehlsockel in verschiedener Breite ausführen, wie Bild **15.14** zeigt. Ein kastenförmiger Querschnitt ist ungünstig, weil sich solche Rinnen schlechter reinigen lassen und zudem Fugen in den Ecken aufweisen. Die Kehlsockel werden mit Gefälle verlegt; der erforderliche Ausgleich zur Waagerechten wird an der Urinalwand durch einen schrägen Anschnitt der untersten Schicht des Wandbelags erreicht, zum Auftritt hin durch Teilplatten des Bodenbelags.

Auftritt vor der Rinne. Reicht die Konstruktionshöhe des Bodens für eine vertiefte Rinne nicht aus, wird entweder ein Unterbeton im ganzen Raum eingebracht, oder man stellt aus Beton und Plattenbelag einen *erhöhten Auftritt* vor der Rinne her (**15.13**). Dieser muss festen Verbund mit dem Untergrund haben und Gefälle zur Rinne aufweisen.

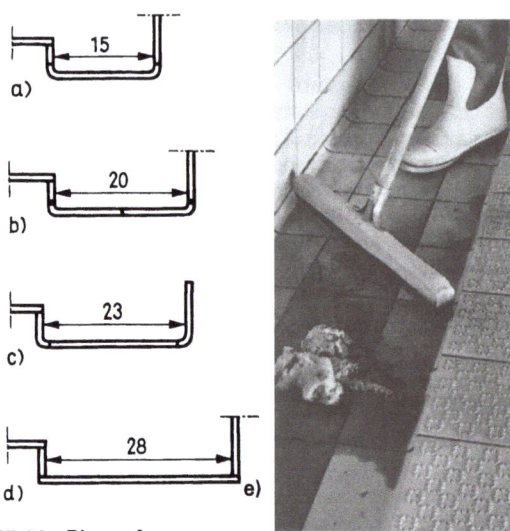

15.14 Rinnenformen
a) Rinnenfliesen, b) zwei flach verlegte Hohlkehlsockel 10 x 15, c) senkrecht angesetzter Hohlkehlsockel und STZ-Fliese 20 x 20, d) STZ-Fliesen 15 x 15 (Kastenrinne), e) besonders breite Rinne mit trittsicherem Auftritt

Der Auftritt wird mit trittsicheren Platten belegt, z. B. mit 3 Reihen genockter oder gerillter Steinzeugfliesen 15 x 15. Ist kein weiterer Senkkasten im Toilettenraum vorhanden, wird der Abfluss des Wischwassers in die Rinne durch einen kleinen, plattierten Tunnel im erhöhten Auftritt ermöglicht.

Rinne, Auftritt und Boden des Toilettenraums werden vor der Plattierung mit Bitumenpappe oder Dichtungsbahnen abgedichtet. Der Bodenbelag wird in üblicher Weise ausgegossen, die Rinne zweckmäßig mit Epoxidharz gefugt.

> Urinalwände werden mit säurefesten Platten und dichtem Mörtelbett plattiert. Gut geeignet für das Verlegen und Fugen ist Epoxidharz.
> Beim Dickbettverfahren erhält der Ansetzgrund einen Sperrputz mit Sperranstrich; Boden und Rinne werden stets abgedichtet. Die Urinalrinne muss ausreichend breit und tief sein und mindestens 2 % Gefälle haben. Der Auftritt vor der Rinne kann bündig mit dem Bodenbelag oder erhöht sein; er wird stets mit trittsicheren Platten belegt.

Aufmaß und Lohnabrechnung. Trennwände werden einseitig mit ihren tatsächlichen Abmessungen nach m² aufgemessen. An den Rückwänden, Türzargen, Stößen und Kreuzungen darf man also nur das Maß des Einschubs bei der Länge der Trennwand mit berücksichtigen.

Aufgaben zu Abschnitt 15

Das Einbauen von Türzargen und Fußstützen wird nach Stück abgerechnet. Schlitze der Rückwände werden weder besonders vergütet noch von Wandbelag abgezogen. Die Rinne und der Auftritt werden beim Bodenbelag durchgemessen und außerdem als Zulage nach lfm abgerechnet.

Beispiel 2 Plattierte Herrentoilette (**15.**15)
a) Wandfliesen 15 x 15
[(5,76 m + 3,51 m) · 2 −
(0,88 m + 3,40 m + 0,76 m)] · 1,98 m = 26,73 m^2
− 1,01 m · 1,08 m = 1,09 m^2
$\overline{25,64\,m^2}$

b) Sockel 10 x 15: (5,76 m + 3,51 m)
· 2 + 3,35 m − 0,88 m = **21,01 m**

c) Boden 15 x 15: 5,76 m · 3,51 m = **20,22 m^2**

d) Rinne als Zulage: **3,35 m**

e) erhöhter Auftritt als Zulage: **3,35 m**

f) Trennwände:
(1,53 m · 5 + 5,76 m + 0,76 m) · 1,98 m = 28,06 m^2
− 6 · 1,83 m · 0,64 m = −7,03 m^2
$\overline{21,03\,m^2}$

g) 6 Türzargen, 22 Fußstützen

h) Spaltplatten
11,5 x 24: (0,76 m + 3,35 m) · 1,98 m = **8,14 m^2**

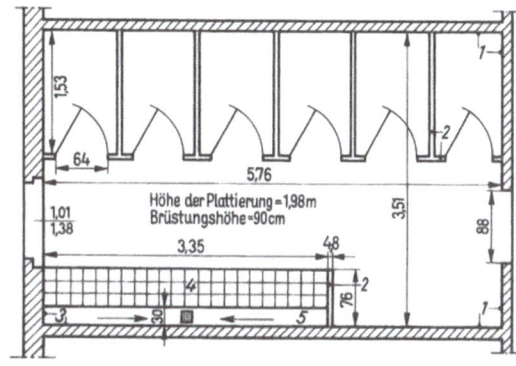

15.15 Herrentoilette
1 Wandfliesen 15 x 15 und Sockel 10 x 15
2 Fliesentrennwände, fußfrei, mit 15 cm breitem Sturz
3 Spaltplatten 11,5 x 24
4 erhöhter Auftritt aus 15 x 15 Rillenfliesen und Sockel 10 x 15 (von 2 Seiten)
5 Rinne aus zwei flachen Kehlsockeln und einer Sockelfliese

Aufgaben zu Abschnitt 15

T

1. Nennen Sie Beispiele für die Verwendung von keramischen Trennwänden.
2. Worin bestehen die Vorzüge und Zweckmäßigkeit keramischer Trennwände für Reihenanlagen?
3. Zählen Sie Arten keramischer Trennwände auf.
4. Welche Trennwandarten haben einen Kern aus gegossenem Beton?
5. Unterscheiden Sie die Fliesentrennwände in Sandwichbauweise
   a) nach dem Grad ihrer Vorfertigung, b) nach ihrer Montage.
6. Welche Bauteile und -stoffe verwendet man für den Kern plattierter leichter Trennwände?
7. Wie werden – im Gegensatz zu Fliesentrennwänden – Trennwände aus grobkeramischen Trennwandsteinen aufgebaut?
8. Wie lässt sich eine ausreichende Standsicherheit keramischer Trennwände erreichen?
9. Auf welche Art können keramische Trennwände an die Rückwände des Raums anschließen?
10. Erläutern Sie die Möglichkeiten des Bodenanschlusses.
11. Wie werden Stöße von Fliesentrennwänden ausgeführt (Zwischenwand zu Stirnwand)? Wie erreicht man eine Verankerung?
12. Was versteht man unter fußfreier Montage?
13. Warum sind Fliesentrennwände vor dem Vergießen anzunässen?
14. Geben Sie Bindemittel, Zuschlag und Mischungsverhältnis für den Vergussbeton für Waprotectwände an.
15. Woraus besteht die Bewehrung bei
    a) Kerapid-Trennwänden, b) Waprotect-Trennwänden, c) gemauerten Trennwänden aus Trennwandsteinen?
16. Welche Fliesentrennwände haben einen werkseitig auf Maß vorgefertigten Kern, und woraus besteht dieser?
17. Trennwandsteine müssen genau lotrecht und auf bestimmte Wandhöhe gemauert werden. Wie erreicht man das?
18. Mit welchem Mörtel werden Trennwandsteine vermauert?
19. Warum dürfen Kopf- und Läufersteine nur ihrem Zweck gemäß als Randsteine vermauert werden?
20. Beschreiben Sie das Anlegen einer zu mauernden Trennwandanlage.
21. Geben Sie für Urinalwände a) die Vorbereitung des Untergrunds, b) die geeigneten Platten, c) Ansetz- und Fugmörtel an.

15 Keramische Trennwände und Reihenanlagen

M

1. Wo liegen die Marken auf einer Schichtmaßlatte für 15 Schichten Wandfliesen 15 x 15 bei einer Gesamtlänge der Fliesen ohne Fugen von 225,8 cm und einer Fugendicke von 3 mm?

2. In einem Raum von 5,135 m Länge (Rohbaumaß) sollen 5 Toilettenkabinen durch 5 cm dicke Trennwände aus hochkant gemauerten Trennwandsteinen 11,5 x 24 cm abgeteilt werden. Die umfassenden Wände erhalten einen 3 cm dicken Belag aus Spaltplatten. Fugenbreite = 1 cm. Die Rückwände der 3 mittleren Kabinen dürfen keine Teilplatten aufweisen.
   a) Welche lichte Breite bekommen die mittleren Kabinen?
   b) Wie breit werden die beiden äußeren Kabinen, und welche Ausgleichsstreifen entstehen (symmetrische Einteilung)?

3. Wie M 2, jedoch: 2,5 cm dicker Belag aus Wandfliesen 15 x 15 und 4,8 cm dicke Fliesentrennwände mit 2,5 mm Fuge, 8 Kabinen, Rohbaulänge 7,76 m.

4. Bild **15**.16 zeigt einen Ausschnitt aus einer Reihenanlage mit 7 Duschkabinen. Die beiden Kabinen am Rand sind gleich breit, ebenso die 5 mittleren. Türhöhe = Plattierungshöhe 1,99 m (kein Türsturz).
   a) Wie viel m² Trennwände werden aufgestellt? *(h = 1,99 m)*
   b) Wie viel m² Wandfliesen werden innerhalb der Kabinen angesetzt? Über den Brausetassen ist die Beleghöhe nur 1,84 m.
   c) Wie viel m Sockel braucht man (nicht unter den Trennwänden).

d) Wie viel m² Bodenfläche sind im gesamten, 4,01 m breiten Raum zu verlegen? Wie viel Stück 10 x 20 sind das bei 2 % Verhau?
e) Wie viel Stück Wandfliesen 15 x 15 werden für Verfliesung der Wände und der Trennwände bei 2 % Verhau gebraucht?

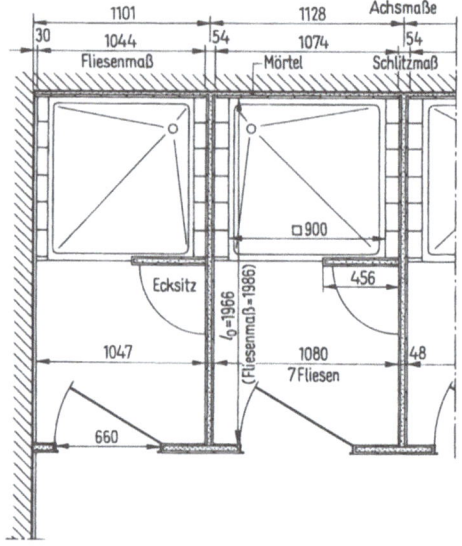

15.16 Grundriss einer Reihenduschanlage mit Vorraum

Z

1. **Grundriss einer Reihentoilette, M 1:10 (15.17)** Zeichnen Sie einen Ausschnitt aus **15**.15 (etwa 2 ½ WC-Kabinen). Kabinenbreite: 6 Fliesen, -Länge: 10 Fliesen 15 x 15. Dicke der Trennwände: 4,8 cm. Bodenbelag: 10 x 20.

2. **Ansicht einer Reihentoilette, M 1:10 (15.18)** Zeichnen Sie zu dem Grundriss Z 1 die Ansicht mit etwa 1 ½ Kabinen mit gefliestem Türsturz. Bodenfreiheit = 10 cm, 13 Schichten Beleghöhe, lichte Türbreite = 64 cm, Breite der Türzargen = 2,5 cm

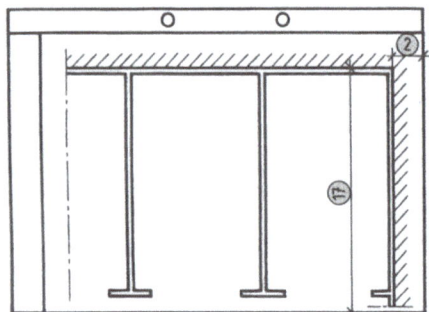

15.17 Grundriss einer Reihentoilette

15.18 Ansicht einer Reihentoilette

Aufgaben zu Abschnitt 16

3. **Urinalwand mit Rinne, M 1:5**
   Zeichnen Sie einen Querschnitt durch Urinalwand, -rinne und erhöhten Auftritt mit Blickrichtung auf die Fensterwand als Ausschnitt von **15.**15 (DIN A 4 quer, freie Blattaufteilung).

Gesamtaufgabe
Kellertoilette in einer Gaststätte (15.19)
a) Materialauswahl: Wandbelag, Bodenbelag, Sockel, Trennwände, Belag für die Urinalwand und Rinne,
b) Arbeitsablauf in Stichworten,
c) Aufmaß der Plattierungsarbeiten,
d) Baustoffermittlung (s. Tabelle 3 im Anhang),
e) Akkordlohnabrechnung (s. Tabelle 1 im Anhang),
f) Senkrechter Schnitt durch die Herrentoilette mit Ansicht gegen die WC-Kabinen (Ausschnitt), M 1:10.

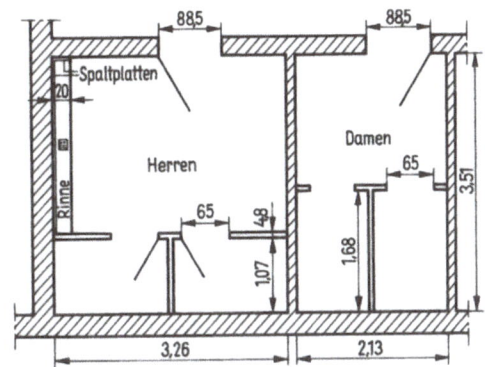

15.19 Kellertoilette in einer Gaststätte

16 Plattierungsarbeiten in Schwimmbädern

Das Ansetzen und Verlegen von Fliesen und Platten in Schwimmbädern bildet ein weites Arbeitsfeld für den Fliesenleger. So können die Plattierungsarbeiten in Frei- und Hallenbädern, in Schwimmhallen von Hotels, Sanatorien, Kurbetrieben und Privathäusern fast das ganze Arbeitsgebiet des Fliesenlegers umfassen: großformatige Keramikplatten, das Verkleiden von Wänden mit Aufstellen von Trennwänden; Plattierungen innen und außen, an Wänden und Pfeilern, auf Böden und Treppen, in Becken und Rinnen; Verlegen in Dick- und Dünnbett, Verfugen mit Zementmörtel und dauerelastischen Dichtmassen.

Zu den Fliesenarbeiten in einer Schwimmhalle gehören die Arbeitsbereiche bzw. Verlegeflächen Beckenwände, Beckenboden, Beckenrand (auch Beckenkopf genannt), Überlauf oder Überflutungsrinne, Beckenumgang, Treppe ins Becken, Leiternische, Wände der Schwimmhalle, Startblöcke. Dazu kommen noch die Arbeiten in den zugeordneten Toiletten, Duschen und Umkleidekabinen. Alle diese Arbeiten erfordern vom Fliesenleger ein hohes Maß an fachlichem Wissen und Können.

16.1 Anforderungen an das Becken und seinen Belag

Schwimmbecken, besonders in Frei-, Sole- und Thermalbädern, werden durch Feuchtigkeit, Witterung, chemische Einwirkung und Massenbenutzung hoch beansprucht.

Keramische Fliesen und Platten haben sich als Wand- und Bodenbelag sowie zum Auskleiden des Beckens bestens bewährt. Der glasierte keramische Belag ist sauber und hygienisch, leicht zu reinigen, wasserbeständig, unempfindlich gegen Stöße, Kratzer, Temperaturwechsel und Badewasserzusätze. Aber auch wegen ihrer Schönheit und vielen gestalterischen Möglichkeiten – bis hin zu individuellen künstlerischen Wandgestaltungen an Schwimmhallenwänden – sowie ihrer langen Lebensdauer ohne Einbuße an Zweckmäßigkeit oder Aussehen werden keramische Bekleidungen zu Recht als besonders geeignet, ja als wertvoll angesehen.

Die Beläge der verschiedenen Bereiche in einer Schwimmhalle sollen harmonisch aufeinander abgestimmt, sinnvoll eingeteilt sowie fachgerecht und maßgenau ausgeführt sein. Sportgerechte Becken müssen amtlich eingemessen werden. Der Fliesenleger muss sich dann für die fertige Beckenlänge nach festgelegten Markierungspunkten richten.

Dichtheit. Das Becken soll wasserdicht sein. Das wird erreicht durch einen wasserundurchlässigen Beton, nicht durch den keramischen Belag, der niemals ganz dicht ist, erst recht nicht gegen drückendes Wasser. Außer bei Becken in Obergeschossen wird das Schwimmbecken auch nicht mit Sperr- oder Dichtungsbahnen abgedichtet, weil sonst die keramische Auskleidung weder durch Mörtelträger noch durch einen Vorputz sicher haftet. Vielmehr müssten vor die Abdichtung als Ansetzgrund die Wand gemauert oder eine Schicht vorbetoniert werden. Weil eine besondere Abdichtung im Allgemeinen fehlt, muss das Becken aus einem sorgfältig ausgeführten, rissefreien, wasserundurchlässigen Beton bestehen. Vor Beginn der Auskleidung wird daher die Dichtheit des Betonbeckens mit einer Probefüllung über 14 Tage hindurch geprüft.

Spannungen. Zwischen Becken und Belag können durch das Schwinden und Kriechen des Betons Schubspannungen entstehen. Deshalb darf mit dem Plattieren erst nach ausreichender Abbindezeit des Betons begonnen werden. Auch für den Vorputz auf die Betonwände für das Dünnbettverfahren sind 28 Tage Abbindezeit vorgeschrieben.

Erhebliche Spannungen zwischen dem Becken und der Stahlbetonplatte seines Umgangs können durch ungleichmäßiges Setzen beider Bauwerkteile verursacht sein. Daher muss zwischen beiden Bereichen eine umlaufende Gebäudetrennfuge angeordnet sein, um Bewegungen beider Bauwerkteile zu ermöglichen. An gleicher Stelle erhält der Bodenbelag des Umgangs eine Dehnungsfuge (**16.1**).

16.1 Anforderungen an das Becken und seinen Belag

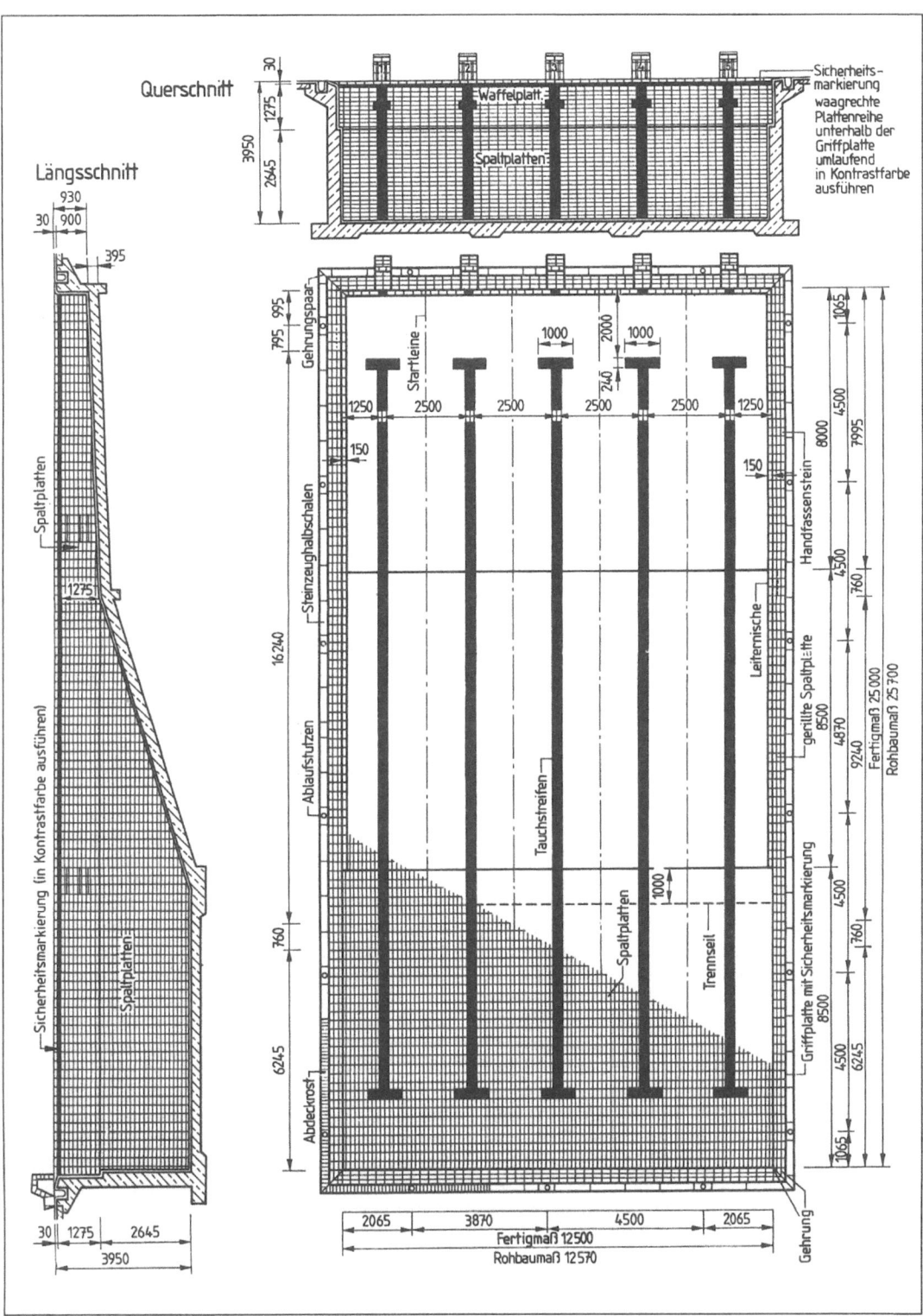

16.1 Verlegeplan für ein Mehrzweckbecken

16.2 Auskleidung des Beckens

Verlegeplan. Das Becken wird nach genauem Verlegeplan verkleidet, den der Plattenhersteller anfertigt (**16.1**). Daraus entnimmt man Abmessungen, Art, Anzahl und Lage der Platten und Formstücke, Lage der evtl. anzuordnenden Dehnungsfugen sowie Ausbildung der Details wie Treppen, Leiternischen, Überlaufrinne und Beckenrand. Die Spaltplatten und alle grobkeramischen Formstücke des Bäderbaus sind einheitlich durch bestimmte Ziffern gekennzeichnet. Vor allem aber ist im Verlegeplan die Beckenauskleidung sinnvoll und genau eingeteilt, so dass der Fliesenleger ohne Teilplatten auskommt und den Fugenschnitt zwischen Wand- und Bodenbelag einhalten kann.

Beim Anlegen legt man am besten zunächst die Überlaufrinnensteine trocken am Beckenrand aus, um eine gleichmäßige Fugeneinteilung zu bekommen. Dann erst beginnt man von unten mit dem Ansetzen der Platten nach Lot- und Fluchtschnüren sowie einer Schichtmaßlatte für die Höheneinteilung. Beim Ausrichten der Stoßfugen muss man häufiger zu den lose ausgelegten Überlaufrinnensteinen hochloten. Zuletzt werden die Formsteine für die Überlaufrinne hohlraumfrei im Mörtel und genau in Waage verlegt. Damit wird erreicht, dass das Badewasser überall gleichmäßig überläuft. Überhaupt ist der waagerechte Verlauf der Lagerfugen häufiger zu kontrollieren, denn die ruhige Wasseroberfläche im Becken ist später der genaueste und unbestechlichste Prüfer – sie wirkt wie eine vergrößerte, zweidimensionale Wasserwaage, die kleinste Abweichungen anzeigt.

Verlegemörtel. Die Platten können in normalem Dickbett oder im Dünnbett angesetzt werden. Das Dickbettverfahren hat den Vorteil, dass als Vorarbeit nur ein Spritzbewurf auf die Betonwände erforderlich ist und damit die Wartezeit für das Abbinden eines Vorputzes entfällt. Nachteilig ist die Schwierigkeit, die Platten hohlraumfrei anzusetzen. Das aber soll unbedingt erreicht werden, besonders bei Freibädern. Hier dürfen vor allem im Bereich des Beckenrands keine Hohlstellen im Mörtelbett vorhanden sein, weil sonst Frostschäden entstehen können. Der innere Teil des Beckens ist gegen Frost besser geschützt, wenn beim Überwintern das Wasser nicht abgelassen, sondern nur um etwa 30 cm abgesenkt wird. Allerdings müssen die Beckenwände vor dem Eisdruck geschützt werden, z. B. durch Polster aus Schaumstoff.

Als Ansetzmörtel für die Spaltplatten sowie zum Verlegen der Formstücke wählt man reinen Zementmörtel 1:4 bis 1:5 (Raumteile) mit scharfem, gemischtkörnigem Sand 0 bis 4. Als Zement ist Trass- oder Hochofenzement 32,5 R geeignet. Die Bodenplatten werden in gut verdichtetem, frisch vorgezogenem Mörtelbett verlegt, das mit einer Haftschlämme überzogen wurde (s. Abschn. 6.4). Der Mörtel wird unmittelbar auf der Betonsohle aufgezogen, die schon das erforderliche Gefälle aufweisen muss.

Für das Dünnbettverfahren sind die Beckenwände in der Regel erst senkrecht und eben vorzuputzen (danach Wartezeit!). Feuchtigkeits-, Frost-, Alterungs-, Verseifungs- und Chlorwasserbeständigkeit des Dünnbettmörtels oder Klebstoffs müssen vom Hersteller gewährleistet sein. Verwendet werden hydraulische Dünnbettmörtel oder die zwar teueren und arbeitsaufwendigeren Reaktionsharz-Klebstoffe, die aber besonders günstige Eigenschaften für Schwimmbeckenauskleidungen aufweisen (s. Abschn. 9.4).

Die Platten sollen im kombinierten Floating-Buttering-Verfahren angesetzt werden, was eine besonders gute Einbettung und Haftfestigkeit ergibt. Das Dünnbett muss überall mindestens 3 mm dick sein.

Dauerelastische Fugen sind anzuordnen, wo in der Unterkonstruktion Trennfugen liegen. Ebenfalls erhalten alle Einbauteile im Belag dauerelastische Anschlussfugen. Bei unterschiedlichen Beckentiefen (Schwimmer/Nichtschwimmer) entstehen im Beckenboden Knickkanten, die dauerelastisch zu fugen sind. Sonst sind in Hallenbädern keine weiteren Dehnungsfugen nötig. Nur bei größeren Schwimmbecken im Freien, die ja durch stärkere und häufigere Temperaturschwankungen höheren Spannungen ausgesetzt sind, kann eine zusätzliche umlaufende Dehnungsfuge angeordnet werden. Sie liegt zwischen Beckenboden und -wänden, wenn dort bereits in der Unterkonstruktion eine Trennfuge vorhanden ist. Sonst legt man die Dehnungsfuge im Bodenbelag besser mit etwa 50 cm Abstand von den Beckenwänden an und führt sie im Wandbelag und Beckenrand weiter.

16.3 Beckenkopf und Beckenumgang

Beckenkopf. Die Wasserwellen des Schwimmbeckens sollen den Umgang nicht überfluten und zurückfließen – Rutschgefahr und Verunreinigung des Badewassers wären die Folgen. Überlaufrinnen nehmen das überschwappende Wasser auf und leiten es ab. Beckenrandsteine mit trittsicher ausgebildeter Aufkantung verhindern den Rückfluss des Wassers und ein Ausgleiten vom Rand ins Becken. Der Bereich des Beckenkopfs mit Rinne und Beckenrand kann unterschiedlich ausgebildet werden.

Der Wasserstand liegt tiefer als der Beckenrand

– Überlaufrinne „Wiesbaden" mit Schrägplatte und Beckenrandstein (16.2). Der Rand der Überlaufrinne dient dem Badenden als Griff zum Festhalten. Die Schrägplatte beruhigt den Wellenschlag.

– Becken ohne Überlaufrinne mit Oberflächenabsauger (Skimmer) für kleinere Privatschwimmbecken (16.3). Der Beckenrandstein dient als Handfasse.

Das Wasser überflutet den Beckenrand

– Überflutungsrinne „Wiesbaden" mit Abdeckrost (16.4). Die Rinne bildet gleichzeitig den Beckenrand, daher entfällt ein besonderer Beckenrandstein. Der Wasserspiegel liegt wegen des erhöhten Randes des Rinnensteins einige cm über OKFF des Beckenumgangs.

– Rinne mit Abdeckung liegt im Beckenumgang; zwischen Rinne und Becken wird ein Beckenrandstein angeordnet (16.5).

– Finnische Rinne". Zwischen Rinne und Beckenrand liegt eine geneigte Fläche im Wasser. Den Randabschluss zum Becken bildet ein Handfassestein (16.6).

Die Bilder 16.2 bis 16.6 zeigen je ein Beispiel, doch gibt es im Detail noch unterschiedliche Ausführungen.

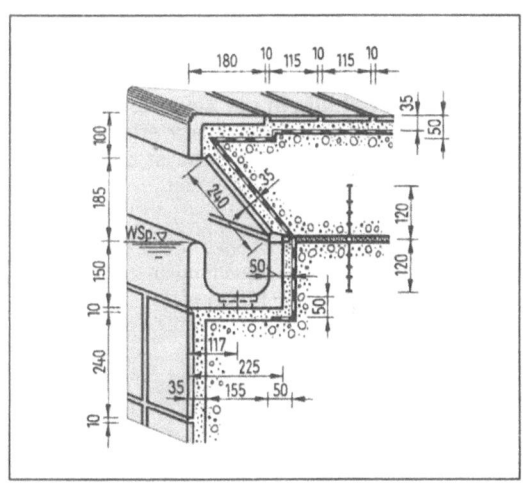

16.2 Beckenkopf mit Rinne „Wiesbaden"

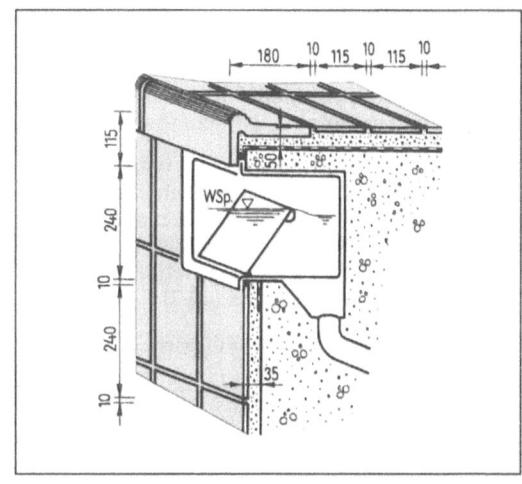

16.3 Beckenkopf ohne Überlaufrinne mit Oberflächenabsauger

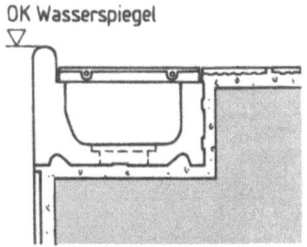

16.4 Überflutungsrinne „Wiesbaden" mit Abdeckrost

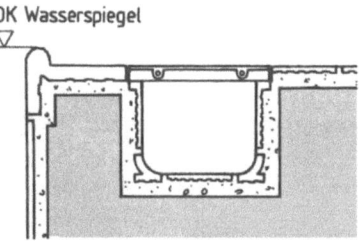

16.5 Beckenkopf mit Beckenrandstein und abgedeckter Rinne im Beckenumgang

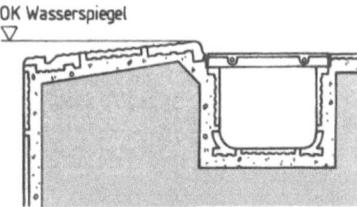

16.6 Beckenrandüberflutung System „Finnische Rinne" mit Handfasse am Beckenrad

16.4 Rutschhemmende Bodenbeläge in Schwimmbädern

Stürze sind die häufigste Ursache aller Unfälle. Ihre Zahl liegt nach Angaben der Berufsgenossenschaften bei 250000 im Jahr. Auch bei Badeunfällen haben Stürze infolge Ausgleitens auf nassem Boden einen hohen Anteil.

Bodenbeläge, die häufig oder dauernd nass sind und barfuß begangen werden, müssen einen rutschhemmenden Belag erhalten. Die rutschhemmende Wirkung des keramischen Bodenbelags erreicht man durch eine profilierte Oberfläche (Nocken, Rillen, Stege; s. Abschn. 1.3.4), ein enges Fugennetz (Kleinmosaik) oder eine raue Oberfläche. Welche Bodenplatten gewählt werden, hängt vom Grad der Unfallgefährdung und davon ab, ob der Belag barfuß oder mit Schuhen begangen wird. Anders als in gewerblichen Arbeitsstätten wird die erhöhte Rutschgefahr in Schwimmbädern nicht durch zerquetschte Stoffe auf dem mit Schuhen oder Stiefeln begangenen Boden verursacht, sondern durch nasse oder überflutete Beläge im Barfußbereich. So sind z. B. unglasierte Fliesen mit starker Profilierung trotz der Rutschhemmung für den Beckenumgang kaum geeignet. Sie sind nämlich nicht nur schlechter zu reinigen, sondern auch unangenehm mit nackten Füßen zu begehen – ja, sie können sogar eine Verletzungsquelle sein!

Nassbelastete Barfußbereiche werden vom Bundesverband der Unfallversicherungsträger der öffentlichen Hand (BAGUV) in die drei Gruppen A, B und C eingeteilt, wobei die Anforderungen zunehmen. Die Einteilung richtet sich nach der Gefahr des Ausrutschens (**16.7**).

Aus dieser Tabelle geht hervor, dass die Rutschgefahr auf solchen Böden am größten ist, die dauernd mit niedrigem Wasser überflutet sind.

| Was versteht der Autofahrer unter Aquaplaning? Welchen Zusammenhang sehen Sie mit den Bodenbelägen der Bewertungsgruppe C?

Prüfen der Rutschhemmung. Fast alle fein- und grobkeramischen Bodenfliesen und -platten, die in Deutschland auf dem Markt sind, wurden auf ihre Rutschhemmung untersucht und der entsprechenden Bewertungsgruppe zugeordnet. Bei dieser Prüfung bewegt sich eine Person in aufrechter Haltung auf dem keramischen Belag vorwärts und rückwärts. Die waagerechte Fläche mit dem Belag wird immer mehr geneigt, bis die Prüfperson unsicher wird. Der dabei erreichte Neigungswinkel (s. Tab. **16**.7) ist das Maß für die Rutschhemmung. Die geprüften glasierten und unglasierten Steinzeugfliesen, Spaltplatten und -riemchen, Klinkerplatten und Mosaik sind in der „Liste NB"[1]) aufgeführt, die in regelmäßigen Abständen neu herausgebracht wird. Auch für stärker rutschgefärdete Bereiche haben die Hersteller glasierte, unprofilierte Fliesen und Platten entwickelt, die in die Bewertungsgruppe C eingeordnet wurden. Die Glasur erleichtert die Sauberhaltung, die Rutschgefahr ist allein durch eine raue Oberfläche herabgesetzt.

---

[1]) zu beziehen beim Untersuchungsinstitut FB/SFV, Im Langen Feld 4, 30938 Burgwedel

Tabelle **16**.7 Nassbelastete Barfußbereiche nach BAGUV

Bewertungsgruppe	Mindestneigungswinkel	Bereich
A	12°	Barfußgänge Einzel- und Sammelumkleideräume
B	18°	Duschräume, Bereich von Desinfektionssprühanlagen Beckenumgänge, Beckenböden in Nichtschwimmerbecken Hubböden, Planschbecken ins Wasser führende Leitern max. 1 m breite Treppen mit beidseitigen Handläufen Leitern und Treppen außerhalb des Beckenbereichs
C	24°	ins Wasser führende Treppen, soweit sie nicht B zugeordnet sind Durchschreitebecken, geneigte Beckenrandausbildung

Aufgaben zu Abschnitt 16

T

1. Wodurch werden Beläge in Schwimmbädern besonders beansprucht?
2. Welche Vorzüge bieten keramische Auskleidungen von Schwimmbecken?
3. Wodurch erreicht man, dass das Becken wasserundurchlässig wird? Wie wird das überprüft?
4. Warum werden Becken im Allgemeinen nicht mit Sperr- oder Dichtungsbahnen abgedichtet?
5. Warum ist beim Auskleiden eines Schwimmbeckens ein Arbeiten nach Verlegeplan erforderlich?
6. Stellen Sie Vor- und Nachteile gegenüber: Auskleiden des Schwimmbeckens im Dickbett / im Dünnbett.
7. Beschreiben Sie das kombinierte Floating-Buttering-Verfahren.
8. Warum wird zwischen Becken und Beckenumgang eine Trennfuge angeordnet?
9. Warum ist ein hohlraumfreies Mörtelbett in Schwimmbecken so wichtig?
10. An welchen Stellen werden in Schwimmbädern dauerelastische Fugen angeordnet?
11. Beschreiben Sie das Anlegen beim Plattieren der Beckenwände.
12. Warum müssen Sie auf waagerechten Verlauf der Lagerfugen und des Beckenrands achten?
13. Was versteht man unter einer „Finnischen Rinne"?
14. Wodurch unterscheidet sich ein Beckenrand mit der Überlaufrinne „Wiesbaden" von einem Beckenrand mit der Überflutungsrinne „Wiesbaden"?
15. In welchen Fällen kann man auf Überlauf oder Überflutungsrinnen verzichten?
16. Warum sind rutschhemmende Bodenbeläge in Schwimmbädern so wichtig?
17. Wodurch kann die rutschhemmende Eigenschaft von Bodenbelägen bewirkt werden?
18. Warum eignen sich genockte, unglasierte Steinzeugfliesen für viele gewerbliche Räume gut, nicht aber für Beckenumgänge?
19. In welchen Bereichen von Schwimmbädern besteht die größte Rutschgefahr?
20. Nach welchem Gesichtspunkt werden die Bodenbeläge für nassbelastete Barfußbereiche in die Gruppen A, B und C eingeteilt?
21. Wie kann man erfahren, ob eine bestimmte Bodenfliese
    a) für den Beckenumgang,
    b) für ein Durchschreitebecken,
    c) für einen Umkleideraum geeignet ist?
22. Können auch glasierte Spaltplatten und glasierte Steinzeugfliesen für den Belag des Bereichs C geeignet sein? Begründung?

M

1. Ein quaderförmiges Durchschreitebecken von 4,00 m Länge, 3,25 m Breite und 18 cm Tiefe wird mit Mittelmosaik verkleidet. Wie viel m² werden verlegt?
2. Ein Privatschwimmbecken 8,50 m x 5,25 m mit einem geeigneten Boden und einer 1,00 m breiten Treppe wird an den Wänden und auf dem Boden mit Spaltplatten 11,5 x 24 belegt (**16.8**).
    a) Wie viel m² werden auf dem Boden verlegt (ohne Treppe)?
    b) Wie viel m² werden an den Beckenwänden (einschließlich der Treppenwange) angesetzt?
    c) Berechnen Sie die Stückzahl Platten bei 2 % Verhau.
    d) Wie viel m Beckenrandsteine werden verlegt?
    e) Wie viel m Stufen sind zu belegen?
    f) Wie viel m³ Wasser fasst das randvoll gefüllte Becken?
3. Berechnen Sie nach Bild **16.1**
    a) den Bodenbelag (Pythagoras!),
    b) den Flächeninhalt der 4 Beckenwände einschließlich Rand,
    c) den Rauminhalt des Beckens,
    d) die Anzahl der schwarzen Spaltplatten für die Tauchstreifen, die 2 m vom Beckenrand beginnen.
4. Ein kreisrundes Planschbecken mit ⌀ = 6,80 m wird allseitig mit Kleinmosaik ausgekleidet. Die Wände sind 65 cm hoch zu belegen, der Rand darüber ist mit Klinker-Stufenplatten 10 x 30 auszubilden.

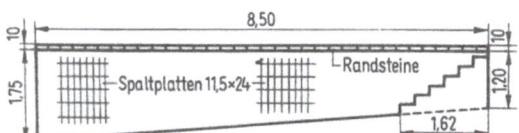

16.8 Längsschnitt durch ein Privatschwimmbecken

a) Wie viel m² Kleinmosaik werden auf dem Boden und an den Wänden verlegt?
b) Wie viel m sind am Rand mit Stufenplatten zu belegen?
c) Berechnen Sie die Anzahl der Stufenplatten für den Rand, wenn die Fuge mindestens 5 mm betragen soll.
d) Kann man die Stufenplatten am Beckenrand ohne konischen Zuschnitt verlegen, wenn die Fugenbreite von mindestens 5 mm auf höchstens 15 mm verbreitert werden darf?
e) Wie viel m³ Wasser braucht man, um das Becken bis 5 cm unter den Rand zu füllen?

1. **Startblock, M 1 : 10 (16.9).**
Zu zeichnen sind die drei Ansichten (ohne Platten und Fugen)

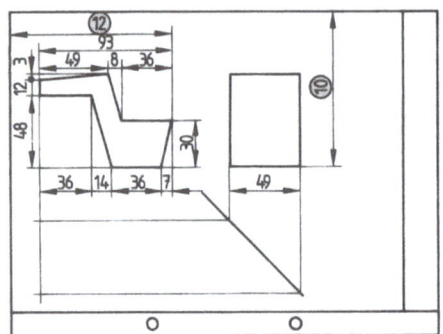

16.9 Startblock

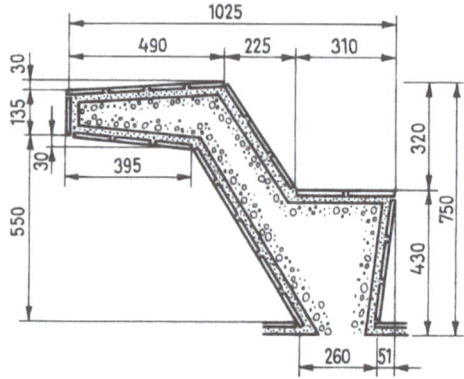

16.10 Querschnitt durch einen Startblock

2. **Startblock, mit Spaltplatten verkleidet, M 1 : 10 (16.10).**
Zeichnen Sie zu dem vorgegebenen Schnitt die Draufsicht und die Vorderansicht (Blattaufteilung wie Z 1).

3. **Querschnitt durch ein kleines Schwimmbecken, M 1 : 20**
Ergänzen Sie die Ansicht auf die Stirnwand des Beckens (16.11) durch den Schnitt der Längswände (Beton-Mörtel-Spaltplatten) und den Schnitt des Beckenbodens. Wählen Sie den Beckenkopf wie in Bild 16.3.

16.11 Querschnitt durch ein Schwimmbecken

Tabellenanhang

Tabelle 1 Akkordsätze

Die hier aufgeführten Akkordsätze können nur für Übungszwecke verwendet werden. Sie sind weder vollständig noch stimmen sie mit den tatsächlichen Sätzen der (regional verschiedenen) Tarifverträge überein.

Ausgeführte Arbeiten	Einheit	Dickbett		Dünnbett	
		Stunden	DM	Stunden	DM
1. Wandbelag (Dickbett)					
Wandfliesen 15 × 15	m²	2,20	51,10	1,12	26,01
Wandfliesen 10 × 10, 10,8 × 10,8	m²	3,30	76,65	1,80	41,81
Wandfliesen 20 × 20, 15 × 20	m²	2,10	48,78	1,25	29,04
Wandfliesen 25 × 25, 30 × 30	m²	1,85	42,97	1,12	26,01
Spaltriemchen 5,2 × 24	m²	2,90	67,37	1,85	42,98
Spaltplatten 11,5 × 24	m²	2,10	48,78	1,20	27,87
Mosaik		–	–	1,76	40,88
Zulagen für:					
Bad mit Einbauwanne	Stück	1,80	41,81	–	–
Bad mit Brausetasse	Stück	1,10	25,55	–	–
Untertritt	Stück	0,45	10,45	–	–
vertiefte Formfliese	Stück	0,45	10,45	–	–
Kontrollrahmen	Stück	0,90	20,90	–	–
Schräge an Treppen	m	0,37	6,97	–	–
Fassadenflächen über 3 m Höhe, Zulage	m²	20%			20%
farbige Fugen	m²	0,15	3,48	0,15	3,48
Zierstreifen, Zulage	m	0,10	2,32	0,06	1,39
2. Trennwände					
Waprotect aus 15 × 15 Wandfliesen	m²	3,75	87,11	–	–
Wandschlitze für Kerapid aussparen	m	0,37	6,97	–	–
aus grobkeramischen Trennwandsteinen	m²	3,60	83,63	–	–
Türzargen, Zulage	Stück	2,10	48,78	–	–
Fußstützen, Zulage	Stück	0,45	10,45	–	–
doppelt freistehender Hohlkehlsockel	m	1,05	24,39	–	–
3. Sockel					
gerader Sockel	m	0,35	8,13	0,30	6,97
Hohlkehlsockel	m	0,50	11,62	0,40	9,30
Treppensockel, abgestuft	m	0,92	21,37	0,74	17,19
Treppensockel, schräg	m	1,28	29,73	1,02	23,69
4. Bodenbeläge					
Kleinmosaik, Mittelmosaik, rückseitig zu Tafeln verbunden	m²	1,85	42,98	1,40	32,53
Kombimosaik, Florentiner u. ä.	m²	2,10	48,78	1,60	37,17
10 × 10	m²	1,75	40,65	1,30	30,20
15 × 15, 11,5 × 24, 10 × 20	m²	1,35	31,65	1,02	23,70
20 × 20, 25 × 25	m²	1,03	23,93	0,78	18,12
Vielecke, Florentiner u. ä. je nach Größe; bei etwa 50 St/m²	m²	1,80	41,81	1,35	31,36
Natursteinplatten in Bahnen	m²	1,45	33,68	1,15	26,71
Natursteinplatten, polygonal (unangepasst)	m²	1,50	37,17	1,21	29,74
Römischer Verband	m²	2.25	52,35	1,58	36,76
Stufen aus STZ oder Klinker	m	1,83	42,51	1,25	29,04
Stufen aus Natur- oder Werkstein	m	1,56	36,24	–	–

Fortsetzung s. nächste Seite

Tabelle 1, Fortsetzung

Ausgeführte Arbeiten	Einheit	Dickbett		Dünnbett	
		Stunden	DM	Stunden	DM
Zulagen:					
Diagonalverlegung, Zuschnitt am Rand	m	0,15	3,48	0,15	3,48
Senkkasten	Stück	0,45	10,45	0,45	10,45
Tief liegende Rinne	m	0,90	20,90	–	–
erhöhter Auftritt	m	0,80	18,58	–	–
Verlegung über Dämmschichten	m²	0,20	4,64	–	–
Winkelschiene	m	0,18	4,18	0,14	3,25
schräger Anschnitt an den Rändern	m	0,23	5,34	0,23	5,34
5. Vorarbeiten, Nacharbeiten					
Spritzbewurf	m²	0,15	3,48	–	–
Sperrputz mit Spritzbewurf	m²	0,75	17,42	–	–
Dämmschichten verlegen	m²	0,12	2,79	–	–
Unterbeton, je cm Dicke	m²	0,05	1,16	–	–
Einbauwanne zweiseitig einmauern	Stück	3,00	69,69	–	–
Brausetasse einseitig einmauern	Stück	0,50	11,62	–	–
Fugen mit dem Eisen, Zulage	m²	0,95	22,07	–	–
Dehnungs- und Anschlussfugen	m	0,15	3,48	–	–
Haftbrücke auf Plattenrückseite	m²	0,09	2,09	0,09	2,09
senkrechtes Abflussrohr mit Trägerplatten (Styrodur o. ä.) verkleiden	m	0,50	11,62	–	–
Voranstrich des Untergrunds	m²	–	–	0,07	1,63
Spachteln des Untergrunds	m²	–	–	0,11	2,56
Dichtbänder kleben	m	–	–	0,04	0,93
Wände aus Porenbeton-Steinen mit Dünnbettmörtel erstellen	m²	0,80	18,58	–	–

Tabelle 2   Bedarf an Platten ohne Verhau

Format	Stückzahl je m²	Format	Stückzahl je m²
Quadrate		**Rechtecke**	
10 x 10	100	5 x 20	100
10,8 x 10,8	86	5,2 x 24	67*)
15 x 15	44	7,3 x 24	50*)
19,4 x 19,4	25	7,5 x 15	88
20 x 20		10 x 15	67
25 x 25	16	10,8 x 21,8	43
30 x 30	11	11,5 x 24	33*)
35 x 35	8,2	12,5 x 25	32
40 x 40	6,25	15 x 20	33
		15 x 30	22
		20 x 30	$16^2/_3$
Sechsecke			
10 x 11,5	116		
15 x 17,2	52		
32 x 37	11		

*) Grobkeramik mit breiter Fuge, die zum Teil in die Stückzahl je m² von den Herstellern eingerechnet wird.

Tabelle 3 Bedarf an Sand in l und Zement in kg (1 l ≙ 1,25 kg) für 100 m² Plattenbelag

Mischungs-verhältnis	eingerechneter Einmischungs-faktor	Mörteldicke					
		1 cm		1,5 cm		2 cm	
		Sand	Zement	Sand	Zement	Sand	Zement
1 : 3	1,5	1125	469	1688	703	2250	938
1 : 3,5	1,475	1147	410	1721	614	2294	820
1 : 4	1,45	1160	353	1740	544	2320	725
1 : 4,5	1,425	1166	324	1749	486	2332	648
1 : 5	1,4	1167	291	1750	437	2333	582
1 : 6	1,4	1200	250	1800	375	2400	500
Pudern des Mörtelbetts	–	–		50 bis 90 kg Zement			

Tabelle 4 Bedarf an Fliesenklebstoffen und Fugmörteln

Mörtel/Klebstoff	mittlerer Bedarf je m²	Lieferform
Hydraulischer Dünnbettmörtel	Kleinmosaik: 2 kg Fliesen 15 x 15: 2,5 kg	Sack mit 25 kg Beutel mit 5 kg
Dispersionsklebstoff	Kleinmosaik: 2 kg Fliesen 15 x 15: 3 kg	Eimer mit 5, 10 oder 20 kg
Epoxid mit Härter	Kleinmosaik: 2 kg Fliesen 15 x 15: 2,7 kg	Dose mit 1, 2, 5 oder 10 kg
Fugmörtel für schmale Fugen	Kleinmosaik: 1 kg Fliesen 15 x 15: 0,5 kg	Beutel mit 2 oder 5 kg, Sack mit 25 kg
Fugmörtel für breite Fugen	Spaltplatten: 2,5 kg Spaltriemchen: 4,2 kg	Sack mit 25 kg, Beutel mit 5 kg
Silikonkautschuk	100 ml pro m und m² Fugenquerschnitt	Kartuschen mit 310 ml

Sachwortverzeichnis

Abbindeverzögerer 125
Abdichten gegen Feuchtigkeit 101, 137, 144
Abdichtungsstoff 101
Abflussrohr 131
Ablagerungsgestein 9, 26, 28
Abmauerung 133
Abriebgruppe 16
Absäuern 125
Abtrennen von Fliesen und Platten 46
Achtecke mit Einlagen 82
Adhäsion 37
Akkordlohn|berechnung 137, 159, 182, 207
– verteilung 160
Anklopfen 53
Anlegen 52, 54, 62, 74, 88, 157, 179, 192, 202
Anreißen 55, 176
Anschlussfuge 109, 126, 133, 145, 155
Ansetzen 52, 177
Ansetz|grund 37, 40, 155
– mörtel 37 ff. 54, 154
Arbeitsgerüst 160 ff.
Asphaltplatte 9, 24
Asphaltterrazzoplatte 9, 25
Aufkantung 134
Aufmaß 137, 159, 182, 196 f
Auftrittbreite 173
Aufzug 33
Ausgießen 126
Ausgleichstreifen 48, 51, 60, 71, 178 f.
Auslegen 48
Auslegergerüst 165
Außen|ecke 49, 51, 155, 194
– wand 150
Aussparen von Fliesen und Platten 46
Austrocknen 126
Auswinkeln 74

Bad 131 ff
Badewanne 132
Bahnen verlegen 86
Balkon 142 f.
Barfußbereich, nassbelasteter 204
Basalt 24, 26
Baustoffbedarf (ermittlung) 40, 137, 159, 205, 209
Bauwinde 33
Becken|kopf 203
– rand 203
– umgang 203
Belastung 126
Berechnungsbeispiele (* = Berechnungsaufgaben)

– Akkordlohn 157, 159, 182, 196, 207; 141*, 170*, 183*, 198*,
– Akkordlohnverteilung 160, 170*
– Aufmaß 138, 159, 197, 141*, 183*, 198*
– Baustoffe 39, 90, 137, 159; 141*, 183*, 198*
– Einteilen bei Diagonalverlegung mit Fries 84;
– Einteilen einer Schichtmaßlatte 190; 198*
– Einteilen von Bögen 65 ff.; 69*
– Einteilen von Fassaden 156, 169*
– Einteilen von Pfeilern 63*
– Einteilen von Reihenanlagen 198*
– Einteilen von Säulen 61, 63*
– Einteilen von Wänden 51, 57*
– Flächen 92*, 149*, 169*, 206*
– Gefälle 104; 205*
– Gewicht 165*, 178*
– Gerüstbelastung 156 f.; 166*
– Mörtel 38; 44*, 100*, 104*, 121*
– Pythagoras 90*
– Stufenplatten 72, 183*
– Treppen 175; 183*
– Volumen 31 f.; 32*, 170*
– Wannenhöhe 132
Beton, wasserundurchlässiger 200
– platte 9, 24
– werksteinplatte 9, 24 f.
– zuschlag 190 f.
Bewegungsfuge 126, 155
Bewehrung 191, 194
Biegung, Biegezug 16, 28, 109, 142, 150
Biskuitbrand 12
Biskuitfliese 13
Bitumen 101, 102, 120
Bockgerüst 163
Boden|fläche einteilen 71
– klinkerplatte 21
– plattierung mit Gefälle 95 ff.
Bodenplattierung ohne Gefälle 71 ff.
Bogen einrüsten 67
– formen 65
– teile 65
Brause|nische 136
– tasse 136
Buttering 117 f.
bündig 47

Carrara-Marmor 27
Cottoplatte 9, 21

Dämmen gegen Schall 106
– gegen Wärme(verlust) 110, 150

Dämmstoffe 104
Dampfsperre 147
Decke 69
Dehnungsfuge 109, 127, 145, 155
Dekorfliese 15
Dendriten 26
Diagonalverlegung 84
Dichtkleber 101, 119
Dichtungs|bahnen 101, 102, 120
– band 103
Dickbettverfahren 61, 71, 202
Dispersionsklebstoff 118
Dolomit 28
Dränage 42
Draht|gewebe 42
– putzwand 187
Dünnbett|mörtel 114 ff.
– verfahren 62, 103, 114, 200, 202
Durchschreitebecken 204
Duschraum 136, 198
dynamische Steifigkeit 107

Eben 46
Eckschutzschiene 58
einachsige Symmetrie 72
Einbauwanne 132
Einrüsten von Bögen 67
Einteilen 48 ff, 59, 65, 71, 156
Epoxidharz 118 f.
Erstarrungsgestein 9, 26
Ettringit 40
Euronorm 10

Fäustel 30
Fahrgerüst 167
Fanggerüst 160
Fahrbahn-Begrenzungsstein 20
Farb|abstimmung und -wirkung 130
Farbstruktur 17
farbige Fugen 19
Faserdämmstoff 107
Fassade 46, 150 ff.
Feinklinker 9, 21
– Steinzeug 16 f.
Fensterwand 49 f.
Feuchtigkeitseinwirkung 126, 151
Finnische Rinne 203
Flachbogen 67 f.
– brand 12
– meißel 30
Flächendränage 144
Flankenhaftung 128
Flechtmuster 80
Flex 33
Fliese 9
Fliesenarten 9 ff.
Fliesen|bearbeitung 45
– eigenschaften 13
– format 15
– formen 15
–, Gütemerkmale 11

- hammer 30
- hexe 30
- legerkelle 29
- meißel 30
- sortieren 13, 16
- trennwand 187 ff.
- zange 30
Flinz 27
Floating 116
- Buttering 117, 203
Fluchtrecht 46
Formänderung von Bauteilen 126, 150
Fries 81 f.
Frost, Frostschäden 14, 142, 146, 152
- freie Tiefe 146
Füllfliese 15
Fuge, Fugen 122 ff., 145, 155, 194
- auf Fuge 86, 157
-, dauerelastische 126, 145, 155, 203
-, elastische 126
Fug│eisen 125
- gummi 29, 124
- mörtel 122
Fugen│breite 51, 123
- schnitt 55
- wirkung 130
Fuß│bodenheizung 111
- grube 136

Ganggestein 26
Gebäudetrennfuge 128
Gefälle 95 ff.
- estrich 144
Gefäße 31
Gehrung 47, 51, 99
geometrische Begriffe 47
- Eigenschaften 47
Gerät 31
Gerüst 160 ff.
- bock 163
- Stützweite 161 ff.
gewachsener Boden 146
gewendelte Treppe 176
Gips 39
Glättekelle 29
Glas│platte 9, 25
- schneider 30
Glasur 12 ff., 15 f.
- brand 12 f.
- riss 13
Glattbrand 12
Gleitschicht 144
Granit 24, 26
Granulat 13
Grobkeramik 9 f., 19 f., 22
Gummischnur 30

Haarrisse 13 f.
Härteskala 16
Haft│brücke 40, 115
- schicht 77
- schlämme 77
Hauschiene 30

hinterlüftete Fassade 22, 54, 158
Höhe feststellen 74
Höheneinteilung 156
Hohlkehlsockel 55, 108, 189
Holz 41
- balken 42
- balkendecke 42
- wolle-Leichtbauplatte 42, 111
hydraulisch erhärtender Klebmörtel 118

Installation 134
Irdengut 9, 11

Jolly 33

Kachel 10
Kegel, Kegelstumpf 32
Kehle 98
Kehlsockel 55, 145
Keraion 22
Keraflair 23
Keramik 9
- fassade 153
- fliese 9 f.
- platte 9 f., 22 f., 45, 80, 108
- trennwand 187 ff.
- treppenplatte 176, 167
Kerapid-Trennwand 188 ff.
Klangprobe 21, 26
Klebemörtel 118
Kleb│stoff 118
- kraft 37
Klinkerplatte 9, 21
Klopfbrett 30
Körper│inhalt 31 f.
- schall 106
konisch 47
Kontrollrahmen 132
Kragplatte 37
Kranz 99
Kratzprobe 17
künstliche Platte 9
Kunst│harzfuge 126
- stofffuge 126

Längeneinteilung 156
Lehre 76, 98
Leibung 154
Leiter 163
- gerüst 165
lichtes Maß 47
Lieferschein 139
Lochen von Fliesen und Platten 46
Loggia 137
Lohnabrechnen 138, 182
Lot 30
- recht 47
- riß 176
Loten 48
Luftschall 106

Magnetrahmen 134
Majolikafliese 9, 15
Marmor 27

Maschinen 31 f.
Maßgenauigkeit 11, 14
Maurerhammer 31
MegaCeram 23
Mehrzweckbecken 201
Mittelbettverfahren 120
Modulformat 15
Mörtel abziehen 76 f.
- berechnen 40, 100
- haftung 37
- lehre 76
- mischmaschine 33
- mischungsverhältnis 39, 77, 191, 192, 202
- träger 41
- zusätze 154
Mohs, Härteskala 16
Mosaik 9, 17 f., 62, 120, 114
Muschelkalk 28

Natursteinplatte 9 f., 25, 85
Netzmuster 81
nichtkeramische Platten 9 f., 24, 46
Nocken 18

Oberflächenabsauger 203
offene Zeit 117, 118
OKFF 48, 74

Papageienschnabel 30
parallel 47
Pfeiler 59
Planschbecken 205
Platten 9
- arten 9 f.
- schneidemaschine 32
- spaltmaschine 32
Polygonverband 88
Polyurethan 119
Porphyr 26
porphyriert 17
Prüfwerkzeug 29 f.
Pudern 41, 77
Putz 43, 129
- haken 30
Pyramide 32
Pyramidenstumpf 32
Pythagoras 74

Quarzit 28

Rabitz│kernwand 187
- zange 30
Rand│ausbildung 145, 147
- fuge 126
- streifen 75, 108
Rauheit 38
Raumachse 46
Reaktionsharze 89, 119 f.
Recht│eckpfeiler 60
- winkligkeit 47, 53, 60, 73, 81
Regenwasser 141, 145
Reifezeit 118
Reihenanlage 186, 197
Richtwerkzeug 29 f.

Riemchen 18, 20, 28, 61
Rinne 191, 203
Rippenstreckmetall 42
Ritzmaschine 31
römischer Verband 87
Rohling 10, 12 f., 16, 17
Rohr|durchbruch 135
- kasten 134
Rohstoffe 13, 17
Rosenspitz 80, 82 f.
Rührgerät 33
Rund|bogen 65
- säule 61
Rutschhemmung 18 f., 204
Säule 32, 61, 63
Säure 125
Salzglasur 21
Sand|bedarf 209
- stein 28
Saugfähigkeit 37
Schablone 61 f.
Schachbrettmuster 81
Schall 106
- brücke 109
- dämmung 106
Schamotte 12, 14
Scharffeuerglasur 16
Schaumkunststoff 107
Schenkelplatten 154, 194
Scherben 14
Schichtmaßlatte 156, 189
Schiefer 28
Schlauchwaage 74
Schleifstein 30
Schlicker 13
Schlüterschiene 78
Schnurstift 30
schräg (schief) 47
Schrägaufzug 33
Schrühbrand 12
Schub|karren 31
- spannung 141, 150
Schutz|estrich 143
- gerüst 160
Schwamm 29
Schwimmbadbecken 200
-, Auskleiden 202
schwimmender Estrich 108
Schwinden 125
Sechseckfliesen 18, 82
Sedimentgestein 26
Seifenschale 15
Seilaufzug 33
Senkkasten 98
Setzlatte 48
Sintern 16
Skimmer 203
Sockel 144, 207
- fliese 18, 54
Solnhofener Platte 26 f.
Sortieren von Fliesen 13, 16 f.
Spachtel 29
Spalt|maschine 32
- riemchen 9, 20
- platte 9, 19 f., 154
Spannung 42, 59, 119, 142 f.,
150 f., 200
Spanplatte 89
Sperren 78
Sperr|anstrich 101, 102
- folie 101
- pappe 101
- putz 101, 102
spitze Körper 32
Spitzkorn 18
Spritz|bewurf 40, 153
- wand 190
Stahl|betonsturz 42
- rohr-Kupplungsgerüst 164 f.
- stütze/-träger 42
- winkel 30
Startblock 206
Stegfliese 18
Stein|gutfliese 9, 11, 16, 136
- zeugfliese 9, 11, 16 f.
Stichmaß 47
Stoßfuge 124
Stütze 59
Stufen|belag 173
- verkleidung 176
stumpfe Körper 32
Sturz 65, 154
Styrodur 42, 134, 187 f.
Symmetrie 48, 72 f.
Systemgerüst 166

Taschenrechner 138
Teer 101
Teilen von Fliesen und Platten 45
Terrasse 142, 147
Terrazzo 9, 24, 76
Terrazzoestrich 24
Thales-Satz 74
Toilettenanlage 195
Topfzeit 119
Trasszementmörtel 85
Travertin 28
Trenn|maschine 33
- schicht 143
- wand 187 ff.
- wandstein 9, 188, 192
Treppe 172
Treppen|arten 173
- formel 173
- formen 173
- haus 172, 179
- hauswand 179
- platten, keramische 174
- schräge 180
- sockel 177
- zwickel 179
Trittschall 106
- dämmung 107
trittsichere Bodenfliese 18 f.
Troba-Matte 144
Tunnelofen 12 f., 16, 21

Überflutungs-, Überlaufrinne 203
Umwandlungsgestein 9, 26, 28
Ungebrannte Platten 9, 24

Unterleglatte 48
unterlüfteter Boden-/Terrassenbelag 147
Untergrund 37, 40 f., 75, 114 f., 145, 152
Unterputz 153
Untertritt 132
Urgestein 26
Urinal|rinne 196
- wand 195

Verankerung 154, 162
Verblendverband 157
Verdrängungsraum 19
Verfugen 122 ff.
Verlegen 71 ff., 114 ff.
Verlege|mörtel 75, 85, 110, 202
- muster 80 f.
- plan 87, 135, 201 f.
- verband 86 f.
- verfahren 75, 85, 116
Verschleißklassen 16 f.
Vierkantkelle 29
Volumen 31
Waagerecht 47
Waageriss 176
Wärme 110
- dämmung 110 f.
- dehnung 112, 142, 150
- durchlaßwiderstand 110
- leitung 110 f.
- leitfähigkeit 110 f.
- schutz 111
- strahlung 110
- strömung 110
Wässern von Wandfliesen 38
Waffelfliese 18
Wandbelag mit Dekor 51
- ohne Dekor 48
Wandflächen|einrichtung 47, 180
- vorbehandlung 40 f.
Wandfliese 11
Wandplattieren 45 ff.
Waprotect-Trennwand 188 f.
Waschbetonplatten 9, 24
Waschen 52, 124
Wasser 31, 142
- aufnahme 10, 14 f., 17, 21
Wasserwaage 30
Werkzeug 29
Widia-Reißnadel 30
Winkel|schiene 78
- stufe 174
winklig 47

Zement|bedarf 209
- leim 37
- mörtel 122
- schleier 125
Ziegelplatte 21
Zugspannung 142
zweiachsige Symmetrie 72
2-m-Stock 30
Zykloma 28
Zylinder 32

If you have any concerns about our products,
you can contact us on
ProductSafety@springernature.com

In case Publisher is established outside the EU,
the EU authorized representative is:
**Springer Nature Customer Service Center GmbH
Europaplatz 3, 69115 Heidelberg, Germany**

Printed by Libri Plureos GmbH
in Hamburg, Germany